运行 Xen：虚拟化艺术指南

Running Xen：A Hands-on Guide to the Art of Virtualization

［美］Jeanna Matthews　著

张　炯　吕孟轩　刘　铭　杨　漾　译

北京航空航天大学出版社

内 容 简 介

本书主要介绍了目前 IT 技术热点虚拟化技术领域中最受关注的虚拟化系统软件 Xen 的安装、部署、运行、管理和维护方法,实际上相当于 Xen 使用手册。内容包括在 Xen 中对于各种虚拟化技术的操作和使用,书中用大量篇幅给出了基于 Xen 进行虚拟化试验的案例。

本书适合研究虚拟化技术的科研人员和工程人员阅读,尤其适合从事系统软件分析和开发、服务器端高可靠性软件研发的人员阅读。

图书在版编目(CIP)数据

运行 Xen:虚拟化艺术指南/(美)马修斯
(Matthews,J.)著;张炯等译. -- 北京 : 北京航空航天大学出版社,2014.1
ISBN 978 - 7 - 81124 - 569 - 1

Ⅰ. ①运… Ⅱ. ①马… ②张… Ⅲ. ①虚拟处理机—指南 Ⅳ. ①TP338 - 62

中国版本图书馆 CIP 数据核字(2014)第 002862 号

Authorized translation from the English language edition, entitled Running Xen: A Hands-on Guide to the Art of Virtualization, The,1E, 978-0-13-234966-6 by Jeanna Matthews, published by Pearson Education, Inc, publishing as Prentice Hall, Copyright © 2008.
CHINESE SIMPLIFIED language adaptation edition published by PEARSON EDUCATION ASIA LTD. , and BEIJING UNIVERSITY OF AERONAUTICS AND ASTRONAUTICS PRESS Copyright © 2013.

北京市版权局著作权登记号:图字:01-2008-5159

运行 Xen:虚拟化艺术指南
Running Xen: A Hands-on Guide to the Art of Virtualization
[美] Jeanna Matthews 著
张 炯 吕孟轩 刘 铭 杨 漾 译
责任编辑 刘 晨

*

北京航空航天大学出版社出版发行

北京市海淀区学院路 37 号(邮编 100191) http://www.buaapress.com.cn
发行部电话:(010)82317024 传真:(010)82328026
读者信箱: emsbook@gmail.com 邮购电话:(010)82316936
涿州市新华印刷有限公司印装 各地书店经销

*

开本:710×1 000 1/16 印张:28.75 字数:613 千字
2014 年 1 月第 1 版 2014 年 1 月第 1 次印刷 印数:3 000 册
ISBN 978 - 7 - 81124 - 569 - 1 定价:89.00 元

译者序

  虚拟化技术（Virtualization Technology）无疑是最近几年以及未来十年计算机系统软件的热点。虽然它并非新出现的概念，甚至可以说是已经出现 40 年之久，但是它的热度似乎昭示 IT 界，一波新的技术浪潮将伴随着虚拟化而席卷计算系统的主要组成部分乃至各个角落。从高性能到嵌入式，从云计算到移动，从处理器到存储，从显示到无线，虚拟化技术在各种相当成熟或仍然活跃的系统中迸发出全新的解决方案和热点结合，这种情景让人感慨虚拟化的洗礼也许会全面颠覆计算机系统的应用模式乃至开发模式，未知的、全新的计算机系统将脱胎换骨于这个过程，也带来可以参与其中的无数机会。

  但是，"工欲善其事，必先利其器"，要参与其中，就必须熟悉和了解何为虚拟化技术，熟悉应用和研究虚拟化技术的工具。Learning by doing，即在实践中学习也许不失为参与其中的一个好办法。如果读者想尽快熟悉和了解虚拟化，可以从了解最炙手可热的开源的虚拟化系统软件 Xen 开始，从一个个围绕 Xen 的具体实验开始。那么，本书将是有这种想法的读者的有力助手。Xen 相关的内容林林总总，千头万绪，需要抓住重点，集中分析，但在具体使用上则需要熟悉操作细节。这本书重点给出了12 个实验，篇幅固然较多，但讲解上要点俱在，并充分注意细节，不会出现读者在对照讲解做实验时出现断点而无法继续的情形。

  本书的主要作者 Jeanna Matthews 女士以及她的学生们都是很早就进入了 Xen 社区，并进行了多年的研究工作，发表了多篇论文和研究成果，这使得这本书既有学术气息，也有其便于阅读和使用的特点，相信对于读者进行 Xen 的学习和使用会有很大的帮助。

  参与翻译本书的译者均为从事虚拟化技术前沿研究的年青人，他们是张炯、吕孟轩、刘铭、杨漾、胡彦彦、文成建、吕紫旭、李佳丽、王豫东、包颉。他们是这本书的第一批受益者，并愿意将这本书介绍给各位读者，与读者共勉！

张　炯

于北京航空航天大学新主楼

序 言

  Xen 开源管理程序正在改变着虚拟世界,它推动了一个通用行业标准管理程序的宽分布,能运行于超级计算机、服务器、客户端以及掌上电脑(PDA)等一系列很宽范围的架构。通过专注于管理程序,作为虚拟化的引擎,而不是一个特定的产品实施方案,Xen 开源项目促进了很多供应商和社区来整合 Xen 通用跨平台功能来融入新产品和推出新服务。

  迄今为止,围绕 Xen 管理程序的社区一直在密切关注着开发商和高级用户的阵营。而 Xen 的用户邮件列表针对那些想要基于 Xen 环境部署和管理的人员提供了友好和有用的资料来源建议,新用户可能会发现自己对于 Xen 的部署需要咨询有关最佳实践的建议和一步一步的指导。《运行 Xen:虚拟化艺术指南》直接讲透了这一关键需求,它为用户提供下载、构建、部署和管理 Xen 实施等他们所需要知道的一切相关资料。

  感谢作者:Xen 的贡献者、从业者以及研究者们,力作这么一本可访问的,并立即有用的书,我想代表广大的 Xen 社区说谢谢你们。代码可能有规则,但"诀窍"在于社区自身的构建。相当明确的资料和建议,以及类似于本书版面一样的文档,将有助于 Xen 项目的发展,有利于巩固其用户群体,有利于不断提高 Xen 的创造力和创新性,促使 Xen 虚拟化技术自身的发展面更广、更新。

  感谢读者朋友,我想说欢迎大家进入 Xen 的用户社区,我们期待您的参与和贡献! 我们相信这本书将为您提供一个很好的关于运行 Xen 方面的介绍。

伊恩·普拉特(Ian Pratt),Xen 项目主管

Citrix Systems 公司先进技术副总裁

前　言

　　我们读过操作系统原理研讨会(SOSP)上的论文"Xen 和虚拟的艺术"后的不久,即 2003 年的秋天开始使用 Xen。出席操作系统原理研讨会及与一些作者交谈之后,Jeanna Matthews 带回令人振奋的 Xen 的消息。她和她在克拉克森大学操作系统课程的研究生决定重现和扩展这个论文报告的结论。该班级包括参与本书写作的两位共同作者,当时正在完成他们的硕士学位,Eli Dow(现在 IBM 公司)和 Todd Deshane(目前正在完成他的博士)。在 2003—Xen 论文结果的重现过程中,我们学到了很多有关于 Xen 运行的知识,说实话很多时候确实挺难! 本书的目标是罗列出我们第一次开始使用 Xen 时想要的资料。

　　2004 年 7 月,我们发表了论文"Xen 和反复研究的艺术",描述了我们在 Xen 方面的经验并展示通过重现和扩展结论所得到的结果。所有的作者,除了是研修 2003 年秋季研究生操作系统课程的那一部分学员之外,同时又是克拉克森大学计算机应用实验室的成员,甚至是克拉克森开源研究所(COSI)和克拉克森网络教学实验室(ITL)的成员。这些实验室的创建为学生提供实践与前沿计算技术的经验,并组成一个大家既学习又教学的社区。实验室的其他学生,包括研究生和本科生,开始使用 Xen 作为生产系统和研究项目的基础。这些年来,我们已经基于 Xen 发表一系列的学术论文,开发出一些屡获殊荣的团队项目。在这些过程中,我们学到了 Xen 运行的很多知识。这是我们写这本书的目的,希望与大家分享这方面的知识,并让您尽可能简单和顺利地体验 Xen 运行。

　　这本书的阅读对象是正在部署 Xen 系统的个人和组织。它引导读者通晓基础知识,从 Xcn 的安装到使用预编译的客户镜像。它甚至告诉读者怎样在 Xen 仅使用一个 LiveCD 的情况下的进行实验。它涵盖了虚拟技术的基础和所有 Xen 系统的重要组件,如管理程序和域 0(Domain0);它解释了用于管理客户机域的 xm 命令的详细信息;它可以帮助用户基于从 Linux 到 Windows 操作系统部署自定义客户镜像;它涵盖了更高级的主题,如设备虚拟化、网络配置、安全性和实时迁移。我们希望您会觉得从第一个 Xen 的部署实验到生产运行 Xen 的系统都是很有用的,发现它能很好地使初级和高级主题结合。

　　第 1 章,"Xen 的背景和虚拟化基础知识",该章是简单总结的介绍虚拟化,主要针对 Xen。第 2 章,"用 Xen LiveCD 快速浏览"通过浏览 Xen LiveCD 对 Xen 的功能进行概述。第 3 章，"Xen 管理程序"，侧重于管理程序，它是任意 Xen 系统和一些其他类似 Domain0 和 xend 等的可信组件的核心；第 4 章，"硬件需求和 Xen Domain0 的安装"，我们通过具体向您展示如何安装和配置自己的基于硬盘的 Xen 安装，建立了 Xen 管理程序的一种共识；当你有自己安装并运行虚拟机管理程序后，第 5 章，"使用预编译的客户镜像"第一次向您展示怎样下载和使用互联网上的可用镜像，让你更容易进入客户镜像的使用；第 6 章，"管理非特权域"，该章涵盖管理 DomU 或非特权客户域运行的基本知识；然后，您可以通过第 7 章"构建客户镜像"的指导以多种方式创建您自定义的客户镜像，现在您就拥有了所有的这些客户端；第 8 章，"保存客户镜像"，涵盖了多种为在线使用以及备份和共享储存客户镜像的选项。

这本书的第二部分深入研究了更先进的系统管理课题，包括设备管理（第 9 章，"设备虚拟化与管理"）、网络连接（第 10 章，"网络配置"）、安全性（第 11 章，"一个 Xen 系统的保护"）、资源分配（第 12 章，"客户资源管理"）和迁移（第 13 章，"客户机保存、恢复和实时迁移"）。我们通过调查在第 14 章"Xen 企业管理工具概述"总结了一些可用于您的 Xen 系统的流行管理工具。

本书包括列表、图解有关命令及其输出。我们使用命令提示符来展示该命令在哪里被运行。

例如，下面就展示了一个 root 运行在特权域，Domain0 的命令：

[root@dom0]#

下面展示了一个可以使任意用户在正常的客户域中运行的命令：

[user@domU] $

观察这些命令提示符可以帮助你辨别在您的 Xen 系统中使用哪些客户端来运行指定的命令。

我们特意维护了一个网站，该网站罗列了很多本书相关的信息和资料。我们基于此目的以及为了更好的整合资料，注册了域名 runningxen.com。我们欢迎您来查阅我们的进度，并给我们提出问题和建议。

致 谢

我们感谢那些给这本书的内容提供反馈和建议的人们。Simon Crosby 针对这本书的整体内容提供了重要反馈；Keir Fraser 以惊人的速度和良好的幽默感回答了一些技术问题；Andy Warfield 为第 9 章提供了反馈意见；我们还得感谢所有在开源社区发布过工作成果的 Xen 贡献者们。

几位作者出席了 2007 年 4 月在 IBM 托马斯·J·沃森研究中心（Thomas J. Watson Research Center）举办的 Xen 峰会，我们想表达对所有的组织者和参会者的感谢。许多人在长短不一的谈话中提供了宝贵的反馈和建议。我们要特别感谢 Sean Dague，他在这个过程中提供出色的 Xen 的意见和反馈整合，还有 Jose Renato Santos，他在书中提供网络资料的详细反馈。总的来说，Xen 峰会的所有在线材料对我们来说都是无价的资源，比如 Xen Wiki，Xen 邮件列表和其他相似的资源。我们感谢所有的这些材料贡献者的努力。

我们要感谢所有读这本书初稿的人。特别是 Jessie Yu 超出审查职责，并帮助修改许多章节。Jim Owens 针对第 13 章提供了宝贵的早期反馈，Tom、"Spot"、Callaway 从 Red Hat 为我们的第 14 章提供了一些很好的建议，此外还要感谢 Spot 和 Máirìn Duffy 为这章的几个截图。Chris Peterman 为"安全性"章节做了一些早期的写作，且在组织版面的早期阶段提供了宝贵评论，Lindsay Hoffman 和 Barbara Brady 为第 10 章提供了详细的写作评论，Ryan Kornheisl 读了一些章节，并帮助测试了许多书中的指示，此外 Anthony Peltz 也帮助测试。

我们也想感谢帮助了最后修订的人，在提交初稿的最后几天，一小部分人主动要求为许多章节做初阅，发现了从错别字到实质性的一切问题。我们要感谢 Zach Shepherd、Keegan M. Lowenstein、Igor Hernandez、Alexander M. Polimeni、Erika Gorczyca、Justin Bennett、Joseph Skufca、Mathew S. McCarrell、Krista Gould 以及 Ron Arenas，没有你们的帮助我们真的无法做到了！布朗大学（Brown University）的 Tom Doeppner 和 Dan Kuebrich 为第 3 章提供了一些非常有用的反馈。我们还要特别感谢 Michael Thurston 和 Ken Hess 他们提供的很好的建议，我们相信他们是作者身边唯一一已经通读全书的人！

我们要感谢许多来自克拉克森开源研究所和克拉克森网络教学实验室的成员，他们加班加点为我们对 Xen 的理解和应用积累经验。Bryan Clark（现在 Red Hat 公司）、Steven Evanchik（现在 VMware 公司）、Matt Finlayson 和 Jason Herne（二人现均在 IBM 公司）是 2004 年的"Xen 和重现研究的艺术"论文的合著者。Jason Herne、Patricia Jablonski、Leslie Cherian 和 Michael McCabe 是在 2005 年"从对一个虚拟专用文件服务器和虚拟机设备攻击保护和快速恢复数据"论文的合著者，该论文用于 Xen 的一些正在测试的原型。Madhu Hapauarachchi、Demetrios Dimatos、Gary Hamilton、Michael McCabe 和 Jim Owens 是 2007 年的论文"量化虚拟化系统隔离性能"的合著者。Justin Basinger、Michael McCabe 和 Ed Despard 是 2005 年 Unisys Tuxmaster 比赛中获得第二名的 Xenophilia 项目的成员；Cyrus Katrak 和 Zach Shepherd 一直是计算机科学应用实验室内我们的生产环境的 Xen 部署的关键人物，他俩均是意见和反馈的重要来源。

我们想感谢 OpenSolaris Xen 社区负责人，尤其是 Todd Clayton、Mark Johnson、John Levon 和 Christopher Beal，他们在 OpenSolaris 环境下的 Xen 测试中，通过电子邮件和 IRC 快速和有效的响应。我们想在这本书包含更多的 Solaris 覆盖面，Xen 对 Solaris 的附加支持很快就会超出这本书的内容。

我们想感谢我们的编辑 Debra Williams Cauley，以及她在整个过程中的帮助和鼓励，还要感谢最初因为这个项目联系我们的 Catherine Nolan。Richard A. Wilbur 提供了在测试中早期的 HVM−enabled 设备访问。

Jeanna Matthews 要感谢她的丈夫 Leonard Matthews 和孩子们 Robert、Abigail Matthews，为他们在整个写作过程中的耐心和爱心深表感谢。她也想感谢她的现任和前任学生，即这本书的其他 6 位作者，她要继续向他们学习！

Eli M. Dow 要感谢他的父母 Terry 和 Mona，他的兄弟姐妹 Ian 和 Ashley，以及其他一切提供帮助的人们。他也想要感谢 IBM 和 Linux 测试与集成中心在写作过程中的支持。他特别要感谢 Frank Lefevre、Duane Beyer、Robert Jay Brenneman、Phil Chan、Scott Loveland 和 Kyle Smith 就虚拟化和这本书方面特别有见地的谈话。Eli 还要感谢非常好的克拉克森大学的教师和工作人员，他们给他的学术生涯带来一次美妙的体验。最后，他希望感谢一个非常重要的人 Jessie，感谢她在写作中持续保持耐心。

Todd Deshane 想感谢一位对他而言相当重要的人 Patty，感谢她在本书写作中的支持。Wenjin Hu 想感谢他的母亲 Yajuan Song 和父亲 Hengduo Hu，他们持续地支持他在克拉克森大学的学习，此外还有感情上支持他的朋友 Liang Zheng。Patrick F. Wilbur 想感谢他的母亲 Claudia 和他的父亲 Richard，还有最重要的人 Krista，感谢他们在编写这本书时的支持和耐心。

作者简介

Jeanna Matthew

Jeanna Matthews 是克拉克森大学(波茨坦,纽约)计算机科学系的副教授,她管理着几个计算机实验室的实践,包括克拉克森开源研究所和克拉克森网络教学实验室。在这些实验室和修习她课程的学生已经在一些著名的计算机比赛获得荣誉,包括 2001 年、2002 年和 2004 年的 IBM Linux 的挑战赛,2005 年的 IBM 北美网格学者挑战赛,2005 年 Unisys Tuxmaster 竞赛,2006 年 VMware 的终极虚拟设备挑战赛。她的研究兴趣包括虚拟化、操作系统、计算机网络和计算机安全。她积极参与美国计算机协会,是操作系统特殊兴趣小组的财务主任,"操作系统回顾"的编辑,并且是 ACM's U. S. 公共政策委员会执行委员会 US - ACM 委员。她也是一本计算机网络教材《Computer Networking:Internet Protocols in Action》的作者,已被翻译成多种语言。Jeanna 于 1999 年从加州大学伯克利分校获得了计算机科学博士学位。

Eli M. Dow

Eli M. Dow 是纽约市波基普西 IBM 公司 Linux 测试和集成中心的一名软件工程师。他持有计算机科学理学学士学位、心理学学士学位,以及一个克拉克森大学计算机科学的硕士学位。他热衷于开源软件,是克拉克森开源研究所的一名创会会员和会友。他的兴趣包括虚拟化、Linux 系统编程、GNOME 桌面和计算机人机交互。他所撰写的很多 IBM developerWorks 文章专注于 Linux 和开源软件。此外,他还与别人合著了两本书,分别是《Introduction to the New Mainframe:z/VM Basics》、《Linux for IBM System z9 and IBM zSeries》。他第一次 Xen 出版经验是合著了早期的学术论文"Xen 和重复研究的艺术"。最近,他一直专注于开发高可用性,应用 z/VM 管理程序部署虚拟化的 Linux 企业客户的解决方案。

Todd Deshane

Todd Deshane2008 年取得克拉克森大学工程科学博士学位。他也持有克拉克森大学软件工程理学学士学位和计算机科学硕士学位。在克拉克森大学,他发布过多种研究刊物,许多均涉及 Xen。2005 年,有一个项目根据 Todd 的硕士论文《一个开源协作,大数据库浏览》赢得了 Unisys TuxMaster 比赛第一名。Todd 的主要学术和研究兴趣是在操作系统技术，如虚拟机监视器、高可用性，以及文件系统。他的博士论文侧重于针对桌面用户应用这些技术提供一个抵抗攻击的经验，在受病毒、蠕虫和不利的系统修改后自动和自主恢复。在他攻读博士期间，Todd 一直是助教和 IBM 博士学位奖学金获得者。在 IBM 公司，Todd 曾参与实习项目，涉及 Xen 和 IBM 技术。Todd 喜欢教学，辅导和帮助人。

Wenjin Hu

Wenjin Hu 于 2007 年克拉克森大学计算机科学硕士学位毕业，目前正在攻读博士学位，他的硕士论文是"虚拟化系统隔离特性性能的研究"，他的研究领域是操作系统虚拟化技术应用和安全性。

Jeremy Bongio

Jeremy Bongio 现为克拉克森大学的一名硕士在读生。他以一个 xenophilia 项目在 2005 年 Unisys Tuxmaster 竞赛中获得第二名，是促使 Xen 更加用户友好的早期贡献者。他是克拉克森开源研究所现任成员和前任学生理事，在这里他针对不同种类的虚拟化积极进行学习与实验。

Patrick F. Wilbur

Patrick F. Wilbur 目前正在克拉克森大学攻读计算机科学研究生。他的兴趣包括操作系统、系统和应用程序的安全性、自然语言处理和家庭自动化。在业余时间，Patrick 喜欢作曲、业余无线电实验、风暴追逐，并喜欢围绕房子做一些电子、软件和木工项目设计。他目前是克拉克森开源研究所的成员、克拉克森大学的计算机科学应用实验室的志愿者、应急通信志愿者和计算机协会的成员。

Brendan Johnson

Brendan Johnson 于 2002 年从克拉克森大学毕业，获计算机科学学士学位和副修数学。Brendan 在克拉克森大学继续接受教育，并取得计算机科学的硕士学位，论文是量子计算。Brendan 现任 Mobile Armor 公司的一名高级软件架构师。Mobile Armor 公司是世界领先的"静态数据"加密软件公司。

目　录

运行 Xen:虚拟化艺术指南

2

運行 Xen：虚拟化艺术指南

运行 Xen: 虚拟化艺术指南

10

第 **1** 章

Xen 背景和虚拟化基本原理

  Xen 是一个虚拟机监视器(管理程序),它允许用户在一套物理硬件上执行多个虚拟机,比如在同一台机器上运行 Web server 和 Test server,或者同时运行 Linux 和 Windows。尽管存在很多虚拟化系统,但是 Xen 的综合特性使它成为唯一适合许多重要应用的系统。Xen 运行在商业的硬件平台上并且是开源的。Xen 的执行速度快,可扩展,并提供服务器级的功能,比如动态迁移。本章主要讨论了虚拟化的共同特征和类型,描述了虚拟化的历史和 Xen 的起源,简要概括了 Xen 体系结构,并比较了 Xen 和其他虚拟化系统。

1.1 虚拟化的特征和优势

  虚拟机监视器为不同任务提供了一种方便的方式来使用同一台计算机的硬件。操作系统只是简单地使用户同时运行许多不同的应用来达到上述目的,比如同时运行 Web 浏览器,数据库服务器和游戏。但如果没有虚拟化,选择一个运行在计算机上的操作系统和系统配置会带来关闭其他选项的副作用。例如,如果在 Linux 上开发测试程序,就不能同时运行一个为 Windows 开发的程序。或者,如果用户运行的是一个最新的打了全部补丁的 Windows,重现那些使用早期版本用户遇到的问题会很困难。还有,如果用户的 Web 服务器和数据库服务器要求不用版本的系统库,它们可能就不能运行在同一个系统上。上述例子中,尽管可能一台机器的资源足够同时运行所有的应用程序,如果没有虚拟化,用户可能需要提供多台计算机,且每台都有特殊的软件配置。

  由于可以允许多个不同操作系统和软件配置存在于同一台物理计算机上,因此虚拟机监视器(管理程序)在现代化计算机中变得尤为重要。管理程序管理底层硬件,允许它同时被多个客户系统使用,给每个客户系统一个运行在自己私有硬件上的假象。

  管理程序把主机的物理资源抽象成多个能被单独客户系统申请使用的离散的虚拟副本。虚拟机客户把虚拟硬件当作真实硬件来使用,管理程序确保这些虚拟硬件能够像真实的硬件一样被客户使用。此外,管理程序必须保证客户之间的隔离。某种程度上,管理程序有点像魔术师和交通警察。图 1-1 说明了物理硬件、管理程序和客户虚拟机之间的关系。

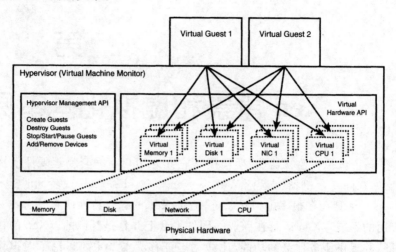

图 1-1　物理硬件、管理程序和客户虚拟机的关系

　　虚拟机监视器也提供了一套统一的硬件接口，这套接口对客户系统屏蔽了物理计算机资源的底层细节，提供了虚拟化的另一个关键优势——可移植性。事实上，许多现代管理程序都允许客户系统不间断的从一台物理机器迁移到另一台机器上。客户系统配置可以很容易地在一台机器上开发，然后部署在许多系统上。这减轻了在具有不同硬件特性的机器上管理和部署软件的工作。客户系统甚至可以在运行状态下从一台物理机器上迁移到另外一台上面。Xen 把这叫做动态迁移。虚拟化的优势如下。

　　（1）调试操作系统费时并且要求对程序设计非常熟练。虚拟化允许开发人员把一个新的操作系统作为客户机，在一台更稳定的主机上测试，减轻了这种负担。经过多年使用，这种技术被证实很有效。类似地，安全研究人员可以创造与主机或其他客户操作系统隔离的客户操作系统。研究人员可以在不影响主系统的情况下在这些客户操作系统上研究蠕虫、木马和病毒的影响。这些隔离的客户系统俗称"沙箱"。它们也可以被用于在将软件更新或是软件应用于正式产品前对其进行测试。

　　（2）从蓄意攻击和偶然故障引起的软件问题中快速恢复是虚拟化的另一个优势。通过维持一个稳定的客户映像，从一次攻击中恢复只是简单回滚到这个可靠的保存点。

　　（3）当服务器无法工作时，通过重新部署客户机，虚拟化提供了更高的可用性。服务器环境包括多台物理机器，它们每台上面都运行了一些客户系统。为了最有效地使用总体资源，客户系统可以从一台物理机器无缝地迁移到另外一台机器上来动态平衡负载。多年来，许多企业用户受益于通过额外的硬件平台带来的好处。现在，Xen 为更多的用户提供了这些优势服务。

　　（4）在服务器环境中虚拟化的其他优势也变得尤为清晰。一个例子是把许多独立执行的服务放在同一台物理机器上运行。在一个多宿主环境中，一个服务提供者可能在同一台物理机器上运行多个分属于个人或企业的客户系统。每个客户系统不需要和其他客户系统的所有者协调，它们可以拥有自己的管理员权限，选择要运行的软件，管理自己的虚拟客户系统。

（5）虚拟化的大多数优势来源于在一台机器上能够获得充裕的计算能力，尤其是像 X86 这种商业平台。随着系统计算能力的增长，未被利用的计算能力也在增多——尤其是在多处理器和多核系统中。虚拟化通过整合现今越来越多的高计算能力的物理计算机来提供一种利用其潜在计算能力的方法。

（6）由于开发人员不再需要重启物理机器来切换不同操作系统，因此管理程序对开发人员尤其有用。随着更多的应用被开发用于多平台，多重引导配置已经不再能满足开发人员的需求了，它们需要更通用的多重平台功能。

（7）从商业角度看，虚拟化可以降低总成本（TCO）。当多个操作系统同时存在于一个物理机器上时，可以更充分地使用其中的硬件。假设每个公司的服务器上运行着两个虚拟机，这意味着相同系统的计算机只需要服务器 50％的硬件资源。但并不是说每台机器是在并发运行虚拟的客户操作系统，通常情况下许多机器是处于空闲状态的，这些机器是通过虚拟化合并的最佳候选人。由于使用虚拟化，不同培训课程的配置（操作系统和应用程序）可以共同存在于同一个平台，减少了用于培训的计算机数量，最小化了项目配置，这可以降低员工培训的开支。

（8）在商业领域，用户也享受到了在现代硬件平台上虚拟化已有的操作系统和应用带来的好处。通常，移植应用程序到当前体系结构付出的代价太大。即使移植是成功的，这些应用也需要多年调试才能保证和原始应用一样鲁棒。有了虚拟机，用户可以在一个受保护的虚拟环境中执行现有的产品而不用担心恶意程序导致的系统崩溃。

（9）提到虚拟化另一个好处是它可以降低功耗减少制冷设备数量。和那些使用率较低的系统相比，运行了虚拟化的服务器具有较高使用率，能够更有效的利用能源。在设备密集温度较高的数据中心，由于计算设备占据了较少的空间，就能有更多的空间用于冷却。我们应该意识到有些时候制冷费用是一笔很大的开支。

1.2　虚拟化技术的类型

尽管虚拟化技术的许多细节是相似的，还是存在多种方法解决不同工具存在的问题。现代化计算机技术中，4 种主要的虚拟化技术支持完全独立的系统的虚拟：仿真、完全虚拟化、半虚拟化、操作系统级的虚拟化。为了完整，我们也简要讨论了其他两种虚拟化——库级和应用程序级的虚拟化，尽管它们都不能在整个操作系统上运行完全独立的系统。

由于进程间共享数据的机制，个人计算机上的现代操作系统对每个进程的隔离很差。因为大部分 PC 是为了单用户设计的,所以共享的优先级高于隔离。现代 PC 上可能运行任意数目的单独的进程,它们每一个都拥有自己唯一的进程标识符,但共享一个共同的底层文件系统。与此相反,为不同虚拟机提供更好的隔离性才是管理程序的设计初衷。大部分管理程序为不同客户系统提供的共享支持并不比同一网络下的单独的物理机器间的共享更多。

为了增加客户间的资源共享,每种虚拟化技术都要牺牲一些隔离性。通常,隔离性越强付出的性能代价也就越大,这是由于实现强隔离机制需要的额外开销导致的。相反,弱隔离降低了实现的要求因而提高了性能。

1.2.1　仿真

虚拟机仿真了全部的硬件设置来运行未经修改的基于完全不同硬件构架的客户系统,如图 1-2 所示。通常地,仿真用来创造新的操作系统或者在新的硬件物理实现前的新硬件的微指令。这方面的例子包括 PearPC、Bochs 和无加速模式的 QE-MU。

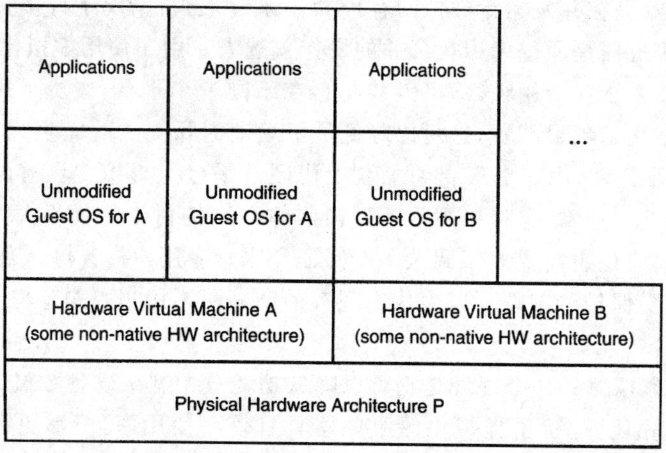

Applications	Applications	Applications	
Unmodified Guest OS for A	Unmodified Guest OS for A	Unmodified Guest OS for B	...
Hardware Virtual Machine A (some non-native HW architecture)		Hardware Virtual Machine B (some non-native HW architecture)	
Physical Hardware Architecture P			

图 1-2　虚拟机仿真

1.2.2　完全虚拟化技术

完全虚拟化技术(也称作本地虚拟化)和仿真类似。和仿真一样,没有修改过的操作系统和应用程序在虚拟机里运行。完全虚拟化技术和仿真的不同之处在于操作体系和应用程序都是基于和底层物理及其相同的硬件体系结构来设计的。这使得一个完全虚拟化的系统的很多指令可以直接在实际硬件上。管理程序负责实际访问底层硬件,但给了客户系统一种自己拥有硬件副本的假象。完全虚拟化技术不再需要使用软件来模拟一个完全不同的体系结构,如图 1-3 所示。

对 x86 体系结构来说,如果一个虚拟化系统运行未经修改的客户操作系统二进

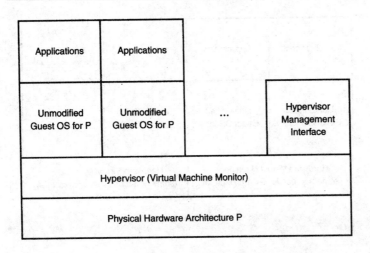

图 1 - 3　完全虚拟化技术

制编码，它们通常被归类为完全虚拟化。但有时为了更容易地虚拟化，并且保持高性能，需要将虚拟化系统针对 x86 做一些简单的修改。众所周知，虚拟化 x86 体系结构很困难。因此，为了提高性能以及使在 Xen 上运行操作系统更简单，x86 下应用了一些技术（Intel 的 VT 和 AMD 的 AMD - V，参见第 4 章"Xen Domain0 的硬件需求和安装"）。它们使用了一些比较巧妙的方法，比如简化的 x86 体系结构没有的即时的二进制指令转换。

　　完全虚拟化的主流产品包括 VMware Workstation、VMware Server（以前叫 GSX Server）、Parallels Desktop、Win4Lin Pro 和 z/VM。在具有上面提到的对虚拟化的硬件支持的基本体系结构中，Xen 支持完全虚拟化。

1.2.3　半虚拟化技术

　　第三种虚拟化技术称作半虚拟化，这个技术有时也被称作"enlightenment"。半虚拟化中，Hypervisor 提供一套修改过的底层硬件。区别于仿真，Hypervisor 管理的虚拟机也要使用这种修改过的体系结构。同时为了更简单快速的支持多个客户操作系统，需要对每个操作系统做一些特定修改。比如，客户操作系统可能被修改成使用一种特殊的 hypercall 应用二进制接口（ABI）来代替常用的特定体系特征。这意味着客户操作系统只需要做一些小的修改，但是对很难修改那些源代码不公开的操作系统，因为只发布了二进制形式的版本，比如 Microsoft Windows。和完全虚拟化技术一样，应用程序不需要作任何修改就可以运行。半虚拟化如图 1 - 4 所示。

　　半虚拟化的主要优点包括高性能，可扩展和易管理。User-mode Linux（UML）和 Xen 是使用了半虚拟化技术的主要产品。Xen 的性能优秀，安全性好，甚至在桌面硬件上也是如此。

　　Xen 进一步扩充了 I/O 设备的模型。它向客户操作系统提供了一套简化过的通

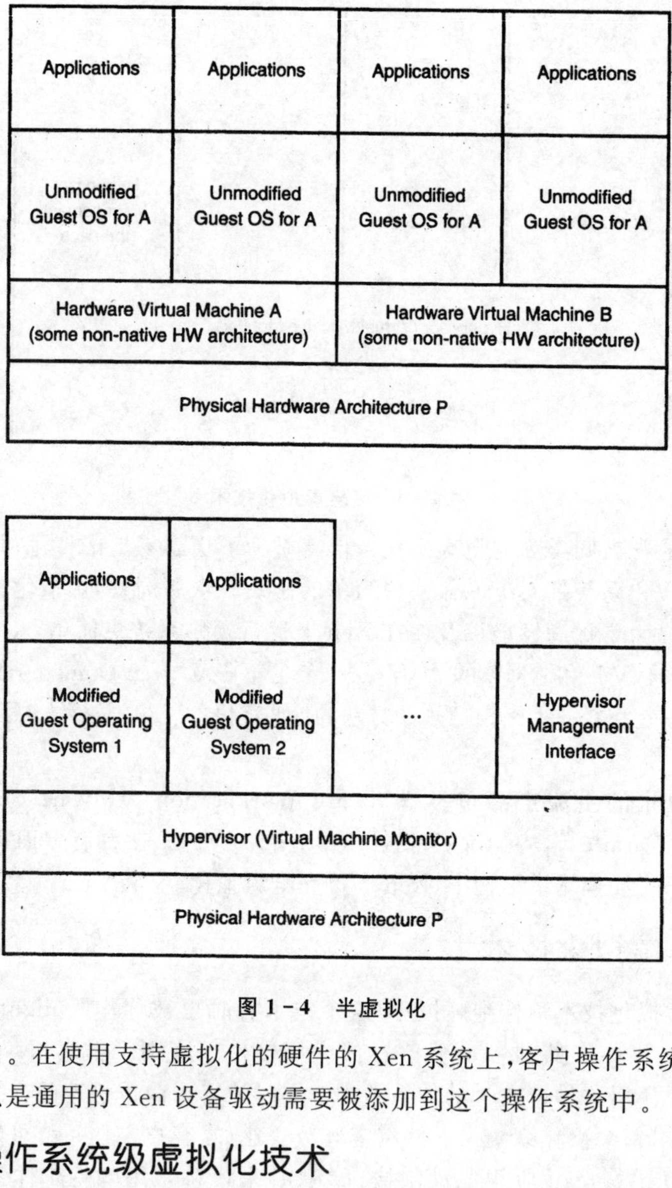

Applications	Applications	Applications	Applications
Unmodified Guest OS for A	Unmodified Guest OS for A	Unmodified Guest OS for A	Unmodified Guest OS for A
Hardware Virtual Machine A (some non-native HW architecture)		Hardware Virtual Machine B (some non-native HW architecture)	
Physical Hardware Architecture P			

Applications	Applications		
Modified Guest Operating System 1	Modified Guest Operating System 2	...	Hypervisor Management Interface
Hypervisor (Virtual Machine Monitor)			
Physical Hardware Architecture P			

图 1-4 半虚拟化

用的设备接口。在使用支持虚拟化的硬件的 Xen 系统上,客户操作系统无需修改就可以运行。只是通用的 Xen 设备驱动需要被添加到这个操作系统中。

1.2.4 操作系统级虚拟化技术

操作系统级虚拟化技术是第四种虚拟化技术(为了表明它是"几乎虚拟化的",也称作 paenevirtualization)。操作系统级的虚拟化没有虚拟机监视器,相反,虚拟化完全在一个传统的单个操作系统映像中完成。支持这种虚拟化的操作系统是一种提通用的分时操作系统,隔离命名空间和资源的能力更强。这种操作系统上创建的客户看起来仍然是拥有它们自己的文件系统,IP 地址和软件配置的单独机器,如图 1-5所示。

操作系统级虚拟化需要较少的资源。当讨论操作系统级虚拟化的资源时,主要

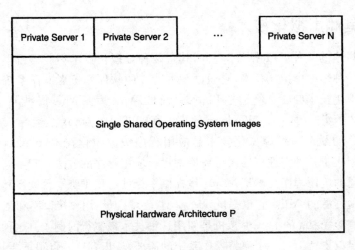

图 1 - 5　操作系统级虚拟化技术

是指占用宿主机较少的物理内存。客户操作系统通常共享一些程序的用户空间，库甚至软件栈的副本。至少，这些同质的客户操作系统并不需要自己的专有内核，因为它们都是完全一致的二进制。在使用操作系统级的虚拟化时，每个新客户操作系统需要的内存非常少。因为大部分这种客户操作系统都能适应给定的物理内存，所以操作系统级的虚拟化在那些对同时运行的客户操作系统可扩展性要求极高的场合非常有优势。有趣的是，这里所说的客户操作系统和我们以前提到的客户操作系统本质上完全不同。这里的客户操作系统指的是一个紧耦合的用户空间进程的容器，而不是一个成熟的操作系统。

　　在每个客户系统都想运行相同的操作系统的情况下，选择操作系统级的虚拟化非常合适。但对大多数用户来说，在同一台机器上运行不同操作系统是选择虚拟化的主要原因。但操作系统级虚拟化的定义并没有满足这个需求。

　　操作系统级虚拟化的另一个缺点在于对客户间的隔离不强。当一个客户使用的资源较多时，其他客户的性能就相应降低了。这并不是一个根本问题，可以通过修改底层的操作系统来提供强隔离性，但经验表明完全达到强隔离，复杂度和需要付出的代价很高。

　　当所有客户都属于同一个管理域时，弱隔离性是可以被接受的，因为在发生问题时管理员可以通过调整资源的分配来缓解它们。但在一个多宿主机环境中，客户系统分别被不同用户拥有和操作，这些客户之间没有彼此合作的理由，因此弱隔离性是不可接受的。

　　使用操作系统级虚拟化的产品包括 Virtuozze、Linux Vserver、OpenVZ、Solaris Containers、FreeBSD jails 和 HP UX 11i Secure Resource Partitions。

1.2.5　其他虚拟化技术

和前面讨论的 4 种虚拟化技术不同，其余两种虚拟化技术不能运行一个完整的操作系统。第一种是库虚拟化技术，它通过一种特殊的软件库仿真操作系统或它的子系统。这种虚拟化技术的一个例子是 Linux 系统的 Wine 库。Wine 提供了一个库，它是 Win32 API 的子集，这样一个 Windows 的桌面程序可以在 Linux 上运行。

本章讨论的最后一种虚拟化技术是应用程序级虚拟化技术（managed runtime）。应用程序虚拟化是一种在虚拟的执行环境中运行应用程序的方法。它不同于在硬件上运行一个普通的应用程序。虚拟执行环境提供了标准的用于跨平台运行和管理应用程序占用的本地资源的 API。它也提供线程模型、环境变量、用户接口库和辅助应用编程的对象这些资源。Sun 的 Java 虚拟机是使用这种技术最流行的例子。这种技术虚拟的硬件集合不足以支持运行一个完整操作系统的需要，认识到这一点很重要。

1.2.6　虚拟化技术类型概括

表 1-1 概括了本节讨论的虚拟化技术。

表 1-1　虚拟化技术一览

类型	描述	优势	劣势
仿真	Hypervisor 提供一个完整虚拟机（和宿主机完全不同的计算体系结构）使其他平台上的应用程序可以在这个虚拟环境中运行	模拟了非物理形式存在的硬件	性能低，虚拟化密度低
完全虚拟化	Hypervisor 提供一个完整虚拟机（和宿主机相同的计算体系结构）使未经修改的客户系统彼此隔离的运行	灵活——可以运行不同厂商的各种版本的操作系统	客户操作系统不知道它被虚拟化了，这可能引起商业硬件的性能损失，尤其是对那些使用 I/O 较多的应用
半虚拟化	Hypervisor 为每个客户提供一个经过特殊处理的完整虚拟机（和宿主机相同的计算体系结构）使修改过的客户系统能够彼此隔离的运行	轻量级，速度快，接近原始系统速度：只有 0.5%～3.0%性能损耗。[http://www.cl.cam.ac.uk/research/srg/netos/papers/2003-xen-sosp.pdf] 允许操作系统和 Hypervisor 系统工作来更有效的调度 I/O 及系统资源 可以虚拟化那些不能完全虚拟化的体系结构	需要把客户操作系统的特权机令修改成 hypercall 由于必须对客户操作系统进行一定的剪裁后才可以运行在虚拟机监视器（VMM）上，就不能使用半虚拟化技术来虚拟化那些非开源的操作系统

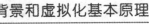

续表 1-1

类型	描述	优势	劣势
操作系统级虚拟化	一个操作系统被修改成允许各种用户空间服务进程被整合到一个功能单元中,它们可以隔离的在同一个硬件平台上运行	是一个快速,轻量级的虚拟层。它有最佳(接近原始)的性能、密度和动态管理资源的特性 需要所有虚拟机(同质的计算部件)上的操作系统完全相同,更新版本也要相同。	实际上,很难实现操作系统级的强隔离
库级虚拟化	通过一个特殊的软件库模拟操作系统或其子系统。不支持完整操作系统的虚拟化	为程序开发人员提供了和宿主操作系统 API 不同的 API	通常比在本地执行速度慢
应用程序级虚拟化	在提供了用于跨平台执行和管理应用程序占用的本地资源的标准 API 的虚拟执行环境中运行应用程序	自动管理资源,这减轻了编程人员学习的难度,提高了程序的可移植性	和本地代码相比,执行速度慢,虚拟机也会带来性能上的额外开销

1.3 虚拟化技术的历史

虚拟化技术是当今计算环境的一个重要组成部分,但它并不是一个新概念。事实上,虚拟化技术可以追溯到现代计算的起源。这种原始技术仍然存在,但它们通常只适用于一些领域,比如大型机中,在个人计算机领域则被忽略了。现在虚拟化的复兴则让大众了解了这个概念。图 1-6 是虚拟化里程碑的时间轴,在接下来的几节,我们会解释这些里程碑来帮助用户理解 Xen 的 Hypervisor 发展。

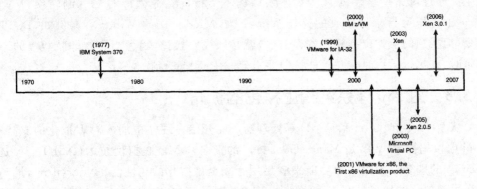

图 1-6 虚拟化里程碑的时间轴

1.3.1 IBM 大型机

伴随着虚拟化的商业价值逐渐显现,我们首先回顾一下 Hypervisor 技术的起源。虚拟化技术源于 20 世纪 60 年代的 IBM 大型机时代。如何提高 Hypervisor 的鲁棒性是早期计算机研究人员的主要目的。Hypervisor 允许多个操作系统同时运行，但是要保证在其中任何一个崩溃的时候其他操作系统可以被隔离。通常，在稳定版本同时运行的情况下，可以部署和调试新操作系统和软件。

IBM System/370 是第一台用于虚拟化的商业计算机。随着 CP/CMS 操作系统的出现，多个操作系统也可以同时在 IBM System/370 大型机上面运行。软件实现则由一个能够有效支持虚存的页转换硬件进行辅助。软硬件协同实现虚拟化只是 IBM 大型机的一种选择。实际上，现在所有的 IBM z 系列大型机仍然提供硬件对虚拟化的支持。z/VM 替代了早期的 CP/CMS，它上面的软件最大限度地利用了虚拟化硬件。VM（虚拟机的缩写）表明操作系统上所有硬件接口都是虚拟化出来的。VM/CMS 在学术界等一些领域广泛应用，获得了很高广泛的赞誉。许多现在虚拟化技术都能在早期的 IBM 大型机的实现技术中看到其影子的存在。

1.3.2　商业硬件的虚拟化

20 世纪 90 年代，Stanford 大学的 Mendel Rosemblum 领导的 Disco 项目在非均匀访存（NUMA）硬件上使用来虚拟机运行商用操作系统。但这里的商用操作系统是 Silicon Graphics 的 IRIX，它是基于 MIPS R10000 处理器设计的。和 IBM 大型机的处理器不一样，IRIX 不支持完全虚拟化技术。因此，Disco 的研究人员通过定向修改的方法来支持虚拟化，这种技术后来被称为半虚拟化技术。Disco 项目的研究人员修改和重新编译了 IRIX 让它可以在修改过的虚拟体系结构上运行。

接下来 Stanford 的研究小组把目标转向了修改另一种不是为虚拟化设计的商用平台 x86 上。这直接导致了第一款基于 x86 平台的商用虚拟化产品 VMWare 的诞生。通过对那些修改过的 x86 体系结构不支持的指令做即时二进制转换，VMWare 上可以运行未经修改的操作系统，比如 Microsoft 的 Windows。例如，POPF 指令（把栈顶的值弹出到标志寄存器中）就必须被替换掉，因为当它在非特权模式下执行时，在执行结束时它并不能按照要求修改中断禁止标志位。

1.3.3　对 x86 体系结构虚拟化的扩充

从 2005 年起，Intel 和 AMD 等处理器厂商开始在硬件中加入对虚拟化的支持。Intel 虚拟化技术（VT）是 Vanderpool 技术的别名，AMD 虚拟化技术（AMD - V）是 Pacifica 的别名。通过增加功能来满足用于完全虚拟化的高性能 Hypervisors，推动了商用虚拟化的发展。有了这些硬件，完全虚拟化实现起来很容易，而且可以得到更高的性能（Xen 使用了这些扩充技术来支持完全虚拟化）。

1.3.4　Xen 的起源和时间表

Xen 是剑桥大学计算机实验室的 2001 年启动的 XenoServer 项目的一部分。

XenoServer 要构建一个用于广域网分布式计算的通用部件。Xen 的目标是创建一个系统,在它上面任何用户都可以使用 XenoServer 执行平台。XenoServer 完成的时候,它的用户可以提交可执行代码并要为代码执行期间消耗的资源付费。为了保证最大限度地利用每个物理节点,需要有一个 Hypervisor 来支持在单个 x86 服务器上运行多个商用操作系统。在这种情况下,Xen 应运而生,用来组成每个 XenoServer 节点的核心。Xen 可以用于会计、审计和 XenoServer 需要的资源管理。更多关于 XenoServer 项目的信息参见 http://www.xenoservers.net/.

　　Xen 第一次公开亮相是在 2003 年 ACM 的操作系统原理会议(SOSP)收录的一篇论文上。商用 x86 机器会支持虚拟化的观点很快引起了学术界的广泛兴趣。随后,越来越多的组织开始对虚拟化感兴趣。这些年来,经过了几次大的更新,Xen 变得功能更强,可靠性更好,性能更优。

　　值得注意的是,在 Xen 1.x 中,微软研究中心和剑桥大学操作系统小组一起合作把 Windows XP 移植到了 Xen 上。由于微软公司的学院许可计划(Academic Licensing Program),这次移植才成为可能。遗憾的是,尽管在 Xen 最初的 SOAP 论文中已经被提及,但由于许可计划的原因,这次移植没有被发布。

　　2004 年,为进一步促进开源的 Xen Hypervisor 在企业中的应用,XenSource 公司成立。XenSource 致力于在出售企业套装软件和管理软件的同时,进一步促进Xen 的研发。在 XenSource 的带领下,了包括 IBM、Sun、HP、Red Hat、Intel、AMD、SGI、Novell、美国国家安全局、美国海军、Samsung、Fujitsu、Qlogic 等公司组织以及许多大学研究人员都加入到了 Xen 的开发中。而且,这些公司组织及研究人员还制定了一套标准,来降低 Xen 研发过程中的风险和加快研发速度。

　　2004 年年底,Xen 2.0 发布。这个新版本实现了更灵活地客户操作系统的虚拟I/O 设备配置。Xen 的这个版本允许用户自由配置防火墙规则,客户虚拟网络接口的路由和网桥,也支持 LVM 卷写时复制以及使用 loopback 文件存储客户操作系统磁盘映像。尽管客户操作系统仍然是基于单处理器的,Xen2.0 也提供了对对称多处理器的支持。这个版本最大的亮点则是支持了动态迁移,它允许一个运行中的客户操作系统在察觉不到服务被打断的情况下在直连网络内移动。Xen 还首次支持客户操作系统迁移,这一功能备受赞誉,吸引了众多开源爱好者的注意。

　　2005 年起,越来越多的人开始关注 Xen。无论在学术界还是业界这一趋势越来越明显。到 2006 年初 Xen 已经在虚拟化市场占据了很大份额。对大部分 Linux 经销商来说,支持 Xen 已经成了的一个标准。和以前相比,Xen2.0 的 Hypervisor 支持的客户操作系统也更多,包括 Linux、OpenSolaris、Plan 9 和一些 BSD 的变种。

　　2006 年,Xen3.0 里面增加了一个用于 Intel 的 Vanderpool 和 AMD 的 Pacifica 硬件虚拟化技术的抽象层。这样除了传统的半虚拟化系统,Xen 还可以支持未经修改的客户操作系统(称作硬件虚拟机或 HVM 客户操作系统)。Xen3.0 还对 SMP 客户操作系统(包括可热插拔的虚拟 CPU)、大容量存储器、可信平台模块(TPM)以及

IA64 体系结构提供支持。接下来推出的 Xen 3 发行版提供了按权重和 CPU 使用率来调度 CPU，自动 SMP 负载平衡以及一个测量工具（Xen-oprofile），这个工具用来帮助 Xen 开发人员优化代码来获得更高的性能。除此之外，Xen 还通过 packet segmentation offload 提高了网络性能，增强了对 IA64 的支持，以及支持一个 Power 处理器体系结构的原始版本。

2007 年，Citrix 公司购并了 XenSource 并把它变成了 XenServer 产品小组。同年，Xen3.1 发布，它支持了 XenAPI，这是一个 Xen 命令的编程接口，这些命令可以调用包括那些基于分布式管理任务组信息模型（DMTF CIM，这是异构机群管理的标准）的第三方管理工具。它也可以保存/恢复/迁移客户操作系统以及对 HVM 客户提供动态内存管理。最新版本可以在 http://xen.org/download/ .下载。随着本书的出版，Xen 已经发布了它的最新版本 3.2。

1.4　其他的虚拟化系统

Xen 不是唯一可用的虚拟化系统，但它具有一系列特性，使其特别适合许多重要的应用。Xen 运行在商业平台上，并且是开源的。它的运行速度很快，表现出接近原生（native）计算机的性能。Xen 是可扩展的，提供服务器级别的功能，如动态迁移。它既支持未经修改的客户系统，如 Windows，也支持半虚拟化的客户体统。很多的公司聚集在 Xen 的背后，形成一个开源的平台。这个开源平台能够确保它们的努力与贡献不会被一个无法预料其改变的私有平台所掩盖。

我们要讨论的虚拟化系统一个最后的独有的特点是安装类型。有两种主要的安装类型：宿主模式（hosted）和裸机模式（bare - metal）。宿主模式的意思是虚拟化系统安装并运行在一个宿主操作系统上。裸机模式的意思是虚拟化系统直接安装并运行在物理硬件上，不需要宿主操作系统。Xen 属于裸机模式类型的虚拟化系统。还记得 Xen 既支持半虚拟化又支持完全虚拟化。

本节讨论了在当前市场中的多种常见虚拟化技术。我们之前从抽象的观点讨论了各种不同类型的虚拟化。在本节中，我们将看一看每个虚拟化实现方法的具体的例子，以及它们的优点和缺点。如果你对这些其他类型的虚拟化技术不感兴趣，请跳过这一节。不必担心，以后不会有问题的。

1.4.1　仿真（Emulation）

Bochs —— 一个 x86 计算机模拟器，可以在包括 x86、PowerPC、SPARC、Alpha 和 MIPS 的多种平台上运行。Bochs 可以被配置为仿真许多代的 x86 计算机架构的执行，包括 386、486、Pentium、Pentium Pro 以及最新的 64 位实现。Bochs 还可以仿真一些可选的指令，如 MMX、SSE2、SSE2 和 3DNow。Bochs 的特性不仅在于可以仿真处理器，还可以仿真整个计算机系统，包括为了正常操作而必需的外围设备。这些外设包括鼠标、键盘、图形硬件和网络设备。Bochs 能够运行多种操作系统作为客户系统，包括多个版本的 Windows(包括 XP 和 Vista)、DOS 和 Linux。需要注意的是，Bochs 需要一个宿主操作系统来运行，并不能安装在裸机上。Bochs 典型的宿主机是 Linux、Windows 或 Max OS X。

QEMU——另一个仿真器的例子，但是其实现方式与 Bochs 的区别值得一提。QEMU 支持两种操作模式。第一种是全系统仿真模式，这很像 Bochs，仿真了包括外围设备的完整的个人计算机(PC)。这种模式仿真多种处理器架构，如 x86、x86_64、ARM、SPARC、PowerPC 和 MIPS，它通过使用动态翻译来达到比较好的速度。使用这种模式，用户可以在 Linux、Solaris 和 FreeBSD 平台上仿真一个能够运行 Microsoft Windows(包括 XP)和 Linux 客户系统的环境。

额外的操作系统整合模式也被 QEMU 支持，第二种操作模式是用户模式仿真。这种模式仅仅当宿主机为 Linux 时才可用，它允许执行不同体系结构的二进制代码。例如，为 MIPS 体系结构编译的二进制代码可以在运行 Linux 的 x86 体系结构上执行。其他的被此种模式支持的体系结构包括 SPARC、PowerPC 和 ARM，更多的体系结构的支持还在开发中。Xen 依赖于 QEMU 的设备模型来实现 HVM 客户系统。

1.4.2　完全虚拟化

VMware——创立于 1998 年，是第一家为 x86 体系结构提供商业虚拟化软件的公司，现在它拥有针对基于 x86 的服务器和台式机的、丰富的虚拟化解决方案产品线。VMware 拥有基于裸机的产品，ESX Server。利用 ESX Server，系统管理程序(Hypervisor)作为一个抽象层处于客户操作系统和裸机硬件之间。利用 VMware workstation，系统管理程序以宿主模式作为应用程序安装在基础操作系统之上，基础操作系统可以是 Windows 或 Linux。VMware 通过动态翻译不能虚拟化的 x86 指令来支持未经修改的客户操作系统的执行。VMware ESX Server 和 Workstation 都是商业产品。VMware Player 是一个可以被自由下载的宿主类型的 VMware Server，它允许用户运行由 VMware Server 或 Workstation 创建的虚拟机。VMware 也主持开发了免费的扩展库，以及预先配置的虚拟机应用，参考 http://www.vmware.com/appliances/。注意，VMware 可以通过使用 VMI(在本章后面的 paravirt_ops 一节有描述)来运行半虚拟化的客户系统。

Microsoft——一个企业虚拟机市场中相对新来者，发布了 Hyper-V，它既可以作为独立产品，也可以作为 Windows Server 2008 的一个特色的系统管理程序产品。Microsoft 同样有一个针对 Windows 的可以免费下载的宿主的虚拟化产品，称为 Virtual PC。Virtual PC 最初是由 Connectix 公司为 Apple 计算机设计的。第一个版本于 1997 年中发行。2001 年以代号 Virtual PC for Windows 4.0 发布了支持 Windows 的版本。两年后，也就是 2003 年，Microsoft 认识到虚拟远在企业市场中变得越来越重要,它收购了 Virtual PC 和先前未发行的名为 Virtual Server 的产品。该软件就是当前市场上的 Microsoft Virtual PC 2007。还有一个商业上可用的针对于 Mac 的 Virtual PC 版本。Virtual PC 2004 仿真了 Intel Pentium 4 处理器,以及 Intel 440BX 芯片组(该芯片组支持 Pentium II, Pentium III, and Celeron 处理器),一个标准的 SVGA Vesa 显卡,声卡和以太网设备。从此以后,Microsoft 将 Windows 版本免费发行,但 Mac 版本仍然是需要购买的。2007 版本支持将 Windows Vista 作为客户系统(仅仅支持 23 位版本,并且不支持新的 Aero Glass 接口)和宿主系统(支持 32 位和 64 位)。在这个时候,Virtual PC 2007 只支持 Windows 平台。有趣的是两个平台上的实现都是通过动态重编译来完成工作的。早期版本的运行在 Macintosh 平台上的 Virtual PC 使用动态重编译来转换 x86 指令集为本地的 PowerPC 指令集。有趣的是,Windows 版本的 Virtual PC 使用动态重编译是由于不同原因。Windows 版本转换客户系统的内核模式和实模式的 x86 代码为用户模式的代码。任何客户系统的用户模式代码能够自然的运行。客户系统的调用在某些情况下会被捕获,以用来提高性能或是同宿主系统整合。

Linux KVM(内核虚拟机)——另一个虚拟化领域的新来者是 Linux KVM。KVM 是一个完全虚拟化的解决方案,在 2.6.20 主内核的开发阶段被合并。KVM 操作的方法相当的有趣。每一个运行于 KVM 之上的客户系统实际在宿主系统的用户空间内运行。这一方式使得每一个客户机实例(给定的客户机内核和它对应的客户机用户空间)看上去类似于底层宿主内核的正常进程一样。因此 KVM 的隔离性比我们讨论过的其他方法要弱。利用 KVM,协调好的 Linux 进程调度程序执行系统管理程序在多个虚拟机间多路复用的任务,类似于正常操作下用户空间进程的多路复用。为了实现这个目的,KVM 引入一种区别于基于 Linux 系统传统模式(内核和用户)的新的执行模式。这个新模式是为虚拟客户系统设计的,称为客户模式。客户模式有自己的用户模式和内核模式,当完成所有非 I/O 客户机代码的时候,客户机模式被使用。KVM 转回为正常用户模式,来支持虚拟客户机的 I/O 操作。KVM 模块通过使用一个新的字符设备驱动来给客户系统实例导出虚拟硬件,该驱动使用系统管理程序的文件系统上的/dev/kvm 入口点。KVM 客户系统通过一个经过简单修改的 QEMU 进程来访问虚拟设备。当在现代具有虚拟化扩展的硬件上执行时,Linux(32 位和 64 位)和 Windows(32 位)客户系统都可以被支持。尽管为了支持 Windows 客户机需要硬件支持,KVM 正在被开发,从而为 Linux 客户机提供 paravirt_ops 带来的优势。

1.4.3　半虚拟化

用户模式 Linux(User - mode Linux)——被称为用户模式 Linux(UML)的半虚拟化实现,它允许一个 Linux 操作系统在用户空间执行其他 Linux 操作系统。每个虚拟机实例作为一个宿主 Linux 操作系统的进程运行。UML 被明确设计为在

Linux 宿主机上执行 Linux 客户虚拟机。UML 在 2.6 内核开发阶段被引入。UML 共享由虚拟化机制创建的虚拟设备的通用部分。由于 UML 是半虚拟化的一种，所以客户系统的内核相应选项需要在编译前在配置内核时被使能。UML 内核可以是嵌套的，它允许一堆客户虚拟机一个在另一个上运行，且只以一个 Linux 宿主系统实例作为基础。UML 的最大的劣势是它是一个在 Linux 宿主机上运行 Linux 虚拟机的解决方案。尽管合情合理，但是这种策略并不符合当今需要从虚拟化中受益的多种多样的计算环境。

　　lguest—— Lguest 是 Linux 主内核内建的另一个虚拟化方法。Lguest 由 Rusty Russed 维护并在 2.6.23 开发阶段引入。Lguest 一个非常有趣的地方是，它作为一个内核模块来实现，而不像其他使用了本书描述的不同机制实现的虚拟化方法。尽管 Lguest 不像其他类型的虚拟化功能强大，但是由于它的代码较少，很适合作为学习和实验虚拟化实现的工具。向 64 位系统上移植 Lguest 的实验现在正由 Red Hat 进行着。尽管 Lguest 很新，但是由于它很快被主流内核源码引入，使得其引起很大关注。你可以在其项目主页上获得到更多东西：http://lguest.ozlabs.org/.

　　通用半虚拟化接口"paravirt_ops"—— 内核虚拟化的历史显现出，在怎样才算是在内核中进行虚拟化的最好的实现存在一些分歧。在内尔接口中，没有一个标准来实现半虚拟化。当 Xen 使用一种方法时，VMware 在 2005 年提出了一种备选的跨平台的 ABI，被称为虚拟机接口（VMI）。VMI 在 2.6.21 开发时被引入内核。同时，其他虚拟化的执行使用其自己不同的实现方法。内核开发者意识到，一些明确的实现解决方法必须支持每一个厂商的需求。因此它们使用一种建立在其他 Linux 内核代码部分上的方法。通常在 Linux 内核中，如果知道给定功能的 API 不同实现，一个操作结构体将被用来保证单一的 API 存在于一个聚合的方式中。被建议的实现方法是半虚拟化操作结构体（如 paravirt_ops 结构体），该方法不强制实行任何特定的 ABI，相对地，它允许运行时选择在 API 中实际的实现方法。每个虚拟化平台可以为这个通用接口实现自己的后端函数。Linux 在 2.6.23 主内核开发时引入了 paravirt_ops 支持的补丁。这是由于众多虚拟化开发者的协作，使得 Linux 虚拟化空间发生了最近的标准化工作，应该能够促进虚拟化技术更快的发展。适当地使用这个构架，一个支持 paravirt_ops 的内核应该能够被原生地执行，或作为 Xen 客户系统，或作为 VMI 客户系统。

1.4.4　操作系统级虚拟化

　　Linux – VServer—— Linux – VServer 是一个在商业硬件上应用操作系统级虚拟化的例子。它被 2.4 和 2.6 的 Linux 内核支持，并且能够在多种硬件平台（x86、x86 – 64、SPARC、PowerPC、MIPS、ARM）上运行，Linux – VServer 将一个 Linux 内核的唯一实例进行虚拟化，从而多个客户系统可以在用户空间实例化。在 VServer 的术语中，客户系统被称为虚拟专有服务器（VPS），VPS 独立运行，并且彼此不知道其他 VPS 的存在。为了确保这些 VPS 进程是被隔离的,使用了额外的措施,也就是修改 Linux 内核的内部数据结构和算法。Linux－VServer 通过使用 chroot 的严格变体,来隔离每一个 VPS 的根目录,其不允许使用 chroot 来更改。这样,VPS 被隔离在自己的那部分的文件系统中,而且不能够觊觎它的父 VPS 或是随后的 VPS。VServer 的修改还引入了执行上下文中(execution context)。上下文是一个概念上的容器,一组 VPS 进程被聚合在一起。通过上下文,像 top 或 ps 之类的工具可以只显示针对单一 VPS 的相关结果。在初始化引导阶段,内核定义了自身执行的一个默认的上下文。此外,VServer 使用特殊的旁观上下文来实现管理任务,如查看系统中的每个进程而不管它是处于哪一个上下文中。

VServer 调度程序的实现可以用水桶来比喻。有一个固定容积的水桶,在每个固定间隔内会填充固定数量的令牌,直到填满为止。注意,任何盈余的令牌都会"溢出"水桶。在每次定时器事件时,实际需要(并使用)CPU 的进程从桶中消耗一个令牌,除非桶是空的。如果桶空了,进程将进入一个挂起队列中,直到水桶再次被填充至少 M 个令牌,达到这个最小令牌量时,进程将被重新调度。这一调度器是很有用的,因为令牌可以连续的进行积累,当随后需要的时候再被兑现。从而上下文令牌桶可以允许细粒度的控制所有受限进程的处理器使用。在 VServers 中这实现的一方式的修改是根据当前桶中的填充程度,动态的修改优先级值。

OpenVZ—— OpenVZ 是另一个操作系统级虚拟化的实现,在思想上类似于 Linux－VServer,但是有明显不同。OpenVZ 的实现也可以运行在多种硬件架构上,包括 x86、x86－64 和 PowerPC。OpenVZ 是通过修改内核实现的,修改后的内核支持专有的隔离用户空间的虚拟环境 VE。VE 也被称为 VPS(虚拟专有服务器),正如 Linux－VServerx 项目一样。VE 的源由称为 beancounters 的结构所控制。这些 beancounters 由一系列用来给定义 VPS 实例资源分配的参数所组成。Beancounters 定义了可用的 VE 系统内存,全部可用的 IPC 对象,以及其他系统参数。在实现上的一个值得注意的不同是,OpenVZ 是双重行为调度。这个独特的调度器首先从一个虚拟服务器列表中选择一个 VPS 实例,然后引发第二级的调度来选择哪一个客户系统用户空间进程可以被执行(同时考虑到标准的 Linux 进程优先级标志)。OpenVZ 还支持客户操作系统检查点。当客户系统没有动作并且处于 frozen 状态时,检查点就会发生,并且会被连续的记录到一个文件中。一个检查点文件可以被转移到另一个 OpenVZ 主机上并且恢复。不幸的是,像很多商业虚拟化解决方法一样,OpenVZ 提供一系列独一无二的虚拟化管理管理工具。此外,OpenVZ 支持动态迁移功能,并被很多系统管理员所称赞。

1.4.5 流行的虚拟化产品

表 1-2 列出了流行的虚拟化产品,以及它们的类型和许可证信息。尽管有些重要的微妙的不同,GPL (GNU General Public License)、LGPL (GNU Lesser General Public License）和 CDDL（Common Development and Distribution License）都是开源许可证的类型。BSD 和 MIT 许可证是由加利福尼亚大学、伯克利大学和麻省理工学院分别起草的宽泛的许可证。像开源许可证一样，这些许可证允许使用其源代码并且事实上提供比 GPL 类许可证更少使用上的限制。关于开源许可证的更多的信息请参看 http://www.opensource.org/licenses 。

表 1-2　虚拟化产品表

实现	虚拟化类型	安装类型	许可证
Bochs	仿真	宿主模式	LGPL
QEMU	仿真	宿主模式	LGPL/GPL
VMware	完全虚拟化；半虚拟化	宿主和裸机模式	专有
User Mode Linux (UML)	半虚拟化	宿主模式	GPL
Lguest	半虚拟化	裸机模式	GPL
Open VZ	操作系统级虚拟化	裸机模式	GPL
Linux VServer	操作系统级虚拟化	裸机模式	GPL
Xen	半虚拟化；当使用硬件扩展时完全虚拟化	裸机模式	GPL
Parallels	完全虚拟化	宿主模式	专有
Microsoft	完全虚拟化	宿主模式	专有
z/VM	完全虚拟化	宿主和裸机模式	专有
KVM	完全虚拟化	裸机模式	GPL
Solaris Containers	操作系统级虚拟化	宿主模式	CDDL
BSD Jails	操作系统级虚拟化	宿主模式	BSD
Mono	应用程序级虚拟化	应用程序层	编译器和工具遵循 GPL，运行时库遵循 LGPL，类库遵循 MIT X11
Java Virtual Machine	应用程序级虚拟化	应用程序层	GPL

小　结

本章介绍了虚拟化技术的基本概念以及它带来的好处。通过对当前多种虚拟化类型的介绍，用户可以有一个较好的基础来比较给予不同虚拟化技术实现的虚拟机。我们回顾了 Xen 的前身，20 世纪 60 年代出现的专用硬件，并讨论了硬件的发展导致

Xen 这样的虚拟化技术可以应用在现代商用硬件上。对这些材料的理解有助于帮助用户更好地比较 Xen 和其他虚拟化技术。

参考文献和扩展阅读

"x86 Virtualization." Wikipedia.

　http://en. wikipedia. org/wiki/Virtualization_Technology.

"Comparison of Virtual Machines. " Wikipedia

　http://en. wikipedia. org/wiki/Comparisong_of_virtual_machine

"Emulation. " Wikipedia.

　http://en. wikipedia. org/wiki/Emulation

"Full Virtualization. " Wikipedia

　http://en. wikipedia. org/wiki/Full_virtualization.

"Popek and Goldberg Virtualization Requirements. " Wikipedia.

　http://en. wikipedia. org/wiki/Popek _ and _ Goldaberg _ virtualization _ requirements

"Xen. " Wikipedia.

　http://en. wikipedia. org/wiki/Xen.

"Xen. " Xen. org

　http://xen. org/xen/.

"The Xen Virtual Machine Monitor. " University of Cambridge.

　http://www. cl. cam. ac. uk/research/rg/netos/xen.

Xen Project Status and Roadmap from the 2007 Xen Summit.

　http://xen. org/xensummit/http://community. citrix. com/blogs/cirtrite/barryf/2007/12/14/Xen＋Project＋Status＋and＋Roadmap＋from＋Xen＋Summit

"Relationship between Xen Paravirtualization and Microsoft Enlightenment. "

　http://servervirtualization. blogs. techtargert. com/2007/03/30/steps-along-the-path-of-enlightement/

"Virtualization. info：News digest and insights about virtual machines and virtualization technologies，products，market trends since 2003. "

　http://www. virtualization. info/

## 第2章

使用 Xen LiveCD 进行快速漫游

如果用户对亲自尝试 Xen 很感兴趣,最快的方法通常是使用 Citrix XenServer 产品小组提供的 LiveCD。它允许用户在计算机上尝试运行 Xen,而不需要安装甚至不需要改变用户当前的系统配置。本章将一步一步为用户演示使用 LiveCD 的过程。在这个过程中,用户可以感受启动和管理客户机镜像,以及其他的 Xen 基本命令。

2.1　运行 LiveCD

Xen 的 LiveCD 完全在计算机的主存储器(内存,RAM)中运行,不需要任何东西安装到物理硬盘上。它能够在实际执行完整的 Xen 安装前,来检测硬件兼容性,或者用来熟悉基本的 Xen 管理命令。

本章的剩余内容是在 IBM ThinkPad 便携式电脑上运行得到的。我们使用的是 T60p 这一型号,配置有 Intel Core Duo 处理器、2GB 的内存。清单 2-1 给出了测试系统的详细资料。由于 LiveCD 并不支持所有的硬件配置,因此可能不能成功运行 LiveCD。此外,LiveCD 可以在 VMWare 下正常运行。

清单 2-1　测试系统的详细资料

```
localhost:/ # cat /proc/cpuinfo
processor              : 0
vendor_id              : GenuineIntel
cpu family             :6
model                  :14
model name             :Genuine Intel(R) CPU        T2600    @ 2.16GHz
stepping               :8
cpu MHz                :2161.338
cache size             :2048 KB
fdiv_bug               :no
hlt_bug                :no
f00f_bug               :no
coma_bug               :no
```

运
行
Xen
：
虚
拟
化
艺
术
指
南

20

```
    fpu                 :yes
    fpu_exception       :yes
    cpuid level         :10
    wp                  :yes
    flags               :fpu tsc msr pae mce cx8 apic mtrr mca cmov pat clflush dts acpi
mmx fxsr sse sse2 ss ht tm pbe nx constant_tsc pni monitor vmx est tm2 xtpr
    bogomips            :4323.93processor            :1
    vendor_id           :GenuineIntel
    cpu family          : 6
    model               : 14
    model name          : Genuine Intel(R) CPU        T2600    @ 2.16GHz
    stepping            : 8
    cpu MHz             : 2161.338
    cache size          : 2048 KB
    fdiv_bug            : no
    hlt_bug             : no
    f00f_bug            : no
    coma_bug            : no
    fpu                 : yes
    fpu_exception       : yes
    cpuid level         : 10
    wp                  : yes
    flags               : fpu tsc msr pae mce cx8 apic mtrr mca cmov pat clflush dts acpi
mmx fxsr sse sse2 ss ht tm pbe nx constant_tsc pni monitor vmx est tm2 xtpr
    bogomips            : 4323.93
localhost:/ #
```

2.2　第 1 步：下载 LiveCD 镜像，并创建光盘

在编写本书时，我们所使用的 LiveCD 版本大约为 674MB，它可以从 http://
bits. xensource. com/oss-xen/release/3. 0. 3-0/iso/livecd-xen-3. 0. 3-0. iso 下载，我
们在本书的支持网站（Runningxen. com）中保存在这一版本的镜像备份。此外，可以
在 http://xen. org/download 中查找最新的 Xen LiveCD。

LiveCD 是一个 ISO 光盘镜像，在使用之前它需要被烧写到一个 CD 盘片上。一
旦下载完成并烧写到光盘上时，只需要简单地将盘片插入计算机 CD - ROM 或 DVD
- ROM 驱动器中，并重启计算机就可以了。注意，在计算机的 BIOS 设置中，需要设
置为从 CD - ROM 或 DVD - ROM 驱动器启动计算机。LiveCD 的最大好处是它不
需要安装 Xen，它是从光盘上（而不是从本地硬盘上）启动一个特定的 Xen 管理的宿
主机（称为 Domain0）。Domain0 是 Xen 管理工具所在的宿主平台。客户 Domain

（或者说，不同于 Domain0 的客户机）是非特权 Domain，成为 DomainU 或 DomU。这些客户 Domain 中运行着我们希望进行虚拟化的操作系统。

　　Domain0 和其下的 Xen Hypervisor 在启动过程中获得系统中特权、管理的位置。Xen Hypervisor 被插入到 GRUB 启动菜单中，并首先启动。Hypervisor 接着启动 Domain0。最后，Domain 中的配置文件被用来启动预先创建好的客户 Domain。这些配置文件在第 6 章"管理非特权 Domain"中有更加详细的描述。

　　LiveCD 在同一张光盘中包含有 Domain0 和 Xen 客户机镜像，当使用 Xen LiveCD 时，注意它只是从光盘和内存中操作，因此客户机会比它们在本地硬盘安装的情况下慢很多。

2.3　第 2 步：从 GRUB 菜单中选择 Domain0 镜像

　　Xen LiveCD 中包含有多个 Domain0 镜像，当用户从 LiveCD 启动时，首先看到的是 GRUB(Grand Unified Bootloader)菜单，这个菜单允许用户选择想要启动的宿主机环境。

　　如图 2-1 所示，启动引导菜单中有 7 个可用选项，前 2 个选项是基于 Debian 的，随后的 2 个选项是基于 CentOS(一个 Red Hat 企业 Linux 的衍生版本)的，随后的 2 个是基于 OpenSUSE 的选项，最后一个原生的(也就是 Xen 不可知的)Debian 内核。

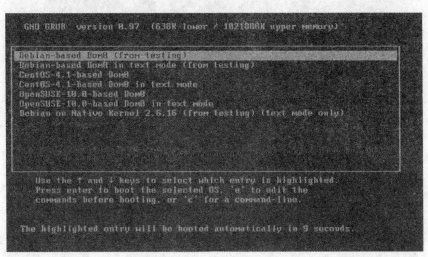

图 2-1　LiveCD 的 GRUB 菜单

　　如图 2-1 所示，LiveCD 的 GRUB 菜单显示有启动选项：基于 Debian 的 Dom0 (文本模式，或图形模式)、基于 CentOS 的 Dom0(文本模式，或图形模式)、基于 OpenSUSE 的 Dom0(文本模式、或图形模式)、在原生内核上的 Debian。

位于列表顶端的 6 个 Xen 可知的 Domain0 内核,可以注意到,每一个列举到的发行版都有图形模式和文本模式的选项。如果是在有足有资源的系统上进行操作的话,可以使用图形选项(任何没有指定文本模式,也就是 text mode 的选项),它提供了很多现代计算机环境所期待的便利之处。如果系统只有很有限的资源,或者图形环境的选项不能正常工作,作为选择,可以尝试文本模式的选项。

如果不确定要选择哪一个选项,那么 Debian 的版本是相对简单的推荐,因为该版本的壁纸选择更加适合于眼睛。在做出选择之后,类似于大部分 Linux 启动过程的引导序列在屏幕上滚过。在我们测试的硬件上,启动时间不超过 2 min,随后呈现在用户面前的是图形化登录界面。

2.4 第 3 步:登录和桌面

图 2 - 2 中显示的登录界面是 GNOME 显示管理器(GDM,GNOME Display Manager),它在文本入口范围之上描述了登录过程。在我们的环境中,测试的指令是使用口令"xensource"来登录"root"用户。如果登录成功,GDM 提示会显示,随后呈现在用户面前的是 Xfce 桌面环境的标记。

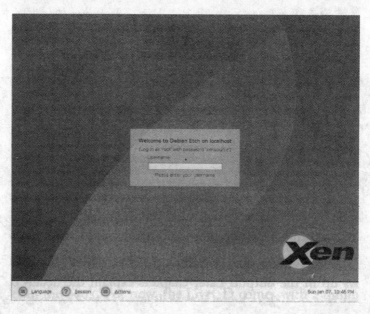

图 2 - 2 登录进入 Debian Domain0 桌面

Xfce 是一个轻量级图形化桌面环境,用于多个 Linux 系统。由于 Xfce 相对较少的资源消耗。使得它成为一个优秀的 Xen 宿主环境。但是,对于专有的 Xen 系统,可以选择部署 GNOME、KDE 或者其他任何你喜欢的窗口环境。

在 Xfce 被完全加载后,一个面板出现在桌面的顶端和底部。另外,2 个终端窗口被打开,一个显示有帮助文档的 FireFox 浏览器也被打开,用户可以从帮助文档开始工作。最顶层的终端默认显示有 xentop 命令的输出,图 2-3 显示了整个桌面的示例,Xentop 工具是一个简单的基于控制台的应用程序,用于实时显示虚拟客户机和它们所分配/消耗的资源。第二个控制台提供了命令行的提示说明,只使用这些命令行就可以创建虚拟化客户机。

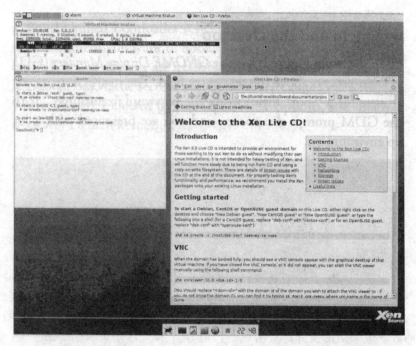

图 2-3　桌面自动显示"欢迎来到 Xen LiveCD!"的文件、xentop 和一个终端窗口

　　图 2-4 显示了在创建任何客户机之前的 xentop 的输出内容。注意 Domain0 显示在输出内容中。稍后的章节将解释 xentop 的输出中的详细内容。目前,知道每一个启动的虚拟机都会在这个列表中显示出来,就足够了。

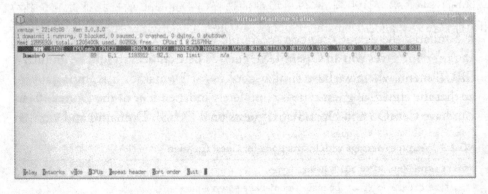

图 2-4　xentop 的输出内容中只显示了 Domain0

用户可能同样关心在 Xen LiveCD 中安装有什么其他的有趣的指令和 Xen 工具。清单 2-2 显示了 LiveCD 中所有可用的 Xen 命令的列表。尽管在本章中，没有使用这些指令的全部，它们在 LiveCD 中仍然是可用的。稍后的章节中将更详细地讨论这些命令。

清单 2-2　Xen 命令

```
localhost:~ # xen<tab>
xen-bugtool       xenstore-chmod      xenstore-write
xenbaked          xenstore-control    xenstored
xencons           xenstore-exists     xentop
xenconsoled       xenstore-list       xentrace
xend              xenstore-ls          xentrace_format
xenmon.py         xenstore-read       xentrace_setmask
xenperf           xenstore-rm         xentrace_setsize
localhost:~ #
```

2.5　第 4 步：创建客户机

用户可以按照第二个控制台窗口中的说明（清单 2-3），来使用 xm create 命令来创建大量客户机。选项-c 指定了一旦虚拟机的创建过程完成后，将会为新的虚拟机打开一个初始化控制台。提供的最后一个参数是配置文件的位置，文件中包含有要创建的客户机类型的全部详细信息。目前，随 LiveCD 发布的如清单 2-3 所示的预先设置的配置文件，用户需要做的全部内容是选择它们中的一个。

如果指定了配置文件/root/deb-conf，将得到一个新的 Debian 客户机。类似地，文件/root/centos-conf 将创建一个 CentOS 客户机，/root/opensuse-conf 将创建 OpenSUSE 客户机。选择会比较熟悉，因为在 GRUB 菜单中做出了类似的对 Domain0 的选择。需要认识到，客户机类型的选择与 Domain0 的选择彼此完全独立。用户能够在 Debian 的 Domain0 上运行 CentOS 和 OpenSUSE 的客户机，反之亦然。

清单 2-3　带有客户机创建说明的欢迎信息

```
Welcome to the Xen Live CD v1.6!
To start a Debian 'etch' guest, type:
    # xm create -c /root/deb-conf name = my-vm-name
To start a CentOS 4.1 guest, type:
    # xm create -c /root/centos-conf name = my-vm-name
To start an OpenSUSE 10.0 guest, type:
    # xm create -c /root/opensuse-conf name = my-vm-name
```

```
localhost:~ # xm create -c /root/deb-conf
localhost:~ #
```

用户可以使用 name 参数指定每一个创建的虚拟机的描述名称。例如,用户可以选择使用像 debian_guest1 的简单模式来作为用户的第一个 Debian 客户机的名称,然而,更加具有描述性的方法也许在长期运行中会帮到用户。如果用户没有在命令行中指定一个名称,xm create 会提示你来指定一个。

清单 2 – 4 演示了使用配置文件/root/deb – conf 创建 Debian 客户机的剩余部分(注意,在这个案例中,xmlib 警告信息可以被安全的忽略)。

清单 2 – 4　基于 Debian 的客户机创建的记录

```
Welcome to the Xen Live CD version 1.6
Debian GNU/Linux Etch debian-guest1 tty1
You can log in as "root" using password 'xensource'.
debian-guest1 login:
Using config file "/root/deb – conf".
/usr/lib/python2.4/xmllib.py:9: DeprecationWarning:
     The xmllib module is obsolete. Use xml.sax instead.
     warnings.warn("The xmllib module is obsolete.
     Use xml.sax instead.", DeprecationWarning)
Started domain debian_guest1
i8042.c: No controller found.
Loading, please wait...
INIT: version 2.86 booting
hostname: the specified hostname is invalid
Starting the hotplug events dispatcher: udevd.
Synthesizing the initial hotplug events...done.
Waiting for /dev to be fully populated...done.
Activating swap...done.
Checking root file system...fsck 1.39 (29 – May – 2006)

/tmp/rootdev: clean, 34131/125184 files, 133922/250000 blocks
done.
Setting the system clock..
Cleaning up ifupdown....
Loading modules...done.
Setting the system clock again..
Loading device – mapper support.
Checking file systems...fsck 1.39 (29 – May – 2006)

INIT: version 2.86 booting
hostname: the specified hostname is invalid
```

Starting the hotplug events dispatcher: udevd.

Synthesizing the initial hotplug events...done.

Waiting for /dev to be fully populated...done.

Activating swap...done.

Checking root file system...fsck 1.39 (29-May-2006)

/tmp/rootdev: clean, 34131/125184 files, 133922/250000 blocks

done.

Setting the system clock..

Cleaning up ifupdown....

Loading modules...done.

Setting the system clock again..

Loading device-mapper support.

Checking file systems...fsck 1.39 (29-May-2006)

done.

Setting kernel variables...done.

Mounting local filesystems...done.

Activating swapfile swap...done.

Setting up networking....

Configuring network interfaces...Internet Systems Consortium
    DHCP Client V3.0.4

Copyright 2004-2006 Internet Systems Consortium.

All rights reserved.

For info, please visit   http://www.isc.org/sw/dhcp/

Setting the system clock again..

Loading device-mapper support.

Checking file systems...fsck 1.39 (29-May-2006)

done.

Setting kernel variables...done.

Mounting local filesystems...done.

Activating swapfile swap...done.

Setting up networking....

Configuring network interfaces...Internet Systems Consortium

DHCP Client V3.0.4

Copyright 2004-2006 Internet Systems Consortium.

All rights reserved.

For info, please visit   http://www.isc.org/sw/dhcp/

Listening on LPF/eth0/00:16:3e:70:c1:a9

Sending on LPF/eth0/00:16:3e:70:c1:a9

Sending on Socket/fallback

```
DHCPDISCOVER on eth0 to 255.255.255.255 port 67 interval 6
DHCPOFFER from 10.0.8.128
DHCPREQUEST on eth0 to 255.255.255.255 port 67
DHCPACK from 10.0.8.128
bound to 10.0.8.1 - - renewal in 16209 seconds.
done.
INIT: Entering runlevel: 3
Starting system log daemon: syslogd.

Listening on LPF/eth0/00:16:3e:70:c1:a9
Sending on LPF/eth0/00:16:3e:70:c1:a9
Sending on Socket/fallback
DHCPDISCOVER on eth0 to 255.255.255.255 port 67 interval 6
DHCPOFFER from 10.0.8.128
DHCPREQUEST on eth0 to 255.255.255.255 port 67
DHCPACK from 10.0.8.128
bound to 10.0.8.1 - - renewal in 16209 seconds.
done.
INIT: Entering runlevel: 3
Starting system log daemon: syslogd.
Starting kernel log daemon: klogd.
Starting Name Service Cache Daemon: nscd.
Starting internet superserver: no services enabled,
inetd not started.
Starting periodic command scheduler....
Starting GNOME Display Manager: gdm.
```

　　类似地，像清单 2-5 中所示那样，可以使用不同的客户机名称再次执行同样的命令，如果系统有足够的资源来完成这一请求的话，将按照的意愿获得一个完全一致的克隆。

清单 2-5　使用 name 参数创建第二个 Debian 客户机

```
localhost:~ # xm create -c /root/deb-conf name = debian_guest2
[output omitted]
localhost:~ #
```

　　用户可以完全不使用命令行来创建客户机。在桌面上简单地进行右击，带有创建新的虚拟客户机选项的上下文菜单就会显示出来。图 2-5 演示了显示在桌面上的菜单。

　　假设用户的宿主机系统配置有足够的内存，就可以创建很多客户机。随着每一个新的客户机被创建，它将在 xentop 输出内容中显示出来。

　　我们推荐为 LiveCD 上提供的每一个发行版本创建至少一个实例，使用命令行

图 2-5 客户机创建选项的图形化菜单

的方法创建一些客户机,使用上下文菜单的方法创建一些客户机。通过完成所花费的时间,我们有了若干个类似的客户机操作系统,它们并行的运行在前面清单 2-1 描述的客户系统中。一如既往,用户的情况可能有所出入,这取决于硬件。

2.6 第 5 步:删除一个客户机

如果用户创建的客户机数量比实际希望得多,总是可以使用清单 2-6 所示的 xm destroy 命令来删除它们(注意:在这一案例中,xmlib 的警告输出可以被安全地忽略)。

清单 2-6 删除一个客户机

```
localhost:~ # xm destroy debian-guest1
/usr/lib/python2.4/xmllib.py:9: DeprecationWarning: The xmllib module is obsolete.
Use xml.sax instead.
    warnings.warn("The xmllib module is obsolete.
    Use xml.sax instead.", DeprecationWarning)
localhost:~ #
```

可以注意到,客户机被从 xentop 控制台中移除,与它相关的资源被归还给 Domain0。

2.7 第 6 步:与你的客户机交互

对于每一个被创建的客户机,一个虚拟网络计算,(Virtual Network Computing，VNC)会话被自动地创建到客户机上。VNC 是一个软件，允许通过执行一个本地程序(被称为"查看器"，viewer)；远程控制一台计算机(在 VNC 的术语中是"服务器"，Server)，或者与之交互。

　　VNC 的一个主要优势是服务器和查看器不需要是同一类型架构或同一类型操作系统。这种能力使得 VNC 是用来观察虚拟化图形环境的必然选择。VNC 被广泛使用，并且是自由的而且公开可用的。在 VNC 会话可操作之后，可以看到一个连接上的独立客户机的正常 GDM 登录界面。实际上，VNC 允许使用内建在 Domain0 LiveCD 中的查看器，或者用户甚至可以选择通过网络连接来从另一个完全不同的远程主机上的查看器来访问用户的 DomainU 客户机的 VNC 服务器。

　　在任何时间希望关闭客户机的 VNC 会话时，用户都可以这样做。稍后的重新连接的动作十分简单，用户只要在 Domain0 中打开新的控制台，并输入"vnc ＜ip 地址＞"就可以了，IP 地址为用户的客户机的 IP 地址。

　　图 2-6、图 2-7 和图 2-8 演示了我们创建的每一个 DomainU 客户机的多种 GDM 提示符。注意 root 账户的登录凭证显示在 GDM 欢迎界面的左上角。在这组例子中，首先演示了 OpenSUSE 客户机，接着是 CentOS 客户机，随后是 Debian 客户机。图 2-9 显示了 Domain0 中运行的全部 3 个虚拟机的 VNC 窗口和 xentop 终端窗口。

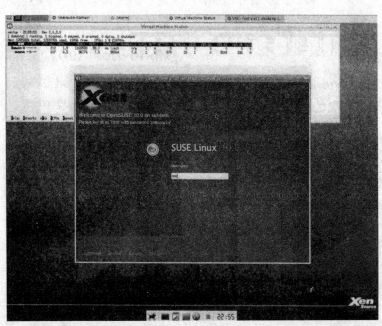

图 2-6　VNC 会话，演示了我们新创建的 OpenSUSE Linux 10.0 客户机的登录界面

　　使用和 Domain0 同样的用户名和口令(分别为"root"和"xensource")来登录每一个 DomainU。注意，每一个客户机有基于所支持的发行版的独特的外观和感觉。

运行 Xen：虚拟化艺术指南

30

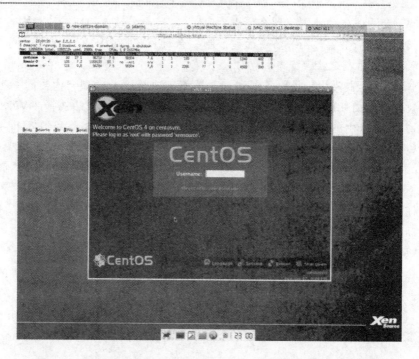

图 2 - 7　VNC 会话，演示了我们新创建的 CentOS 客户机的登录界面

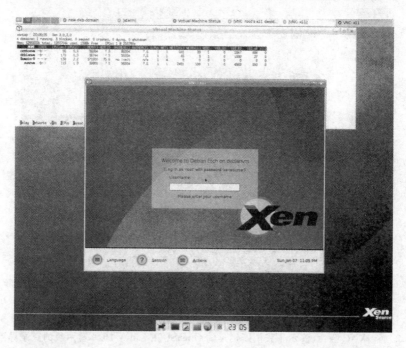

图 2 - 8　VNC 会话，演示了我们新创建的 Debian 客户机的登录界面

默认的 OpenSUS DomainU 的桌面是使用绿色方案的 Xfce。和其他运行有 Xfce 的

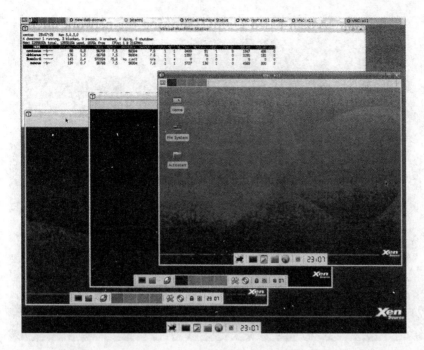

图 2 - 9　在 LiveCD Debian Domain 中运行的全部 3 个虚拟机的 VNC 窗口,以及 xentop 终端

DomainU 客户机一样,在面板上有应用程序的补充。默认的 CentOS 的桌面方案是深蓝色,它具有和 OpenSUSE 几乎一样的面板配置。最后,默认的 Debian DomU 客户机桌面有淡蓝色的颜色方案,它有与其他类型客户机稍微不同的面板配置。

2.8　第 7 步:测试网络

在每一个 DomU 上,网络应当是可用的。为了测试它,在通过 VNC 连接的客户机中,打开网络浏览器,尝试访问 Internet 网站。一个很好的可以尝试的网站是 http://runningxen.com。在 LiveCD 中说来古怪的是,一些客户机在它们下面的面板上存在到 Mozilla 网络浏览器的链接,而看上去 LiveCD 客户机安装了 FireFox 网络浏览器作为替代。因此如果用户得到消息,说找不到 Mozilla 浏览器的话,只要简单地使用命令 firefox 从命令行加载 Firefox 就可以了。

此外,客户机可以彼此连接。对于 LiveCD 环境,每一个客户机被分配了 10.0. ∗.1 的 IP 地址,变量 ∗ 取决于客户机。

注意,我们对 LiveCD 的使用只涉及有线网络,无线连接在任何系统中都还没有支持。

图 2 - 10 是基于 Debian 的 DomU,显示了 IP 地址为 10.0.1.1 的网络接口。图 2 -11 是 OpenSUSE 虚拟机,显示了 IP 地址为 10.0.3.1 的网络接口。图 2 -12 是 CentOS 虚拟机,显示了 IP 地址为 10.0.2.1 的网络接口。

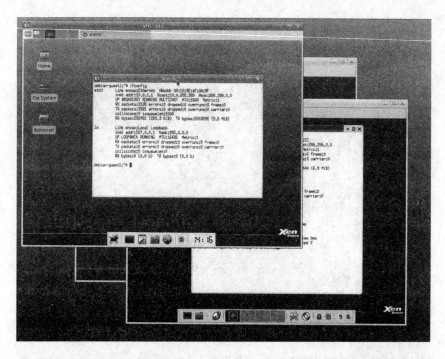

图 2 – 10 Debian 客户机中运行的 ipconfig，用于说明它的 IP 地址和其他网络设置

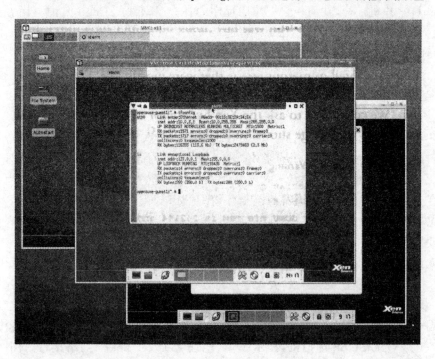

图 2 – 11 OpenSUSE 客户机中运行的 ipconfig，用于说明它的 IP 地址和其他网络设置

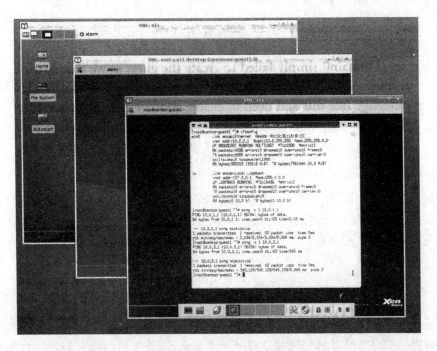

图 2-12　CentOS 客户机中运行的 ipconfig，用于说明它的 IP 地址和其他网络设置

　　注意，终端中显示的 IP 地址（以"inet addr："开头的内容），每一个都有一个网络设备，命名为 eth0、eth1 和 eth2。图 2-12 不仅举例说明了网络接口，而且还包括 ping 命令的执行，该命令从 CentOS 虚拟机中发送数据包到基于 Debian 的虚拟机中。Ping 命令的输出内容中的重要部分是包的零比例丢失。

2.9　太多客户机了

　　用户也许想知道如何确认是否有太多客户机了。在我们的测试中，创建了大量大多数情况都空闲的客户机。对丁我们的实验，只是被客户机的内存开销所限制，而没有被 CPU 开销所限制。我们继续要求 Xen Hypervisor 创建更多的客户机，直到接收到清单 2-7 所示的消息。

清单 2-7　内存不足警告

```
Enter name for the domain: debian_guest9
Using config file "/root/deb-conf".
Error: I need 98304 KiB, but dom0_min_mem is 262144 and shrinking to 262144 KiB would
leave only 32412 KiB free.
Console exited - returning to dom0 shell.
Welcome to the Xen Live CD v1.6!
```

```
To start a Debian 'etch' guest, type:
    # xm create -c /root/deb-conf name = my-vm-name

To start a CentOS 4.1 guest, type:
    # xm create -c /root/centos-conf name = my-vm-name

To start an OpenSUSE 10.0 guest, type:
    # xm create -c /root/opensuse-conf name = my-vm-name
```

正如用户可以看到的，Domain0 没有能够创建我们所请求的客户机。Domain0 阻止我们分配比物理可用更多的更多内存。如果用户遇到类似消息，并需要使能另一个客户机实例的话，不用担心，经常可以使用随 Xen 发布的一些高级管理工具来协调它们，从而挤压出更多的客户机。在本书中稍后内容中会介绍很多用来克服这一错误所必需的管理命令。

小　结

现在用户经实验过了 LiveCD，那么用户应该熟悉 Xen Hypervisor 的基本的概念和功能。用户已经看到创建和销毁一个虚拟机，以及实时监控它们是多么容易的。我们演示了 Xen 支持多种类型的客户机，如 OpenSUSE、CentOS 和 Debian Linux。此外还演示了如何从专门的特权客户机（称为 Domain0）管理 Xen DomU。从用户的 Domain0 客户机中，已经看到创建和销毁网络支持的虚拟机是多么容易的。可以看到了一些在使用中的基础 Xen 命令，随后将更加详细地解释 Domain0、Xen 命令和 Xen 系统。

参考文献和扩展阅读

Kumar, Ravi. "测试 Xen LiveCD." LWN. net
　　http://lwn. net/Articles/166330/.
本章中使用的 LiveCD（同样可以参考本书的 Web 站点 runningxen. com）
　　http://bits. xensource. com/oss-xen/release/3. 0. 3-0/iso/livecd-xen-3. 0. 3-0. iso.
Xenoppix .
　　http://unit. aist. go. jp/itri/knoppix/xen/index-en. html.

第 **3** 章

The Xen Hypervisor

Xen Hypervisor 是 Xen 系统的核心组件,它位于客户 domain 和底层硬件之间,负责完成硬件资源分配和管理,以及 domain 间的隔离和保护,它定义了客户 domain 和虚拟机 VM 之间的访问接口。本章将简要介绍 Xen Hypervisor 以及它如何和客户 domain 进行交互,这里还会讨论一个特殊的 domain,即 Domain0,该 domain 负责管理其他客户 domain 的运行状态,并负责控制硬件资源。此外,我们还将讨论一个重要的 Xen 系统管理工具 xend,它接受来自系统管理员的命令,并将相应的操作请求传递给 Hypervisor。最后介绍 XenStore 的组成和功能,该设备主要用来完成配置信息的组织和管理,以及部分 domain 间通信功能的实现。

3.1 Xen Hypervisor

Xen Hypervisor 位于物理硬件层之上,负责向客户 domain 提供虚拟设备访问接口,任何 Xen 系统中都包含了 Xen Hypervisor,包括运行 Xen LiveCD 的情况(如第 2 章所示)。图 3-1 给出了 Hypervisor、客户 domain(virtual guest)以及物理设备之间的关系。

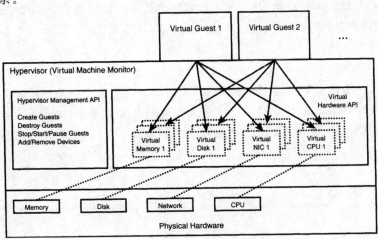

图 3-1　Hypervisor、客户 domain(virtual guest)以及物理设备之间的关系

为了减少对客户操作系统和用户程序的修改，虚拟机应当提供和低层硬件尽可能一致的访问接口，如果将虚拟机和实际物理硬件的差异完全暴露给顶层应用，那么原先的标准用户程序将无法直接运行。尽管有上述的限制，Hypervisor 提供给客户操作系统的运行环境和实际的物理硬件还是略有不同。

Xen 系统中，Hypervisor 需要完成以下功能：

（1）Hypervisor 负责将物理资源分配给各个 domain。在虚拟机系统中，多个 domain 运行在同一个物理平台上，因此 Hypervisor 必须负责为各个 domain 分配物理资源，并完成设备的复用。它可以在多个 domain 间平均的分配资源，也可以采取更灵活的分配策略，每个 domain 可用的存储空间和处理器资源都会受到限制，而 domain 可访问的设备也仅限于 Hypervisor 提供了访问接口的那一部分，在某些特殊情况下，Hypervisor 甚至可以给客户 domain 提供实际并不存在的物理设备的虚拟访问接口，虚拟网络接口就是一个典型的例子。

（2）Hypervisor 为客户 domaint 提供简化了的设备访问模型。仿真器通常需要提供和实际硬件一致的仿真执行环境，但虚拟机系统与此不同，Hypervisor 只需要提供符合要求的设备访问接口。例如，无论实际的网络适配器是 3Com 以太网卡还是 Linksys 无线网卡，Hypervisor 都可以为客户操作系统提供一种通用的网络设备模型，块设备也与之类似，客户操作系统可见的只是通用的块设备访问接口。这种方法简化了客户操作系统在不同物理主机间迁移时需要执行的操作，而标准的虚拟设备访问接口也大大降低了移植操作系统到 Xen 时的难度，因为普通客户 domain 的内核只需为标准的虚拟设备提供驱动即可，而实际物理设备访问所需的驱动程序都是由驱动 Domain（如 Domain0）来提供。

（3）Hypervisor 可以调整物理平台体系结构相关的特征，使之更易于完全虚拟化。众所周知，x86 体系结构本身难以被高效地完全虚拟化，因此 Xen 调整了向顶层暴露的 x86 平台的体系结构特征，使之可以更高效地被虚拟化。需要注意的是，这种调整不能影响到用户应用程序的访问接口。客户操作系统必须适应一个被修改了的虚拟机硬件体系结构。

注意：Xen 的当前版本支持一种选项，客户可以选择运行泛虚拟化的操作系统，也可以使用一些最新加入到 x86 处理器中的特性来运行完全虚拟化的操作系统。这些新的硬件特性支持是为了运行一些未开放源码的操作系统，如 Windows，或者一些遗留的操作系统，这些系统本身无法进行代码修改和移植，因此必须采用完全虚拟化的方法运行。

3.2　特权管理

Hypervisor 需要负责为客户 domain 分配资源，为各个 domain 提供独立的运行环境，以及简单、便于移植的设备访问接口，最终实现高效的虚拟机系统，因此 Hy-

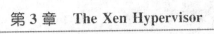

pervisor 本身必须具有最高的特权级别,以便于访问和控制整个系统的资源。

　　传统的、非虚拟化的系统中,操作系统内核占据了最高的特权级,而用户进程运行在非特权级别下,目的是保证用户级别程序间的隔离和保护。因此,大多数现代处理器都有最少两种特权级别,运行在高特权级别下的操作系统内核可以利用一些特权指令来控制用户态进程的执行过程。

保护环

　　虚拟机系统中,Hypervisor 扮演了传统操作系统类似的角色,它必须负责各个 domain 的运行状态控制和协调,因此 Hypervisor 本身拥有最高的特权级别。尽管此时客户操作系统不再运行在最高特权级下,但为了便于控制用户进程的运行,还是希望客户操作系统内核的特权级别能够高于用户态程序的特权级别。

　　幸运的是,x86 处理器提供了 4 个特权级别(称为保护环,protection ring),其中 ring0 为最高特权级,而 ring3 为最低特权级。传统的非虚拟化系统中,操作系统内核运行在 ring0 级别,用户进程运行在 ring3 级别,而 ring1 和 ring2 特权级未被使用。在 Xen 系统中,Hypervisor 使用了最高的 ring0 特权级,操作系统内核运行在 ring1 特权级,而用户进程运行在 ring3 特权级。

　　这种特权级的分配方式使得 Hypervisor 拥有最高的访问控制权限,从而能够保证客户 domain 的隔离和资源共享。所有的客户 domain 的硬件设备访问请求都必须通过 Hypervisor 的安全检查,才能够转化为实际的设备访问操作,而所有的资源也是由 Hypervisor 授权给客户 domain 使用。

　　客户操作系统使用一系列类似于系统调用的操作(这里称为 hypercall)来向 Hypervisor 传递请求。x86 平台下的系统调用,大都是利用软件中断 int 0x80 实现的,与之类似,hypercall 使用了 int 0x82 来实现上下文的切换。Hypervisor 在响应客户操作系统的请求时,使用了异步事件的方式来传递信息,类似于 UNIX 系统中的信号或者硬件的中断。下面给出了一个 hypercall 调用的例子,使用了 C 语言进行描述:

　　hypercall_ret = xen_op(operation, arg1, arg2, arg3, arg4);

　　清单 3 - 1 给出了 xen_op 例程的汇编代码,这里会首先设置 hypercall 的参数,然后执行 int 0x82 执行触发中断。

清单 3 - 1　Xen hypercall 的汇编代码

```
_xen_op:
        mov     eax, 4(esp)
        mov     ebx, 8(esp)
        mov     ecx, 12(esp)
        mov     edx, 16(esp)
        mov     esi, 20(esp)
```

```
int     0x82
ret
```

额外的硬件特性支持(如 Intel 的 VT-x 和 AMD 的 AMD-v)使得这种特权级别的调整变得没有必要。这些处理器级别的虚拟化技术支持提供了一种新的、称为 root mode(根模式)的运行模式,和非根模式一样,根模式下也具有 ring0 到 ring3 四种不同的特权级别,此时 Xen Hypervisor 运行在根模式的 ring0 级别,而客户操作系统则和在普通硬件平台上一样,运行在非根模式的 ring0 级别,这样可以有效地减少虚拟化带来的特权级别分配的矛盾。

3.3　Domain0

在 Xen 系统中,客户 domain 的管理工作是由 Hypervisor 和一个特权 domain (称为 Domain0)配合完成的,其中 Domain0 给系统管理员提供了实际可用的操作接口,而为了保证 Hypervisor 本身是一个软件薄层,很多功能模块都实现在了 Domain0 的代码中。

在 Xen 虚拟机系统启动时,Domain0 是第一个运行起来的 domain,随后它在利用相关的创建和管理工具,完成其他客户 domain 的配置和初始化工作。Domain0 有时也可以简称为 Dom0,而其他的客户 domain 也称为 DomU 或非特权 domain。

Domain0 本身可以直接操作物理硬件,它还向其他 domain 提供特定的设备访问接口。和普通仿真执行环境不同的是,Hypervisor 并没有精确的模拟物理设备的实际硬件特性,而是提供了统一的、理想化的设备访问模型,客户 domain 看到的只是标准的网络设备或块设备,而不会了解硬件平台具体使用的物理设备类型。实际的设备驱动由 Domain0 提供,它负责操作物理硬件,并通过异步的共享内存机制和其他 domain 进行交互。

Domain0 也可以将特定设备的驱动程序剥离到其他 domain 中运行,这种 DomU 可以称为 Driver domain,它包含了一个最小的内核以及相关设备驱动程序的后端实现。这种方法可以减少 Domain0 的复杂性以及设备管理带来的风险,将设备驱动从 Domain0 中剥离可以大大增加 Domain0 自身的可靠性,因为各种复杂的驱动程序往往是导致操作系统故障的主要原因。采用专门的 Driver domain 来管理设备,可以有效地降低上述风险,一旦 Driver domain 出现故障,只需要对其进行重启和恢复即可,而不会导致整个系统的崩溃。

运行在 Domain0 或 Driver domain 之上的设备驱动程序称为设备后端(backend),其他 DomU 之上运行了设备前端(frontend),设备后端不仅管理着实际的物理设备,还给设备前端提供了统一的访问接口,它接收来自不同 DomU 的设备访问请求,并将其转化成具体的设备访问操作,除此之外,设备后端还必须实现设备的复用,使得每个 domain 都认为自己是独占的访问某个物理设备。通常情况下,小而简单的 Domain0 往往可靠性更好,而剥离设备驱动是一个很好的例子。尽管现有的 Domain0 采用了通用的操作系统(如 Linux),但将其设计成只包含系统管理功能的专用系统是一种更好的选择,实际使用时,请尽可能减少 Domain0 中与虚拟机系统管理无关的用户级代码的数量,这些程序可以放在其他客户 domain 中运行。同样,不必要的网络端口可以全部关闭,这样可以减少因为网络攻击和恶意软件导致的系统失效。

Domain0、Driver domain 和普通 domain 的比较如表 3 - 1 所列。

表 3 - 1　Domain0、Driver domain 和普通 domain 的比较

类型	特权等级	软件支持	功用
域 0 (Domain0,Dom0)	特权域	Bare - bones OS 仅用于创建应用及配置 其他域或物理设备访问 物理设备驱动 容许其他客户机访问物理设备控制的界面	物理硬件控制 用于其他域对域的构建及配置
驱动域 (Driver domain)	特权域	Bare - bones OS 物理设备驱动 容许其他客户机访问物理设备控制的界面	给出一个设备物理访问的客户机域,用于在其他域之间共享该设备 整本书中,我们使用"Driver domain"术语来表示一个具有物理访问设备硬件功能的客户机。术语域 0 通常用于这种情况。在域 0 中运行设备驱动是典型的最简单、最直截了当的配置
普通客户机域(DomU)	非特权(默认)	通用 OS	典型的虚拟设备 仅支持用户层的应用访问;为了与其他域共享复用驱动,必须运行一个前置驱动 也许可直接物理访问一个设备,但应尽可能避免这样做

3.4　Xen 的启动选项

Hypervisor 和 Domain0 在系统启动阶段就获得了特殊的执行权限,通常在系统

引导时,启动和加载工具,如 GRUB(GNU Grand Unified Bootloader),会选择指定的启动代码来控制机器的初始状态。因为这些代码是最先访问硬件的代码,因此 Xen Hypervisor 具有了最高的管理权限,并可以控制其他代码的执行。

　　Xen Hypervisor 包含在 GRUB 的启动选项中,并在系统引导阶段首先启动,随后负责启动 Domain0。如果其他客户 domain 此前已经被创建,那么 Domain0 会检查其配置文件并启动这些 domain。有关配置文件的内容会在第 6 章"管理非特权 domain"中详细讨论。

　　清单 3 - 2 给出了第 2 章使用的 LiveCD 中 Grub 配置文件的部分摘录,该文件位于 Xen LiveCD 的/boot/grub/menu. lst 目录下,但在其他系统中,该文件的位置可能是/boot/grub/grub. conf 或/etc/grub. conf。注意,无论实际作为 Domain0 使用的系统是 Debian、还是 CentOS、或是 OpenSUSE,都会加载同样的内核和模块(/boot/xen-3. 0. 3. 0. gz, /boot/vmlinuz-2. 6. 16. 29-xen, 和/boot/initrd-2. 6. 16-xen. img)。对于上述 3 种系统来说,Xen Hypervisor 的启动过程都是一样的,但首先传递的模块参数有所不同,Debian Domain 使用的是 root. img,CentOS Domain0 使用的是 centos. img,而 OpenSUSE 使用的是 opensus. img。此外,在启动菜单中还包含着普通的 Linux 系统启动选项(即不包含 Xen 系统的 Linux),这时使用的内核和模块是/boot/vmlinuz-2. 6. 16-2-686-smp 和/boot/initrd-2. 6. 16-2-686-smp. img。当然,此时这些内核和模块文件都来自于 CD,而不是硬盘驱动器。

清单 3 - 2　Xen LiveCD 中 GRUB 配置文件的摘录

```
terminal console
timeout 10
default 0

title Debian-based Dom0 (from testing)
root (cd)
kernel /boot/xen-3.0.3.0.gz watchdog
module /boot/vmlinuz-2.6.16.29-xen ro selinux = 0
ramdisk_size = 32758 image = rootfs.img boot = cow quiet
module /boot/initrd-2.6.16-xen.img
title CentOS-4.1-based Dom0
root (cd)
kernel /boot/xen-3.0.3.0.gz watchdog
module /boot/vmlinuz-2.6.16.29-xen ro selinux = 0
ramdisk_size = 32758 image = centos.img boot = cow
hotplug = /sbin/hotplug quiet
module /boot/initrd-2.6.16-xen.img

title OpenSUSE-10.0-based Dom0
root (cd)
```

```
kernel /boot/xen-3.0.3.0.gz watchdog
module /boot/vmlinuz-2.6.16.29-xen ro selinux = 0
ramdisk_size = 32758 image = opensuse.img boot = cow mkdevfd
quiet
module /boot/initrd-2.6.16-xen.img

title Debian on Native Kernel 2.6.16 (from testing)
(text mode only)
root (cd)
kernel /boot/vmlinuz-2.6.16-2-686-smp ro 2 selinux = 0
ramdisk_size = 32758 image = rootfs.img boot = cow
initrd /boot/initrd-2.6.16-2-686-smp.img
```

　　清单 3-2 中给出了 Xen 系统在启动阶段可用的配置选项，它们可以直接添加在 GRUB 的配置文件中。最重要的一个选项之一就是 Domain0 所有用的内存数量，通常情况下，普通客户 domain 的内存大小是由 Domain0 指定的，但 Domain0 自身的可用内存数量是由 Xen Hypervisor 决定的，由于 Domain0 本身不需要执行复杂的应用程序（通常只运行 Xend 管理工具），因此其需要的内存数量也不会很大。第 4 章 "Xen Domain0 安装及硬件配置"中会详细介绍 Domain0 的配置过程。

　　许多 Hypervisor 的配置选项和信息记录有关，如输出信息的类型。用户可以指定 Hypervisor 以记录的方式输出调试信息，也可以动态地追踪这些输出。这些信息可以输出到显示器，也可以同时输出到指定的串口，这种方式有利于启动阶段调试工作的进行。调试信息相关的选项如表 3-2 所列。

表 3-2　调试信息相关的选项

选项	类别	描述
com1=<BAUD>,<DPS>, <IOBASE>, <IRQ> Com2=<BAUD>,<DPS>, <IOBASE>, <IRQ> 举例： com1=auto,8n1,0x408,5 com2=9600,8n1	高级配置/调试	Xen 输出能被发送到典型的串口 com1 和 com2，以便用于调试 BAUD—波特率 DPS=数据,奇偶校验位,停止位 IOBASE=I/O 端口基址 IRQ=中断请求号 如果一些配置选项是标准值,其配置字符串可以缩写
mem=X	调试/测试	限制用于系统的物理内存数量 除调试/测试之外,通常希望使用系统内所有的内存 内存单位可用 B 表示字节(byte),K 表示千字节(KB),M 表示兆字节(MB),G 表示千兆字节(GB) 如果未指定单位,则假定为 KB

选项	类别	描述
tbuf_size＝X	调试	请求每个 CPU 的跟踪缓冲器空间为 X 页跟踪行为仅在调试编译过程中产生
noreboot	调试	请求（虚拟）机器在出现致命错误时不自动重启
sync_console	调试	请求控制台所有输出立即发送而不经缓冲，有助于可靠地捕获一个致命错误产生的最后输出
watchdog	调试	使能非屏蔽中断（NMI）看门狗定时器，有助于报告某些故障
nmi＝fatal nmi＝dom0 nmi＝ignore	调试	定义一个非屏蔽中断，检验或者 I/O 错误出现时的操作 对于 fatal 参数，输出诊断信息并暂停 对于 Dom0 参数，通报 Domain0 错误 对于 ignore 参数，忽略错误
apic_verbosity＝debug apic_verbosity＝verbose	调试	请求本地 APIC 和 IOAPIC 相关信息输出
dom0_ mem＝X 举例： dom0_ mem＝64M	标准配置	分派给 Domain0 的内存数量 内存单位可用 B 表示字节（byte），K 表示千字节（KB），M 表示兆字节（MB），G 表示千兆字节（GB） 如果未指定单位，则假定为 KB
lapic	高级配置	强制使用本地 APIC（高级可编程中断控制器），即使被单处理器的 BIOS 禁用
nolapic	高级配置	在单处理器系统中不使用本地 APIC，即使被 BIOS 使能
apic＝default apic＝bigsmp apic＝es7000 apic＝summit boot option” apic＝es7000 apic＝summit” apic＝es7000 apic＝summit	高级配置	指定 APIC 平台，通常是自动确定的

续表 3 - 2

选项	类别	描述
console=vga console=com1 console=com2H console=com2L 默认： console=com1,vga	高级配置	指定 Xen 控制台 I/O 发送到哪种终端,可选一种以上终端路径 对于 vga 参数,采用普通终端用于输出,采用键盘用于输入 对于 com1,采用串行通讯接口 com1 com2H,com2L 容许一个单接口同时用于控制台和调试两者 对于 com2H,字符必须有 MSB 位放置,对于 com2L, 字符必须清除 MSB 位
conswitch=Cx conswitch=C 举例： conswitch=a conswitch=ax	高级配置	用于指定一个不同的字符序列来表示串口控制台输入在 Xen 与 Domain0 域之间切换 C 指定为"切换字符",实际切换时,按 Ctrl+C 键三次可指定切换字符 C 默认的切换字符为 a 当 Domain0 启动时,它也可用于控制输入是否自动切换到 Domian0 域. 如果该切换字符后面跟随着一个 x,则禁用自动切换. 任何其他值或完全省略 x 的字符则使能自动切换
nosmp	高级配置	禁用 SMP 支持
sched=credit sched=sedf	高级配置	选择一次 CPU 调度用于 Xen. 因为 Xen 提供一个 API 用于一个新添加的调度任务,以后可能会有更多的调度选择. 目前推荐 credit 调度
badpage=X,Y,... 举例： badpage=0x111,0x222,0x333	高级配置	若因物理内存包含坏字节,你可以指定一个物理内存页表不被使用. 当然,也可以替换已损坏的内存
noirpbalance	高级配置	禁用软件 IRQ 均衡及近似. 可用于具有硬件 IRQ 处理机制的系统—为什么要在硬件和软件中做两次这样的工作呢? 这样设置后,可以关闭其中一项,使工作不重复

　　另外一些需要特别注意的选项就是调度器相关的设置。Xen 系统可以方便地在不同调度策略之间进行切换,目前可用的调度器包括 CREDIT 和 SEDF。其中 SEDF 算法考虑了不同处理器的加权值,并包含了实时调度相关的算法,以保证处理器所获得的时间片,而 CREDIT 调度器则是以公平调度为基础进行时间片分配。

　　CREDIT 算法最近才被加入到 Xen 的调度器中,也是目前推荐使用的一种调度策略,通过将不同 domain 的 VCPU 加载到实际物理处理器中运行来实现负载平衡。CREDIT 是一种 work-conserving 调度算法,物理设备只有在没有任务需要处理时才会进入暂停状态,而 non-work-conserving 类型的算法则与此不同,物理设备的运转即使在有任务需要处理时也可能会被暂停,目的是保证系统行为的可预测性。

　　其他高级配置选项包括是否支持对称式多处理器(nosmp),是否开启软件中断平衡(noirqbalance),以及如何配置高级可编程中断控制器(apic)。这里也有一些选项会改写 BIOS 中的 APIC 设置,而实际上并不是所有的硬件平台都可以使用上述的配置选项,表 3-2 中给出了实际可用的配置类型。

　　表 3-3 中给出了 Xen 启动时候命令行参数选项,这些参数会被进一步的传递给 Domain0,作为其自身启动的选项。这些选项和普通 Linux 的内核命令行参数具有同样的语法结构,而 Domain0 内核的代码会做出部分的修改,以支持额外的、非标准的启动参数,相关内容如表 3-3 所列。

表 3-3　Xen 相关的 Linux 内核命令行参数选项

Linux 选项	描述
acpi=off,force,strict,ht,noirq,...	指定 Xen 管理程序和 Domian0 如何解析 BIOS 的 ACPI 配置表
acpi_skip_timer_override	指定 Xen 和 Domain0 忽略 BIOS 的 ACPI 配置表中定义的定时器中断覆盖指令
no apic	指定 Xen 和 Domain0 采用旧版 PIC(可编程中断控制器),忽略系统中当前的任何 IOAPIC
xencons=off xencons=tty xencons=ttyS	使能或禁止 Xen 虚拟控制台.如果使能,指定所连接的设备节点 对于 tty 参数,连接到/dev/tty1;tty0 则在启动时 对于 ttyS 参数,连接到/dev/ttyS0 默认 Domain0 是 ttyS,DomU 为 tty

　　Xen LiveCD 中的 GRUB 配置文件并未使用到表 3-2 和表 3-3 中所列的启动配置选项(只是使用了其中的看门狗选项),而在清单 3-3 中,显示了如何在 Debian Domain0 的 GRUB 配置文件中增加相关的启动选项,以设置内存数量和 Xen 控制台。

清单 3-3　GRUB 配置文件中增加的启动选项

```
title Debian-based Dom0 (from testing)
root (cd)
kernel /boot/xen-3.0.3.0.gz dom0_mem = 65536 watchdog
module /boot/vmlinuz-2.6.16.29-xen ro selinux = 0
     ramdisk_size = 32758 xencons = off image = rootfs.img
     boot = cow quiet
module /boot/initrd-2.6.16-xen.img
```

3.5　为 Domain0 选择合适的操作系统

　　在有硬件虚拟化技术支持的情况下,客户 domain 操作系统的选择会比较灵活(对于不存在硬件虚拟化的平台,客户操作系统必须被修改才能载虚拟机环境下运行),但 Domain0 的操作系统选择仍然有所限制,主要是因为 Domain0 必须在多个 domain 之间实现设备的共享访问。Linux 和 NetBSD 已经是可行的备选方案,因为它们都具备相关的钩子和工具,OpenSolaris 的改造工作仍在进行,而其他的操作系统也会逐渐被纳入关注的行列。

　　用户在选择 Domain0 的操作系统时,通常应当优先考虑那些最熟悉的系统,如果此前曾经使用过 NetBSD,那么选择它作为 Domain0 是顺理成章的事。当然,如果没有特殊的要求,我们推荐客户首先选择 Linux 操作系统,因为目前 Linux Domain0 的说明文档、设备驱动支持以及运行过程中可能出现问题的说明都是最齐全的,Linux 也是默认的,并且使用最为广泛的 Domain0 操作系统。

45

　　因为 Domain0 操作系统的选择并不会影响客户 domain 的运行,因此用户如果需要安装新的 Domain0 操作系统,只需要在新物理主机上设置好 Domain0 的相关配置,并将其他的客户 domain 复制过去即可。

3.6　xend

　　xend,即 Xen 守护进程(Xen Daemon),是一个运行在 Domain0 上的特殊进程,它是 Xen 系统的重要组成部分。系统管理员通过 xm(Xen Management)命令和 xend 进行交互,由后者发出 hypercall,完成 domain 的启动、暂停以及其他相关的管理操作。

　　xend 和 xm 都使用 python 语言编写,其中 xend 守护进程会监听指定的网络端口,以接收来自 xm 的请求。通常情况下,xm 和 xend 运行在同一台物理主机上,但在某些特殊的应用场合(如 domain 迁移时),xm 也可以向其他物理主机的 xend 守护进程发出操作请求。

　　xm 负责向用户提供具体的命令接口,xend 则对来自 xm 的请求进行确认和排序,实际的响应操作由 Hypervisor 完成。

3.6.1　xend 的管理

　　执行 start 命令可以启动 xend 进程(如果该进程尚未开始运行),这个命令不会产生任何的输出信息。

　　[root@dom0]# xend start

　　stop 命令则用来停止正在运行的 xend 进程。

〔root@dom0〕♯ xend stop

执行 restart 命令后，如果 xend 进程正在运行，则执行重启操作，否则启动 xend 进程。这个命令常在修改了 xend 的配置文件后执行。

〔root@dom0〕♯ xend restart

在启动 xend 后，用户可以执行 ps 命令（该命令用来观察系统中当前正在运行的所有进程），以确认 xend 已经开始运行，用户通常会发现一系列与 Xen 相关的进程/守护进程，如清单 3－4 所示。在这个清单中，python /usr/sbin/xend start 就代表了 xend 进程，因为在自动启动的脚本中，xend 是通过这个命令行语句启动起来的，有趣的是，LiveCD 似乎启动了两个 xend 的备份。除 xend 以外，列表里还包括了 Xen 控制台守护进程（Xen Console daemon）xenconsoled 和 XenStore 守护进程（xenstored），以及 xenwatch，这是一个监视 Xen domain 的工具，而 XenBus 封装了 XenStore 访问接口，它以客户 domain 设备驱动的形式存在。在本章的后半部分会详细讨论 XenStore 相关的问题。

清单 3－4　Xen 相关的进程列表

```
USER      PID %CPU %MEM VSZ      RSS TTY   STAT START      TIME COMMAND
root        8 0.0  0.0     0       0 ?     S<   13:36      0:00 [xenwatch]
root        9 0.0  0.0     0       0 ?     S<   13:36      0:00 [xenbus]
root     3869 0.1  0.0  1988     924 ?     S    13:37      0:00 ➥
         xenstored --pid-file /var/run/xenstore.pid
root     3874 0.0  0.3  8688    4040 ?     S    13:37      0:00 ➥
         python /usr/sbin/xend start
root     3875 0.0  0.4 49860    5024 ?     Sl   13:37      0:00 ➥
         python /usr/sbin/xend start
root     3877 0.0  0.0 10028     464 ?     Sl   13:37      0:00 ➥
         xenconsoled
```

除 xend 自身外，用户还需要注意其他与之相关的守护进程。当停止或重启 xend 的操作失败后，可能同时需要结束 XenStore 和 XenConsole 守护进程的运行，在某些情况下，甚至需要清除 xenstored 目录的内容。

〔root@dom0〕♯ killall xenstored xenconsoled

〔root@dom0〕♯ rm － rf /var/lib/xenstored/∗

如果 xend 正在运行，用户可以使用 status 命令来获取其当前的运行状态。

〔root@dom0〕♯ xend status

3.6.2　xend 的日志

xend 在运行过程中不会断的输出日志信息，这些信息是了解 xen 运行状态的重要途径，通常保存在/var/log 或/var/log/xen 目录下。

xend 的日志文件名称为 xend.log，该文件会被反复使用，当其大小超过一定范围后，相关的内容会被剪切到其他的备份日志文件中，这些文件的名称是 xend.log.

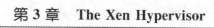

1、xend. log. 2，依次类推，此外，xend 的事件信息（并不会经常发生）都记录在 xend-debug. log 文件中。如果开启了追踪（tracing）功能，xend 会将函数调用和异常信息都记录在 xend. trace 中。

　　清单 3-5 中给出了一个 xend. log 的例子，请注意每条输出信息的前面都会加上时间和日期的记录，此外 INFO、DEBUG 和 WARNNING 标志用来区分消息的重要级别。

　　分析这些日志是诊断系统中可能出现故障的重要手段，用户可以通过网络，搜索错误日志中给出的关键字信息，从而查询其他用户遇到的类似问题，以及如何解决的方法。

清单 3-5　xend. log 文件

```
[2007-02-24 13:37:41 xend 3875] INFO (__init__:1072)
    Xend Daemon started
[2007-02-24 13:37:41 xend 3875] INFO (__init__:1072)
    Xend changeset: Mon Oct 16 11:38:12 2006 +0100
    11777:a3bc5a7e738c
[2007-02-24 13:37:42 xend.XendDomainInfo 3875] DEBUG )
    (__init__:1072)
XendDomainInfo.recreate({'paused':0, 'cpu_time':49070788642L,
    'ssidref': 0, 'handle': [0, 0, 0, 0, 0, 0, 0, 0, 0, 0,
    0, 0, 0, 0, 0, 0], 'shutdown_reason': 0, 'dying': 0,
    'dom': 0, 'mem_kb': 1183912, 'maxmem_kb': -4,
    'max_vcpu_id': 0, 'crashed': 0, 'running': 1,
    'shutdown': 0, 'online_vcpus': 1, 'blocked': 0})
[2007-02-24 13:37:42 xend.XendDomainInfo 3875] INFO
    (__init__:1072) Recreating domain 0,
    UUID 00000000-0000-0000-0000-000000000000.
[2007-02-24 13:37:42 xend.XendDomainInfo 3875] WARNING
    (__init__:1072) No vm path in store for existing
    domain 0
[2007-02-24 13:37:42 xend.XendDomainInfo 3875] DEBUG
    (__init__:1072) Storing VM details: {'shadow_memory':
    '0', 'uuid': '00000000-0000-0000-0000-000000000000',
    'on_reboot': 'restart', 'on_poweroff': 'destroy',
    'name': 'Domain-0', 'xend/restart_count': '0',
    'vcpus': '1', 'vcpu_avail': '1', 'memory': '1157',
    'on_crash': 'restart', 'maxmem': '1157'}
[2007-02-24 13:37:42 xend.XendDomainInfo 3875] DEBUG
    (__init__:1072) Storing domain details:
    {'cpu/0/availability': 'online',
    'memory/target': '1184768', 'name': 'Domain-0',
    'console/limit': '1048576',
    'vm': '/vm/00000000-0000-0000-0000-000000000000',
    'domid': '0'}
[2007-02-24 13:37:42 xend 3875] DEBUG (__init__:1072)
    number of vcpus to use is 0
```

3.6.3　xend 的配置

xend 的配置文件为/etc/xen/xend-config.sxp，这里可以设置 xend 的各种运行参数，见表 3 - 4。该文件在 xend 启动时被解析，在修改了配置文件后，需要执行 xend restart 命令以加载新的运行参数。

表 3 - 4　xend 配置选项

选项	描述	可能的取值	默认值
虚拟设备配置和限制			
console-limit	指定缓冲的大小限制，由控制台服务器在每个域强制执行，单位 KB. 用于预防某个单域过度冲击控制台服务器	合适的缓冲大小>0	1024
network-script	用于指定在目录/etc/xen/scripts 下的一个文件，包含一个脚本，执行网络环境设置	文件名 通常为 network-bridge，network-route，及 net-work-nat	无
vif-script	用于指定在目录/etc/xen/scripts 下的一个文件，包含一个脚本，在虚拟界面建立或注销时进行对应设置	文件名 通常为 vif-bridge，vif-route，及 vif-nat	无
记录/调试			
logfile	用于改变 xend 运行时日志文件的位置		Filename/var/log/xen/xend.log
loglevel	用于滤除一个指定等级以下的日志信息	这里存在五种可能的等级，根据严重程序排序是：DEBUG，INFO，WARNING，ERROR，CRITICAL	DEBUG. 这种等级使能所有的记录
enable-dump	指定客户机域的内核转储是否在崩溃之后保存	是(yes) 否(no)	否(no)
管理接口			
xend-http-server	指定是否启动 HTTP 管理服务器	是(yes) 否(no)	否(no)
xend-port	用于改变 HTTP 管理服务器的应用端口 要求 xend-http-server 选项设置为是	端口号(0~65535) 如果必须改变 9000 则为另一种合适的选择	8000

选项	描述	可能的取值	默认值
xend-address	指定 HTTP 管理服务器绑定的地址. 要求 xend-http-server 选项设置为是	IP 地址,本地主机,或者其他网络地址标志 指定本地主机预防远程连接	"所有接口
xend-unix-server	指定是否启动 UNIX 域套接字（socket）管理接口. 要求 CLI 工具集运行	是(yes) 否(no)	是(yes)
xend-unix-path	用于改变与管理工具集通讯的 UNIX 域套接字（socket）的位置. 要求 xend-unix-server 选项设置为是	文件名	/var/lib/xend/ xeng-socket
xend-tcp-xmlrpc -server	指定是否启动 TCP XML-RPC 管理接口	是(yes) 否(no)	否(no)
xend-unix-xmlrpc -server	指定是否启动 UNIX XML-RPC 管理接口	是(yes) 否(no)	是(yes)
xend-reloca-tion-server	指定是否启动再定位服务器. 这个要求跨平台场景迁移支持.再定位目前尚未达到足够安全,因此最好先禁用,直到需要使用时才变更设置	是(yes) 否(no)	否(no)
xend-reloca-tion-port	用于改变再定位服务器的应用端口 要求 xend-relocation -server 选项设置为是	端口号(0~65535)	8002
xend-reloca-tion-address	指定再定位服务器绑定的地址 要求 xend relocation -server 选项设置为是	IP 地址,本地主机,或者其他网络地址标志	"所有接口

续表 3 - 4

选项	描述	可能的取值	默认值
xend-reloca-tion-hosts-allow	指定容许主机向再定位服务器发送请求.注意可能存在虚假请求,因此这仍然是相对不安全的	规则表达式的字符分隔序列说明允许主机操作.为了被允许,一个主机必须匹配下列表达式之一.例如:'^localhost $ ^. *\. foo\. org $ '	所有主机连接都允许
external-migra-tion-tool	用于指定一个应用或脚本处理外部设备迁移	/etc/xen/scripts/exter-nal-Device-migrate	无
	Domain0 配置		
dom0-min-mem	如果 Domain0 的内存容量能够缩小,释放内存给其他客户机,这个指定了 Domain0 达到 MB 级的最低内存等级	0-物理内存容量如果为 0,Domain0 的内存将不允许缩小	无
dom0-cpus	指定 Domain0 容许使用的 CPU 数量	0-CPU 物理实体数量如果为 0,Domain0 可以使用所有可用的 CPU	无

在 xend-config. sxp 文件中,每一行都代表了一个参数选项的具体设置(格式为选项设置),通过在行首添加"#",可以将该行注释掉,清单 3 - 6 中给出了一个 xend-config. sxp 文件,其内容和 Xen LiveCD 中给出的配置文件类似。

清单 3 - 6　xend-config. sxp 文件

```
#
# Xend configuration file with default configuration lines
# shown commented out.
#

#(logfile /var/log/xend.log)
#(loglevel DEBUG)
#(enable-dump no)

#(xend-http-server no)
#(xend-port         8000)
#(xend-address '')
# Or consider localhost to disable remote administration
#(xend-address localhost)
```

```
#(xend-unix-server no)
#(xend-unix-path /var/lib/xend/xend-socket)

#(xend-tcp-xmlrpc-server no)
#(xend-unix-xmlrpc-server yes)

#(xend-relocation-server no)
#(xend-relocation-port 8002)
#(xend-relocation-address '')
#(xend-relocation-hosts-allow '')
# Or consider restricting hosts that can connect
#(xend-relocation-hosts-allow '^localhost$ ^.*\.foo\.org$')


(dom0-min-mem 196)
(dom0-cpus 0)


#(console-limit 1024)

#(network-script network-bridge)
#(vif-script vif-bridge)


## Or consider routed or NAT options instead of bridged
#(network-script network-route)
#(vif-script      vif-route)
 (network-script 'network-nat dhcp=yes')
 (vif-script 'vif-nat dhcp=yes')
```

3.7　XenStore

　　Xen 系统管理结构中的另一个重要组成部分就是 XenStore,在前面 Xen 系统的进程列表中,已经看到了 XenStore 的守护进程 xenstored,本节将详细讨论与此相关的内容。

　　XenStore 实际上是一个记录了 domain 间共享信息的数据库,domain 通过读写 XenStore 来和其他 domain 进行交互,这个数据库的维护是由 Domain0 进行。XenStore 支持与数据库类似的原子操作,如读取键值或修改键值,当一个新的值被写入后,对应的 domain 会被通知,去进行相关处理。

　　XenStore 最常用的功能就是用来实现客户 domain 的虚拟设备访问模型,用户可以通过多种接口访问 XenStore，如 UNIX socket，内核级的 API 以及 ioctl 接口（译者注：这是一种运行在 Domain0 中的虚拟设备），而设备驱动会将请求或完整的信息写入 XenStore。尽管驱动程序写入的内容并不受限制，但实际上 XenStore 设计的初衷是用来实现小规模的数据通信，如配置信息或状态信息，因此大规模的数据通信应当通过别的方式（如授权表）来进行。

　　XenStore 的内容实际上记录在 Domain0 的一个文件中，即/var/lib/xenstored/tdb（tdb 代表 Tree Database），清单 3 - 7 给出了/var/lib/xenstored 目录下的部分 tdb 文件，以及相关的属性。

清单 3 - 7　/var/lib/xenstored/的内容

```
[root@dom0]:/var/lib/xenstored# ls -lah
total 112K
drwxr-xr-x  2 root root 4.0K Feb 24 13:38 .
drwxr-xr-x 25 root root 4.0K Oct 16 11:40 ..
-rw-r-----  1 root root  40K Feb 24 13:38 tdb
root@dom0]:/var/lib/xenstored#
[root@dom0]:/var/lib/xenstored# file tdb
tdb: TDB database version 6, little-endian hash size 7919 bytes
root@dom0]:/var/lib/xenstored#
```

　　从另一个角度看来，XenStore 有点类似于 Linux 和部分 UNIX 中的/proc 或 sysfs 虚拟文件系统，XenStore 数据文件的内部共有 3 个主要的分支路径：/vm、/local/domain 和/tool。其中/vm 和/local/domain 的每个子目录都对应了一个独立的 domain，而/tool 则保存了各种工具的通用信息，和特定的 domain 并没有固定的关联。此外，/local/domain 中的二级目录（即 domain 一级）似乎没有必要，因为/local 目录下只包含了 domain 这一层子目录（译者注：笔者的意思是可以直接将 domain 相关的信息记录在/local 目录下，而不必要设置两级目录）。

　　每个 domain 包含两个唯一的索引号，其中通用唯一标记（universal unique identifier UUID）即使在 domain 迁移到其他的物理主机上后也不会改变，而 DOMID 则和某个当前正在运行的 domain 实例相关联，当 domain 迁移到其他物理主机后，其DOMID 会重新分配。

　　/vm 路径下的子目录是按照 UUID 进行索引，每个子目录都保存了对应 domain 的信息，如虚拟 CPU 的数量，可用内存大小等。每个 domain 都对应着一个/vm/<uuid>的子目录，表 3 - 5 中解释了/vm/<uuid>目录中保存内容的含义。

表 3 - 5　/vm/<uuid>目录中保存的内容

项目	描述
uuid	域的通用唯一识别码(UUID)，一个域的 UUID 在迁移期间不能改变，但域名标识码(domainId)可以改变.因为/vm 目录被 UUID 索引，该项是一个冗余项
ssidref	域的服务集标识(SSID)参考
on_reboot	指定是否注销或重启该域响应一个域的重新开机请求
on_poweroff	指定是否注销或重启该域响应一个域的停机请求
on_crash	指定是否注销或重启该域响应一个域的意外请求
vcpus	分配给该域的虚拟 CPU 数量
vcpu_avail	该域的有效虚拟 CPU 数量 注意：由 vcpus-vcpu_avail 给出被禁用的虚拟 CPU 的数量
memory	分派给该域的内存容量，单位 MB
name	该域的名称

正常的客户 domain(DomUs)还会有一个/vm/<uuid>/image 子目录，表 3 - 6 解释了/vm/<uuid>/image 目录中保存内容的含义。

表 3 - 6　/vm/<uuid>/image 目录中保存的内容

项目	描述
ostype	Linux 或虚拟机(vmx)系统标识的编译类型
kernel	该域的 Domain0 到内核的文件名路径
cmdline	在开机引导时，该域输入到内核的命令行
ramdisk	该域的 Domain0 到 ramdisk 的文件名路径

/local/domain 下的子目录是按照 DOMID 进行索引，这里记录了正在运行 domain 的信息，如被 pin 到该 domain 之上的 CPU，当前 domain 控制台输出使用的终端号等。每个 domain 都对应了一个/local/domain/<domID>子目录，用户需要注意这里的 domID 和前面提到的 UUID 的区别，UUID 在 domain 迁移之后不会改变，domID 则不然，利用这种方法可以实现本地物理主机到本地物理主机的 domain 迁移。/local/domain 目录下的部分信息可以在/vm 目录中找到，但相比/vm 目录，/local/domain 目录下的信息更多也更全面，并且/vm 中的版本不会发生改变，此外，/local/domain 目录下还会记录一个指针，该指针指向该 domain 对应的/vm 目录。表 3 - 7种解释了/local/domain/<domID>目录中保存内容的含义。

53

表 3 - 7　**/local/domain/＜domID＞目录中保存的内容**

项目	描述
domId	该域的域名标识.域名标识在迁移期间改变,但域的 UUID 不改变.因为/local/domain 目录被 domId 索引,该项是一个冗余项
/vm 相关的参数项目	
on_reboot	参考表 3 - 5
on_poweroff	参考表 3 - 5
on_crash	参考表 3 - 5
name	参考表 3 - 5
vm	同一域名的虚拟机目录的路径名
调度相关的参数项目	
running	如果存在,则表示该域当前正在运行
cpu	当前 CPU 已被该域栓住
cpu_weight	分派给该域的权重用于方便调度.多数情况下,使用物理 CPU 的域拥有更高的权重
xend 相关参数项目	
cpu_time	不要误认为该参数项和前述的 cpu,cpu_weight 相关联,实际上该参数项表示 xend 的启动时间,仅用于 Domain0
handle	Xend 的私有操作
image	Xend 的私有信息

/local/domain/＜domID＞目录之下还包含多个子目录,这里记录了内存、控制台、存储等相关的信息,表 3 - 8 描述了这些子目录的内容。

表 3 - 8　**/local/domain/＜domID＞的子目录**

项目	描述
/local/domain/＜domID＞/console	
ring-ref	控制台 ring 队列的授权表项入口
port	用于控制台 ring 队列的事件端口通道
tty	控制台数据当前正在投送的 tty 设备
limit	控制台缓冲数据的字节限制
/local/domain/＜domID＞/store	
ring-ref	存储 ring 队列的授权表项入口
port	用于存储 ring 队列的事件端口通道
/local/domain/＜domID＞/memory	
target	该域的目标内存大小,单位 KB

/local/domain/＜domID＞下 3 个附加的子目录都与设备管理相关，分别是 backend、device 和 device-misc，这些目录下也都包含子目录。

本章开始介绍了 Xen 系统的设备管理模型，其中后端驱动运行在特权 domain 之上，用来完成实际物理设备的访问和操作，而前端驱动运行在非特权 domain 之上，用来提供同一个设备访问接口，并给 domain 提供独占设备的假象。backend 子目录中给出了该 domain 管理的、并提供给其他 domain 使用的所有物理设备的信息，而 device 子目录中记录了该 domain 使用的所有设备前端的信息，最后，device-misc 子目录下保存了上述两类设备之外的其他设备信息。通常情况下，vif 和 vbd 两个子目录是始终存在的，其中虚拟接口设备表示网络接口，而虚拟块设备（Virtual Block Device vbd）代表了磁盘或 CD－ROM 等块设备。我们将在第 9 章"设备虚拟化和管理"一节中，详细讨论如何利用 XenStore，在设备前后端之间进行通信。

表 3－9 中给出了几种可以访问和控制 XenStore 的工具，它们通常安装在/usr/bin 目录下，使用这些命令，用户可以像普通的逻辑文件系统一样，访问 XenStore 数据库，这些数据记录在/var/lib/xenstored/tdb 中。

表 3－9　XenStore 命令

命令	描述
xenstore-read ＜ Path to XenStore Entry＞	显示一个 XenStore 的（入口）参数值
xenstore-exists＜XenStore Path＞	报告一个特定 XenStore 路径是否存在
xenstore-list＜XenStore Path＞ xenstore-ls＜XenStore＞	列出一个指定 XenStore 路径下的所有子（入口）参数或目录
xenstore-write ＜ Path to XenStore Entry ＞ ＜ value＞	更新一个 XenStore 的（入口）参数值
xenstore-rm＜XenStore Path＞	移除 XenStore 的（入口）参数或目录
xenstore-chmod ＜ XenStore Path ＞ ＜mode＞	更新一个 XenStore（入口）参数的许可，以容许读或写操作
xenstore-control	向 XenStore 发送指令，比如触发一次完整性检查
xsls＜XenStore Path＞	递归列出一个指定 XenStore 路径的目录；等效于一条 xenstor-list 指令加上一条 xenstore-read 指令显示参数值

清单 3－8 显示了如何使用 xenstore-list 命令来查看/local/domain/0 目录下的内容。

清单 3 - 8   xenstore-list 命令的使用

```
[user@dom0]#xenstore-list /local/domain/0
cpu
memory
name
console
vm
domid
backend
[user@dom0]
```

清单 3 - 9 给出了一个来自 XenWiki 的显示整个 XenStore 内容的脚本,注意这里对 xenstore-read 和 xenstore-list 命令的使用,这个脚本的功能与在 XenStore 根目录下执行 xsls 命令是基本一致的。

列表 3 - 9   显示整个 XenStore 内容的脚本,脚本来源 http://wiki.xensource.com/xenwiki/XenStore

```
#!/bin/sh

function dumpkey() {
  local param=${1}
  local key
  local result
  result=$(xenstore-list ${param})
  if [ "${result}" != "" ] ; then
    for key in ${result} ; do dumpkey ${param}/${key} ; done
  else
    echo -n ${param}'='
    xenstore-read ${param}
  fi
}

for key in /vm /local/domain /tool ; do dumpkey ${key} ; done
```

小 结

本章讨论了 Xen 系统的各个主要组成部分,其中,Xen Hypervisor 位于底层硬件与客户 domain 之间,完成资源分配,以及 domain 隔离的功能;而 domain0 是一个特权 domain,用来管理其他普通的客户 domain,并负责对物理硬件进行驱动;Xen 管理守护进程 Xend 用来接受来自系统管理员的命令,并将实际的执行请求发送给 Hypervisor;XenStore 是一个数据库,这里保存了实现 domain 间通信所需的配置信息。

参考文献和扩展阅读

"Credit-Based CPU Scheduler." Xen Wiki. Xen. org. http://wiki. xensource. com/xenwiki/CreditScheduler.

"Dom0." Xen Wiki. Xen. org. http://wiki. xensource. com/xenwiki/Dom0.

"DriverDomains." Xen Wiki. Xen. org. http://wiki. xensource. com/xenwiki/DriverDomain.

"DomU." Xen Wiki. Xen. org. http://wiki. xensource. com/xenwiki/DomU.

"x86 Virtualization." Wikipedia. http://en. wikipedia. org/wiki/Virtualization _Technology.

"xend-config. sxp (5) - Linux Man page." die. net. http://www. die. net/doc/linux/man/man5/xendconfig.

sxp. 5. html.

"Xen Disk I/O Benchmarking: NetBSD Dom0 vs Linux Dom0."

http://users. piuha. net/martti/comp/xendom0/xendom0. html.

"XenStoreReference." Xen Wiki. Xen. org. http://wiki. xensource. com/xen-wiki/XenStoreReference.

Xen Users' Manual Xen v3. 0. http://www. cl. cam. ac. uk/research/srg/netos/xen/readmes/user/user. html.

"Xend/XML - RPC." Xen Wiki. Xen. org. http://wiki. xensource. com/xen-wiki/Xend/XML - RPC.

运行 Xen：虚拟化艺术指南

57

第 **4** 章

安装 Xen Domain0 的方法和硬件要求

像其他的软件产品一样，为了顺利安装 Xen 也有一套需要满足的要求。用户可能会提出关于 Xen 的硬件支持问题，比如"Xen 可以运行在我已经拥有的旧的和多余的系统中吗？"或者"如果我想要使用一个新的系统来运行 Xen，那么我应该买什么？"。无论在哪种情况下，本章都可以帮助用户挑选支持 Xen 的硬件。在处理了硬件配置问题之后，将讨论转移到在商业系统和开源系统中 Xen 的安装方法。最后，我们通过在多种软件平台上（包括几种通用的 Linux 发行版和 XenSource 提供的 XenExpress）安装 Domain0，来详细介绍在开源系统中 Xen 的安装方法。

4.1　Xen Domain0 的处理器要求

Xen 当前最适宜于运行在 x86 结构的宿主机之上。虽然在 IA64 和 Power 体系结构上支持 Xen 的工作也正在进行中，但是 x86 依然是到目前为止安装 Xen 最安全的结构。Xen 需要一个奔腾（Pentium）或更高级别的处理器。包括 Intel 公司出产的 Pentium Pro、Celeron、Pentium II、Pentium III、Pentium IV 和 Xeon 芯片，但不仅限于这些。AMD 公司出产的 Athlon 和 Duron 产品系列也可以满足此需求。如果用户幸运地拥有以上谈到的处理器的多核或超线程版本，那么将会发现 Xen 也支持这些处理器。Xen 还支持 x86 - 64 处理器。此外，Xen 最高支持到 32 - 路 SMP guest。表 4 - 1 给出了一个支持 Xen 的 x86 处理器。

表 4 - 1　支持 Xen 的 x86 处理器

INTEL	
Xeon	71xx, 7041, 7040, 7030, 7020, 5100, 5080, 5063, 5060, 5050.
Pentium D	920, 930, 940, 950
Pentium 4	662, 672
Core Duo	T2600, T2500, T2400, T2300, L2400, L2300
Core 2 Duo	E6700, E6600, E6400, E6300, T7600, T7400, T7200, T5600
AMD	
Athlon 64 X2	5200+, 5000+, 4800+, 4600+, 4400+, 4200+, 4000+, 3800+
Athlon 64 FX	FX-62
Sempron	3800+, 3600+, 3500+, 3400+, 3200+, 3000+
Opteron	Everything starting from Rev. F: 22xx and 88xx (base F), 12xx (base AM2)
Turion 64 X2 dual core	TL-50, TL-52, TL-56, TL-60

需要注意的是，表 4 - 1 所列出的内容并不全面，因为处理器的技术在飞速地发

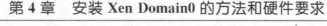

展。当用户看到这本书的时候,比表 4 - 1 所列的处理器更新一代的支持 Xen 的处理器很可能就已经问世了。

为了支持未经修改的 DomainU guest,比如 Windows guest,处理器需要拥有 Intel VT 或 AMD SVM 支持的虚拟化技术扩展。为了适应这些相似但不同的技术,Xen 提供了一个通用的硬件虚拟机层,称为 HVM(Hardware Virtual Machine)层。

4.1.1. Intel VT

Intel 开发了一套新的硬件扩展功能,被称作虚拟化技术(Virtualization Technology,VT),专门用于帮助 Xen 虚拟化并运行那些未经修改的操作系统 guest。Intel 将这项技术添加到了 IA-32 平台下,命名为 VT-x,然后又将其添加到了 IA64 平台下,命名为 VT-i。在这些新的技术中,Intel 在处理器内部引进了两种新的操作级别,满足于像 Xen 这样的 Hypervisor。Intel 在它的网站中提供了一个支持该技术特征的处理器列表:www. intel. com/products/process_number/index. htm.

Intel 还提供了 VT-d 技术,它是 Intel 为直接 I/O(Direct I/O)开发的技术。这些扩展允许设备被安全的分配给虚拟机。VT-d 也处理直接内存访问(DMA)重映射和 I/O 旁路转换缓冲(I/O translation lookaside buffer,I/OTLB)。DMA 重映射能够防止一个直接内存访问越出 VM 的内存界限。I/OTLB 是一个能够改善系统性能的 cache。当前,Xen 通过使用一个已被修改的称为 QEMU 的程序来执行这些操作,但是在性能上会有所损失。随着 Xen 被开发出来之后,更多的硬件功能会被加入到 Xen 之中。

当使用 Intel VT 技术的时候,Xen 运行在一个新的操作级别下,该级别被称为虚拟机扩展(Virtual Machine Extensions,VMX)根操作模式(root operation mode)。未经修改的 guest domain 运行在其他新创建的 CPU 级别——VMX 非根操作模式。因为 DomU 运行在非根操作模式,所以它们被限制运行一些与访问系统硬件相关的操作指令集。被限制的指令集的执行失败将会导致 VM exit 的发生和控制权转移到 Xen 中。

4.1.2 AMD-V

Xen3.0 中也包含了对 AMD-V 处理器的支持。AMD-V 的好处之一是被标记的旁路转换缓冲(TLB)。使用这个被标记的 TLB,guest 能够被映射到一个同 VMM 设置完全不同的地址空间。之所以被称作一个被标记的 TLB,是因为 TLB 包含了额外的地址空间标识符(address space identifiers,ASIDs)的信息。ASIDs 确保在每个上下文切换的时候 TLB 冲刷都不需要发生。

AMD 也引进了一个新的技术来控制对 I/O 的访问,被称作 I/O 内存管理单元(IOMMU),它类似于 Intel 的 VT-d 技术。IOMMU 负责管理虚拟机 I/O,包括对虚拟机来说哪些 DMA 访问是受限制而无效的和直接分配真实的硬件给虚拟机的工作。在 Linux 中有一种查看处理器是否支持 AMD-V 技术的方法：即查看/proc/cpuinfo 的输出中是否包含 svm 标志。如果该标志存在，则处理器应该是 AMD-V 的处理器。

4.1.3　HVM

Intel VT 和 AMD 的 AMD-V 结构是非常相似的，并且在基本概念上共享很多信息，但是它们的实现有些不同。所以提供一个通用的接口层来抽象它们的细微差别就非常有意义了。因此，HVM 接口层诞生了。HVM 层最初的代码是由 IBM Watson 研究中心的员工 Leendert van Doorn 实现的，并被上传到了 Xen 的项目之中。一个兼容性列表位于 Xen 的 Wiki 上：http://wiki. xensource. com/xenwiki/HVM_Compatible_Processors。

HVM 层是通过使用一个函数调用表（hvm_function_table）实现的，它也包含了对硬件虚拟化实现来说非常普遍的函数。这些包含 initialize_guest_resource() 和 store_cpu_guest_regs()的方法在统一的接口之下对每一个后端（backend）来说实现都是不同的。

4.2　推荐的硬件设备支持

Xen Hypervisor 将对一个现代操作系统来说所需要解决的大量的硬件支持的问题都移交给了 Domain0 guest 操作系统。Domain0 作为管理虚拟机负责大多数的硬件管理任务。而 Hypervisor 仅仅限于检测和启动处理器，PCI 仿真，和中断路由（interrupt routing）。同硬件进行交互的真实的设备驱动程序是在拥有特权的 Domain0 guest 之中执行的。实际上，这意味着 Xen 对 Domain0 guest 操作系统所支持的硬件大多数都兼容。对 Xen Domain0 来说 Linux 是至今为止最常用的选择，并且也可能是支持最广泛的硬件的最安全选择。

4.2.1　磁盘和控制器

类似于其他的操作系统，Xen Domain0 也需要一些能够永久存储数据的介质。典型的对于一个家庭 PC，工作站，或者小型到中型的商业服务器来说，永久存储介质为机器中的本地磁盘。Xen，像其他的操作系统一样，在本地磁盘中运行也是最优的。

Xen 的一些特征，比如动态迁移（live migration），需要网络附加存储（network-attached storage）才能工作最佳。但是，动态迁移只是针对 DomainU guest 的。因为 Domain0 不能被动态迁移，Domain0 需要保留在它所安装的硬件之上。虽然用户可能可以在 Domain0 中使用一个网络文件系统来配置一个系统，但是我们建议至少 Domain0 应该被直接安装在本地磁盘之上。

当选择一个本地磁盘之后，主要需要关注的事情是很多 guest 可能会在同一个时间尝试着访问 I/O。所以如果用户奢侈地为每一个单独的虚拟机分配一个真实的物理磁盘和相应的驱动器那么系统当然会工作得更好。但不幸的是，多个带有专门驱动器的磁盘的巨大花销对 Xen 的大多数用户来说并不是都负担得起。我们当然不需要有这个能力来使用高端 RAID 单元或者支持多个 IDE 设备的服务器。而 Xen 也因此而成为了一个重要的考虑，因为一个 Domain0 也许支持多个虚拟 guest。

不久之后会发现，无论用户使用什么类型的磁盘作为存储介质，低反应时间和高速对无缝虚拟化来说都是至关重要的。虽然在一些奇特的虚拟化技术的配合之下这不是必须的，但是低反应时间和高速驱动无疑会使系统具有更好的性能。出于这个原因，研究新的驱动程序和新的接口（比如 ATA(SATA)）就非常有意义了。类似地，本地 SCSI 磁盘当然也是一种选择，用户可以考虑在其上运行任何种类的重要的虚拟化服务器。SCSI 磁盘通常用在快速寻找的高 RPM 配置(high RPM configuration)中。

用户也许想要知道在使用 Xen 的时候对网络附加存储(NAS)的支持。为了解决这个问题，我们需要明确在 Xen 中 NAS 的精确含义。NAS 包含多种含义，既包含插入网络中的外部专用网络盒(network boxes)，也包含提供了文件级协议的流媒体服务器。单凭经验来看，任何在 NAS 之下的东西都可以同 Xen 兼容，但是出于性能考虑，我们建议坚持在 Xen guest 和计划使用的存储硬件之间使用基于块设备的协议。例如，我们推荐使用 FC、iSCSI、GNBD，或者 AoE 来取代文件级协议（如 NFS、SAMBA、或者 AFS）。本章的"参考资源和深入阅读"一节有关于网络文件系统在与虚拟机一同使用时的性能特征的研究资料。

4.2.2　网络设备

通常，在 Xen 中对网络设备的支持是基于在 Domain0 guest 中所能找到的驱动程序。事实上对网络设备来说唯一需要担心的一件事情是确保 Domain0 内核包含了硬件的标志驱动程序并且 Domain0 内核中也包含了 Xen 的后端设备(backend devices)。如果一个你选择作为 Domain0 的没有安装 Xen 的操作系统识别了一个特定的网络设备，那么在 Xen 中使用该网络设备将不会有任何问题。此外，用户也许想要确定 Domain0 内核包含了对以太网桥和 loopback 的支持，如果想要在 DomainU 内核中能够访问/dev/ethX 设备，如果宿主机内核不支持桥接，或者桥接在系统中不能正常工作，那么可以选择在 Domain0 中使用 IP 路由这样的可选方法。当用户想要将 DomainU guest 与所有外部网络相隔离的时候使用该方法也是非常有用的。关于网络配置的进一步讨论在第 10 章"网络配置"之中。

4.2.3　显卡设备

一般地，虚拟化系统并没有真正虚拟化图形卡适配器。一般地，通过使用一个网络图形协议或者远程登录协议从一个表现为观察者(viewer)的远程宿主机访问虚拟化的 guest。旧版本的 Xen 通过一个虚拟化网络计算机（VNC）协议后端简单地提供了 VGA 仿真。这使得用户可以访问图形化环境，但是这并不是访问一个 guest 的最快速的或者最好的方法。

NoMachine NX 是一个可选的远程显示技术，它宣称可以达到本地速度，并拥有一个高级别的应用程序响应度。NX 想要在高延迟，低带宽的网络中也工作得很好。FreeNX 是 NX 服务器的一个 GPL 实现。

Xen 开发者认识到为网卡使用这些网络协议是资源开销巨大的，因此也成为了一个缺点。自 Xen 3.0.4 之后，用户可以使用虚拟帧缓冲（virtual frame buffer）来进行实验。通过使用这些虚拟的帧缓冲，Xen 的 Domain0 能够捕获被写入内存指定位置的视频数据并将其发送给显示器。

最终，我们应该谈到的一点是通过将物理显卡从 Domain0 中隐藏的方法为一个 guest 提供一个完整的和单独的访问物理显卡的机会是可能做到的。我们将在第 9 章"设备虚拟化和管理"中详细介绍这些可视化工具的实用配置方法。

4.2.4　电源管理

当前，在 Hypervisor 或 Domain0 中还没有任何形式的高级电源管理。在一个笔记本电脑级的机器上运行 Xen 当然是可行的，但是由于电池寿命的减少而不推荐使用此方法。在一些情况下，服务器系统也许在大多数时候会看到 CPU 温度的增加。因此，如果用户正准备在一个紧密的底盘或者一个格外温暖的系统中运行，那么 Xen 在这样的环境下也许不适于用在生产系统中。应该注意到的是，相比于对密如刀片的服务器进行合适的冷却，Xen 也许提供了一个非常好的方案用于节省能源，即通过将多个系统整合到单独的一个有效节能的系统之上。

4.2.5　对不支持的硬件的帮助

如果由于某种原因 Xen 不能在用户的硬件上运行，最好的解决方案是将此信息直接发送给 Xen 的项目组。事实上，Xen 开发者正致力于解决一个有问题的硬件列表，并且需要用户来帮助它们找到问题所在。如果用户曾遇到过这种情况：该硬件同 Domain0 操作系统一起工作正常，但在 Xen 安装之后变得不正常了。想知道发生这种情况的原因，请参考 http://wiki.xensource.com/xenwiki/HardwareCompatibilityList 获取更多信息。

4.3　内存要求

需要记住的是，特定配置中实际物理内存需求量的大小根据使用虚拟机用途的不同而有非常大的变化。如果想要个性化编译，尤其是最小化安装 Linux guest，那么相比于运行 10 个 Windows guest 实例来说，对内存的需求量将会小得多。一个好的开始是预想一下想要同时运行的虚拟 guest 的数量，然后乘以每个 guest 的发行商指定的最小内存需求。将这个结果再乘以 1.5 或 2。最终，不要忘记加上 Domain0 用户空间和内核空间需要的内存量，这样设定将会工作得很好，因为一些系统能够当其他的 guest 结束使用它们的内存后重新运行起内存需求量少于被释放内存量的最小化的（stripped down）guest。此外，它提供了一些额外的空间用于 guest 移植和其他高级的管理特征（如果你选择使用它们的话）。基本原则是内存越多总是越好的。

默认的，32 位版本的 Xen 支持最大 4GB 的内存。3.0 版本和之后的版本支持物理寻址扩展（PAE），它允许拥有更多的可寻址内存。在 PAE 可用的硬件中，32 位 x86 硬件能够寻址 64GB 的物理内存。虽然并不是所有的主板都支持如此大的内存配置，它是目前 4GB 内存空间的 16 倍，因此当运行大的虚拟机或者大量虚拟机的时候当然是非常有好处的。当 Xen 在支持 64 位版本的 x86 平台下运行的时候（如 AMD64 和 Intel EM64T 系统），可以达到 1TB 的可寻址内存。

Domain0 自身被说明运行在 64MB 的内存中，但是这当然是不被推荐的。这种特定情况的实现需要在 Domain0 环境下禁用所有东西。Domain0 的内存消耗量应该在最小化内存时 Domain0 所扮演的角色（这其实有利于系统安全）和需要大量减少 Domain0 的内存以减少日常的系统维护量这两者之间维持一个平衡。此外，用户选择配置的 guest 网络的类型也会影响你的 Domain0 guest 需要的内存量。需要记住的是，用户建立的每一个桥接网络都需要消耗你 Domain0 的内存，并且如果选择使用 Domain0 IP 路由的方法来建立你的 guest 网络，那么这将会给用户带来路由后台程序和它的策略使用内存的开销。这些防火墙和网络地址转换（NAT）规则将会带来内存的开销代价，但是可能对系统环境来说是必不可少的。典型的，任何带有几个网桥的安装都会超过 64MB 内存的使用量。请参考附录 E"Xen 性能评估"中的"Xen 虚拟网络和真实网络的性能"一节来获取这个开销的分析信息。此外，如果想要使用分布式的或网络块设备 guest，并保持一个相当小的 Domain0，也许想要避免使用 iSCSI，因为内存开销会非常大。

Domain0 操作系统用户空间的内存使用很自然地也会影响内存的需求量。相比于通常的基于桌面系统的 Linux 发行版来说，小型服务器的最小化 Linux 实例需要更少的资源。因此用户应该好好计划一下。通常，我们推荐 Domain0 使用 1GB 的内存。这将会为很多所熟悉的工具提供大量可用的内存空间。

虽然用户总是预算足够的内存来满足 guest 操作系统实例的最小化的需求，但是如果 guest 执行一个中等的工作负载，那么，可以做一点小小的改动。如果禁用了不需要的服务并且仅仅运行命令行应用程序，那么可以把更多的 guest 挤压到使用同等大小的内存量中。相反的是，如果用户计划运行一个大型的应用服务器或者数据库服务器，那么用户应该给它规划出同它在一个非虚拟化环境下使用的相同大小的内存量以供其使用。

用户也许想要研究的一个额外的问题是，究竟应该计划使用多大的内存量来用作 guest 的 swap 空间。Linux 和其他的操作系统趋向于当物理内存用尽或接近用尽的时候使用 swap 空间。当你的 guest 需要更多内存资源的时候，不活跃的页可以

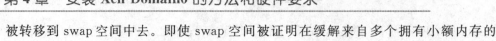

被转移到 swap 空间中去。即使 swap 空间被证明在缓解来自多个拥有小额内存的 guest 的压力时是有帮助的,但是绝不应该认为 swap 可以作为更多内存的一个替代。Swap 只是为了帮助用户拥有更多的虚拟机而进行了一个小小的欺骗而已,swap 典型的是位于硬盘之中,它比内存要慢几个数量级,并且会降低系统的性能。

如果用户正在考虑运行未经修改的 Windows guest,我们推荐使用至少 512MB 的内存。微软推荐使用 128MB 或更多的内存用于 Windows XP,但是用户会发现根据工作负载也许需要更多的内存。通常来说,我们推荐为未经修改的 Windows guest 提供同它在未虚拟化的硬件平台上运行所需要使用的内存量等量的内存。

用户需要预先计算一下将会运行的未经修改的 guest 的数量,并乘以它们的内存基本需求量来得到一个所需要设定的内存使用值。像通常一样,为用户自己留下一些可浮动的空间。同非虚拟化系统一致的是,最好的建议是买用户所能支付得起的尽可能多的内存来确保选择运行的 guest 能够很好地得到满足。

4.4　选择并获取 Xen 的一个版本

当前使用 Xen 的大多数用户是开放源代码热心者,操作系统热心者,或者看好虚拟化的价值并不用担心其价格因素(同在当今市场上的商业虚拟化系统相比)的商业客户。本节将告诉读者如何得到最能满足用户需求的 Xen 的版本。

4.4.1　开源的发行版

获得 Xen 的一个通常的方式是安装一个包含了对 Xen 完整支持的 Linux 发行版。表 4-2 调查了一些较流行的可作为 Domain0 的免费/开源操作系统。

表 4-2　Xen 可用的免费和开源的操作系统发行版概览

Operating System Distribution	Support for Xen
Fedora	Xen 3.X packages included since its Fedora 4 release.
CentOS	Xen 3.X packages since CentOS 5.
OpenSUSE	Includes Xen 3.X support.
Ubuntu	Includes Xen 3.X packages since 6.10 release (Edgy Eft).
Debian	Includes Xen 3.X packages since Debian 4.0 release.
NetBSD	Host support for Xen 3.X is available in the 4.0 release branch
OpenBSD	Support for OpenBSD self-hosting is near complete.
FreeBSD	Support for using FreeBSD as a Xen host is under development.
Gentoo	A Gentoo package exists for Xen in the Gentoo package management system, Portage.
OpenSolaris	OpenSolaris xVM available in OpenSolaris developer version, supported by OpenSolaris on Xen community.

就像我们之前提到的,Linux 是当前作为 Domain0 安装的最流行的选择,但是对 Xen 来说不存在"最好的"操作系统发行版。如果用户已经对一个流行的发行版比较

熟悉了,那么坚持使用所熟悉的安装过程,工具,和软件包管理器很可能是用户最佳的选择。最后,大多数 Linux 的发行版将提供一个 Xen 功能的通用子集。涉及 Xen 的兼容性仅仅只有少数几个选项同 Linux 的发行版相关。大多数兼容性问题都同 glibc 线程局部存储(thread local storage,tls)的实现,或发行版对设备文件系统的选择(devfs 或 udev)相关。注意到一些发行版(如 Fedora 和 Ubuntu)提供了 glibc 包的特别编译版本来适应 Xen 用户的需要。对大多数现代发行版来说兼容性都几乎不再是一个问题,因为它们都选择了本地 Posix 线程库(NPTL)和 udev。

4.4.2　商业支持的选择

使用一个免费/开源的 Xen 发行版或者甚至是从公开可用的源代码编译 Xen 的不利之处在于,用户也许会一时性起找开发人员和技术社区寻求帮助。往往会看到技术社区的人员非常乐意彼此互相帮助来解决在使用 Xen 的时候遇到的问题,但是一些时候有偿的商业解决方案也许会更加适合用户。很多公司提供了对 Xen 的多种支持,安装,配置和管理服务。在第 14 章("对 Xen Enterprise 管理工具的概览")将讨论一些关于对 Xen 提供企业级支持的信息。

1. Citrix XenServer 产品组和 XenSource

XenSource 是由最初的 Xen 开发团队成立和运作的。在 2007 年,它被 Citrix 收购并成为了 Citrix XenServer 项目组。这个组引领了开源的 Xen 社区,协调了开发工作,发布和管理文档(比如 Xen wiki 和论坛),还有组织峰会和工作间等。同时,该组成员提供了一个商业范围内的基于 Xen 的解决方案和提供 Xen 的技术支持,并将开源的 Xen 软件同增值的部分相结合为一个更加完善的虚拟化解决方案。

Citrix XenServer 产品组面向开发者和热心人士提供了一个免费的软件包,XenServer Express Edition。它当前支持最高达到 4 个 guest domain,4GB 的内存,还有两个物理 CPU。它对 Windows 和 Linux 的 guest 都提供支持,并且是一个非常好的开源选择,尤其是当用户正在考虑升级到商业支持的时候。Citrix 也提供了两个高端的产品,XenServer 标准版和 XenServer 企业版。用户可以参考 www.citrixxenserver.com/PRODUCTS/Pages/myproducts.aspx 来获取更多关于它们的产品和服务信息。

2. Virtual Iron Software,Inc

Virtual Iron Software,Inc. 在 2003 年成立并提供了用于创建和管理虚拟基础架构的企业级软件解决方案。最初 Virtual Iron 使用一个不同的 Hypervisor 技术来开发它的产品,但是在 2006 年的时候转移到了 Xen 的 Hypervisor 架构之上。该公司通过发布开源的和具有经济吸引力的解决方案,从而也影响了 Xen 和硬件虚拟化处理器的发展。它们主要感兴趣的产品是 Virtual Iron 虚拟化管理者和虚拟化技术服务。Virtual Iron 的虚拟化管理者提供了一个核心的位置来控制虚拟资源和那些艰苦的和单调的流水线任务并使其自动化运行。Virtual Iron 虚拟化技术服务会自动在裸机上配置,是不需要软件安装或管理的工业级标准服务器。这些产品具有流水线数据中心管理和减少操作开销的特征。用户可以参考 http://virtualiron.com 以获取更多有关 Virtual Iron 的产品和服务信息。

3. 企业级 Linux 支持

如果用户已经是一个企业级或商业级 Linux 客户,并通过付费已获得销售商支持,也许已经在用户当前的 Linux 销售商处获得了对 Xen 支持的服务。Novell,Inc. 的产品,SUSE Linux Enterprise Server(SLES),是第一个包含了对 Xen 3.0 的完整支持的企业级平台。读者可以参考 www.novell.com/products/server/以获取更多有关 SUSE Linux Enterprise Server 产品的信息。

最近新加入为 Xen 提供企业级支持这个领域的公司是 Red Hat,它的发布产品是 Red Hat Enterprise Linux 5(RHEL 5)。用户可以参考 www.redhat.com/rhel/ 以获取更多有关 Red Hat 的最新服务器的信息。

通常,我们推荐通过合适的渠道同用户的发行商进行交互来确定发行版支持合同中包含了将该发行版作为一个 Xen Domain0 宿主机或 guest 而运行的服务。表 4-3 显示了一个提供了 Xen Domain0 选项的商业支持的概述。

表 4 - 3　Xen 商业支持的解决方案概述

Commercial Support Solutions	Notes
Citrix XenServer Product Group	Group founded by the original Xen development team. Acquired by Citrix. Leaders of the open source Xen development effort and also offers commercial packages and support.
Virtual Iron	Company predates Xen. Switched to Xen for its hypervisor infrastructure. Offers commercial virtualization management products.
SUSE Linux Enterprise Server 10	The first commercial implementation of Xen in this form is Novell's SUSE Linux Enterprise Server 10 release, which is broadly supported. Red Hat Enterprise Linux 5, released in early 2007, will also offer Xen.
Red Hat Enterprise Linux 5	RHEL 5 incorporated Xen into the distribution. Though not the first commercial distribution, RHEL 5 provides additional support for tools such as Virtual Machine Manager.

4.5　安装 Domain0 宿主机的方法

如果已经到了这一步,那么现在已经准备好安装一个 Domain0 了。我们将假设用户已经对操作系统安装过程较为熟悉了,特别是某种现代 Linux 的发行版。本章剩下的部分将研究几种流行的 Domain0 操作系统和它们的 Xen 安装过程。虽然不是很全面,但是本章努力提供一个包含了大多数通用发行版的概览(其他的支持配置也来自这些发行版或同它们相关)。

Xen Hypervisor 的安装并不能依靠自身来提供一个完整的功能化的操作系统环境。它需要一个用户空间的配合来为简单构建和管理虚拟机 guest 提供便利。为 Xen Domain0 选择用户空间环境是非常重要的,因为它是所有 guest 依赖的基础。从历史上看,Linux 是第一个扮演这个角色的。近几年,一些 BSD 家族的操作系统还有 OpenSolaris 也成为了 Domain0 宿主机的候选者。其中的每一个作为 Xen 的宿主机平台都有它自身的优缺点。在本节,我们详细讨论每一种选择以至于用户可以针对自身的环境选择一个最佳的 Domain0 平台。

无论用户选择学习哪一种 Domain0 平台,我们都强烈推荐使用 GRUB bootloader。GRUB 是一个免费的 bootloader 软件,它提供了对多个启动标准的支持。Bootloader 在 Xen 的系统中扮演了一个重要的角色,因为 bootloader 是在 BIOS 之后第一个实际运行的软件。Bootloader 负责装载一个操作系统并将硬件的控制权转交给该操作系统;在本例中是 Domain0 的内核。然后,Domain0 的内核可以初始化余下的操作系统部分(如 Domain0 的用户空间)。

无论用户选择安装哪一个版本的 Xen,在安装过程中,通过使用发行版提供的工具或者手动对 bootloader 配置的修改都是必不可少的。如果用户已经对 bootloader 很熟悉了,那么需要认识到的是 Xen 内核所接受的选项同那些传递给一个典型的 Linux 内核的选项是不同的。

GRUB 配置文件典型的放在/boot/grub/menu.lst。像大多数同计算机相关的事物一样,有多种方法保证用户的配置文件入口是正确的。当需要修改 GRUB 配置文件的时候每一个发行版使用它自己的工具集和习惯。共同的特点是直接使用用户最喜欢的文本编辑器编辑该文件。在本章稍后将在每一个 Domain0 的安装过程中讨论 GRUB 的入口。

4.6 Linux 发行版

当使用作为 Domain0 的 Linux 发行版时,从一个高级层面上说安装的过程都是非常一致的。一般地,需要安装普通的操作系统(就像单独安装它一样);然后添加新的 Xen 可识别的 Domain0 内核和一些用来管理 Xen 的用户空间的工具。这些方法使用户可以确保在将 Xen 的复杂性加入到系统之前,用户的发行版同硬件工作正常。当对发行版较为满意的时候,便可以为 Domain0 加入虚拟化的支持。在很多情况下,这样做的过程同使用发行版的软件包管理器安装其他的软件并没有什么不同。

需要记住的是,每一种发行版在不同类型的用户看来都有各自的优缺点。下面几节将会给出一些通用的发行版用作 Domain0 时的情况。如果用户最喜欢的发行版在本章中也会介绍到,那么可以直接跳到那一节。接下来的几节想要扩展,而不是替代发行版的官方文档。在最后，我们将提供一个关于安装过程比较的综述。

4.6.1　OpenSUSE

OpenSUSE 是由技术社区支持的 Novell 的商业 SUSE 产品的开源版本。SUSE 是第一个带有 Xen 支持的 Linux 发行版，因此也是作为 Domain0 环境的一个良好的选择。对 Xen 的支持已经持续了一段时间的优势在于很多 Xen 的组件已经被集成到了正规的发行版的内容和软件包的选择中。Xen 被成功集成到了安装之中。在这一点上，OpenSUSE 实际在发行版中对 Xen 的支持是它的一个关键的特征，并且不像其他的一些发行版一样是一个简单的事后想法。

在 OpenSUSE 的一个新的安装过程中安装 Xen 是非常简单的。当运行 OpenSUSE 安装程序的时候，在安装即将开始之前，需要在安装设置阶段启用对 Xen 的支持。如图 4 - 1 所示，从这个屏幕中，用户可以看到将会安装的软件包。从屏幕上方选择软件。从结果菜单简单的选中 Xen Virtual Machine Host Server 选项。在选中了需要安装的 Xen 软件之后，单击下方右侧的 Accept 按钮，然后像平常一样继续你的 OpenSUSE 的安装。

OpenSUSE 社区已经将对 Xen Domain0 的支持和 Xen 工具的安装都集成到了它普通的安装过程中。虽然该支持默认是不被启用的，但是用户仅仅需要知道安装时在哪里选上它即可。

可选择的，用户也许已经安装了没有启用 Xen 支持的 OpenSUSE，因为它在安装时默认是不被选中的。如果用户已经安装了 OpenSUSE，那么 Xen 是可以通过在该发行版下使用的普通的软件安装机制被安装上的。最简单的方法是使用 YaST 工具。一个运行 YaST 的方法是单击系统默认桌面的左下方的菜单。从这里，打开控制中心然后选择 YaST（Yet another Setup Tool）。

使用 YaST 需要用户以 root 用户登录或者拥有管理员密码。在需要的时候用户将会被提示进行此项验证。在 YaST 屏幕的左边是几个分类，其中之一是被标记的软件。在选择了这个入口之后，将看到在右手边面板上显示了多个选项。从那个清单选择在线更新。需要特别引起注意的是在线更新选项使用用户预先配置好的软件库。在在线更新模块加载之后，可以在左边对软件进行过滤。在过滤样式下面，左边的列表看起来类似于在安装 OpenSUSE 之前选择软件时所看到的列表一样。在这之后就和之前提到过的安装方法一样了。简单地跳至 Server Functions 类里，然后在 Xen 一行旁边的选项里打勾，如图 4 - 2 所示。

OpenSUSE 社区也使得在初始的安装过程完成之后通过它所支持的软件安装系统 YaST 添加 Xen Domain0 和 Xen 工具的支持变得非常容易。

当单击安装按钮的时候，Xen 的包被下载和安装到系统中。最终，当安装过程完成之后，应该确保/boot/grub/menu. lst 文件包含了一个到新的 Domain0 的入口。在确认了 GRUB 菜单文件指示了正确的 Domain0 内核镜像位置之后，重启机器。

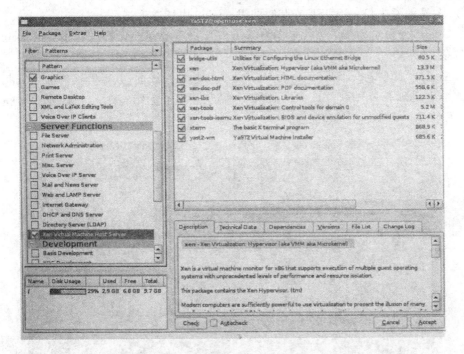

图 4 - 1　在 OpenSUSE 安装过程中选中本地(natively)对 Xen 的支持

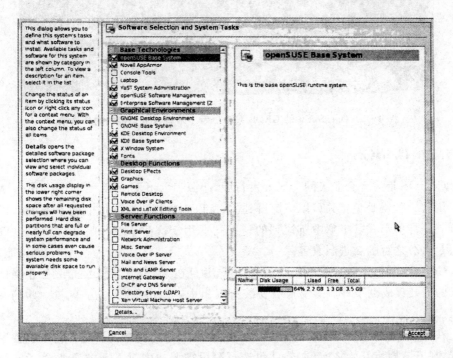

图 4 - 2　在 YaST 中下拉至 Xen Virtual Machine Host Server 选项

图 4-3 显示了在 OpenSUSE 安装时的 Domain0 内核选项。

OpenSUSE 启动菜单包含了作为 Xen 安装过程的一部分被自动添加的 Xen 内核选项。

主观地说，在 OpenSUSE 中对 Xen 的支持是最高级的，并以普通的软件安装的方式被集成到了 OpenSUSE 中。如果不确定使用哪个 Linux 发行版，那么 OpenSUSE 将是一个很好的选择。

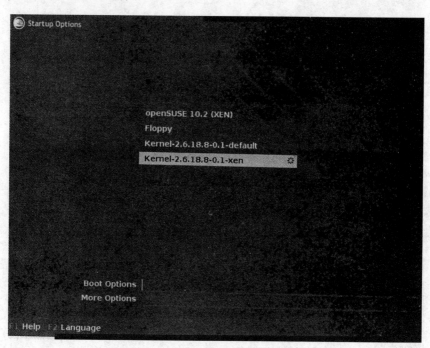

图 4-3 OpenSUSE 的 GRUB 菜单显示了带有 Xen 功能的内核选项

4.6.2 CentOS

CentOS 是一个企业级的 Linux 发行版，起源于 Red Hat Enterprise Linux 源代码。因为源代码是免费并可以广泛得到的，所以它被打包成尽可能同 Red Hat 的产品样式一样的形式。本章中所谈到的材料均适用于这两个发行版，因为 CentOS 的目标是百分之百的二进制兼容。

CentOS 是一个相对较新出现的发行版，并且在 SUSE Linux 的带领下也随即将 Xen 的安装集成到了普通的发行版安装过程当中。CentOS 集成了更新一些的管理工具。

在 CentOS 的一个新的安装过程中安装 Xen 是非常简单的。当运行安装程序的时候，在安装即将开始之前，在软件包选择阶段需要选中对 Xen 支持的选项。如图 4-4所示，单击 Customize Now 按钮。CentOS 的安装使得在初始安装过程中添加

Xen Domain0 和对 Xen 工具的支持都变得很简单。选择定制软件包是关键。

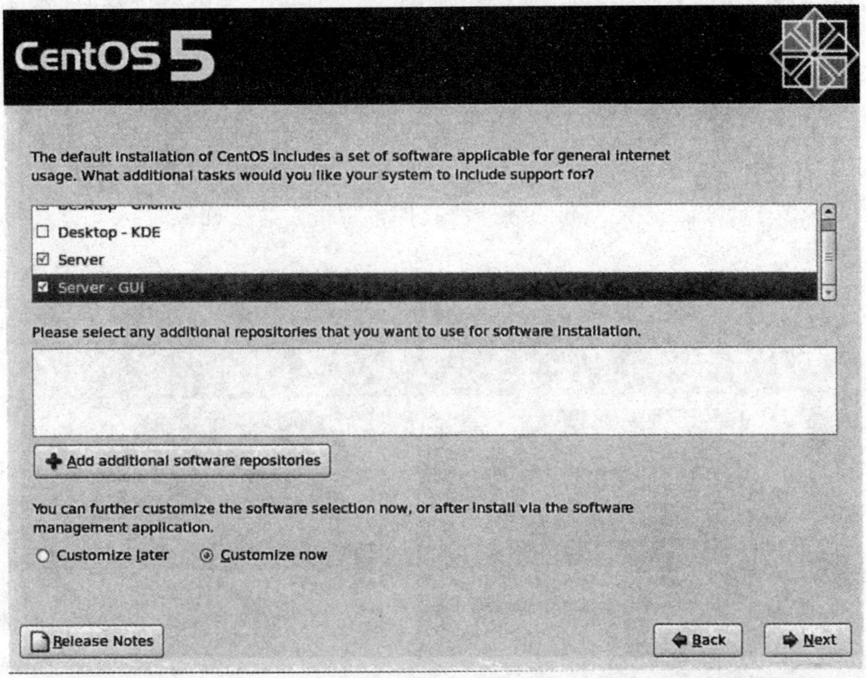

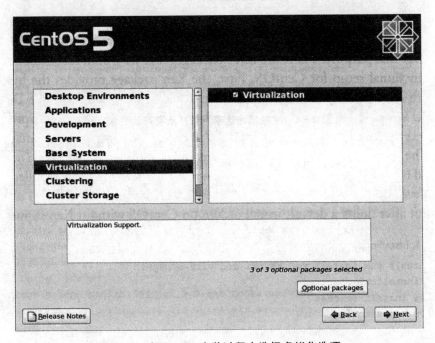

图 4 - 4　在 CentOS 安装过程中本地(natively)对 Xen 的支持

图 4 - 5　在 CentOS 安装过程中选择虚拟化选项

在结果窗口中，选择左手边菜单中的 Virtualization，然后确保在屏幕右边 Virtualization 一行旁边的 Check 标记被选中，如图 4 - 5 所示。在继续进行时，会被提示确认安装额外的虚拟化相关的软件包。确保在图 4 - 6 中的所有的三个选项都被选中。这三个选项是 gnome-applet-vm、libvirt 和 virt-manager。然后可以简单地像普通安装一样继续下去，最后可以自动重启进入 Xen Domain0 内核。

从左边和右边菜单处选择虚拟化是添加 Xen 支持的关键。然后，如图 4 - 6 所示，最后一个提示确认支持 Xen 的额外的软件包将被安装。确保每一个显示的软件包都被选中。

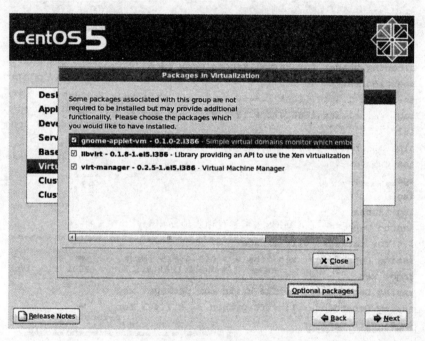

图 4 - 6　在虚拟化选项下选择所有可用的包

如果已经安装好了 CentOS 并且忽略了选择支持 Xen 的软件包，那么可以使用 yum 工具来安装它。也可以使用图形化的工具来达到此目的。对于 CentOS 来说有三个包我们推荐完全安装。首先，Xen 这个包提供了 Hypervisor 和相应的依赖包。其次，xen-kernel 包提供了 Domain0/DomainU 内核和相应的依赖包，并能够更新 GRUB 启动菜单。最后，virt-manager 提供了一个良好的 GUI 界面用于创建和管理 Xen guest。virt-manager 包中也包含了其他的工具，比如 virt-install（一个命令行，virt-manager 的 ncurses 库版本）。对 virt-manager 包更详细的分析请参考第 7 章"制作 Guest 镜像"。清单 4 - 1 显示了在一个没有安装 Xen 支持的 CentOS 上对 Xen 进行默认安装的完整输出。

清单 4 - 1　在一个已经安装好的 CentOS 系统上安装 Xen

```
[root@centos]# yum install xen kernel-xen virt-manager
Loading "installonlyn" plugin
Setting up Install Process
Setting up repositories
Reading repository metadata in from local files
Parsing package install arguments
Resolving Dependencies
--> Populating transaction set with selected packages.
    Please wait.
---> Package xen.i386 0:3.0.3-8.el5 set to be updated
---> Downloading header for kernel-xen to pack into
     transaction set.
kernel-xen-2.6.18-1.2747. 100% |================| 184 kB     00:00
---> Package kernel-xen.i686 0:2.6.18-1.2747.el5 set to be   ➥
     installed
---> Downloading header for virt-manager to pack into        ➥
     transaction set.
virt-manager-0.2.5-1.el5. 100% |================|  19 kB     00:00
---> Package virt-manager.i386 0:0.2.5-1.el5 set to be updated
--> Running transaction check
--> Processing Dependency: gnome-python2-gnomekeyring >=      ➥
    2.15.4 for package: virt-manager
--> Processing Dependency: xen-libs = 3.0.3-8.el5 for        ➥
    package: xen
--> Processing Dependency: bridge-utils for package: xen
--> Processing Dependency: libvirt-python >= 0.1.4-3 for     ➥
    package: virt-manager
--> Processing Dependency: libxenctrl.so.3.0 for package: xen

--> Processing Dependency: libblktap.so.3.0 for package: xen
--> Processing Dependency: libxenguest.so.3.0 for package: xen
--> Processing Dependency: python-virtinst for package: xen
--> Processing Dependency: libxenstore.so.3.0 for package: xen
--> Processing Dependency: python-virtinst >= 0.95.0 for     ➥
    package: virt-manager
--> Restarting Dependency Resolution with new changes.
--> Populating transaction set with selected packages.       ➥
    Please wait.
---> Package xen-libs.i386 0:3.0.3-8.el5 set to be updated
---> Package python-virtinst.noarch 0:0.96.0-2.el5 set       ➥
     to be updated
---> Downloading header for gnome-python2-gnomekeyring to    ➥
     pack into transaction set.
gnome-python2-gnomekeyrin 100% |================| 3.4 kB     00:00
```

```
---> Package gnome-python2-gnomekeyring.i386 0:2.16.0-1.fc6 ➡
     set to be updated
---> Package bridge-utils.i386 0:1.1-2 set to be updated
---> Package libvirt-python.i386 0:0.1.8-1.el5 set to be     ➡
     updated
--> Running transaction check
--> Processing Dependency: libvirt.so.0 for package:         ➡
    libvirt-python
--> Processing Dependency: libvirt = 0.1.8 for package:      ➡
    libvirt-python
--> Restarting Dependency Resolution with new changes.
--> Populating transaction set with selected packages.       ➡
    Please wait.
---> Package libvirt.i386 0:0.1.8-1.el5 set to be updated
--> Running transaction check

Dependencies Resolved

========================================================================
 Package              Arch     Version          Repository      Size
========================================================================
Installing:
 kernel-xen           i686     2.6.18-1.2747.el5  base          14 M
 virt-manager         i386     0.2.5-1.el5        base         357 k
 xen                  i386     3.0.3-8.el5        base         1.7 M
Installing for dependencies:
 bridge-utils         i386     1.1-2              base          27 k

 gnome-python2-gnomekeyring i386     2.16.0-1.fc6   base       15 k
 libvirt              i386     0.1.8-1.el5        base         119 k
 libvirt-python       i386     0.1.8-1.el5        base          43 k
 python-virtinst      noarch   0.96.0-2.el5       base          28 k
 xen-libs             i386     3.0.3-8.el5        base          83 k

Transaction Summary
========================================================================
Install      9 Package(s)
Update       0 Package(s)
Remove       0 Package(s)

Total download size: 16 M
Is this ok [y/N]: y
Downloading Packages:
(1/9): xen-libs-3.0.3-8.e 100% |===============| 83 kB   00:00
(2/9): libvirt-0.1.8-1.el 100% |===============| 119 kB  00:00
```

74

運行Xen:虛擬化藝術指南

```
(3/9): python-virtinst-0. 100% |===============|  28 kB   00:00
(4/9): gnome-python2-gnom 100% |===============|  15 kB   00:00
(5/9): bridge-utils-1.1-2 100% |===============|  27 kB   00:00
(6/9): xen-3.0.3-8.el5.i3 100% |===============| 1.7 MB   00:03
(7/9): kernel-xen-2.6.18- 100% |===============|  14 MB   00:32
(8/9): libvirt-python-0.1 100% |===============|  43 kB   00:00
(9/9): virt-manager-0.2.5 100% |===============| 357 kB   00:00
Running Transaction Test
Finished Transaction Test
Transaction Test Succeeded
Running Transaction
  Installing: xen-libs                     ############## [1/9]
  Installing: bridge-utils                 ############## [2/9]
  Installing: gnome-python2-gnomekeyring   ############### [3/9]
  Installing: kernel-xen                   ############## [4/9]
  Installing: libvirt-python               ############## [5/9]
  Installing: python-virtinst              ############## [6/9]
  Installing: libvirt                      ############## [7/9]
  Installing: xen                          ############## [8/9]
  Installing: virt-manager                 ############## [9/9]

Installed: kernel-xen.i686 0:2.6.18-1.2747.el5 ➡
    virt-manager.i386 0:0.2.5-1.el5 xen.i386 0:3.0.3-8.el5
Dependency Installed: bridge-utils.i386 0:1.1-2 ➡
    gnome-python2-gnomekeyring.i386 0:2.16.0-1.fc6 ➡
    libvirt.i386 0:0.1.8-1.el5 libvirt-python.i386 ➡
    0:0.1.8-1.el5 python-virtinst.noarch 0:0.96.0-2.el5    ➡

    xen-libs.i386 0:3.0.3-8.el5
Complete!
[root@centos]#
```

为了确保 Domain0 内核可以用于启动,我们也编辑一下 GRUB 配置文件的内容。在清单 4 - 2 中,第一个入口在内核名字中带有"xen"(/xen. gz-2. 6. 18-1. 2747. el5)。在清单 4 - 2 中的两个 module 行因为太长而没有在单独的一行显示。在实际的 menu. lst 文件中,完整的 module 信息应该在单独的一行显示。

清单 4 - 2　GRUB 菜单

```
[root@centos]# cat /boot/grub/menu.lst
# grub.conf generated by anaconda
#
# Note that you do not have to rerun grub after making changes
# to this file
# NOTICE:  You have a /boot partition.  This means that
#          all kernel and initrd paths are relative to /boot/, eg.
#          root (hd0,0)
```

```
#           kernel /vmlinuz-version ro root=/dev/VolGroup00/LogVol00
#           initrd /initrd-version.img
#boot=/dev/sda
default=1
timeout=5
splashimage=(hd0,0)/grub/splash.xpm.gz
hiddenmenu
title CentOS (2.6.18-1.2747.el5xen)
        root (hd0,0)
        kernel /xen.gz-2.6.18-1.2747.el5
        module /vmlinuz-2.6.18-1.2747.el5xen ro              ➥
    root=/dev/VolGroup00/LogVol00 rhgb quiet
        module /initrd-2.6.18-1.2747.el5xen.img
title CentOS (2.6.18-1.2747.el5)
        root (hd0,0)
        kernel /vmlinuz-2.6.18-1.2747.el5 ro                 ➥
    root=/dev/VolGroup00/LogVol00 rhgb quiet
        initrd /initrd-2.6.18-1.2747.el5.img
[root@centos]#
```

在重启系统之后,应该确保选中 Xen 内核。当启动过程完成之后,可以使用 un-
ame 和 xm list 命令来检查是否真的正在使用 Xen 可用的内核,如清单 4 - 3 所示。
输出显示了一个单独的运行 domain,Domain0。此外,运行 uname - a 也许会在命
令输出中显示我们的 Xen 内核字符信息;但是,这个方法并不是更好的,因为如果在
编译的过程中名字被改变了那么"xen"也许不会出现在内核的名字当中。

清单 4 - 3　检查 Xen 内核是否正在运行

```
[root@centos]# xm list
Name                       ID   Mem VCPUs     State    Time(s)
Domain-0                    0  2270     2     r-----   85554.2
[root@centos]#
```

在 CentOS 中对 Xen 的支持被认为是非常不错的——安装非常简单和直接,并
且虚拟化管理工具作为一个额外的软件被添加。CentOS 能够为初学者们提供一个
方便的途径来熟悉 Xen。根据用户的需要,也许对用户来说,考虑上层的提供者 Red
Hat 是非常有意义的,因为很多上层的提供者在其中添加了很多商业的支持。

4.6.3　Ubuntu

Ubuntu 很快便成为了最流行的 Linux 发行版之一。Ubuntu 是一个免费的和
开源的基于 Linux 的操作系统,它建立在 Debian 发行版的基础之上。Ubuntu 有一
个正规的发布周期,每六个月发布一次,并致力于高可用性和最小化用户参与或安装
的系统默认配置。Ubuntu 甚至对新手来说也是一个令人感到非常舒适的发行版,
并且提供了悦目的桌面和可靠的服务器平台。

对于 Debian4.0 和 Ubuntu6.10 来说，Xen Debian 包在 Debian 和 Ubuntu 各自的软件库中都是可以获得的。

注意:

对 Ubuntu 来说，"universe"库如果尚未启用的话则需要被启用，因为 Xen 的包在"main"Ubuntu 软件库中还没有。请参考 Ubuntu 的文档获取更多关于管理软件库的信息:https://help.ubuntu.com/community/Repositories。为了检查 Xen 包的较新的版本,和它们所在的软件库,请在 http://packages.ubuntu.com/搜索和浏览 Ubuntu 包。

在 2006 年 6 月,Ubuntu 6.06 LTS(长期支持)发布了。Ubuntu LTS 发布版为桌面版本提供 3 年的支持,为服务器版本提供 5 年的支持。下一个 LTS 版本计划在 2008 年 4 月发布,应该是 Ubuntu 8.04。

注意:

Ubuntu 的版本号是基于发布日期的。第一个号码对应着发布的年份;例如在 2006 年发布的版本的版本号的第一个号码便是 6。之后的号码对应着发布的月份;例如,一个四月份发布的版本,那么版本号的第二个号码便是 04.将它们放到一起,如果有一个在 2006 年 4 月发布的 Ubuntu 版本(虽然实际上没有),那么它的版本号应该是 6.04。

虽然 Ubuntu 6.10 已经有可用的 Xen 包了,但是你需要手动选择合适的包。在 Ubuntu 7.04 中,ubuntu-xen-desktop,ubuntu-xen-server,和 ubuntu-xen-desktop-amd64 meta 包均可用了,它们是依赖所有必须的可以获得的 Xen 的包。清单 4－4 显示了在 Ubuntu 7.10 中安装 Ubuntu Xen 包的命令和输出。在清单中我们使用 apt-get 命令。可选择的,用户也可以使用一个图形化工具,比如 synaptic。

清单 4－4　使用 apt-get 来安装 Ubuntu Xen 包

```
[root@ubuntu]# apt-get install ubuntu-xen-desktop
Reading package lists... Done
Building dependency tree
Reading state information... Done
The following extra packages will be installed:
  bridge-utils debootstrap libbeecrypt6 libc6 libc6-i686
  libc6-xen libneon25 librpm4 libtext-template-perl
  libxen3.1 linux-image-2.6.22-14-xen linux-image-xen
  linux-restricted-modules-2.6.22-14-xen
  linux-restricted-modules-xen
  linux-ubuntu-modules-2.6.22-14-xen linux-xen python-crypto
  python-dev python-paramiko python-rpm python-xen-3.1
  python2.5-dev xen-docs-3.1 xen-hypervisor-3.1 xen-ioemu-3.1
  xen-tools xen-utils-3.1 xenman
Suggested packages:
```

```
glibc-doc linux-doc-2.6.22 linux-source-2.6.22 nvidia-glx
nvidia-glx-legacy nvidia-glx-new avm-fritz-firmware-2.6.22-14
python-crypto-dbg libc6-dev libc-dev xen-hypervisor
Recommended packages:
  xen-hypervisor-3.1-i386 xen-hypervisor-3.1-i386-pae rpmstrap
The following NEW packages will be installed:
  bridge-utils debootstrap libbeecrypt6 libc6-xen libneon25
  librpm4 libtext-template-perl libxen3.1
  linux-image-2.6.22-14-xen linux-image-xen
  linux-restricted-modules-2.6.22-14-xen
  linux-restricted-modules-xen
  linux-ubuntu-modules-2.6.22-14-xen linux-xen python-crypto
  python-dev python-paramiko python-rpm python-xen-3.1
  python2.5-dev ubuntu-xen-desktop xen-docs-3.1
  xen-hypervisor-3.1 xen-ioemu-3.1 xen-tools xen-utils-3.1
  xenman
The following packages will be upgraded:
  libc6 libc6-i686
2 upgraded, 27 newly installed, 0 to remove and 157 notÂ
upgraded.
Need to get 46.4MB of archives.
After unpacking 123MB of additional disk space will be used.
Do you want to continue [Y/n]? y
Get:1 http://us.archive.ubuntu.com gutsy-updates/main ➡
libc6 2.6.1-1ubuntu10 [4184kB]
Get:2 http://us.archive.ubuntu.com gutsy-updates/main ➡
libc6-i686 2.6.1-1ubuntu10 [1148kB]
Get:3 http://us.archive.ubuntu.com gutsy/universe ➡
linux-image-2.6.22-14-xen 2.6.22-14.46 [17.3MB]

[downloading output omitted]

2ubuntu4 [2200B]
Fetched 46.4MB in 1m20s (580kB/s)

(Reading database ... 92004 files and directories currently ➡
installed.)
Preparing to replace libc6 2.6.1-1ubuntu9 ➡
(using .../libc6_2.6.1-1ubuntu10_i386.deb) ...
Unpacking replacement libc6 ...
Setting up libc6 (2.6.1-1ubuntu10) ...

[setting up of packages output omitted]

Processing triggers for libc6 ... Processing triggers for ➡
libc6 ...
```

```
ldconfig deferred processing now taking place
[root@ubuntu]#
```

在包被成功安装后，重启系统并确保从 GRUB 菜单中选择了合适的 Xen 内核。在启动了新安装的 Xen 内核之后，正像在前面 CentOS 一节所谈到的，可以通过使用 uname － a 和 xm list 命令来测试一下当前正在使用的内核是否是 Xen 内核。

4.6.4　二进制包的 Xen

在本节，我们使用 Ubuntu 6.06 作为演示如何从二进制包中安装 Xen 的方法。该方法也可以应用到其他的发行版中。

注意：

用户可以使用其他的发行版作为安装的基础。用户只需要为发行版使用针对该发行版的包管理工具来做好安装前的准备工作即可。同样，在安装之后的步骤也需要其他发行版中合适的等价工具。

开始之前，我们假设用户已经顺利安装好了 Ubuntu 6.06。这可以通过一个直接的安装或者升级到当前支持的版本中做到。这里我们需要安装几个额外的包，它们可以确保 Ubuntu guest 成为具有完整功能的 Domain0。Iproute 和 bridge-utils 程序是 xend 控制工具需要的并可以使得 guest 中的网络连接可用。Python 脚本语言在运行大量的 Xen 相关的工具时需要使用到。

清单 4－5 显示了为 Ubuntu 发行版添加支持的 3 个命令。这些命令分别用于更新现有的软件包列表，将所有的系统包都更新到当前最新的版本，和安装 Xen 特定需求的包。

清单 4－5　更新 Ubuntu 系统的 Xen 相关的工具和安装必备的软件包

```
[root@ubuntu]# apt-get update

[output omitted]

[root@ubuntu]# apt-get upgrade

[output omitted]

[root@ubuntu]# apt-get install iproute python python-twisted ➡
bridge-utils

[output omitted]
```

下一步需要下载 Xen 最新的 prebuilt tar 文件。我们推荐从 XenSource 获取最新支持的 tarball：www. xen. org/download/.

单击下载链接获取最新版本的 Xen tarball，然后从 32 位 SMP，32 位 SMP PAE，或者 64 位 SMP 中选择一个后单击二进制下载（Binary Download）。在为系统下载了合适的二进制包之后,通过运行 tar xzpvf <下载的 tarball 文件名>来提取出存档文件。

　　Tarball 被提取到一个名为 dist 的目录中。用户可以熟悉一下该目录下的内容。特别地,应该关注其中的 install 子目录。该目录下包含了二进制 Xen 内核,模块和 Hypervisor,配置文件,还有所有 Xen 相关的工具,运行位于我们刚解压的 dist 目录下的 install. sh 脚本。清单 4-6 显示了我们使用的命令。同样,关注 install/lib/modules 目录下的 2.6.18-xen 子目录,它对应着在清单 4-7,4-8 和 4-9 中所使用到的 <xen kernel version>。

　　注意:

　　根据我们的经验,运行包含在 Xen 二进制包中的 install. sh 脚本会在不改变模式到 install. sh 文件变得可执行的情况下正常工作,因为它的许可被保留。但是如果用户试着运行 install. sh 文件的时候遇到了一个错误,那么尝试一下使用这个命令:chmod a+x install. sh

清单 4-6　运行 install 脚本

```
[root@ubuntu]# tar xzpf xen-3.1.0-install-x86_32.tgz
[root@ubuntu]# cd dist
[root@ubuntu/dist]# ls install/lib/modules/
2.6.18-xen
[root@ubuntu/dist]# ./install.sh

[beginning of output omitted]

Installing Xen from './install' to '/'...
- installing for udev-based system
- modifying permissions
All done.
Checking to see whether prerequisite tools are installed...
Xen CHECK-INSTALL Thu Feb 22 01:18:19 EST 2007
Checking check_brctl: OK
Checking check_crypto_lib: OK
Checking check_iproute: OK
Checking check_libvncserver: unused, OK
Checking check_python: OK
Checking check_python_xml: OK
Checking check_sdl: unused, OK
Checking check_udev: OK
Checking check_zlib_lib: OK
All done.
[root@ubuntu]#
```

现在,我们创建 modules. dep 和相应的映射文件。这些文件被创建到/lib/modules/<xen kernel version>目录下。用户可以在终端中使用清单 4 - 7 中的命令完成此操作。

清单 4 - 7　使用 depmod

```
[root@ubuntu]# depmod-a <xen kernel version>
```

如果新 Domain0 将会管理很多遗留的 loopback 配置的镜像,那么用户也许需要增加 Domain0 内核能够支持的 loopback 设备的数量。这些 loopback 配置的镜像在 disk 参数行中仍然使用 file:/,并且得到 loopback 设备支持,而使用 tap:aio:/的 blocktap 设备镜像则是由基于 blktap 的块设备后端提供支持。我们能够通过添加 loop max_loop=64 到/etc/mkinitramfs/modules 中来增加支持 loopback 设备的最大数量。

然后我们通过使用清单 4 - 8 中的命令来创建我们的初始化 ram 磁盘文件系统 (initramfs)镜像用于在访问磁盘之前装载一些必备的模块。

清单 4 - 8　mkinitramfs

```
[root@ubuntu]# mkinitramfs -o /boot/initrd ➥
    .img-<xen kernel version> <xen kernel version>
```

最终,随着 Domain0 内核被安装,模块被创建,还有 loopback 参数被调整好之后,我们可以开始创建 GRUB 入口用于引导这个新的内核。我们推荐预先考虑/boot/grub/menu.lst 文件中的 Automagic 一节,为 Domain0 内核定制一个入口。清单 4 - 9 给出了这样做的一个例子。

清单 4 - 9　GRUB 菜单

```
title Xen 3.0 (Dom0 Based on Linux 2.6 Kernel)
kernel /boot/xen-3.gz
module /boot/vmlinuz-2.6-xen root = <root device> ro
module /boot/initrd.img-<xen kernel version>
```

用户不需要去下载 xen - utils 包,因为 Xen 二进制码的 tarball 包已经自带了 Xen 的所有工具。在这些工具被安装之后,我们需要确保 xend 和 guest 在/etc/xen/auto 中被链接,这是由 xendomain 脚本在系统启动阶段自动完成的。这是一个通过 update-rc.d 命令处理的简单直接的过程,如清单 4 - 10 所示。

清单 4 - 10　自动启动 xen 服务

```
[root@ubuntu]# update - rc.d xend defaults
[root@ubuntu]# update - rc.d xendomains defaults
```

我们还需要禁用线程局部存储(thread local storage),如清单 4 - 11 所示。

清单 4 – 11　禁用线程局部存储

```
[root@ubuntu]# mv /lib/tls /lib/tls.disabled
```

如果用户忽略了禁用线程局部存储,那么在系统启动时将遇到如清单 4 – 12 所示的警告信息。虽然功能上没有什么区别,但是可能因为给 Hypervisor 增加了些额外的工作而在性能上受到一些损失。

清单 4 – 12　线程局部存储不被禁用时出现的警告信息

```
**********************************************************************
**********************************************************************
** WARNING: Currently emulating unsupported memory accesses   **
**          in /lib/tls glibc libraries. The emulation is     **
**          slow. To ensure full performance you should       **
**          install a 'xen-friendly' (nosegneg) version of    **
**          the library, or disable tls support by executing  **
**          the following as root:                            **
**          mv /lib/tls /lib/tls.disabled                     **
** Offending process: binutils.postin (pid=9521)              **
**********************************************************************
**********************************************************************
```

Ubuntu 提供了 Xen 专用的 glibc 用于解决这个问题。如果遇到了该警告信息,那么尝试着使用 sudo apt-get install libc6-xen 来解决它。

如果用户已经顺利地走到了这里,那么现在重启 Ubuntu 系统吧。在 GRUB 菜单里,最顶上的一个选项便是 Xen Domain0 内核。确保在 GRUB 倒计时结束之前选中了这一项。如果一切正常的话,那么除了启动了几个额外的 Xen 相关的服务进程之外,你将看到普通的 Ubuntu 启动过程。

在系统完全启动之后,可以通过执行清单 4 – 13 所示的 xm list 命令来检查 Domain0 是否是正常工作的。当前唯一正在运行的 domain 是 Domain0。这是合理的,因为我们刚刚重启进入 Domain0 内核。如果额外的 DomainU guest 正在运行,那么它们将会出现在这个命令的输出结果中。

清单 4 – 13　检查 Xen 内核是否正在运行

```
root@ubuntu_dom0# xm list
Name                  ID   Mem VCPUs     State    Time(s)
Domain-0              0   2270     2     r-----   85554.2
root@ubuntu_dom0#
```

总之,Ubuntu 是一个非常支持 Xen 的平台,并且也是一个尝试使用 XenSource 最新二进制包的极好的选择,即使它需要一些预先的准备工作来安装好所有的包。安装过程是非常简单的,并且需要很少的手动配置操作。

如果在本节中的操作学习时遇到了任何问题，请参考本章最后的"参考资源和深入阅读"一节列出的资源。

4.6.5　Gentoo

同那些已经讨论过的发行版相比，Gentoo 是一个不同类型的发行版。它是一个基于源代码的 Linux 发行版，或者被称作是一个 metadistribution。意思是所有在 Gentoo 中安装的程序都是通过编译源码而得到的，从而可以将机器定制成系统管理员所想要的那样。这既是 Gentoo 最大的优点所在，也是其最大的缺点所在。这也使得 Gentoo 成为了一个更高级的 Linux 发行版选择，因此我们不推荐 Linux 或 Xen 的初学者选择它进行安装。

使用一个像 Gentoo 这样基于源码的发行版的一些独特的优势在于当用户为特定的机器进行编译定制的时候可以更强大地控制和知晓将安装哪些软件包。这使得用户可以详细了解 Linux 的工作方式，因为不得不选择安装每一个组件。由于 Gentoo 提供的最小化和定制安装的便利，使得它成为了作为一个最优化的，最小化的，和足够安全的 Domain0 的强大的竞争者。

但是，对安装包的紧密控制和从基础的源代码编译导致了繁重的管理任务并花费了大量的时间。Gentoo 对其解释这样做是为了知道哪些包将会被安装，哪些版本是稳定的，并达到一个最想要的效果。例如，为了安装一个普通的图形化桌面环境，大概有 290 个软件包需要被安装。幸运的是，Gentoo 开发团队设计了一个软件包管理系统来负责完成如此多的软件包的繁重的定制编译任务。这个软件包管理系统被称作 Portage。Portage 是一个能够解决几乎所有的软件包递归依赖性问题的系统，因此减少了系统管理员在选择一个软件包进行安装之前对系统进行的研究工作。此外，Portage"屏蔽"或者防止了尚未完整测试过的软件包的安装。本节假设用户已经完成了 Gentoo 服务器上的初始的最小化安装并出于普通需要而登录。我们研究如何使用强大的 Portage 包管理系统来安装 Xen Domain0 内核，以及相关的用户空间工具。

在已经完成了典型的功能化 Gentoo 安装之后，为 Xen Domain0 内核进行一个新的安装就相对比较简单了。此时，务必需要记住的是 Xen 直接运行在裸机之上（而不像 guest 那样）。一些由 guest 发出的系统调用需要被修改，因为 guest 并没有运行在裸机之上。典型的，没有适当的 guest 定制，Xen 需要陷入某些操作，大多数同内存相关，然后用 Xen 兼容的操作代替它们。这个开销是非常大的，特别是当选择使用 Gentoo 的时候。在 Gentoo 中，可以重新编译系统中的每一样东西来忽略这些操作并跳过开销较大的工作区。可以通过将一个简单的编译时间指示（CFLAG）加入到/etc/make.conf 文件中而完成这一点。

使用一个文本编辑器打开/etc/make.conf 文件。定位到文件开头的 CFLAGS = -O2 -march=i686 -pipe 一行处并将 -mno-tls-direct-seg-refs 追

加到它的末尾。该命令行的切换导致系统中的所有软件都以同 Xen Hypervisor 的内存需求（欲使用一个相对高性能的方式）相兼容的方式被编译。结果产生的二进制码将不需要昂贵的运行时切换，并且达到更高的性能。参考本章开头在线程局部存储一节和清单 4－11 以获取更多信息。当正编辑文件的时候，我们将添加几个之后将会开始活动的 USE 标记。大体上 sdl vnc sysfs nptlonly 这几个标记需要被设置。如果希望 Domain0 拥有一个图形化用户界面（像 X Windows），那么还需要在 USE 标记中添加 X。但是在这里仅仅使用终端。如果需要的话，可以参考普通的 Gentoo 手册以安装图形包。

/etc/make.conf 最终的文件内容显示在清单 4－14 中。

清单 4－14　/etc/make.conf

```
CFLAGS="-O2 -march=i686 -pipe -mno-tls-direct-seg-refs"
CHOST="i686-pc-linux-gnu"
CXXFLAGS="${CFLAGS}"
USE="sdl vnc sysfs nptlonly"
```

以下是/etc/make.conf 额外可用的 CFLAG：

（1）Sdl——支持 Simple Direct Lay 媒体库，它可以启用 DomainU 中更快的控制台界面。

（2）Vnc——启用对 DomainU 的视窗设备之一的 VNC 的支持。

（3）Nptlonly——使用 POSIX 线程库来避免线程局部存储问题。

（4）Sysfs——启用 sysfs 来表现对 Hypervisor 的扩展（处在/sys/Hypervisor 目录）。

（5）X——使 Domain0 拥有一个图形化的窗口环境。

在该文件被配置好并保存后，下一步是重新 make world，或者说使用我们新配置的设置重新编译整个系统。这一步也许会花费一些时间，因为需要为的平台编译很多的软件包。为了初始化编译，可以简单地使用 emerge world 命令。该命令是 Gentoo 用户频繁使用的通用的更新命令。

在编译过程完成之后，后续的包被重新创建，我们准备转移到一些更加复杂的地方去。我们需要为 Domain0 编译 Xen 内核。幸运的是 Portage 系统已经有了可供使用的 Domain0 内核资源。我们再一次使用 emerge 工具。清单 4－15 显示了 emerge 命令的必须的两个调用。

清单 4－15　使用 emerge 得到 Xen 源码

```
[root@gentoo]# emerge -ev world
[root@gentoo]# emerge xen-sources
```

一些 xen－source 包也许会被"屏蔽"。在 Portage 中屏蔽包的机制是用于保护没有经验的用户使其不去安装某些包。软件包之所以会被屏蔽是因为它们是不稳定

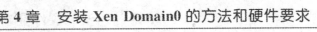

的,或者有时是因为没有在 Gentoo 的环境下被完整的测试过。使用-p 选项的假装 merge 可以使我们看到是否会有一些包因为屏蔽的原因而不被安装。

我们使用的命令的输出类似于清单 4 - 16 中所示。为了获取更多信息,请参考在 emerge 帮助页的"被屏蔽的包"一节或者参考 Gentoo 手册。为了避免这个问题,我们需要将这些包添加到可接受的包的清单中。这是通过一个简单的 echo 命令到一个文件中而完成的。当启用这些包的时候,我们也将启用 xend 和 xen-tools;这完成了 Xen 所需要的所有的包的列表。现在可以重新运行不带 pretend 选项的 e-merge 命令,以查看内核源码是 Portage 将要安装的唯一的一项。我们现在知道安装是安全的了。

清单 4 - 16　解除对 Xen-sources 包的屏蔽

```
[root@gentoo]# emerge -pv xen-sources
Calculating dependencies
!!! All ebuilds that could satisfy "xen-sources" have been ➡
masked.
!!! One of the following masked packages is required toÂ
complete your request:
- sys-kernel/xen-sources-2.6.16.28-r2 (masked by: ~x86 keyword)
- sys-kernel/xen-sources-2.6.16.28 (masked by: ~x86 keyword)
- sys-kernel/xen-sources-2.6.16.28-r1 (masked by: ~x86 keyword)

[root@gentoo]# echo "sys-kernel/xen-source"" >> /etc/portage/package.keywords
[root@gentoo]# echo "app-emulation/xen-tools" >> /etc/portage/package.keywords
[root@gentoo]# echo "app-emulation/xen" >> ➡
/etc/portage/package.keywords
[root@gentoo]# emerge xen-sources
[root@gentoo]#
```

当 xen-sources 包被安装之后,Portage 将内核下载、解压缩,并给它打上补丁。由系统操作员来进行内核必要的配置。因此让我们转移到标准的内核目录/usr/src/linux 之下,Portage 将内核存放在该目录下,并启动配置。这个目录只有当用户还没有安装之前的内核源码树的时候才是内核目录。如果 Xen 内核源代码在别处,据此做些适当的调整。清单 4 - 17 显示了用于输入源码目录和启动内核特征选项菜单的命令。

清单 4 - 17　配置内核以提供对 Xen 的支持

```
[root@gentoo]# cd /usr/src/linux
[root@gentoo]# make menuconfig
[root@gentoo]#
```

像平常一样配置内核,特别关注开始阶段用于安装操作系统的文件系统的建立。为了快速开始这个过程,可以从 Gentoo 的 LiveCD 中借一个内核的配置版本。所有需要做的便是从/proc/config.gz 中复制文件到一个临时的目录中。将该文件提取出来,然后将其复制到新的 Domain0 内核源代码目录中。将该文件的扩展名命名为 .config。

用户也许想知道这个内核配置选项是如何处在/proc 文件系统中的。不仅仅只是 Gentoo 提供了 proc 入口这样的便利。事实上,当用户完成了配置一个 Xen 或者普通的 Linux 内核时,总是应该确保将配置放入了内核镜像中。这可以通过在内核 menuconfig 的普通安装下面进行选择而轻松地做到。对那些选择不使用菜单或图形化配置工具的人来说,只需简单地确保在.config 文件中 CONFIG_IKCONFIG＝y 和 CONFIG_IKCONFIG_PROC＝y 即可。

如果用户已经访问了一个正在运行的内核的关于硬件设置的配置,那么用户可以基于可用的配置为一个支持 Xen 的内核启动 menuconfig。用户也将需要选择处理器类型和特征->子结构并将其改为 Xen-Compatible。这使我们拥有了对 Xen 的支持。为了启用对 Domain0 的支持,从内核菜单开始处选择新的 Xen 选项,然后选择 Privileged Guest(Domain 0)。同时确保硬件的所有必要的驱动程序都能被编译,尤其是磁盘驱动程序。然后,简单地像通常那样编译内核。清单 4－18 显示了用于一个典型编译的命令。最后一步复制内核二进制镜像到 boot 目录下可以使得在机器重启之后以新的内核启动。

清单 4－18　编译新配置的内核

```
[root@gentoo]# make
[root@gentoo]# make modules_install
[root@gentoo]# cp vmlinuz /boot/
[root@gentoo]#
```

现在我们需要将新的 Xen 内核告诉 GRUB bootloader 装置。为了做到这点,需要使用一个文本编辑器来编辑/boot/grub.conf 文件,就像在清单 4－19 中显示的那样。

清单 4－19　GRUB 菜单

```
timeout 10
default 0
splashimage = (hd0,0)/b oot/grub/splash.xpm.gz
title Xen Gentoo
root (hd0,0)
kernel /xen - 3.0.2.gz
module /vmlinux root = /dev/hda3
```

现在应该拥有了一个被编译好的能够完全工作的 Domain0 内核,并且准备好接受测试。在重启之前,需要安装用户空间 xen - tools 工具集,用于同 Domain0 内核进行交互。这个软件包包含了 xend 和 xm 家族的命令,还有其他用于 Domain0 的相关的工具。这些用户空间的工具对于同 Domain0 交互以便创建 guest 来说都是至关重要的。清单 4 – 20 显示了安装必备的包的数量和用传统的 Portage 符号表示它们的状态。因为使用-p 选项,所以 Portage 仅仅假装安装这些包以提醒我们这些包的依赖关系。输出的结果应该类似于清单 4 – 20 所示。该输出显示了相关的 USE 标记。如果输出和包的列表看起来可以接受,那么安装它们便是安全的。

清单 4 – 20　使用 emerge 来得到 xen 工具

```
[ebuild  N  ] net-misc/bridge-utils-1.2  USE="sysfs" 31 kB
[ebuild  N  ] sys-apps/iproute2-2.6.19.20061214 ➥
USE="berkdb -atm -minimal" 392 kB
[ebuild  N  ] sys-devel/bin86-0.16.17  148 kB
[ebuild  N  ] dev-util/gperf-3.0.2  824 kB
[ebuild  N  ] sys-devel/dev86-0.16.17-r3  686 kB
[ebuild  N  ] app-emulation/xen-3.0.2  USE="-custom-cflags ➥
-debug -hardened -pae" 4,817 kB
[ebuild  N  ] app-emulation/xen-tools-3.0.2-r4  USE="sdl vnc ➥
-custom-cflags -debug -doc -pygrub -screen" 0 kB


Total size of downloads: 6,901 kB


[root@gentoo]# emerge xen-tools
[root@gentoo]#
[root@gentoo]# emerge -pv xen-tools

These are the packages that would be merged, in order:

Calculating dependencies
... done!
```

87

最终,我们使用显示在清单 4 – 21 中的 Gentoo 的 rc-update 工具将 xend 进程添加到默认的运行级别(runlevel)。这个命令使得 xend 成为了正常的启动过程的一部分,并且可以使用户不用在每一次重启之后都手动的启动 xend。

清单 4 – 21　将 xend 服务添加到默认的运行级别

```
[root@gentoo]# rc – update add xend default
```

现在应该准备好重启并测试新的 Xen 内核了。在启动之后,应该看到 Xen Domain0 内核作为默认选择而被高亮显示。Xen Domain0 内核应该装载和启动正常(带有额外的一些新的启动项,比如 xend)。图 4 – 7 显示了 GRUB bootloader 选项,其中 Gentoo Domain0 内核被选中。

为了简单地检查我们是否正运行一个 Domain0 内核,可以查看目录/sys/Hypervisor。如果该目录存在,那么 Xen 应该是顺利运行了。此外,也可以使用 uname – n 命令来查看内核的名字。通常这会包含一个字符,表示给内核打的补丁,其中包括 Xen 是否被支持的字符。

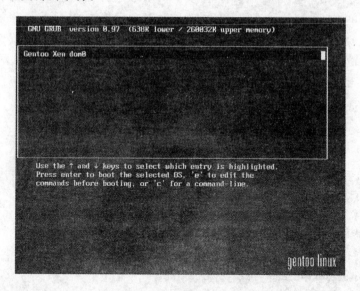

图 4 - 7　基于 Gentoo 的 Domain0 的 GRUB 菜单选项

　　Gentoo 作为一个 Domain0 工作的很好,并且提供了软件的优化使得在虚拟化环境中的性能得到提升。主观上说,在 Gentoo 中的支持同其他被屏蔽的软件没有什么不同。熟悉 Gentoo Portage 系统的专业人士在安装一个基于 Gentoo 的 Domain0 的时候应该不会有多大的困难。可以说明这一点的是,我们认为在主要级别的支持上相比于先前提到过的提供了单击式安装的二进制发行版来说要差些。但是,对于专业人士,Gentoo 提供了非常好的弹性和个性化定制功能。

4.7　XenExpress

　　在本节我们使用 XenExpress,一个由 XenSource 提供的 Linux 发行版。(值得注意的是新的 Citrix XenServer Express 版本也许会稍微有点不一样。)XenExpress 起源于 CentOS。XenExpress 的安装程序假设用户想要将其安装在一个专用的宿主机上从而表现为一个 Xen 服务器。Xen 服务器想在物理宿主机的裸机之上运行 XenExpress 操作系统。当选择 XenExpress 作为你的 Domain0 时,请记住最少需要 1 GB 的内存和 16 GB 可用的硬盘空间。通过实验我们推荐将内存和硬盘的最低要求再乘以 2 以达到更好的效果。

　　当为 Domain0 安装 XenExpress 时,用户会被提示安装一些额外的软件组件。用于安装的主磁盘包含了基本的 Domain0 Xen 服务器宿主机,支持 Microsoft Windows guest 和 Xen 的管理控制台。第二块磁盘包含了所有用于支持创建基于 Linux 的虚拟机的组件。同样,我们强烈推荐用户安装第二块 CD 中的组件。图4 - 8显示了在 XenExpress 安装期间的屏幕，询问用户是否想要从第二块 CD 中安装 Linux 包。如果用户想要快速访问半虚拟化的 guest，那么应该回答 yes 并插入第二张 Linux Guest 支持 CD，当然也可以从 Citrix XenServer 网站上下载到。

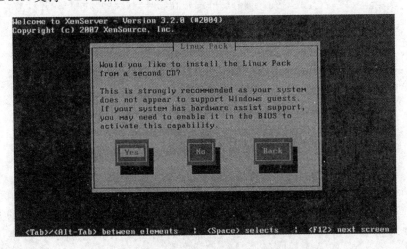

图 4 - 8 XenExpress 安装过程中对 Linux 包的提示

注意：

安装 CD 有一个 P2V（物理的到虚拟的）选项，允许将一个物理系统转换成一个虚拟的 Xen guest。

XenExpress Domain0 安装的一个非常有趣的特征是专门用于控制 Domain0 的 Java 客户端工具会被安装。这些 Java 工具启用了一个 GUI，从而能够帮助用户对 Xen Server 进行日常的管理。清单 4 - 22 显示了这些工具的安装。RPM 的安装也可以在 Linux Guest 支持 CD 中找到。Java 工具启用了所有支持 Java 并作为 Domain0 安装的图形化显示的远程连接操作系统。该特征是非常方便的，因为它使用户可以方便的配置、管理、监控虚拟机。在任何近期的 workstation 或 laptop 的主流操作系统中都是支持 Java 软件的，包括大多数近期 Windows 操作系统，和适当配置好的 Linux 系统。该文档建议用户确保任何将要使用客户端工具的机器都有至少 1GB 的内存和 100MB 可用的硬盘空间。如果拿不准的话，根据常识来确保更多的资源是可用的，并且不要在一个负载过重的宿主机上运行图形化工具。

XenExpress 并不像它的一些非免费的同类产品那样具有全部的性能。XenExpress 支持宿主机拥有 4GB 的内存和最多 4 个虚拟机 guest 同时运行。查看当前的文档以获取支持配置信息。如果想要同时运行更多数量的 guest 或者支持管理多个物理宿主机，那么用户也许要考虑升级到高端的商业版本。为了从已经安装了工具的机器上启动这些工具，只需简单地运行 xenserver-client 即可，如清单 4 - 22 的末尾所示。关于 Citrix XenServer Express 版本的更多信息，请参见 www. citrixxenserver. com/products/Pages/XenExpress. aspx.

清单 4 - 22　安装 XenExpress 客户端工具

```
[root@externalHost_linux] # rpm -ivh *.rpm
Preparing...              ############################ [100%]
   1:xenserver-client-jre  ############################ [ 20%]
   2:xenserver-client-jars ############################ [ 40%]
   3:xe-cli                ############################ [ 60%]
   4:xe-cli-debuginfo      ############################ [ 80%]
   5:xenserver-client      ############################ [100%]
[root@externalHost_linux] # xenserver-client
[root@externalHost_linux] #
```

4.8　非 Linux Domain0 的安装

当前,开发人员正努力使得非 Linux 系统也可以作为 Domain0 宿主机。虽然在 FreeBSD 和 OpenBSD 中这个工作正在进行,但是它们并没有像我们讨论的其他平台一样能够得到支持。在 NetBSD 3.1 中拥有对 Xen 3.X 的支持。在选择 Solaris Express Community edition 编译时 OpenSolaris 对基于 Xen 的 Hypervisor 也提供支持,被称为 xVM。

多种 BSD 的变种和 Linux 一样也都是开源的操作系统,并拥有很长的开源历史。虽然当前还不支持 Xen,但是它们正尝试着做到这点,因此可以预期在 BSD 中对 Xen 的支持只是时间问题。

OpenSolaris 技术社区是一个相对较新的开源社区,它们负责 OpenSolaris 项目的开发并对其提供支持。OpenSolaris 是由 Sun Microsystem,Inc. 发起的。事实上,组成 OpenSolaris 项目的代码主要是 Sun Microsystems flagship Solaris 操作系统代码的一个子集。

OpenSolaris 源代码定期的被提出以形成商业 Solaris 操作系统产品的基础。因为很多人喜欢 Solaris 操作系统提供长长的利益清单,所以 Xen 非常可能对 OpenSolaris 平台的端口感兴趣。因此,很多 OpenSolaris 的用户期待着虚拟化可以为它们提供额外的功能特征。

在写作本书的时候,OpenSolaris 开发团队已经在最近发布了 xVM——Xen 在 OpenSolaris 中的 Hypervisor,它支持 Solaris 作为一个 Domain0 或作为一个 DomainU,并且为其他的 Linux 和 Windows guest 提供早期的支持。表 4 - 4 总结了多种可供选择的作为 Domain0 操作系统/发行版的各自的优缺点。

表 4-4　多种 Xen Domain0 平台的优缺点介绍

Type	Advantages	Disadvantages
Xen Express	Easy installation, excellent additional client tools for remote administration.	DomainU images are specifically for XenExpress. Features such as live migration and support for multiple DomUs are not supported for free.
OpenSUSE	Well integrated into the platform. Easy to install and get going.	Xen code is not quite as current. Software isn't necessarily optimized for your hardware and environment.
CentOS	Easy installation with relatively strong integration into the distribution.	Distribution tracks another upstream development process, which causes a short delay in receiving current code, and the support community is not as large as some of the other end user focused distributions.
Ubuntu	A solid performer. Good choice for both package and binary installations. A balance of ease of use and latest release.	Graphical Xen management relies on third party support.
Gentoo	Constantly updated to support newer releases of the Xen Domain0. Software can be optimized for the hardware providing optimal performance.	Increased build complexity. May require additional software development skills as well as more intimate knowledge of your underlying hardware.

4.9　从源码编译安装

　　虽然我们推荐新手使用其选择的发行版的 prebuilt 包,但是在一些情况下用户也许想要从 Xen 的源代码编译安装。也许想要开发 Xen,或者也许只是简单地想要包含在 Xen 中的但没有被编译进发行版的二进制安装包中的功能可用,比如 sHyper 安全层。或者,用户也许只是在 Xen 的 source tarball 发行版中才找到想要的一些功能。

　　为了获得一个源代码的备份,用户可以选择下载一个压缩 tarball,或者从 Xen 的官方 mercurial 库(repository)中获取一个备份。为了下载 Xen 代码的稳定版本,可以登录 Xen 官方的下载网页 http://xen.org/download。对于想要通过一个公用的库使用 Mercurial 修订控制程序的用户,可以登录此网页:http://xenbits.xen-source.com。

　　在已经将源代码包解压成一种格式的时候,需要初始化源码包的编译过程。为了编译 Xen,使用 make 来进行典型的 Linux 源码编译的过程。该过程是由一个顶级的 Makefile 控制的,它包含了一个"world"目标。当使用 world 目标来 make 程序的时候,系统将会适当的编译 Xen,编译像 xend 这样的控制工具,在 Xen 的支持下为

Domain0 获得/打补丁/编译 Linux 2.6 源代码,并且为用户编译一个 guest Doma-inU 的内核。

当编译完成后,将会产生一个顶级的目录,dist/,它包含了所有的编译结果目标代码。其中最相关的项是位于 dist/install/boot/目录下的用于 Domain0 和 Doma-inU 的 XenLinux 内核镜像。带有-xen0 扩展的内核包含了硬件设备驱动程序,并且 Xen 的虚拟设备的驱动程序是提供给 Domain0 使用的。同样,带有-xenU 扩展的内核仅仅包含了用于同你的 Domain0 进行交互的虚拟驱动程序。也许也注意到了 xen-syms 和 vmlinux-syms 内核变量,它简单地包含了调试一个 crash dump 所必须使用的被添加的调试符号。最终,在同一个目录下,用户会发现用于每一个内核产生的配置文件。如果你想要改变内核编译的设置,用户可以简单地改变顶级的 Make-file 行,清单 4 - 23 中是一个示例。任何在顶级 build2-configs/目录中的内核设定均可以使用此表单这样的做法。

清单 4 - 23 在顶级 Makefile 中的 KERNELS 行

```
KERNELS ? = linux-2.6-xen0 linux-2.6-xenU
```

如果想要创建一个个性化的支持 Xen 的 Linux 内核,可以简单地采用 Linux 的配置机制,不过需要记住当选择 CPU 架构的时候应该选择 Xen 而不是普通的宿主机 CPU 架构。清单 4 - 24 显示了一个例子。

清单 4 - 24 编译一个个性化的 Xen 内核

```
[root@linux] # cd linux - 2.6.12 - xen0
[root@linux] # make ARCH = xen xconfig
[root@linux] # cd ..
[root@linux] # make
[root@linux] # make install
```

就像早先在"Gentoo"一节提到的,用户也可以从一个正在运行的 Linux guest 复制一个已经存在的配置文件来快速创建一个 Xen 的版本。复制内核配置文件(通常位于/usr/src/linux/.config)到打过 Xen 补丁的内核代码目录中。然后仅仅需要执行 make oldconfig 命令来指定 Xen arch inline(make ARCH＝xen oldconfig)。

需要注意的是,一些 Xen 特定的选项也许会给提示。就像在 Xen 文档中所建议的,除非用户真的知道在做什么,否则使用默认设置。编译过程所创建的内核镜像可以放在 dist/install 目录下。它们可以通过运行 make install 命令而简单地被自动安装,或者如果需要的话,手动地复制到一个指定的目的地。

在安装过程完成之后,需要更新 GRUB 配置以便和发行版的文档中所述的基本保持一致。就像所有其他的 Xen 安装方法一样,当完成了 GRUB 配置之后,需要做的仅仅就是重启系统然后选择(你刚刚创建了的)相应的 Xen GRUB 入口。注意到一些用户在 XenLinux 启动过程中也许会遇到错误信息。大多数的警告信息都是无害的,并且可以被忽略。如果由于某种原因内核启动中止或者失败(panics),还可以重启系统后选择在安装 Xen 之前就已经存在的内核来登录系统。

小　结

本章以讨论安装 Xen Domain0 所需要的硬件需求开始。这些需求对满足用户使用 Domain0 在 Xen 系统中控制其他的虚拟机来说是至关重要的。在讨论完了硬件之后,本章给出了多种用户可以采用 Domain0 的选择。我们讨论了一下开源和商业支持的发行版并对每一个都做了介绍。我们试图客观地描述每一个选择,并给出了每一种方案所需要的观察与提示。

最终,我们讨论了从源代码编译 Xen 的方法,是否没有一个发行版的包满足需求呢? 如果是这样,那么现在应该能够做出正确的决定——究竟哪一种 Domain0 最适合用户的配置需要。

现在读者已经对 Domain0 的基础知识有了一个了解,包括它如何安装和配置。我们希望用户使用新建立的 Xen 系统继续开展实验。此刻也许觉得除了几个包之外,Domain0 看起来同一个普通的 Domain0 宿主机操作系统的安装并没有太大的区别,但是实际上两者是非常不同的! 用户现在应该已经准备好进入到精彩的虚拟机世界了。下一章将深入研究这个问题,并伴随着一个实践指导安装和配置多种虚拟化的 guest,此外还清晰地演示了如何通过获得可以实际让系统投入使用的预配置的 guest(DomainU)实例而使得将这个基础架构正常工作。

参考文献和扩展阅读

Xen 硬件兼容列表

　　http://wiki. xensource. com/xenwiki/HardwareCompatibilityList

Fedora

　　http://fedoraproject. org/wiki/Tools/Xen

CentOS"在 CentOS 5.0(i386)上安装 Xen。"Howtoforge

　　http://www. howtoforgc. com/centos_5. 0_xen

OpenSUSE

　　http://en. opensuse. org/Installing_Xen3

Ubuntu

　　http://www. howtoforge. com/perfect_setup_ubuntu_6. 10_p3

　　https://help. ubuntu. com/community/xen

Timme,Falko. "在一个来自 Ubuntu 库的 Ubuntu 7. 10(Gutsy Gibbon)服务器上安装 Xen。"Howtoforge

运行 Xen:虚拟化艺术指南

运行 Xen：虚拟化艺术指南

http://www. howtoforge. com/ubuntu-7. 10-server-install-xen-from-ubuntu-repositories

Debian

http://wiki. debian. org/Xen

NetBSD

http://www. netbsd. org/ports/xen/

Gentoo Wiki 在 Gentoo Linux 发行版上安装 Xen 的说明

http://gentoo-wiki. com/HOWTO_Xen_and_Gentoo

OpenSolaris

http://opensolaris. org/os/community/xen/

"从源代码编译 Xen"

http://www. howtoforge. com/debian_etch_xen_3. 1_p5_

在网络文件系统上研究虚拟机性能

http://www. cs. washington. edu/homes/roxana/acads/projects/vmnfs/net-workvm06. pdf

VirtualPower：在虚拟化的企业级系统中的协同电源管理

http://www. sosp2007. org/papers/sosp111-nathuji. pdf

第 5 章

使用 Prebuilt Guest 镜像

越来越多的 prebuilt DomU guest 镜像可以通过众多的网站下载到。这些镜像提供了一个快速的方法能在 Xen 上运行 Guest OS。本章将演示如何使用 3 种主要的 prebuilt DomU guest 镜像类型：磁盘镜像（disk 镜像）、分区镜像（partition 镜像）、压缩文件系统。我们会研究每一种方法的难度和空间需求量。此外，本章还演示了如何从非 Xen 虚拟化系统中使用 prebuilt 镜像，比如 Vmware，并且将它们转换成 Xen 可兼容的镜像。

5.1 介绍 DomU Guest

一个 DomU guest 由以下三件组成：

（1）一个 guest 镜像，它包含了组成一个完整的 root 文件系统的一整套文件。

（2）一个操作系统内核，可能经过 Xen 的修改。

（3）一个配置文件，描述了资源的使用，例如内存，CPU，由 Xen Hypervisor 授权给 guest 可访问的设备。

我们从以上三个组成部件的细节开始讨论。

5.1.1 Guest 镜像

一个 guest 镜像可以是任何文件，物理磁盘分区，或者其他包含了一个完全安装的操作系统的存储介质。这包括了系统配置文件，应用程序二进制码，和其他的数据文件。最简单和最普通的 guest 镜像的例子是一个典型的非虚拟化计算机系统的硬件驱动器。在这个例子中，操作系统被安装到一个物理的硬盘驱动器上，因此该硬盘驱动器包含了代表着运行系统的所有文件。

对于 Linux，一般可以将 guest 镜像分解为两块：一块用作 root 文件系统，另一块用作 swap 空间。在 Linux 中也可以选择将 swap 空间设定为 root 文件系统的一部分。将二者分离为单独的分区的优点是在进行系统备份的时候会更加方便。当备份一个操作系统的时候，没有必要保留那些 swap 分区中的基础性的不稳定内容。同样地，在备份或同其他人共享 guest 镜像文件时，也没有必要保留其中的 swap 内容。

Windows 系统恰恰相反,并不将 root 文件系统同 swap 区域相分离,而是通常将 page 文件(一个同 Linux swap 空间大致等价的文件)存储在 C 盘驱动器中(Windows 中的 C 盘等价于 Linux 中的 root 文件系统)。在 Windows 安装之后,能够设定将它的 Page 文件存储在一个单独的分区或磁盘中。将 root 文件系统和 swap 分区放在不同的物理磁盘上能够增加整体性能,因为正常的磁盘访问和页交换访问可以各自单独被管理。

5.1.2　操作系统内核

Guest 操作系统内核是一个包含了用于管理所有用户级应用程序资源的操作系统可执行程序的文件。内核文件能够被存储在 guest 镜像中或一个位于 Domain0 的外部文件中。Bootloader(比如 GRUB)提供了一个内核启动的选项。这些不同的内核也许使用同样的 root 文件系统,或者 guest 镜像。在一个 guest 的情况下,内核可以是 Xen 兼容的内核(对于半虚拟化 guest)或者是一个未经修改的内核(对于完全虚拟化的 guest)。

5.1.3　配置文件

一个配置文件定义了一整套资源,并且可以由 DomU guest 通过使用一套参数传递给 Xen 管理工具(xm)。实际上,配置文件详细说明了一个虚拟机是 PV(半虚拟机)还是 HVM(硬件虚拟机),以及 Xen Hypervisor 授权给 guest 使用的设备的类型。配置文件一般都是一个存储于 guest 的外部但可以被 Domain0 所访问的文件。与 guest 镜像和操作系统内核所不同的是,配置文件在非虚拟化的机器中并没有相等价的文件。在非虚拟化环境中最类似于配置文件的可能是一个关于物理硬件详述的清单。

在配置文件中的参数指定了一个 guest 的 CPU,内存,磁盘和网络资源。在本章中,主要关注于配置文件中的 disk 参数,而将其他更高级的功能参数留在第 6 章"管理非特权级 Domain"中讲解。我们需要其他包括 kernel(操作系统内核),ramdisk(初始的 RAM 磁盘),内存,vif(虚拟接口),和 bootloader 的配置参数来制作可运行的 guest,我们将在之后的章节和附录 C 中更详细的讨论这些参数。

disk 参数用于输出 guest 镜像。普通 disk 参数的格式是一个三段元素组的数组。(一个元素组是有序的一列元素。一个三段元素组有三列元素)。三段元素组的第一个元素是 Domain0 所看到的 guest 镜像的存储位置。三段元素组的第二个元素是 guest 所看到的 guest 镜像的存储位置,或者 DomU 所看到的 guest 镜像的存储设备。三段元素组的第三个元素是 DomU 对 guest 镜像的访问权限。一个关于如何使用配置文件中 disk 参数的例子显示在清单 5-1 中。

清单 5 - 1　一个 Disk 参数的例子

```
disk = ['phy:hda1,xvda1,w']
```

清单 5 - 1 显示了一个 disk 参数的例子，该行将 Domain0 的物理分区 /dev/hda1 输出到 DomU 中作为 /dev/xvda1，并且具有写的权限。三段元素组的第一个元素，phy：前缀用于输出物理设备 hda1（Domain0 的物理分区）。其他可能用于输出真实或虚拟设备的前缀有：tap：aio，tap：qcow 和 file：。三段元素组中的第二个元素是 xvda1（DomU 所看到的虚拟分区）。Domain0 设备的其他可能的值是 hda1 和 sda1。三段元素组的第三个元素 w 意思是 DomU 将拥有对该块设备的读和写的权限。另一个可能的访问权限是 r，仅仅具有只读的权限。

块设备是操作系统用于传输数据的门的文件（或设备结点）。设备结点一般地由一个非易失性的物理可寻址设备所支持，例如一块硬盘，CD 或 DVD ROM 设备，在某些情况下甚至专用的物理内存区域也可以作为块设备。块设备可以以任何顺序读取。这同字符设备是截然相反的，后者只能将数据传输至用户进程或由用户进程传入。对支持 Xen 虚拟块设备（xvd）接口的 PV guest 来说（例如，半虚拟化的 Linux guest），xvd 是指定块设备所推荐的方式。xvd 接口允许 Xen guest 知道 Xen 用虚拟的磁盘代替了本地的硬件设备。xvd 接口利用这一特点达到了更佳的性能。用户可以将 xvd 看作类似于 hd 或 sd 这样的前缀（例如，had 或 sda 符号在很多系统中分别表示 IDE 或 SCSI 设备），它们的使用方法相同，虽然 xvd 并没有真正地彻底仿真通常的磁盘类型 IDE 或 SCSI。对于 HVM guest 来说，它没有安装半虚拟化的块设备驱动，所以仍然需要为 DomU 使用 hd（IDE）和 sd（SCSI）磁盘，因为 HVM guest 默认不支持 xvd 块设备。

正如在清单 5 - 1 中看到的，一个物理设备结点是由 phy：前缀指定的，并且可以是/dev/ 中所能找到的任何块设备，例如 /dev/hda1（当在磁盘配置行中指定了设备的时候 /dev 部分可以省略）。物理设备可以是一块磁盘或分区，并且它应该根据 DomU 来进行输出（使用 disk 参数中三段元素组的第二个元素）。如果用户输出一整块物理磁盘，比如 had 或 sda，那么它应该作为一整块磁盘而输出到 DomU 中（例如 xvda，或者其他类似于 sda 或 hda 之类的符号）。类似的，如果输出的是一块物理磁盘的一个分区，比如 hda1 或 sda1，那么它就应该作为一个分区而被输出到 DomU 中（例如 xvda1，或者其他类似于 sda1 或 hda1 之类的符号）。一个好的关于分区的参考是 Linux 文件项目的 Linux 分区 HOWTO（http://tldp. org/HOWTO/Partition/intro. html）。

前缀 phy：不是 guest 镜像唯一可能的位置。它也可以是一个 guest 镜像存储的文件路径（例如 tap：aio：，file：，或 tap：qcow：）。在这种情况下推荐使用的前缀是 tap：aio：。它告诉 Domain0 以异步 I/O 的方式（aio）使用 blktap 驱动。前缀 tap：aio：之后是 guest 镜像文件在 Domain0 文件系统中的存储路径。一个使用 tap：aio：的例

97

子如清单 5-2 所示。在这个例子中,tap:aio:前缀被使用到,意味着 blktap 驱动被使用到。该文件输出是/xen/镜像 s/debian.partition。DomU 将看到该镜像分区为/dev/xvda1 并且它将具有写的权限。

清单 5-2　在 Disk 参数中使用前缀 tap:aio:

```
disk = ['tap:aio:/xen/images/debian.partition,xvda1,w']
```

注意到文件作为 xvda1 输出到 DomU 就像是在物理磁盘的情况下一样。从 DomU 的角度来看,两者是无法分辨的。用户也可以使用 blktap 驱动和 QEMU 写前复制的基于文件的镜像(通过指定 tap:qcow:前缀)。其他镜像格式,比如 Vmware 的虚拟磁盘机器(VMDK)和微软的虚拟硬盘机(VHD)由于许可证的问题是不能由开源版本的 Xen 直接使用的。但是,微软的 VHD 格式在 XenEnterprise3.0 版本中是可以使用的,原因是 XenSource 的许可证同意。微软的 VHD 格式也可以由微软在它的开放规格约定中发布,并且结果是,在开源版本的 Xen 中也在开发对这种格式的支持。在本章稍后将描述将其他虚拟化系统的镜像转换为开源版本的 Xen 所兼容的格式的镜像。

还有另一个不为推荐的方式在 Domain0 文件系统中指定一个 guest 镜像——使用 file:前缀,用户可能在老的 prebuilt 镜像中会看到它。当 file:前缀被指定时,loopback 驱动将被使用,而 blktap 驱动则不被使用。loopback 驱动利用一个专门的块设备变量,它由一个称作 loopback 设备的普通文件支持。使用 loopback 设备总是会发生问题。loopback 驱动的性能、可扩展性,还有安全性均要差于 blktap 驱动。并且,loopback 设备的数量要受到 kernel/initrd 选项的限制(详见内核模块参数 CONFIG_BLK_DEV_LOOP),因此当超过限制的使用很多文件支持的 DomU guest 的时候是非常危险的。清单 5-3 显示了一个使用 file:前缀的例子,其中 loopback 驱动被使用到。在这个例子中文件输出是/xen/镜像 s/debian.partition。DomU 在运行时将该镜像分区看做/dev/xvda1,并且 DomU 具有写的权限。

清单 5-3　在 Disk 参数中使用不推荐的 file:前缀的例子。

```
disk = ['file:/xen/images/debian.partition,xvda1,w']
```

注意:

一些 Xen 的安装,包括在一些基于 Ubuntu 系统之上的 3.1 版本的安装(比如 Ubuntu 7.04),有一个使得 tap:aio 不能工作的 bug,因此在某些情况下使用 file:可能是必须的。关于此 bug 的报告请见 Ubuntu 运行系统的 bug#69389:http://bugs.launchpad.net/ubuntu/+source/xen-source-2.6.17/+bug/69389。

Xen DomU guest 镜像也可以通过网络输入,比如当使用 NFS 的时候(例如,nfs_server,nfs_path,和过后在本章中出现并会在第 8 章"存储 Guest 镜像"中详细讨论的 root 参数)。通过网络输入一个 guest 镜像的其他的方法有 iSCSI 或者通过以太网的 ATA（AoE），使用 phy：前缀因为 Domain0 在/dev（或者在/dev 内的目录）里找到了输出的网络块设备。在这些情况下，用户也应该使用 phy：前缀并且指定网络块设备同/dev 的相对路径，就好像它是一个本地的磁盘一样。例如，当使用 iSCSI 时，应该使用通过 udev（在大多数现代 Linux 发布版中使用的自动设备管理系统）提供给 Domain0 的设备结点名称，因为 sd * 块设备结点并不必要在每次 iSCSI 设备都连接（到 Domain0）的时候都保持一致。达到此目的的最好的方法是使用 disk/by-uuid 入口，实际上是一个同/dev/sd * 入口相对应的符号链接。

清单 5 - 4 显示了 iSCSI 的一个例子。我们在第 8 章中再详细讨论 iSCSI。在本章输出设备是/dev/disk/by-uuid/210936e7-6cc8-401f-980f-d31ec982ffa5，这实际上是一个在/dev 中的同 sd * 设备结点相对应的符号链接。DomU 将把该设备看作/dev/xvda，并具有对该设备写的权限。内核支持 by-uuid，尽管我们已经发现在更多最近已经测试过的 Linux 发布版（如 Fedora 和 Ubuntu）中都支持 udev，但在老版本的 Linux 中 udev 可能不被支持。

清单 5 - 4　Disk 参数行的一个 iSCSI 例子

```
disk = ['phy:disk/by-uuid/210936e7-6cc8-401f-980f-d31ec982 ➡
        ffa5,xvda,w']
```

对 AoE 来说，一个使用 uDev 相似的策略也是可行的并且也运行的一样好。但是，在/dev/etherd/中的 AoE 块设备应该以一个一致的方法被仔细管理，否则多个 guest 也许会使用同样的设备从而导致冲突。在清单 5 - 5 中，演示了如何能够直接输出一个 AoE 设备到一个 DomU 中。在第 8 章中再详细讨论 AoE。在本章，输出设备是/dev/etherd/e1.1，它是 AoE 设备在物理的或逻辑的以太网驱动中的一个。DomU 将该设备看作/dev/had，并且拥有对该设备的读的权限。

清单 5 - 5　Disk 参数行的一个 AoE 例子

```
disk = ['phy:etherd/e1.1,hda,r']
```

也可以为 DomU 使用一个 NFS 挂载作为一个 root 文件系统。但是这种方法由于在重负载下的性能和稳定性的问题而不被推荐。根据 Xen 的用户手册，该问题在 Linux NFS 执行中是熟知的并且不仅仅是 Xen 才有。

为了配置一个 NFS 服务器而用做 guest 的 root 文件系统，需要指定 root 配置参数为/dev/nfs，指定 nfs_server 作为服务器的 IP 地址，并指定 nfs_root 为服务器上到输出文件系统的路径。清单 5 - 6 显示了为 DomU guest 镜像使用 NFS 的例子。在这个例子中，DomU 使用 NFS 作为它的 root 设备，并且服务器和输出路径由 nfs_server 和 nfs_root 参数分别定义。需要知道的是，对 nfs_root 的支持也需要编译到 DomU 内核中。该支持默认并不被编译进内核。

NFS root 文件系统方法并不需要使用 disk 参数，因为 DomU guest 在使用 NFS 挂载作为它的 root 文件系统。磁盘参数仍然可以用于添加其他的虚拟设备或者分区。我们在第 8 章将会详细介绍一个 NFS root 的实例。

清单 5 - 6 一个 NFS 的配置例子

```
root        = '/dev/nfs'
nfs_server = '2.3.4.5'           # IP address of your NFS server
nfs_root   = '/export/myDomU' # exported root file system on ➡
      the NFS server
```

我们贯穿本章和其他章节介绍不同的 disk 参数的变量的使用。完整的 disk 参数配置选项请参见附录 C,"Xend 配置参数"。

5.2 使用 Prebuilt Guest 镜像

从 Internet 上可以下载到许多类型的 prebuilt guest 镜像。本节详细描述每一种镜像类型并教用户如何使用它们。越来越多的网站向 Xen 和其他的虚拟化系统提供了这项服务,比如 rpath. com、jailtime. org、virtualappliance. net,还有 jumpbox. com。对 Xen 系统的管理员们来说,共享特别的或高可用性的 guest 镜像文件就像传统的管理员们共享一个 shell 脚本一样变得越来越普遍。

使用 prebuilt 镜像的一个主要优点便是在"盒子"之外进行一个成功的操作的高可能性。此外,这些镜像通常都是预先配置好的,除去时间开销的、易出错的、配置时间。这些镜像往往已经由用户和/或开发者创建并测试过了,这些开发者有一定的操作系统相关的或包含这些镜像服务的技术。而 prebuilt 镜像的主要的缺点是它们也许自带一些用户所不想要或不需要的软件包,并且它们也许也有一个操作系统或者是未打补丁的安装包,或已过期。这些不幸之处可能会在新的发布版中消失,或者情况更糟糕——失去了安全补丁。尽管有这些限制,但 prebuilt 镜像仍然是一个快速和简单的方法来开始工作。

5.2.1 Guest 镜像的类型

Prebuilt guest 镜像有 3 种不同的格式:磁盘镜像文件(disk 镜像 file),分区镜像文件(partition 镜像 file),压缩文件系统镜像(compressed file system 镜像)。

压缩文件系统是共享或备份一个 guest 镜像最好的方法之一,因为压缩文件系统相对来说是小而紧凑的,但是将它们配置成为一个 DomU 往往更加困难。压缩文件系统镜像包含一个普通的磁盘镜像中的压缩文件和目录。压缩操作典型的是依靠使用类似 tar 或 zip 这样的工具完成的。磁盘和分区镜像文件相对来说不是很紧凑,但是它们可以直接用作 guest 镜像,而压缩文件系统镜像必须在使用前先被提取到一个物理的或虚拟的磁盘分区中。

注意:

理论上,compFUSEd(http://parallel. vub. ac. be/~johan/comFUSEd/),基于

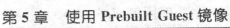

运行 Xen：虚拟化艺术指南

用户空间的(FUSE)的文件系统的 Linux 的一个压缩的覆盖文件系统能够用于挂载一个压缩文件系统镜像，使其直接作为一个 guest 镜像而被使用。这个技术依然不成熟，需要小心使用，并且尚不推荐用于生产系统中。

　　磁盘镜像和分区镜像之间的不同在于一个完整的磁盘镜像也许包含多个分区（例如，一个 root 分区和一个 swap 分区），以及一个分区表描述存储是如何划分的。一个分区镜像仅仅包含一个分区并且没有分区表。

　　磁盘镜像和分区镜像文件均又分为两种类型：稀疏的(sparse)和预分配的(pre-allocated)。稀疏镜像文件实际上并不占据空间，直到数据需要使用空间的时候才分配空间。预分配镜像文件占据着镜像文件所有的空间，即使它不包含任何数据。评价稀疏镜像文件和预分配镜像文件不同的好方法是思考以下当用户将一个新的运行磁盘镜像装载到一个 80 GB 的硬盘中时会发生什么。也许只有 5 GB 的操作系统文件和应用程序占据着存储空间，但是文件系统却占据着所有的 80 GB 空间，包括大块的有待使用的空闲空间。一个稀疏镜像将仅仅需要 5 GB 的真实文件数据，而一个预分配镜像则需要所有的 80 GB 的空间。（注意到在这种情况下，压缩文件系统将占据着更少的空间，因为实际的文件数据被压缩了，可以看作是没有占据空闲空间的稀疏镜像的进一步操作。由于未压缩的文件系统占据着 5 GB 的空间，所以压缩文件系统应该占据着更少的空间，至于多少取决于完成压缩量的大小）。图 5-1 比较了分区镜像、磁盘镜像和压缩镜像的相对使用难易程度和存储紧凑程序。在本节将会详细描述如何使用这 3 种类型的镜像，并且在第 8 章中讨论如何创建用户自己的镜像。

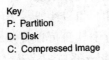

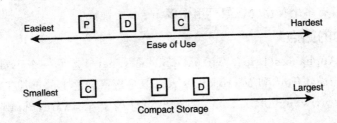

注：从左边最简单到右边最难。关于存储紧凑程度线，从左边最小到右边最大。

图 5-1　关于使用难易程度线

　　从技术上说，对于商业操作系统(如 Windows)是有可能拥有 prebuilt 镜像的，但是实际上，大多数可以通过下载获得的 prebuilt 镜像都是像 Linux(最通用)，BSD 变体，或 Plan9 这样开源的操作系统。用户不能找到商业操作系统的 prebuilt 镜像的主要原因在于许可证问题。

5.2.2 下载 Prebuilt Guest 镜像

现在去看看一些提供可下载 prebuilt guest 镜像的网站。在本章稍后会使用这些网站提供的镜像为例子。

1. jailtime.org

jailtime.org 网站当前有一些预先打包的 Xen guest 镜像，打包的内容有用于 root 文件系统的分区镜像文件，代表 swap 分区的分区镜像文件，还有 Xen2.x 和 Xen3.x 的配置文件。根据 jailtime.org 的管理员所述，该网站目前正在开发中，并且新增和改进功能也在计划中，包括用户贡献内容和下载的机会。（在笔者写到此时，用户可以通过注册一个用户然后在可下载的镜像下发布评论，但是不能上传所创建的镜像。）从 jailtime.org 上可下载的镜像包括 CentOS 4.4，CentOS 5.1，Debian 4.0，Fedora 8，Gentoo 20071，Slackware 12.0，还有一个用户贡献的由一个主结点和一些从结点组成的"集群 Xen"包。这套镜像仅仅是所需的流行发布版的一个子集，但是版本相对较新并且新的版本在周期性的更新。请访问 www.jailtime.org 网站获取更详细的信息。为了上传用户自己的镜像，请联系网站管理员。

2. rpath.com

rPath 公司提供了用于应用程序发布和管理的软件工具。rpath.com 网站提供了许多不同的 guest 镜像，其中不仅仅是用于 Xen 系统，也有用于 VMware player，ESX Server，Microsoft Virtual Server，QEMU，Parallel，和 Virtual Iron。特别地，下载磁盘镜像，分区镜像（指的是 rPath 网站中的可挂载的文件系统），还有压缩文件系统镜像专门的网站是 www.rpath.com/rbuilder/。用户可以注册一个用户并且允许启动自己的项目，或者加入一个已经存在的项目。每个项目可以提供 guest 镜像类型使得公共可用。在笔者写到此时，在 rPath 的 rBuilder 系统中多达几百个项目，它们中很多项目有多个类型的镜像可用作 Xen guest 镜像。

3. 其他的站点

Virtual Appliances（http://virtualappliances.net/）是另一个下载运行在 VMware，Xen，Virtual Iron，和 Microsoft Virtual PC 等平台之上的虚拟工具好网站。最后，JumpBox（www.jumpbox.com/）网站有设计用于 VMware，Parallels，和 Xen 的工具下载。

5.2.3 挂载和引导 Prebuilt 镜像

我们现在描述如何引导 prebuilt 分区镜像和 prebuilt 磁盘镜像。这两种 prebuilt 镜像有很多相似之处。磁盘和分区镜像均可以直接作为 DomU guest 镜像使用，并且均可以是预分配（preallocated）或稀疏（sparse）文件。分区镜像和 prebuilt 磁盘镜像作为一个文件各有优点和缺点——实际上是一个单独的文件的虚拟设备并

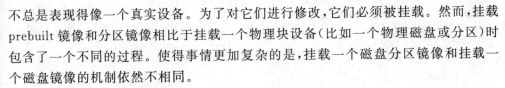

不总是表现得像一个真实设备。为了对它们进行修改,它们必须被挂载。然而,挂载prebuilt 镜像和分区镜像相比于挂载一个物理块设备(比如一个物理磁盘或分区)时包含了一个不同的过程。使得事情更加复杂的是,挂载一个磁盘分区镜像和挂载一个磁盘镜像的机制依然不相同。

对分区镜像来说,当磁盘镜像需要一些非标准工具来完成一个类似的任务时可以使用标准的 UNIX 工具。每一个工具,包括标准的和非标准的,都会在需要的时候介绍到。并且在第 8 章将讨论两种类型的镜像的创建过程。

1. 引导方法

有几种不同的方法来引导 DomU 镜像。PV guest 可以使用两种方法:一种是使用基于 python 的 bootloader,称作 pygrub,另一种是使用一个位于 guest 外部但Domain0 可访问的 Xen 兼容的内核(和任意的一个初始化 RAM 磁盘,例如那些典型的用于使得 Linux 引导过程更加健全的 RAM 磁盘)。Kernel 和 ramdisk 参数并不同bootloader 参数一同使用,因为 bootloader 是配置用来提供可用内核(和它们相对应的初始化 RAM 磁盘)的选择。在本章中,我们集中讨论 pygrub 和使用 Xen 兼容的内核,但是我们也简要地提及两个其他的选择。对 HVM guest 来说,有一个专用的bootloader,称作 hvmloader,它被设计用于专门和 HVM guest 引导过程下交互。关于 HVM Guest 制作的章节请参见第 7 章,"制作 Guest 镜像"。我们讨论最后的引导方法是使用 PXE 通过网络(真实的和虚拟的)发挥作用的,并且它使用基于 python 的 loader,被称作 pypxeboot。Pypxeboot 脚本还不是正式 Xen 发布版(Xen3.2)的一部分,但是会在不久之后便可使用,因此我们仅仅只是提供了包含更多详细信息的参考网站:www. cs. tcd. ie/Stephen. Childs/pypxeboot/。我们现在开始讨论使用 pygrub 以及使用 Xen 兼容内核和 RAM 磁盘的方法。

2. pygrub

引导一个 prebuilt 镜像的最简单的方法就是使用 pygrub bootloader。Pygrub是一个用于模仿 GRUB bootloader 的 Python 脚本。它包含在 Xen 中,并且允许你从一个位于 DomU 磁盘或分区镜像内部的内核处引导,因此允许一个 DomU guest镜像是自我包含的,除了它的配置文件之外。为了 pygrub 安装镜像,磁盘镜像必须包含一个合适的列出了一个内核的 GRUB 配置文件。该 GRUB 配置文件被包含在DomU 磁盘镜像文件中,就像一个典型的 GRUB 配置文件位于非虚拟化机器的 root文件系统中。清单 5 - 7 显示了一个 GRUB 配置文件的例子。它同用户在一个正常的系统中使用第一个硬盘的第一个分区时一样使用的是同样的 GRUB 配置文件。Pygrub bootloader 简单地解析一个标准的 GRUB 配置文件来引导包含在 DomUguest 中的内核。

清单 5 - 7　一个 GRUB 配置文件的例子

```
default 0
timeout 10
root (hd0,0)
kernel /boot/<kernel>
initrd /boot/<initrd>
```

为了将 pygrub 作为 bootloader 而使用，在 Xen 默认安装期间，所有用户需要做的只是将 bootloader 选项添加到 DomU guest 配置文件中并且将其指向存储在/usr/bin/pygrub 中的 pygrub 二进制码。清单 5 - 8 显示了一个从 rPath 下载到的完整而有效地用于磁盘镜像的 DomU 配置文件。本章集中讨论 bootloader 和 disk 这两个参数，但是你也可以关注 memory，vif 和 name 这些参数。Bootloader 选项指定了 Xen 将用来引导 guest 的程序；在此处 Xen 使用的是/usr/bin/pygrub。注意到使用 xvda 作为 guest 将会看到的磁盘，因为下载到镜像是一个磁盘镜像。该配置文件和其他 DomU guest 的配置文件一样，应该被存储在/etc/xen。

清单 5 - 8　使用 pygrub 作为 Bootloader 的 Guest 配置文件

```
bootloader = '/usr/bin/pygrub'
disk = ['file:/xen/images/openfiler-2.2-x86.img,xvda,w']
memory = 256
vif = ['']
name = 'openfiler'
```

下一步，在能够下载和放置从 rPath 得到的磁盘镜像之前，我们推荐创建一个更加方便和集中的位置来存储 DomU guest 镜像以备今后再次使用。如果用户之前尚未创建一个存储 Xen 镜像的默认位置，我们推荐创建目录/xen/images。一些 Linux 发行版也许会有一个目录（可能在官方的发布文档或论坛中注明）存放这些镜像。例如，Fedora 将 Xen DomU 镜像存储在/var/lib/xen/images/。创建一个目录的命令是 mkdir，并且如果需要的话，可以使用-p 选项来创建父亲目录。

针对本例，我们从 www.rpath.org/rbuilder/project/openfiler/releases 下载了 Openfiler NAS/SAN 应用程序。Openfiler 是一个提供了在一个单独的框架中的基于文件的网络附加存储和基于块的存储区域网络的 Linux 发行版。用户也可以在本书提供的 Web 站点找到一个缓存的可用备份。对于本例，我们选择 Xen 虚拟机应用程序版本的 x86 裸磁盘镜像。（注意到该磁盘镜像也可以由 Parallel 和 QEMU 使用）。针对本例，我们获得了 2.2 版本的 openfiler-2.2-x86.img.gz 文件，然后用 gunzip 将其解压到/xen/images 目录中。清单 5 - 9 命令用于解压文件，mv 命令用于将其移动到/xen/images 目录中。

运行 Xen：虚拟化艺术指南

清单 5 - 9　提取和放置从 rPath 处下载到的 openfiler 镜像

```
[root@dom0]# gunzip openfiler - 2.2 - x86.img.gz
[root@dom0]# mkdir-p /xen/images
[root@dom0]# mv openfiler - 2.2 - x86.img /xen/images
[root@dom0]#
```

最终，随着配置文件和磁盘镜像安放到位，清单 5 - 10 显示的 xm create 命令便可以引导 guest 使用 prgrub 作为 bootloader。图 5 - 2 显示了使用 pygrub 的引导菜单。

为了真实地引导下载到的镜像，使用命令 xm create-c name，其中 name 是配置文件的文件名。回想一下第 2 章"使用 Xen LiveCD 的快速旅行"，-c 选项显示了在启动 guest 时的 guest 的虚拟控制台。关于详细使用 xm create 命令，请参考第 6 章和附录 B，"xm 命令"。xm create 命令首先在当前的目录下找寻由 name 指定的 DomU guest 配置文件。如果在当前目录下不存在这个文件，则 xm create 命令继续在/etc/xen 目录下寻找。用户也可以传递 DomU guest 配置文件的完全路径给 xm create 命令。

清单 5 - 10　用 xm create 命令引导 openfiler Guest

```
[root@dom0]# xm create-c openfiler
Using config file "/etc/xen/openfiler".
```

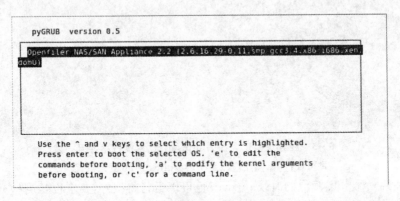

图 5 - 2　在运行了 xm create 命令之后 pygrub bootloader 菜单出现

在镜像引导之后应该可以看到一条消息提示用户登录，类似于清单 5 - 11 显示的那样。注意给出的 https(不是 https)Web 地址实际上使用 Openfiler 应用程序。

清单 5 - 11　在磁盘镜像成功引导之后的消息和登录提示

```
Openfiler NAS/SAN Appliance
Powered by rPath Linux
To administer this appliance, please use a web browser
```

105

```
from another system to navigate to
https://128.153.18.122:446/
For further information and commercial support, please visit
http://www.openfiler.com
localhost login：
```

　　在接受了证书并同意了 GNU 公共许可证版本 2（GPLv2）之后，Openfiler 登录界面出现了，如图 5 - 3 所示。

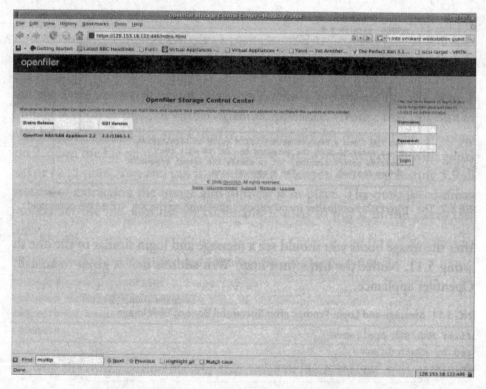

图 5 - 3　在登录提示之前去 https 地址，接受证书并且同意
许可证（GPLv2）后，显示了 Openfiler Web 登录界面

　　当使用一个分区镜像的时候 pygrub 也可以运行得很好，要求也是内核处在镜像之中并且 GRUB 配置文件设置正确。用户唯一需要做出的改变就是 disk 配置参数。不再是输出一个磁盘，而是输出一个分区，因此应该输出 xvda1 而不是 xvda。

3. 使用一个外部的 Xen 兼容内核

　　在前一个例子中，prgrub 是一个好的选择，因为下载到的磁盘镜像包含了内核并且 GRUB 配置需要引导镜像；但情况并不总是这样。一些在网上找到的 prebuilt DomU 镜像需要同你 Domain0 系统中的与 Xen 兼容的内核一同使用。因此，这些镜像既不包含一个内核，也不包含一个 GRUB 配置文件。它们一般的也需要一个任意初始化的 RAM 磁盘（initrd），jailtime.org 网站上有一些不自带 DomU 内核的

DomU guest 镜像。

在本例中，用户需要找寻并且使用一个 Domain0 可以访问的 DomU 内核和 RAM 磁盘，并且将其记录在 DomU 配置文件中。一些发行版也许有为 DomU 内核准备的软件包，但是很多是没有的。如果 Domain0 和 DomU 运行的是同样的操作系统（例如 Linux），那么有一个方案就是直接将 Domain0 的内核作为 DomU 的内核使用。可选的，如果用户对 DomU guest 有特殊的需求（例如，用户想要在 guest 内核中有 NFS root 文件系统支持，但是在 Domain0 中没有此支持），用户也许想要 build 自己的 DomU 内核。如果不习惯 build 内核，需要注意是非常有可能发生错误的。Gentoo Wiki 有一个很好的参考（http://gentoo-wiki. com/HOWTO_Xen_and_Gentoo 在 build 自己的 DomU 内核时可以给予提示）。Build 自己的 DomU 内核在某些情况下有一个可选的方法，即使用可以加入到 DomU guest 之中的可加载的内核模块。不过可加载的内核模块的方法并不是对所有的内核特征都适用。

为 DomU guest 选择内核和 RAM 磁盘的最简单的办法便是直接使用 Domain0 使用的内核和 RAM 磁盘，因为它不仅肯定能和 Domain0 兼容（因为它本身就是 Domain0 的内核和 RAM 磁盘），而且 Domain0 肯定是已经可以使用的。

让我们看一个从 jailtime. org 网站上下载到的 prebuilt 分区镜像的专门实例。为了遵循本章的主题，我们访问 jailtime. org 网站并且根据自己的喜好下载镜像文件。针对本例，我们使用一个从 http://jailtime. org/download:debian:v3.1 上得到的 Linux guest Debian3. 1 镜像。同样，也可以从本书的站点得到缓存的拷贝镜像文件。

基本的方案是下载压缩包，将其解压缩，（可选的）通过复制合适的模块来修改它，编辑 Xen guest 配置文件来满足主机的设置，然后使用命令 xm create 引导 guest。如果我们使用一个与 Domain0 兼容的 PV guest，那么我们可以选择性地通过复制合适的模块来修改镜像。当我们使用的是一个 Linux（尤其是 Debian）guest 的时候我们会这样做。

首先，清单 5－12 显示了下载后如果解开压缩的分区文件。注意到它包括 4 个文件：debian. 3-1. img，这是存储在一个分区镜像文件中的 root 文件系统；debian. 3-1. xen2. cfg 和 debian. 3-1. xen3. cfg，这两个文件分别是 Xen2. x 和 Xen3. x 的 DomU 的配置文件；还有 debian. swap，这是存储在分区镜像文件中的 swap 空间。

清单 5－12　解压从 jailtime. org 中下载到的 Prebuilt 分区 Guest 镜像和配置文件

```
[root@dom0]# tar xjvf debian. 3－1. 20061221. img. tar. bz2
debian. 3－1. img
debian. 3－1. xen2. cfg
debian. 3－1. xen3. cfg
debian. swap
[root@dom0]#
```

为了决定哪一个配置文件是我们需要的,我们必须确定正在运行的 Xen 是哪个版本的。我们可以使用 xm info 命令查看 xen_major 的值,就像清单 5 - 13 中所示。在本例中,xen_major 的值是 3,因此,我们知道将使用 debian.3-1.xen3.cfg。

清单 5 - 13　得到 Xen Major 的版本

```
[root@dom0]# xm info | grep major
xen_major            : 3
[root@dom0]#
```

清单 5 - 14 显示了我们如何复制正确的配置文件到/etc/xen 目录下。我们使用 cp 来完成这一工作,并且在同时通过键盘输入将其重命名为一个更加简单的名字。

清单 5 - 14　复制 Xen Guest 配置文件到指定的位置

```
[root@dom0]# cp debian.3 - 1.xen3.cfg /etc/xen/debian_jailtime
[root@dom0]#
```

下一步,我们把合适的模块放入到分区镜像文件中(回想一下这是一个优化,并且通常都是不需要的)。为了达到这个目的,我们使用 uname 命令,就像清单 5 - 15 所示。它告诉我们正在运行的内核发布版本是 2.6.16.33-xen。

清单 5 - 15　得到内核发布版本

```
[root@dom0]# uname-r
2.6.16.33 - xen
[root@dom0]#
```

现在我们能够将分区镜像临时挂载到 loopback 设备以至于我们能够将模块复制到其中。清单 5 - 16 显示了挂载分区镜像的命令。我们使用 mkdir 命令来创建一个目录用于挂载点。然后我们使用挂载以及-o loop 选项来指定将其挂载到一个 loopback 设备。注意到从一个正在运行的 Domain0 内核中复制 Domain0 的模块,因为这是 DomU 将要使用的内核。这一般仅仅在 Domain0 和 DomU 内核完全相配的时候才适用。正如清单中所示,我们首先创建了一个目录用作挂载点,然后使用带有 loop 选项的挂载指令,这一步是因为我们正在挂载的文件代表了一个虚拟的分区。

清单 5 - 16　挂载 Guest 分区镜像

```
[root@dom0]# mkdir /mnt/guest_tmp
[root@dom0]# mount-o loop debian.3 - 1.img /mnt/guest_tmp
[root@dom0]#
```

现在我们将分区镜像挂载到了/mnt/guest_tmp,可以通过做一个挂载点的目录清单来检查实际的内容,即使用 ls 命令,就像清单 5 - 17 所示。该目录的内容是 guest 操作系统 root 分区的内容,因为分区在清单 5 - 16 中被挂载到了/mnt/guest_tmp 上。

运
行
Xen:
虚
拟
化
艺
术
指
南

清单 5 - 17　使用 ls 来列出镜像的内容

```
[root@dom0]# ls /mnt/guest_tmp
bin   dev  home  lost+found  opt      root  sys  usr
boot  etc  lib   mnt         proc     sbin  tmp  var
[root@dom0]#
```

在已经确认了挂载是正确无误之后,我们可以将当前正运行在 Domain0 上的内核版本的正确的模块复制到我们刚刚挂载并检查过的 DomU 镜像分区中。我们使用的命令在清单 5 - 18 中。我们使用带有-r 选项的 copy 命令从 Domain0 系统的当前正在运行的内核版本的目录中的 module 目录下依次复制所有的文件和目录到我们预先挂载到/mnt/guest_tmp 的 DomU 分区镜像文件的 modules 目录下。这一步在引导镜像之前也许不是必须的,除非一些模块是引导过程必须的。Guest 可能在没有这些额外的模块时也依然会引导,但是在引导过程中将合适的模块放到合适的位置是极力推荐的选择。除非安装时所需要的所有可选的内核组建均编译进了内核目录之中,用户将需要装载这些可选模块。严格地说,在某一时刻需要手动地复制这些模块进 DomU guest 中。命令 cp 使用'uname　-r'获得当前运行的内核的版本,因为当前运行的内核所需要的模块便是存储在/lib/module 一个子目录中,uname -r 得到的便是该子目录的名字。

清单 5 - 18　从 Domain0 中复制模块到 Guest　分区镜像挂载点

```
[root@dom0]# cp-r /lib/modules/'uname-r'\
/mnt/guest_tmp/lib/modules/
[root@dom0]#
```

现在我们已经将模块复制到了分区镜像文件中,我们能够用清单 5 - 19 的命令将其解除挂载。我们使用 umount 命令来解除挂载之前挂载到/mnt/guest_tmp 的分区镜像文件。当尝试执行此命令的时候确保当前不处在/mnt/guest_tmp 目录下,否则该命令会执行失败。

清单 5 - 19　从挂载点解除 Guest 镜像文件的挂载

```
[root@dom0]# umount /mnt/guest_tmp
[root@dom0]#
```

下一步,我们需要选择 DomU guest 所需用于引导的内核。在本例中将使用与 Domain0 正在使用的内核相同的内核。我们以列出/boot 目录下的所有文件开始,以找到同我们正在运行的内核相配的内核。回想一下使用 uname-r 命令找寻内核版本的时候,之前在清单 5 - 15 中所列出的,我们当前正在运行的内核版本是 2.6.16.33-xen。正在运行的内核的版本提示我们去寻找 Xen 内核文件。清单 5 - 20 显示了这样一个例子。我们导出 ls 的输出并通过 grep 找到可能的 Xen 的内核,回想一下正在运行的内核是 2.6.16.33-xen,因此我们猜想应该是 vmlinuz-2.6.16.33-xen 内核。发行版也许会将内核重命令的略微优点不同,但是应该会有一个版本号指示以及一些符号表示是 Xen 可用的内核。如果有必要的话,应该可以检查 GRUB 配置文件来确定正在使用的是哪个内核,以及在启动时基于哪一个引导。

从清单中选择 vmlinuz-2.6.16.33-xen 作为 DomU guest 中将要使用的内核,并且使用/boot/vmlinuz-2.6.16.33-xen 作为的内核参数。类似地,我们使用/boot/initrd.img-2.6.16.33-xen 作为 ramdisk 参数。

清单 5－20　找寻内核镜像和初始化 RAM 磁盘(initrd)

```
[root@dom0]# ls -l /boot/ | grep xen
-rw-r--r-- 1 root root size date initrd.img-2.6.16.33-xen
-rw-r--r-- 1 root root size date vmlinuz-2.6.16.33-xen
lrwxrwxrwx 1 root root size date vmlinuz-2.6.16-xen -> ➡
    vmlinuz-2.6.16.33-xen
-rw-r--r-- lrwxrwxrwx 1 root root 4 ... 05:43 xen-3.0.gz -> ➡
    xen-3.0.4-1.gz
[root@dom0]#
```

清单 5－21 显示了实际将 Debian 分区镜像移动到目录的命令。我们使用 mv 命令来移动 guest 分区镜像到目录/xen/images 之中。

清单 5－21　移动 Guest 分区镜像文件到指定的位置

```
[root@dom0]# mv debian.3-1.img /xen/images/
[root@dom0]#
```

最终,用户可以编辑在清单 5－14 中复制到指定位置的 DomU 配置文件。使用一个编辑器来编辑/etc/xen/debian_jailtime。针对本例,我们使用的是一个 PV guest,因此需要对内核进行两项改变,以使得它匹配正在运行的 Xen 的内核以及镜像文件的位置(回想一下对于 PV guest,由 Xen Hypervisor 输出的接口必须匹配 guest)。根据到目前为止所采取的一系列步骤,我们所选择的配置文件列在清单 5－22 中。为了使得能够引导 Debian guest 所需要作出的改变是一些优化,比如改变 disk 为 xvda 以代替 sda。将前缀 tap:aio:用于磁盘镜像文件以代替不为推荐的前缀 file:/。注意到这次 disk 属性包含了两套文件——其中一套用于 root 分区镜像文件 debian-3.1.img,另一套用于 guest 的 swap 分区 debian.swap。

清单 5－22　为从 jailtime.org 下载到的 Debian Guest 所修改的 Guest 配置文件

```
kernel = "/boot/vmlinuz-2.6.16-xen"
ramdisk = "/boot/initrd.img-2.6.16.33-xen"
memory = 128
name = "debian"
vif = [ '' ]
dhcp = "dhcp"
```

```
dhcp = "dhcp"
disk = ['tap:aio:/xen/images/jailtime/debian/debian.3-1.img, ↪
    xvda1,w', 'tap:aio:/xen/images/jailtime/debian. ↪
    swap,xvda2,w']
root = "/dev/xda1 ro"
```

最终,我们能够使用清单 5－23 显示的 xm create 命令来引导从 jailtime.org 下载的 Debian guest。回想一下我们传递-c 选项给 xm create 命令以至于自动地连接到 guest 控制台来监视系统引导过程。注意到 xm create 在/etc/xen 中寻找配置文件(在它在当前的工作目录找寻配置文件之后)。默认的用户名是 root,默认的密码是 password。为了保持简短,我们省略了清单 5－23 中绝大多数的引导过程。

清单 5－23　从 jailtime.org 下载的 Debain 分区镜像使用 xm create 命令

```
[root@dom0]# xm create -c debian_jailtime
Using config file "/etc/xen/debian_jailtime".
Started domain debian
Linux version 2.6.16.33-xen (shand@endor) (gcc version 3.4.4 ↪
    20050314 (prerelease) (Debian 3.4.3-13)) #1 SMP Mon ↪
    Jan 8 14:39:02 GMT 2007
BIOS-provided physical RAM map:
 Xen: 0000000000000000 - 0000000008800000 (usable)
0MB HIGHMEM available.
136MB LOWMEM available.
ACPI in unprivileged domain disabled
Built 1 zonelists
Kernel command line: ip=:1.2.3.4::::eth0:dhcp root=/dev/xda1 ro

[Output from boot process removed here]

INIT: Entering runlevel: 3
Starting system log daemon: syslogd.
Starting kernel log daemon: klogd.
Starting OpenBSD Secure Shell server: sshd.
Starting deferred execution scheduler: atd.
Starting periodic command scheduler: cron.

Debian GNU/Linux 3.1 debian_pristine tty1

debian_pristine login:
```

4.磁盘镜像

在前一节的第一个例子里,我们演示了使用 pygrub 来引导一个磁盘镜像。我们省略了分区镜像使用 prgrub 的例子因为它同磁盘镜像唯一的不同在于 disk 参数(例如将 xvda 改变为 xvda1)。在上一节中演示了一个使用位于 DomU guest 外部的内核(和 RAM 磁盘)引导一个分区镜像的例子。在这一节中演示如果使用一个外部内核和 RAM 磁盘引导一个磁盘镜像。这个过程同将 Domain0 内核和 RAM 磁盘用于 DomU guest 来引导分区镜像的过程相类似,但是需要使用一些特殊的命令来访问磁盘镜像。让我们看一个定制的磁盘镜像的例子。

　　第一步是在 Domain0 中挂载 prebuilt guest 磁盘镜像,然后能够使用 cp 命令将内核模块复制至其中。回想一下在磁盘镜像和分区镜像之间最大的不同在于它们被挂载的方式。如果使用一个磁盘镜像,我们必须确定其中哪一个分区用于 root 文件系统,因此我们需要使用带有-l 选项的 fdisk 命令来列出磁盘的所有分区(fdisk 在本章后面还会详细讨论到)。清单 5-24 显示了预先从 http://rpath.com 上下载到的 Openfiler 磁盘镜像所使用的命令和输出结果。该磁盘镜像特别的选择是只有一个分区,因此选择哪块分区作为 root 分区便是非常简单的事情了。注意到在本例中,我们正在寻找一个 Linux 文件系统因为 guest 是一个 Linux 实例,因此 root 文件系统的选择必须是 Linux 兼容的文件系统,例如 ext3。如果想要引导一个 Windows guest,那我们可能寻找的是一个 NTFS 或 FAT 分区和文件系统。注意到每一列头部的分区信息(在本例中只有一个分区,但是可以是更多)。例如,在清单 5-24 中,我们注意到在 Id 列的值是 83,它对应着"Linux"系统类型。

清单 5-24　使用 fdisk 列出一个磁盘镜像文件的分区

```
[root@dom0]# fdisk -l openfiler-2.2-x86-disk.img
You must set cylinders.
You can do this from the extra functions menu.

Disk openfiler-2.2-x86.img: 0 MB, 0 bytes
16 heads, 63 sectors/track, 0 cylinders
Units = cylinders of 1008 * 512 = 516096 bytes

Device            Boot Start End      Blocks   Id  System
openfiler-2.2-x86.img1  *    1    7120  3588479+ 83  Linux
Partition 1 has different physical/logical endings:
     phys=(1023, 15, 63) logical=(7119, 15, 63)
[root@dom0]#
```

我们现在更加详细地研究一下 fdisk 输出的各列项。

(1) Device(设备)——清单中的第一列,是块设备的名称。

(2) Boot(引导)——第二列,标记分区是否可引导;星号表示可引导,空白表示不可引导。

(3) Start(开始)——第三列,磁盘中该分区的开始块。

(4) End(结束)——第四列,磁盘中该分区的结束块。

(5) Blocks(块)——第五列,分区中块的大小。

(6) Id(序号)——第六列,系统类型的标识 ID。

（7）System（系统）——第七列，为分区指定的操作系统类型。

在本例中挂载 prebuilt 磁盘镜像最好的工具是 lomount 命令，它作为 Xen 工具的一部分而存在。典型的说，lomount 用来挂载一个磁盘镜像分区到一个 loopback 设备；lomount 用于使得磁盘镜像表现得像真实的块设备一样。命令 lomount 的一个限制是它不支持逻辑卷。我们将会在第 8 章中讨论逻辑卷以及其他类似 kpartx 和 losetup 的工具，届时再讨论这个问题。

注意：

在 xen-devel 邮件清单中有一些讨论关于禁用类似 lomount 这类的工具，而推荐使用更多类似于 kpartx 的工具。在第 8 章中讨论 kpartx 的使用。我们先提前在本章中讨论 loopback 设备的缺陷。

对于 lomount 所需的两个参数是-diskimage 和-partition。选项-diskimage 作为一个参数表示实际的磁盘文件；-partition 选项表示想要挂载的磁盘镜像的分区号。在这两个参数之后，用户可以放置挂载命令所需的其他的一些选项。任何在 lomount 所必须的选项之后的选项简单地直接传递给 mount 命令。例如，mount 命令典型的需要路径名用于挂载点，以及其他一些 mount 在某些情况下也许需要的特殊的选项（例如，文件系统类型或者许可）。关于 mount 命令以及它可用地选项的一个好参考是 Linux 中关于 mount 的手册页。

清单 5-25 演示了一个使用从 rPath 下载的与之前在本章中使用的相同的磁盘镜像的 lomount 的例子。在清单 5-24 中我们使用 fdisk 命令已经确定了需要使用第一个分区之后，我们是首先创建一个临时的目录来挂载磁盘镜像的分区；然后我们用 lomount 命令挂载磁盘镜像分区。回想一下在实际使用 lomount 命令之前，我们使用 fdisk 来确定在磁盘镜像中有哪些分区。

清单 5-25　使用 lomount 来挂载一个磁盘镜像文件内的分区

```
[root@dom0]# mkdir /mnt/part
[root@dom0]# lomount-diskimage openfiler - 2.2 - x86 - disk. img \
 - partition 1 /mnt/part
[root@dom0]#
```

一旦我们将磁盘镜像的内容放置到了挂载点（/mnt/part），可以检查它是否成功被挂载并且通过使用 ls 命令查看其中是否有预期的内容。在该目录中的内容应该是通常在 prebuilt guest 操作系统中的 root 分区内所看到的内容。清单 5-26 显示了 ls 命令的调用以及它的输出。我们使用 ls 来列出在清单 5-25 中使用 lomount 命令挂载的磁盘分区中的文件和目录。

清单 5-26　检查被挂载的磁盘镜像分区中的内容

```
[root@dom0]# ls /mnt/part
bin    dev   home   lib          media   opt   root   srv   tmp   var
boot   etc   initrd   lost+found   mnt     proc   sbin   sys   usr
[root@dom0]#
```

　　在确认了挂载是正确的之后，我们下一步需要从 Domain0 中获得和复制正确的模块到 DomU 中，就像我们之前在清单 5 - 18 中对分区镜像所做的那样。为了完整性，在清单 5 - 27 中再一次地将命令列出。详细信息可以参考本章前面关于 guest 分区镜像的例子。

清单 5 - 27　从 Domain0 主机拷贝内核模块到 Loopback Guest 磁盘镜像分区

```
[root@dom0]# cp -r /lib/modules/'uname -r' /mnt/part/lib/modules
[root@dom0]#
```

　　回想一下 guest 操作系统通过一个 loopback 机制被挂载，我们刚刚执行的复制命令实际上将我们 Domain0 内核镜像，initrd，还有模块放入了 prebuilt guest 镜像中。因为我们知道 Domain0 内核当前正在硬盘中执行，当 guest 使用同样的内核的时候应该具有全部的功能。现在能够使用 umount 命令解除磁盘镜像的挂载。

　　一旦解除挂载，我们准备使用一个内核和 RAM 磁盘都类似于 Domain0 的配置文件来引导 guest，正如通过清单 5 - 23 包含分区镜像实例和清单 5 - 12 所演示的那样。这一次同以前细微的不同在于使用的是一个磁盘镜像而不是分区镜像，并且因此配置文件的 disk 参数行反映了这个变化。DomU guest 所看到的设备（三元组的第二个元素）是 xvda 而不是 xvda1。清单 5 - 28 显示了磁盘镜像的同内核和 RAM 磁盘一同使用的配置文件。

清单 5 - 28　用于 Openfiler Guest 的经过修改的配置文件，它使用 Domain0 的内核和 RAM 磁盘

```
kernel = "/boot/vmlinuz - 2.6.16 - xen"
ramdisk = "/boot/initrd.img - 2.6.16.33 - xen"
memory = 128
name = "openfiler"
vif = [ " ]
dhcp = "dhcp"
disk = ['tap:aio:/xen/images/openfiler - 2.2 - x86.img,xvda,w']
root = "/dev/xda1 ro"
```

　　这一次 guest 的引导类似于来自 prebuilt Debian jailtime.org 分区镜像的 Debian guest，在引导开始时没有 pygrub 菜单，但是在引导的最后结果都是一样的，正像我们之前在清单 5 - 11 中显示的 Openfiler 磁盘镜像一样。

5.2.4　下载压缩文件(Compressed File)Guest 镜像

　　Guest 镜像的另一个流行的发布方法是将 root 文件系统，即组成 guest 操作系统的文件，和应用程序放入到一个压缩的 tarball 或 zip 文件镜像中。一个压缩的文件系统镜像包含了在 root("/")文件系统下操作系统安装的所有的文件。压缩文件系统镜像是最紧凑的并且在备份和共享方面也是最具灵活性的。但是它们需要最多的手动步骤来配置使用。为了使用 tar 或 zip 文件镜像，需要创建或确定一个空闲的空磁盘，分区，或其他存储区域用于解压缩文件。用户也可以创建自己的虚拟磁盘或分区镜像文件来存储这些文件。

对软件销售商来说压缩文件系统镜像是一个理想的方式来发布一个完整的工作生产安装。该软件系统发行的方法能够用于阐述合适的用户配置建议。为了制作一个压缩文件系统镜像用于发行，一个适当的完整安装的配置组成了一个快照（snap-shot），该快照在发布前便被压缩了。就像在本章早先提到的，该发布版的制作方法对开源操作系统和软件来说是尤其流行的，因为由于许可证的问题使用该方法对发布版有更少的限制。

Openfiler 项目发布它的软件便使用的是这种方法，并且可以从 www. rpath. org/rbuilder/downloadImage？ fileId＝13537 上下载一个 Openfiler 的 tarball 镜像用于本例。在以下的例子中，我们描述如何将其抽取到一个通过 Gnome 分区编辑器（Gparted）创建的空的分区中。当然，我们也可以将其抽取到一个存在的磁盘或分区镜像中，一个逻辑卷中，或者一个基于网络的存储位置。

首先，因为我们没有已经存在的空闲分区用于 root 和 swap 分区，所以我们使用 GParted 来创建它们。如果用户已经有了可以存放提取的 tar 文件的空分区，可以跳过这一节。

1. GParted

GParted 是 Gnome Partition Editor application（Gnome 分区编辑应用程序）。它用于创建、销毁、调整大小、移动、检查和复制分区以及之上的文件系统。GParted 使用 GNU libparted 库来检测和操作设备和分区表。它也可以使用可选的未包含在 libparted 中，但是可以为文件系统提供支持的文件系统工具；这些工具在运行的时候被检测。更多关于 GParted 或下载 GParted 的信息可以在 http：//gparted. sourceforge. net 上找到。GParted 安装和运行在大多数图形化 Linux 环境中。在 GParted SourceForge 网站也有可供下载的 LiveCD。

在用户尝试着在系统中使用 GParted 之前，GParted 有一些限制用户应该了解。在笔者写到此时，GParted 不支持 LVM 分区。并且 GParted 不能在一个挂载分区上工作。因此，如果没有一个非 root 或空闲的分区，或者完全空闲的驱动器，那么首先需要使用 GParted LiveCD（分区或驱动器没有挂载之处）来调整任何不能像一般那样被解除挂载的文件系统的大小，甚至是 root 文件系统。最终，随着软件对磁盘布局进行了修改，明智的做法是确保已经将任何重要数据备份。使用像 GParted 这样强大的工具是非常容易犯错误的，而犯错的结果往往就是丢失数据。

对本例来说，我们拥有一个额外的驱动器，也就是 sdb，并且在它之上已经有了一个 ext3 格式的并存有一些数据的分区。将这些数据备份并将此分区解除挂载,然后可以调整它的大小了。图 5 - 4 显示了刚开始运行 GParted 时的初始化的界面。

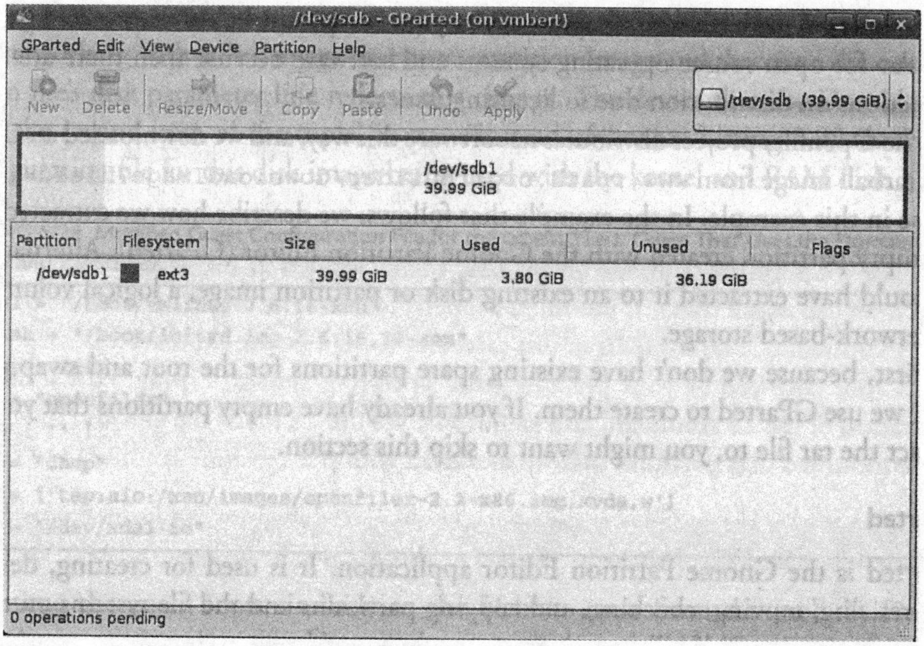

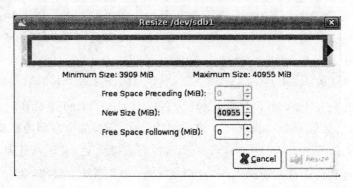

图 5 - 4　在顶端右侧的下拉框中选择了额外的分区/dev/sdb 之后,,/dev/sdb 的分区信息被显示

　　下一步,我们通过单击它选择该磁盘(该驱动器是以一个实心的矩形框表示的),这样便使得在工具栏中的"调整大小/移动"按钮变得可用,单击该按钮,弹出图 5 - 5 中的对话框。

图 5 - 5　单击"调整大小/移动"按钮,出现 GParted 调整大小的对话框

　　然后输入一个值来表示"之后的空闲空间（MiB）"的大小，对应着我们想要创建的未分配空间的大小。在本例中，需要一个 4 GB 的 root 分区和一个 512 MB 的 swap 分区，因此创建的未分配空间的大小是上述两者之和，即 4 608 MB。在输入了该数字之后按 Enter 键，对话框中的"调整大小"的按钮变得可用。图 5-6 显示了在输入数值之和的对话框。

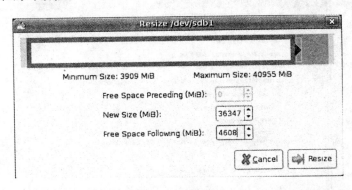

图 5-6　我们键入 4608 并且按 Enter 键，使得"调整大小"按钮变得可用

　　在完成了之前的步骤之后，单击"调整大小"按钮，它关闭了对话框并且将我们带回到 GParted 的主窗口。GParted 也可以用于创建分区，但是我们准备使用一些命令行工具来完成分区和格式化。因为我们已经完成了对 GParted 的使用，所以单击"应用"按钮来真实地做调整大小的操作。

　　下一步，在确认对话框中单击"应用"按钮，然后真实的调整大小操作开始执行。这个操作需要一些时间（以我们的经验来看，在现代的 80GB 的硬盘上做此操作大概会花去 3～5 分钟），如果是在更大的驱动器上则会花去更多的时间。图 5-7 显示了该操作完成后的细节。为了显示到底发生了什么，通过单击在细节旁边的三角形来展开这些细节。每一个成功的操作都有一个相似的三角形在旁边，并可以展开显示更多的细节。虽然没有详细地显示所有的细节，但是每一个命令运行的结果都可以通过单击命令旁边的三角形来显示（详细地显示了第二个调整大小的命令）。如果想要自己看这些细节，需要调整这个"应用未决的操作"对话框的大小，如图 5-7 所示。

　　最后，当所有的操作都完成的时候，可以通过单击"保存细节"按钮来保存这些细节到一个 HTML 文件中，或者可以仅仅单击"关闭"按钮返回到 GParted 主窗口。在图 5-8 中，可以看到未分配的空间以及在底部的状态栏中显示的 0 个未决的操作。在确认了未分配的空间之后，便可以关闭 GParted 了。

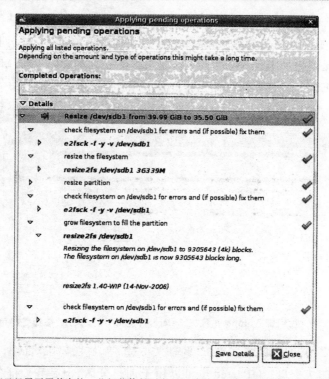

图注:我们已经展开了其中的一些细节使得用户可以看到进行真实的调整大小的操作和命令。

图 5 - 7　单击"应用"铵钮,弹出"未定操作"对话框

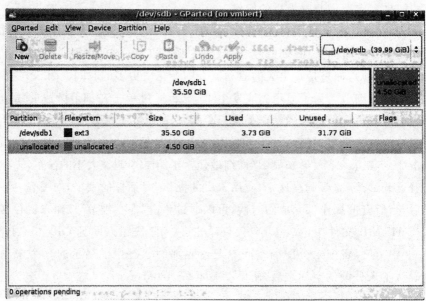

图 5 - 8　在操作完成之后,GParted 主窗口显示了最终的结果:
一个新的未分配的分区和 0 个未决的操作

2. fdisk

我们现在使用 fdisk，一个用于 Linux 的分区操纵工具，正如清单 5 – 29 显示的，创建了一个 swap 分区和一个 root 分区。

清单 5 – 29   使用 fdisk 来创建 Root 和 Swap 分区

```
[root@dom0]# fdisk /dev/sdb
The number of cylinders for this disk is set to 5221.
There is nothing wrong with that, but this is larger than 1024,
and could in certain setups cause problems with:

 1) software that runs at boot time (e.g., old versions of LILO)
 2) booting and partitioning software from other OSs
    (e.g., DOS FDISK, OS/2 FDISK)

Command (m for help): p

Command (m for help): t
Partition number (1-4): 2

Hex code (type L to list codes): 82
Changed system type of partition 2 to 82 (Linux swap / Solaris)

Command (m for help): p
Disk /dev/sdb: 42.9 GB, 42949672960 bytes
255 heads, 63 sectors/track, 5221 cylinders
Units = cylinders of 16065 * 512 = 8225280 bytes
Device    Boot    Start End         Blocks   Id  System
/dev/sdb1 1       4634  37222573+   83       Linux
/dev/sdb2 4635    4697  506047+     82       Linux swap / Solaris
/dev/sdb3 4698    5221  4209030     83       Linux

Command (m for help): w

The partition table has been altered!

Calling ioctl() to re-read partition table.

Syncing disks.

[root@dom0]#

 Disk /dev/sdb: 42.9 GB, 42949672960 bytes
255 heads, 63 sectors/track, 5221 cylinders
Units = cylinders of 16065 * 512 = 8225280 bytes
```

```
    Device Boot        Start         End    Blocks   Id  System
/dev/sdb1                   1        4634   37222573+  83  Linux

Command (m for help): n
Command action
   e   extended
   p   primary partition (1-4)
p
Partition number (1-4): 2
First cylinder (4635-5221, default 4635):
Using default value 4635
Last cylinder or +size or +sizeM or +sizeK (4635-5221, ➥
    default 5221): +512M

Command (m for help): n
Command action
   e   extended
   p   primary partition (1-4)
p
Partition number (1-4): 3
First cylinder (4698-5221, default 4698):
Using default value 4698
Last cylinder or +size or +sizeM or +sizeK (4698-5221, ➥
    default 5221):
Using default value 5221

Command (m for help): p
Disk /dev/sdb: 42.9 GB, 42949672960 bytes
255 heads, 63 sectors/track, 5221 cylinders
Units = cylinders of 16065 * 512 = 8225280 bytes
    Device Boot        Start         End    Blocks   Id  System
/dev/sdb1                   1        4634   37222573+  83  Linux
/dev/sdb2                4635        4697     506047+  83  Linux
/dev/sdb3                4698        5221    4209030   83  Linux
```

　　基本策略是创建一个 512MB 的 swap 分区（在本例中），然后使用剩下的磁盘空间创建 root 分区。关于使用 fdisk 的详细指令，请参考 Linux 文档项目的 fdisk 部分中的分区文章：http://tldp. org/HOWTO/Partition/fdisk_partitioning. html 。我们的命令加粗显示在清单 5 - 29 中。注意到我们使用命令 p 来显示当前的分区表，使用命令 n 来创建新的分区。我们指定两个分区都为主分区，分区号分别为 2 和 3.。我们使用分区 2 作为一个 swap 分区，使用分区 3 作为一个 root 分区。通过按 Enter 键表示两个分区均在下一个可用的块处开始。使得 swap 分区的结束块比它的开始块多 512 MB，然后通过将最后的块作为最后可用的块使得剩下的空间全部作为 root 分区，默认也是通过按 Enter 键来实现。我们使用命令 t 来明确的改变

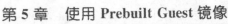

swap 分区的类型为 82,表示是 Linux(swap)。我们再一次地使用命令 p 来显示分区信息以检验我们的工作。最终,我们使用命令 w 将分区表真正写入到磁盘。

我们现在拥有 3 个分区:/dev/sdb1,我们重新调整了大小的包含了原先磁盘上已经存在的数据的分区,然后又多了两个空分区:/dev/sdb2,我们计划用作新的 guest 的 swap 空间;/dev/sdb3,我们计划用作新的 guest 的 root 文件系统。为了使用新分区,我们首先需要将它们格式化,于是我们使用 mkfs 工具用于根分区,使用 mkswap 工具用于 swap 分区。

3. mkfs

命令 mkfs 是 make file system 的简称。mkfs 和它的命令家族(即 mkfs. ext2、mkfs. ext3、mkfs. msdos 等)用于在一个设备(一般地比如一个空的硬盘驱动器分区)上建立一个文件系统。这里使用 mkfs 在空磁盘分区之上建立一个文件系统。在本例中,使用 ext3 文件系统(一个通常默认作为 Linux 文件系统类型的强大的文件系统)。带有-t ext3 选项的 mkfs 或者同 mkfs. ext3 等价的命令将虚拟的磁盘分区格式化成一个 ext3 文件系统。清单 5 - 30 显示了在用 fdisk 创建的根分区之上(sdb3)运行 mkfs. ext3 的运行结果。

清单 5 - 30　使用 mkfs 命令格式化一个 Root 分区为 ext3

```
This filesystem will be automatically checked every 32 mounts or
180 days, whichever comes first.  Use tune2fs -c or -i to ➡
    override.
[root@dom0]#
[root@dom0]# mkfs.ext3 /dev/sdb3
mke2fs 1.40-WIP (14-Nov-2006)
Filesystem label=
OS type: Linux
Block size=4096 (log=2)
Fragment size=4096 (log=2)
526944 inodes, 1052257 blocks
52612 blocks (5.00%) reserved for the super user
First data block=0
Maximum filesystem blocks=1077936128
33 block groups
32768 blocks per group, 32768 fragments per group
15968 inodes per group
Superblock backups stored on blocks:
        32768, 98304, 163840, 229376, 294912, 819200, 884736

Writing inode tables: done
Creating journal (32768 blocks): done
Writing superblocks and filesystem accounting information: done
```

下一步,需要格式化 swap 分区。我们使用 mkswap 工具。

4. mkswap

Swap 空间用于当运行在系统中的程序想要使用比系统中存在的物理内存更多的内存的时候。程序或者程序的一部分（指的是页）当它们不被使用的时候能够被换出到磁盘上，因此这样允许需要更多内存的程序仍然可以运行。

就像在前面的章节中讨论过的，物理随机存储器（RAM）是创建新的 guest 的时候的一个典型的限制因素。因此，如果可以给每一个 guest 较少的物理内存，而使用更多的 swap 空间，这就意味着可以创建更多的 guest。在磁盘上使用 swap 空间相对于添加更多的内存来说要便宜，但是也会慢些。如果在 swap 中的网页很少被访问到，用户也许会达到最佳效果——像磁盘空间一样便宜，几乎和内存速度一样快。归功于 swap 的快速而廉价的磁盘意味着可以将更多消耗物理内存更小的 guest 填满到一个系统中，因为 guest 将会高效地换出到磁盘上，仅仅保持每一个 guest 在实际物理内存中的工作集。但是，如果所有的网页都被频繁使用，系统性能将会慢到和爬一样，因为 guest 将它们所有的时间都用在换入和换出网页上了。找到合适的平衡通常需要一些尝试和失败。

mkswap 命令是 make swap area 的简称，用于建立一个 Linux swap 区域。mkswap 命令将一个设备，典型的是一个分区，作为一个参数。在本例中将 swap 分区参数（我们之前用 fdisk 创建的分区号是 2，）传给 mkswap 来格式化 swap 空间。清单 5 - 31 显示了 mkswap 调用和它的输出。

清单 5 - 31　使用 mkswap 格式化分区作为 swap 空间

```
[root@dom0]# mkswap /dev/sdb2
Setting up swapspace version 1, size = 518184 kB
no label, UUID = f16b5879 - 0317 - 4773 - bc24 - 73efa13c5a22
[root@dom0]#
```

现在，我们已经将两个新的分区都格式化了，能够挂载 root 文件系统，并对其进行操作，可以为安装做一些定制。清单 5 - 32 显示了创建一个临时目录作为挂载点，并且将 root 文件系统挂载到其上的命令。我们使用 mkdir 来创建一个临时目录来挂载分区，该分区将用于 guest；然后使用 mount 命令将分区挂载到该目录。

清单 5 - 32　挂载 Root 文件系统

```
[root@dom0 #] mkdir /mnt/guest_tmp
[root@dom0 #] mount /dev/sdb3 /mnt/guest_tmp
[root@dom0 #]
```

现在我们已经挂载了 root 文件系统，将从 rPath 网站下载到的压缩包解压缩。在本例中，让我们假设下载到的 Openfiler 应用程序的压缩文件存放在/xen/downloads/。清单 5 - 33 显示了如何将压缩文件提取到我们创建并且挂载到/mnt/guest_tmp 的 root 分区。首先改变当前目录到挂载点；然后使用 tar 命令将 tgz（tar 和

gunzip'd)文件提取出来。在文件被提取出来之后,我们将挂载点目录下的内容列出并且看到了熟悉的 Linux 目录结构。

清单 5 – 33　制作 Root 文件系统

```
[root@dom0]# cd /mnt/guest_tmp/
[root@dom0]# tar xzf /xen/downloads/openfiler-2.2-x86.tgz
[root@dom0]# ls
bin   dev  home    lib          media  opt   root  srv  tmp  var
boot  etc  initrd  lost+found   mnt    proc  sbin  sys  usr
[root@dom0]#
```

现在已经拥有了 root 文件系统,需要看一下文件系统表文件(/etc/fstab)以确定 guest 是如何期望分区被安装的和相适应的。清单 5 – 34 显示了我们解压用于 Openfiler 文件系统的 fstab 文件的内容。使用 cat 命令来显示包含在之前挂载的 guest 中的 etc/fstab 文件的输出。

清单 5 – 34　Openfiler Guest 的文件系统表文件

```
[root@dom0]# cat /mnt/guest_tmp/etc/fstab
LABEL=/       /            ext3     defaults                 1 1
none          /dev/pts     devpts   gid=5,mode=620           0 0
none          /dev/shm     tmpfs    defaults                 0 0
none          /proc        proc     defaults                 0 0
none          /sys         sysfs    defaults                 0 0
/dev/cdrom    /mnt/cdrom   auto     noauto,ro,owner,exec     0 0
/var/swap     swap         swap     defaults                 0 0

[root@dom0]#
```

在 fstab 中,我们需要特别关注第一个和最后一个入口——root 分区和 swap 分区。该 Openfiler 应用程序安装在 rPath Linux 之上,该 Linux 是 Red Hat Linux 的衍生版,并且使用一个 LABEL＝/line 来指定 root 分区的位置,而这也是基于 Red Hat Linux 的发行版所共有的特点,比如 CentOS 和 Fedora。指定一个 LABEL＝/ line 位置的选择可以是指定设备,比如/dev/hda1,或者指定 UUID,例如 UUID＝3ab00238-a5cc-4329-9a7b-e9638ffa9a7b。

我们已经有两个选择使得 root 分区满足 Openfiler guest 所期望的 root 分区。我们可以修改 fstab 文件来指定设备的名字和修改创建的 root 文件系统的 UUID,或者能够用已经在 fstab 中指定的“/”标志来标记新的 root 文件系统。使用设备名称(例如 had,xvda 等)通常很易读但是实际并不可靠。如果 BIOS 硬件驱动设置被改变,或者 guest 配置文件被修改从而输出一个不同的物理分区,但是该变化却没有在 DomU 中反映出来,那么也许就会发生问题并且非常难以捕捉到。我们推荐标记分区(对流行的发行版来说,使用标签或 UUID 成为了标准的做法,比如 Fedora 和 Ubuntu)。因为我们正在使用一个 ext3 分区,需要使用命令 e2label,用于显示和改变在 ext2 或 ext3 设备上的分区。清单 5 - 35 显示了命令的简单使用。

清单 5 - 35　e2label 的基本使用

```
e2label device [ new - label ]
```

e2label 的通常表示一个分区的设备参数是需要的。new-label 参数是一个可选的参数。

如果没有 new-label 选项被指定，e2label 将显示被指定设备的当前标签。如果可选的 new-label 被指定了，它设置设备的标签为被指定的新的标签。对于其他的文件系统来说也有等价的命令；例如，reiserfs 由一个 reisertune 命令来完成同样的任务。请详细查看文件系统的文档以确定它是如何标签问题的。另一个拥有更多高级功能的命令是 tune2fs 命令，它可以做指定标签以及很多其他的工作。

清单 5 - 36 说明了使用 e2label 命令来标记带有标志"/"的 root 分区（/dev/sdb3）。

清单 5 - 36　使用 e2label 来标记我们的 root 分区

```
[root@dom0]# e2label /dev/sdb3 "/"
[root@dom0]#
```

现在，注意到清单 5 - 34 中的 fstab，用于 guest 的 swap 分区被指定为/var/swap。这实际上是一个在 Linux 中使用一个文件（就像 Windows 使用 C:\pagefile.sys）作为 swap 分区的例子。这也是为什么在本章早先当引导 Openfiler guest 作为一个磁盘镜像文件时不需要担心为其设置任何 swap 分区的原因。但是，通过将 root 分区和 swap 分区放置到它们各自的物理分区，我们能够拥有更好的性能。系统使用新的分区时，fstab 必须指向它们。在根分区的情况下，修改系统来匹配 fstab，在 swap 分区的情况下，不仅要修改 fstab 来匹配系统，而且要添加一个标签到 swap 分区之上。为 guest 所更新的 fstab 显示在清单 5 - 37 中。使用一个编辑器来修改文件/mnt/guest_tmp/etc/fstab 并改变所显示的 swap 行。为了完成这些，我们首先删除指向/var/swap 的一行并将它换作指向一个被标记的分区行。（回想一下清单 5 - 34 中显示的最初的/etc/fstab）。

清单 5 - 37　为 Openfiler Guest 更新 fstab 文件

```
none          /sys          sysfs     defaults              0 0
/dev/cdrom    /mnt/cdrom    auto      noauto,ro,owner,exec  0 0
LABEL=SWAP    swap          swap      defaults              0 0

LABEL=/       /             ext3      defaults              1 1
none          /dev/pts      devpts    gid=5,mode=620        0 0
none          /dev/shm      tmpfs     defaults              0 0
none          /proc         proc      defaults              0 0
```

正如清单 5 - 28 所示,因为不再需要 guest 的 var 目录下的 swap 文件,所以用
rm 命令也将其删除。该文件是 512MB,因此这也是为什么得 swap 分区也为这
么大。

清单 5 - 38 使用 rm 来删除存储在 Guest 里的 Swap 文件

```
[root@dom0]# rm /mnt/guest_tmp/var/swap
[root@dom0]#
```

最终,我们需要更新 swap 分区上的标签为"SWAP",以至于 guest 能够正确地
使用 swap 分区作为它的 swap 空间。清单 5 - 39 显示了这样做的命令。我们使用
带有-L 选项的 mkswap 命令来标记之前创建的 swap 分区。

清单 5 - 39 使用 mkswap 来重新标记 Swap 分区

```
[root@dom0]# mkswap-L "SWAP" /dev/sdb2
Setting up swapspace version 1, size = 518184 kB
LABEL = SWAP, UUID = 62fec7a0 - 58b1 - 4aa7 - b204 - dca701e107ca
[root@dom0]#
```

现在我们准备创建的 guest 配置文件并引导的 guest。但是,在能够引导 guest
之前,需要解除分区的挂载;我们现在就这样做。清单 5 - 40 显示了这样做的命令。
我们使用 umount 来解除我们之前挂载到/mnt/guest_tmp 的 root 文件系统的挂载。
注意到在解除挂载之前首先需要更改当前的目录(cd)不在挂载点。

清单 5 - 40 解除 Root 文件系统的挂载

```
[root@dom0]# cd /
[root@dom0]# umount /mnt/guest_tmp
[root@dom0]#
```

清单 5 - 41 显示了我们用作本例的 DomU guest 配置文件,该文件名被保存为/
etc/xen/openfiler-tar。注意到我们再一次地使用 prgrub。就像在本章之前描述过
的,disk 行指定了两个分区——对 Domain0 可见的物理分区 sdb3 在 guest 中显示为
xvda1,而物理分区 sdb2 在 guest 中显示为 xvda2。它们都是可写的。我们使用 pr-
grub bootloader 因为就像之前看到的,Openfiler guest 在其中包含了一个内核。并
且我们使用物理设备 sdb3 作为 root,将 sdb2 作为 swap,分别将它们指派为 xvda1
和 xvda2.。在本例中的 guest 将不会在意分区被命名为什么,因为我们已经适当地
标记了它们并且更新/etc/fstab 来匹配它们。我们使用 xvd disk 来获得更好的
性能。

清单 5 - 41 由压缩文件创建的 Openfiler Guest 使用的 Guest 配置文件

```
bootloader = '/usr/bin/pygrub'
disk = ['phy:sdb3,xvda1,w','phy:sdb2,xvda2,w']
```

```
memory = 256
vif = ['']
name = 'openfiler-tar'
```

最后，我们准备引导基于下载的 tar 文件所创建的 Openfiler guest。正像在清单 5-42 中使用 xm create 来引导 guest，输出被省略是因为它同在本章之前用 pygrub 引导的 Openfiler guest 一样。输出应该同清单 5-11 中类似。

清单 5-42　用 xm create 引导 Guest

```
[root@dom0]# xm create-c openfiler-tar
[output omitted]
```

注意到我们使用了从 rpath.com 下载到的两个不同的文件（一个原始的磁盘镜像和现在的压缩 Tar 文件），两者都是 Openfiler 发行版的实例。我们也使用从 jail-time.org 下载的分区镜像。回想一下图 5-1 显示的 3 种不同类型文件的相对的使用难度和相对紧凑程度。我们已经明确地指出了三者在使用上的不同之处。表 5-1 总结了 3 种 prebuilt guest 镜像类型（磁盘，分区，和压缩文件系统）各自的优点和缺点。

表 5-1　Prebuilt Guest 镜像类型的比较

文件基本镜像类型	优点	缺点
磁盘（Disk）	单个文件镜像（引导和交换一起使用）	对指令的处理比较棘手（需要采用像 lomount 这样的专用指令）。 在镜像存档时，交换分区含在镜像内要占用更多空间。
分区（Partition）	容易设置，能让标准文件系统工具集稳定工作，高效存档。	多个文件（引导和交换为分开的文件）。
压缩文件系统（Compressed file system）	灵活性强，能够提取到任何类型的镜像，最好存档，档案最小化。	首先需要现有的镜像，分区，或者其他存储。将需要更多手动操作（即准备设备-物理或虚拟-分区和小心翼翼地解包/解压缩文件）。

正如所看到的，每一种 prebuilt 镜像类型有它自己的优点和缺点。如果想要寻找一个基于单独磁盘文件的方案，磁盘镜像是最好的选择，但是同时也需要专门的工具来修改它（例如，lomount 来挂载它）。分区镜像更加易于使用，因为可以使用标准的 UNIX 工具来挂载它们等，但是如果想要单独的 root 分区和 swap 分区用于 guest（并且不想将 swap 存储在一个 root 分区里的一个文件）时需要多个文件。最后，压缩文件系统镜像是最具灵活性的，因为它们能够被提取到其他的分区（物理的或虚拟的），并且对于保存来说最好和最小的选择，但是也是最难使用的。它们需要最多的手工配置和分区安装时间，并且在可以使用前首先需要将压缩文件解压缩。

现在仅仅只是大致讨论了分区和磁盘镜像文件。在第 8 章里将讲述如何创建用户自己的分区和磁盘镜像。在那个时候,我们也将能够通过更多高级的方法使用它们,比如逻辑卷。

5.3　转换其他虚拟化平台的镜像

很多可以获取的 guest 镜像是针对其他虚拟化平台的,比如 VMware 和 QEMU。虽然用户可以经历手工复制正在运行的系统的内容到一个 DomU guest 镜像中的过程,但是通常有工具可以将镜像文件从一个虚拟化平台转换到另一个平台。因为实际的磁盘或分区镜像对每个平台来说在逻辑上都是一样的,在一个 VMware guest 和一个 Xen DomU guest 之间唯一的不同是配置文件,它描述了底层的平台可以获得的磁盘(或其他的硬件)。为了将一个 Vmware guest 转换成一个 Xen DomU guest,仅仅需要将 VMware 磁盘镜像文件(一个 .vmdk 文件)转换成 Xen 可以识别的文件。QEMU 拥有可以将 vmdk 文件转换成原始文件的工具,该文件可以直接被 Xen 使用。清单 5 - 43 显示了一个转换 VMware 的 vmdk 磁盘文件。在转换了磁盘镜像文件之后,必须创建一个 DomU guest 配置文件用于该新的磁盘镜像。使用 pr-grub 作为 bootloader 并且使得磁盘镜像对 guest 可用就是所需要做的事情。用户也可以使用一个 Xen 兼容的内核,就像在本章之前做的那样。也可以将磁盘镜像文件挂载,并且根据需要修改它来满足用户的特定需求。

清单 5 - 43　使用 qemu - img 将一个 VMware 磁盘转换成一个 Xen 兼容的镜像。

```
[root@dom0]# qemu - img convert-f vmdk temporary_image.vmdk \
 - O raw xen_compatible.img
[root@dom0]#
```

VMware workstation 能使用 vmware-vdiskmanager 将 vmdk 文件从预分配文件转换成稀疏文件(VMware 中指定 sparse 文件为 growable 文件)。该工具使用的一个例子是 vmware-vdiskmanager - r vmware_image. vmdk - t 0 sparse_image. vmdk。

XenSource 也开发了虚拟磁盘移植工具,一个虚拟到虚拟(V2V)的工具可以将 VMware 和 Microsoft Virtual Server/Virtual PC 虚拟机(在 Microsoft Windows 安装下)转换成 Xen 虚拟应用程序(XVA)格式。该工具当前的一个限制是它只能运行在 Windows 下。请参考后面的资源来进一步了解该工具。

小　结

在本章我们介绍了几种方式来下载和使用 prebuilt guest 镜像。我们也给出了许多可以提供 prebuilt guest 镜像的网站,在上面也许会找到满足特定需要的东西。之后,我们讨论了如何能够将来自其他的虚拟化系统的磁盘镜像转换成 Xen 可以兼容的镜像。在 V2V 领域的工具很可能会大量地涌现,并在软件质量上得到改善。

本章讲述了在所有的文件都安放到位后如何使用 xm create 命令创建 guest 的基本方法。但是,管理 DomU guest 的详细方法和更多关于 xm 命令的详细解释将会在第 6 章中给出。附录 B 给出了一个完整的 xm 命令的清单。附录 D"Guest 配置参数"是一个完整的 DomU guest 配置文件选项的清单。

在第 7 章,我们讲述通常是发行版所特有的工具,它们可以帮助创建 guest 镜像并且允许用户制作自己的 guest 镜像,从而使得用户不需要依靠其他人的 prebuilt 镜像。在第 8 章,我们讨论所有的 guest 镜像的存储方法,包括用户自己建立的和从其他地方下载到的 prebuilt 镜像。

参考文献和扩展阅读

"Amazon 弹性计算云(Amazon EC2)。"Amazon Web 服务。
　http://www.amazon.com/gp/browse.html?node=201590011
"创建一个 swap 空间。"Linux 文档项目:Linux 系统管理者指导。
　http://tldp.org/LDP/sag/html/swap-space.html
用于 Xen 的可下载的镜像
　Jailtime.org
　 http://jailtime.org/
"企业虚拟化工具。"虚拟化工具主页
　http://virtualappliances.net
使用 VMware 虚拟磁盘管理器的例子
　http://www.vmware.com/support/ws45/doc/disks_vdiskmanager_eg_ws.html
"格式化一个 ext2/3 分区。" Linux 文档项目:Linux 分区 HOWTO。
　http://tldp.org/HOWTO/Partition/formatting.html
GParted:Gnome 分区编辑器
　http://gparted.sourceforge.net/
　http://gparted-livecd.tuxfamily.org/
"HOWTO Xen 和 Gentoo。"Gentoo Wiki。
　http://gentoo-wiki.com/HOWTO_Xen_and_Gentoo
JumpBox　主页
　http://www.jump.com/
"内核自定义建立。"Ubuntu Wiki。

https://wiki. ubuntu. com/KernelCustomBuild

"Labels" Linux 文档项目：Linux 分区 HOWTO。

http://tldp. org/HOWTO/html_single/Partition/♯labels

"用 fdisk 分区。" Linux 文档项目：Linux 分区 HOWTO。

http://tldp. org/HOWTO/Partition/fdisk_partitioning. html

pypxeboot：一个用于 Xen guest 的 PXE bootloader

https://www. cs. tcd. ie/Stephen. Childs/pypxeboot/

rBuilder Online

http://www. rpath. com/rbuilder

开源 Xen(初始声明)VHD 支持

http://lists. xensource. com/archives/html/xen － devel/2007 － 06/
msg00783. html

"Xen 资源浏览：lomount。"Xen. org

http://lxr. xensource. com/lxr/source/tools/misc/lomount

"Xen 资源浏览：pygrub"Xen. org

http://lxr. xensource. com/lxr/source/tools/prgrub/

XenSource　下载：虚拟磁盘移植工具：

http://tx. downloads. xensource. com/products/v2xva/index. php

http://tx. downloads. xensource. com/products/v2xva/README. txt

第 **6** 章

管理非特权级 **Domain**

像 Xen 这样的虚拟化系统的主要目的当然是运行多个 guest domain。为此，我们关注包括 Domain0 安装在内的 guest 创建的准备条件，Xen Hypervisor 的结构，和使用 prebuilt guest 镜像。在本章中，我们准备详细讨论非特权级用户 domain（或者 DomU）的创建，控制和交互。我们描述 xm，一个用于管理 guest domain 的命令行应用程序，并讲述如何使用 xm 来创建（create）、中止（pause）、销毁（destroy）guest domain。本章介绍如何写配置脚本使得在启动时自动运行 guest domain，也会讨论同已创建的 guest domain 交互的多种方法，包括命令行和图形化方法。

6.1 xm 命令的介绍

管理 guest domain 的主要的工具是命令行工具 xm，它实际上是一个 Python 脚本，将 domain 管理的请求传递给 Xen Hypervisor。xm 实际上是多个子命令的一个包装，这些子命令可以用来管理设备，活跃的和非活跃的 guest domain，重新得到 guest 配置和状态信息。

在本章，我们介绍用于管理 guest domain 的最常见的 xm 子命令。其他 xm 子命令将会在之后的相关章节中介绍。附录 B"xm 命令"提供了一个 xm 子命令的完整清单。

6.1.1 运行 xm 命令的先决条件

xm 命令是在 Domain0 内执行的。事实上，Domain0 的主要任务之一就是作为一个创建和管理 guest domain 的管理接口。很多 xm 命令如果在 Domain0 之外运行便会返回一个错误。在 Domain0 内运行 xm 命令必须具有 root 管理权限。

xm 依赖 Xen 的守护程序（daemon）Xend。xm 将请求发送给 Xend，然后 Xend 同 Hypervisor 交流。如果 Xend 没有运行，那么 Hypervisor 和 guest domain 依然会工作正常，但是管理者将不能再通过 xm 接口来交互了。

用户可以通过使用清单 6-1 中的命令来检查 Xend 是否在运行。如果输出为 0 则表示 Xend 当前正在运行，如果输出为 3 则表示 Xend 当前不在运行。我们可以通过首先运行"xend status"，然后用"xend stop"来停止 xend，接着再运行"xend sta-

tus"来说明这一点。在本章,我们使用 echo 命令来显示"xend status"的返回值。
("xend status"自己并不显示状态值。)

清单 6 - 1　Xend 状态

```
[root@dom0]# xend status; echo $?
0
[root@dom0]# xend stop
[root@dom0]# xend status; echo $?
3
```

如果 Xend 没有运行,以看到例如清单 6 - 2 中显示的错误信息。

清单 6 - 2　Xend 错误信息

```
[root@dom0]# xm <command>
ERROR: Could not obtain handle on privileged
    command interface (2 = No such file or directory)
[root@dom0]# xm <command>
Error: Unable to connect to xend: Connection refused.
    Is xend running?
```

6.1.2　xm 命令的普通格式

通常,xm 命令家族遵循一个非常规范的格式。清单 6 - 3 代表了通常的命令结构。

清单 6 - 3　xm 命令的通常的格式

```
[root@dom0]# xm <subcommand> [options] [arguments] [variables]
```

子命令(Subcommands)指示了想要调用的专门的管理操作(例如 create 或 pause)。大多数子命令拥有选项(options),参数(argumentgs)或变量(variables)来修改它们的行为。选项一般地是以-X 格式定义的,其中 X 代表了选项。变量是以 var＝val 的格式定义的,其中变量 var 被指定为一个值 val。参数趋向于在命令行中以一个特定的顺序被简单地直接替代。通常来说,参数是需要的,并且没有默认值。而变量则是可选的,如果变量被省略则会采用一个默认值。选项、变量和参数都只是针对所选择的特定的子命令。

清单 6 - 4 显示了关于一个参数和一个变量的例子。配置文件的名字(generic-guest. cfg)作为一个参数被提供,以 MB 表示内存量则是由一个变量字符串 memory＝512 指定的。注意到命令行声明可以覆盖(override)任何在配置文件中已经给出的值。在本例中,如果 generic-guest. cfg 中将内存参数设置为 256,命令行内存变量的 512MB 的设置则会发挥作用。

清单 6-4　一个带有参数和变量的 xm 命令实例

[root@dom0]# xm create generic - guest.cfg memory = 512
[output omitted]

清单 6-5 显示了有关选项的实例。-h 选项不仅是语法上的选项例子,也是一个用来研究 xm 子命令的有用的工具。为了查看任何给出的子命令的所有选项,可以运行 xm <子命令> -h。

清单 6-5　一个带有选项的 xm 命令实例

[root@dom0]# xm pause-h

同-h 选项类似,有一个特殊的 xm 子命令能够用来探究 xm 命令和它的语法。"xm help"能够用于列出很多通常使用的命令。一个 xm 子命令完整的清单能够通过使用"xm help - long"获得。用户也可以使用带有一个参数的 help 子命令,该参数指定了一个子命令用于显示该子命令的更多信息(xm help <子命令>)。清单 6-6显示了使用 xm help 子命令的几个例子。

清单 6-6　使用 xm help

[root@dom0]# xm help
<general help menu printed ... >
[root@dom0]# xm destroy-h
<information about the destroy subcommand printed>

在接下来的几节中,将详细讲述多个 xm 子命令。在本章中,我们关注同创建、开始和停止 guest domain 相关的子命令。关于完整的 xm 子命令以及它们全部选项的清单请见附录 B。

6.2　xm list　子命令

我们将要详细讨论的第一个 xm 子命令是 xm list。非常简单,它列出了所有正在运行的 guest domain,以及它们的属性和状态。用户可以用 xm list 命令频繁地检查正在运行的 guest 的状态,也可以依靠 xm list 来对其他 xm 命令的效果进行确认或者反馈。

6.2.1　基本的 List 信息

一般地,xm list 显示了包含所有特权和非特权 guest domain 的文本表格。第一行包含了 Domain0 的特征。以下其他的行是关于 DomU 的信息。例如清单 6-7 显示了在开始运行任何 DomU 之前执行 xm list 操作的典型输出。清单 6-8 显示了当很多 domain 在系统中运行时执行 xm list 操作的输出示例。主从 guest 镜像均来自于 Jailtime. org 中的一个 MPI 集群包中。

清单 6 - 7　典型的仅仅显示 Domain0 的 xm list 执行结果

```
[root@dom0]# xm list
Name                        ID Mem(MiB) VCPUs State    Time(s)
Domain-0                     0    778      1  r-----    2078.8
[root@dom0]#
```

清单 6 - 8　典型的显示 Domain0 和 Guest Domain 的 xm list 执行结果

```
[root@dom0]# xm list
Name                        ID Mem(MiB) VCPUs State    Time(s)
Domain-0                     0    778      1  r-----    2243.0
generic-guest                1    356      1  -b----       6.1
master                       2    128      1  -b----       5.0
slave1                       3     64      1  ------       1.5
slave2                       4     64      1  ------       4.1
slave3                       5     64      1  -b----       3.9
slave4                       6     64      1  -b----       3.5
[root@dom0]#
```

现在，让我们详细研究一下清单中的每一列。

（1）名字——清单中的第一列，包含了给予每一个 guest 的唯一的名字；Domain-0 是特权级 domain 的默认名。这个名字是在 DomU 创建的时候由用户在命令行或者通过 guest 配置文件指定的。

（2）ID——第二列是 domain 的唯一 ID。Domain0 的 ID 总是 0。如果 domain 被移植到另一台机器上那么该 domain ID 可以改变。每一个 domain 也有一个绝对（universally）唯一的标识符（UUID），当 domain 被移植的时候 UUID 不会改变。domain 的 ID 也可以由用户在创建的时候被指定，但是一个 UUID 将会默认自动的被指派。

（3）内存——第三列说明的是被授予该 domain 的内存的大小（MB）。在这一列所显示的所有内存之和也许会比系统可用的所有内存量要小，如果不是所有的内存都被分配了那么这种情况便会发生。如果没有设置则内存变量的默认值为 128。

（4）虚拟 CPU——第四列说明的是当前系统中被使用的虚拟处理器（VCPU）。正像前面所提到的，一个 domain 最多可以拥有 32 个 VCPU。分配给一个 domain 的 VCPU 的数量也许会在创建之后减少或者增加到最初 VCPU 数量的最大值。分配给 Domain0 的 VCPU 的默认数量是本机所拥有的逻辑 CPU 的数量。分配给非特权级 guest 的 VCPU 默认数量是 1。

（5）Domain 状态——第五列提供了 domain 的状态信息。状态信息告诉用户一个 domain 是否正在处理某些事物，是否等待更多工作要做，是否被一个用户中止了，或者是否因为某些原因被关闭了。表 6.1 列出了可能的状态。

有趣的是，xm list 命令总是显示 Domain0 处于运行状态。因为 xm list 运行在 Domain0 中，Domain0 必须运行才能使用 xm list。在一个单处理器机器上，这也意味着没有其他的 domain 会处在运行状态。

（6）运行时间——最后一列是时间量，用秒计量 domain 已经使用 CPU 的时间。注意到这并不是从 domain 开始之后的时钟时间，而是 domain 已经积累（accumulate）的 CPU 时间总量。对 Domain0 来说，当系统启动时该时间就开始计量了。对 DomU 来说，当该 guest 被创建的时候该时间便开始计量。

表 6 - 1　Domain 状态的缩写、全名和描述

缩写	全称	描述
r	Running	该域当前正在一个 CPU 上运行，在任意时刻可以运行 xm list，与系统内的实际物理 CPU 相比，这里不可能有多个域处于运行状态
b	Blocked	一个闭锁的域不能运行，因为它要等待一个特定但仍未完成的动作而处于死锁状态。例如，该域可能等待一个 I/O 请求任务的完成，或者它可能已进入休眠，为此正等待被唤醒。当处于闭锁状态，一个域不需要进入一个 CPU 执行调度
p	Paused	一个处于暂停状态的域没有权限进入一个 CPU 运行，其情况类似于一个闭锁的域。不过，一个暂停的域不是等待一个特定事件；而是由管理员有意暂停。一个暂停域占用内存分配资源（如内存），但不能被 Xen 管理程序调度。一个 DomU 可以设置进入该状态，但 Domain0 则不行
S	Shutdown	该域已经关闭，不再起作用，但因某些原因分配给客户机域的资源仍不能被释放。通常在一个很短时间内可以看到这种状况。如果一个域保持这种状态很长时间，那就代表出现某些错误
c	Crashed	该域已经崩溃。这种状态通常发生在由建立切换到重启期间域未配置引起崩溃。
d	Dying	该域已经开始但未完成进程干净的关闭或者崩溃
No State（无状态）	Scheduled	如果无状态显示，客户机在 CPU 上不运行，但有工作要做。因此，它在等待 CPU 为之开放

6.2.2　列出关于一个特定的 Guest 的信息

关于 list 子命令的另一条额外的特征是能够通过指定 guest 的名字或者 domain ID 一次只列出一个 domain 或少数几个 domain 的信息。在清单 6 - 9 中，显示了使用 guest 名字和 domain ID 的各一个例子。

清单 6 - 9　列出 guest 的一个子集的信息

```
[root@dom0]# xm list generic-guest generic-guest2
Name                       ID Mem(MiB) VCPUs State   Time(s)
generic-guest              1    356       1   -b----   6.1
generic-guest2             3    512       1   -b----   3.6
[root@dom0]# xm list 1
Name                       ID Mem(MiB) VCPUs State   Time(s)
generic-guest              1    356       1   -b----   6.1
[root@dom0]#
```

当没有带任何参数的时候,列出的当然是运行 xm list 所显示的信息的一个子集。在系统中有很多 guest 运行或者在同 long 选项一起使用的时候列出特定的 guest 子集的信息会显得特别有用,关于 long 选项会在下一节介绍。同样地,在用户写管理 domain 的脚本的时候也会显得特别有用。

如果指定的 guest 不存在,用户将会收到一个简单直接的错误信息,如清单 6 - 10 所示。对绝大多数 xm 子命令来说,当指定不存在的 guest 的时候类似地非常容易理解的错误信息也会被给出。

清单 6 - 10　列出不存在的 guest 的错误信息

```
[root@dom0]# xm list blah
Error：the domain 'blah' does not exist.
[root@dom0]#
```

6.2.3　long　选项

如果运行的时候带有 long 选项,那么输出将会是一个不同的、非表格式的格式,并且带有一些额外的信息,就像清单 6 - 11 所示。每一个 domain 的 UUID,CPU 权值,影子内存(shadow memory),内存最大使用量、特征,还有一些配置选项(关于当某些信号被发送到 domain 的时候该做什么)都将被给出。这些变量都可以在 domain 的配置文件中被设置或者在带有参数的 create 子命令中被指定。

清单 6 - 11　使用带有 long 选项的 xm list

```
    (shutdown_reason poweroff)
    (cpu_time 1169686032.67)
    (online_vcpus 1)
)
[root@dom0]#
[root@dom0]# xm list --long
(domain
    (domid 0)
    (uuid 00000000-0000-0000-0000-000000000000)
    (vcpus 1)
    (cpu_weight 1.0)
    (memory 1131)
    (shadow_memory 0)
    (maxmem 1415)
    (features )
    (name Domain-0)
    (on_poweroff destroy)
    (on_reboot restart)
    (on_crash restart)
    (state r-----)
```

在第 3 章"Xen Hypervisor"中介绍了 XenStore 数据库。读者也许会注意到 XenStore 的例子和由带有 long 选项的 list 子命令所显示的数据的相似性。这个相似性并不是巧合。xm list 所显示的绝大部分的数据都是直接从 XenStore 得到的。但是,关于输出的精确格式并不保证同之后的 Xen 版本的输出保持一致。Xen API 的功能之一就是标准化命令的输出格式以使得它们显得更加的友好。

6.2.4　Label　选项

list 子命令的 label 选项能够用于提供关于安全特权的信息。如清单 6-12 中所示,输出包含了用户创建的多个标签,用于定义对某个 domain 的访问权限。它是 sHyper Xen 访问控制(管理者也许会使用的另一安全层)的一部分,是 Xen 特征的一个可选项,并且事实上如果需要的话必须被编译进 Xen 的内核。关于 sHyper Xen 访问控制更详细的讨论能够在第 11 章"保护一个 Xen 系统"中找到。如果 sHyper 被禁用了,那么 label 选项将会显示一个所有标签都被设置成 INACTIVE 的表格。

清单 6-12　使用带有 label 选项的 xm list

```
[root@dom0]# xm list --label
Name              ID Mem(MiB) VCPUs State      Time(s) Label
Domain-0           0      778     1 r-----     2243.0 SystemManagement
generic-guest      1      356     1 -b----        6.1 LimitedGuest
master             2      128     1 -b----        5.0 HeadNode
slave1             3       64     1 -b----        1.5 SlaveNode
slave2             4       64     1 -b----        4.1 SlaveNode
slave3             5       64     1 ------        3.9 SlaveNode
slave4             6       64     1 -b----        3.5 SlaveNode
[root@dom0]#
```

6.2　xm create　子命令

xm create 可以使用户启动一个新的 guest domain。xm create 命令使用一个预配置好的镜像、内核和配置文件启动一个运行的操作系统,使其同所有其他特权级或非特权级的 domain 一起运行。在 xm create 可以运行之前,所有必备的组建必须放置到位。在所有必备的元素都被安放到位以启动一个 guest domain 的时候,使用 create 子命令简单得如同按下电源打开的计算机一样。

6.3.1　运行 xm create 命令的先决条件

在运行 create 子命令之前,一些必备的元素必须安放到位,具体地,它们必须是一个为 guest 准备的磁盘镜像,一个可以使用的内核镜像,一个用来指定 guest domain 参数的配置文件,还有为新 guest 准备的足够可用的资源。以下的清单中详细讨论这些需求：

（1）磁盘镜像——一个用于 guest 的磁盘镜像包含了所有用于一个正常工作的操作系统的程序和必要的服务（比如 Apache server）。就像第 6 章"使用 Prebuilt Guest 镜像"中详细讨论的，一个镜像可以采用很多不同的形式，比如一个文件或一整块磁盘驱动器。无论它采取什么形式，该镜像必须是 Domain0 可以访问到的。

一般地，至少有两个磁盘镜像作为 Linux guest 的镜像。一个用作 root 文件系统，另一个用作 swap 空间，虽然在管理者的判断下也可以添加更多的镜像。

（2）内核——用于新的 guest domain 的内核也必须是 Domain0 可以访问的，以至于它能够同 Xen Hypervisor 进行通信而运行。内核可以直接位于一个 Domain0 本地的文件系统或者在挂载到 Domain0 上的其他的一些分区或存储设备。在 pygrub 的帮助下，内核也可以位于 guest 镜像内。第 5 章讨论了如何使用 pygrub 来访问一个位于 guest 文件系统镜像内部的内核。

（3）Domain 配置文件——guest 配置文件包含了创建新的 guest 所需要的所有的信息，包括指向 guest 镜像和内核位置的指针。它也指定了 guest domain 的许多其他的属性，包括 guest 应该被允许访问哪些设备（包括虚拟的或物理的）。其中包括网络设备、硬件驱动器、显卡和其他 PCI 设备。配置文件也可选择的指定了准许分配多少内存和虚拟 CPU 给 guest。在本章后面将会详细讨论 guest 配置文件的语法。

足够的资源——最终，在实际启动一个 guest domain 之前，确定在配置文件中被指定的所有资源是否都准许分配是非常重要的。

决定给每一个 guest 究竟分配多少物理资源是非常棘手的。考虑整个物理资源的总量，在每一个 guest 内将要运行的工作负载，在 guest 之间可能的资源争夺，还有每一个 guest 工作量的优先级等都是非常重要的。在第 12 章"管理 Guest 资源"中将讨论关于资源限制和在 guest domain 之间资源共享的其他问题。

6.3.2　xm create 的简单例子

在这一节中来看一些 xm create 的简单例子。我们以系统中只有 Domain0 在运行而开头。清单 6-13 显示了此时系统的状态。

清单 6-13　xm list 显示 Domain0 作为系统唯一的一个 Guest

```
[root@dom0]# xm list
Name                        ID Mem(MiB) VCPUs State   Time(s)
Domain-0                     0   1154     1    r-----   311.8
[root@dom0]#
```

下一步，使用一个配置文件创建一个 guest domain。如果在第 2 章"使用 Xen LiveCD 的一次快速旅行"中看过使用 LiveCD 的步骤，那么此处对用户来说将会非常熟悉。在那一章中创建所有的 guest 所必须做的事情便是使用在 LiveCD 中已经事先存在的配置文件。清单 6-14 显示了当一个 guest 被成功创建的时候的信息。

清单 6-14　使用 xm create 创建一个 Guest

```
[root@dom0]# xm create generic-guest.cfg
Using config file "generic-guest.cfg".
Started domain generic-guest
[root@dom0]#
```

清单 6-15 显示了配置脚本 generic-guest.cfg 的内容。注意到它指定了内核(/boot/vmlinuz-2.6-xenU)和两个磁盘镜像(/xen/generic.img，为 guest 的 root 文件系统，和/xen/generic.swap，为 guest 的 swap 空间)。它也指定了 guest 很多其他的属性，包括物理内存量、guest 名称、还有网络配置。在下一节将详细讨论这些选项。

清单 6-15　用于创建一个 guest 的配置文件

```
[root@dom0]# cat /xen/generic-guest.cfg
kernel = "/boot/vmlinuz-2.6-xenU"
memory = 356
name = "generic-guest"
vif = [ 'bridge = xenbr0' ]
disk = ['tap:aio:/xen/debian.img,sda1,w',
'tap:aio:/xen/debian.swap,sda2,w']
root = "/dev/sda1 ro"
[root@dom0]#
```

因此，guest domain 被创建了并且正常启动。清单 6-16 显示了 xm list 的输出，它显示了 Domain0 和新的 DomU 的当前状态。注意到它们的名字和内存属性均是符合在配置文件中所定义的内容。除了内存和名字需要之外，这些参数中有一部分也是需要的。但是对于变量来说则是可选的，并且如果没有被指定的话则会采用一个默认值。

清单 6-16　xm list 显示了两个正在运行的 Guest

```
[root@dom0]# xm list
Name                  ID Mem(MiB) VCPUs State   Time(s)
Domain-0               0   1154      1  r-----   311.8
[root@dom0]#
```

新创建的 domain 被赋予的 domain ID 为 1。Domain0 的 ID 总是为 0，并且最新创建的 Domain ID 总是通过递增上一次创建的 Domain ID 而得到，即使拥有最高 ID 的 domain 当前不在运行。因此，第一个被创建的 DomU 总是得到值为 1 的 ID。

虽然大多数配置选项也可以在命令行直接被指定，但 create 子命令也仍然需要一个指定的配置文件。我们可以通过指定一个空的文件(例如，/dev/null)作为配置文件然后在命令行指定所有的选项来启动 generic guest，如清单 6-17 所示。

清单 6 - 17　没有配置文件的情况下创建一个 Guest

```
[root@dom0]# xm create name = "generic - guest" \
    memory = 356 kernel = "/boot/vmlinuz - 2.6 - xenU" \
    vif = "bridge = xenbr0" root = "/dev/sda1 ro" \
    disk = "tap:aio:/xen/debian.img,sda1,w" \
    disk = "tap:aio:/xen/debian.swap,sda2,w" \
    /dev/null
Using config file "/dev/null".
Started domain generic - guest
[root@dom0]#
```

虽然该方法是有效的,但是创建一个最常用的和最直接的 guest 方法还是将所有的创建选项放在配置文件中定义。命令行选项一般只是用来覆盖所提供的配置文件中的默认设置。但是,作为一个普通的规则,我们推荐将 guest 配置选项完全定义来最小化混乱发生的可能(当用户或者别的人之后也需要管理系统的时候)。如清单 6 - 18 所示,我们使用以下一条命令使得内存使用量为 512 MB,以代替原先已经定义的 356MB。就像之前提到的,命令行设置的优先级更高。

清单 6 - 18　用一个配置文件和命令行选项来创建一个 Guest

```
[root@dom0]# xm create generic-guest.cfg \
    name="new-generic-guest" memory=512
Using config file "generic-guest.cfg".
Started domain new-generic-guest
[root@dom0]# xm list
Name                    ID Mem(MiB) VCPUs State    Time(s)
Domain-0                0    1154     1   r-----    325.1
new-generic-guest       1     512     1   ------      0.4
[root@dom0]#
```

最后一个提供方便的选项是 quiet 选项,-q。它积极地禁止 create 命令的输出。在用户创建 domain 的过程中出现一些问题的时候,用户也许不再想要看到任何关于命令执行结果的状态信息。

6.4　Guest　配置文件

在前一节,我们演示了使用 create 子命令的一个配置文件的例子。实际上有两种不同种类的配置文件——Python 格式和 SXP 或者 S-表达式。清单 6 - 15 中的配置文件便是一个 Python 格式的例子。

一个 Python 格式的配置文件实际上是一个 Python 脚本,意味着它将会像一个普通的 Python 程序那样被解析和执行。这使得 guest 可以自动被创建。然而 SXP 格式的配置文件并不是作为一个脚本被解释,而是作为一个数据文件被解析。

用 SXP 文件来创建 guest 同使用一个 Python 脚本来创建 guest 相比灵活性较差，但是这可以成为一个优点。SXP 格式让用户准确地知道用户正在向 guest 传递的是什么属性，并且使得用户确信它们在 guest 创建的时候不会发生改变。当使用 SXP 的时候是不可能通过命令行来定义变量的，因为命令行配置参数是用来设置 Python 变量的。

6.4.1　Python 格式

清单 6－19 是一个 Python 配置脚本的实例。也有一些同 Xen 相关的例子被存储在/etc/xen 目录下。

清单 6－19　用于 Guest 创建的 Python 配置脚本实例

```
[root@dom0]# cat another_generic_guest.cfg
kernel = "/boot/vmlinuz-2.6.16-xen"
ramdisk = "/boot/initrd.img-2.6.16-xen"
vif = ['mac=00:16:3e:36:00:05']
disk = ['file:/xen-images/fedora.img,hda1,w',
        'file:/xen-images/fedora-swap.img,hda2,w']
ip = "192.168.0.101"
netmask = "255.255.255.0"
gateway = "192.168.0.1"
hostname = "another generic guest"
root = "/dev/hda1 ro"
extra = "4"
[root@dom0]#
```

变量第一次通过它们的名字而定义，之后是等号"＝"，接着是它们的值。整数变量可以直接写成一个数字，或者用双引号括起来。字符或字符串变量需要通过双引号括起来。一列元素用中括号([,])将其整个值括起来，其中的每一个元素的值用单引号整个括起来并通过逗号分隔。因此，典型的格式为 VAR＝INTEGER，VAR＝"STRING"，VAR＝['STRING','STRING','STRING']。

6.4.2　常用的配置选项

当前在任意一种格式的配置文件中均有超过 50 个预定义的配置选项是可用的，并且额外的选项作为特征被定义而加入到 Xen 中。在这一节，我们讨论一些最常用的选项。如果想查看所有可能的选项的描述请参考附录 C，"Xend 配置参数"。

（1）内核——该选项指定了将用于引导目标镜像的内核的位置。一个 domain 不能在没有内核的情况下被创建。或者该值不得不设置一个有效的位置，或者 bootloader 选项必须指向一个知道如何找到一个内核的有效 bootloader。关于 bootloader 选项已经在第 5 章介绍了。

（2）ramdisk——该选项指定了一个当引导内核的时候所使用的初始化的 RAM

磁盘镜像的位置。一个通常所犯的错误是使用 initrd 代替 ramdisk 作为选项的名字。

（3）内存——该选项指定了应该分配给该 guest 的内存量。太大的内存会导致一个错误。最大可请求的内存量是一个有符号的整数或者 2147,483,647MB。还没有理由申请这么多内存。

（4）名字——该选项指定了一个新 guest 的唯一的名字。如果该名字已经存在，那么便会产生一个错误。默认值是 Python 脚本的文件名。

（5）vif——该选项接受了一个包含一个虚拟网络接口属性的清单，这些属性包括 ip 地址、mac 地址、网络屏蔽（netmask）、vifname 等。通过添加更多入口到 vif 清单中多个虚拟网卡可以被创建。如果额外子选项的默认值被接受，由一对单引号所表示的空入口将会满足。

（6）磁盘——该选项接受了一个包含了 3 个参数入口的清单。第一个参数的前缀是被装载的设备类型。phy:表示一个物理分区;file:是一个通过 loopback 设备挂载的文件;还有 tap:aio 用于一个 blktap 设备。Blktap 设备在第 5 章中谈到过。在前缀之后是设备的位置。第二个参数是设备在新的 guest 中的称谓（例如,/dev/sda1）。第三个参数决定了 guest 所拥有的访问模式,可以是 w(代表可读可写)或者 r(只读)。通过一个 loopback 设备挂载的文件镜像,"file:"有一些限制从而不推荐使用。

（7）root——该选项确定一个磁盘镜像用作新的 guest 镜像的 root 文件系统。之前讨论过,磁盘镜像必须来自磁盘选项的入口之一。照字面意思是 root 的值被添加到内核命令行中。

主机名——该选项添加了一个入口到内核命令行以初始化 guest 的主机名。

（8）额外的——该选项接受了一个字符串并且添加到内核命令行的尾部。该内核命令行同在为一个正常的操作系统装载 Domain0 的 GRUB 配置中使用的是同一行。对于 Linux guest 来说,一旦引导,所有传递给内核的参数在新 guest 的./proc/cmdline(一个简单的文本文件)中都是可用的。通过解析这个文件,可以发现传递给内核的所有参数。清单 6 - 20 显示了由清单 6 - 19 所产生的内核命令行。这是一个有用的特征,因为它允许将参数传递给 guest 内部的脚本。该脚本所需要做的就是解析该文件。

清单 6 - 20　用于引导当前工作内核的引导参数的位置

```
[user@domU]$ cat /proc/cmdline
ip=192.168.0.101:1.2.3.4:192.168.0.1: ➥
255.255.255.0:pastebin:eth0:off root=/dev/hda1 ro 4
[user@domU]$
```

6.4.3 S-Expression(SXP)格式

SXP 是 Xen 数据的一个基本（underlying）格式。当查看 XenStore 数据库入口时，运行带－long 选项的 list 子命令或者运行带－dryrun 选项的 create 子命令，数据则呈现 SXP 格式。清单 6 - 21 显示了使用 SXP 格式的配置文件创建 guest domain 的例子，并且所创建的 guest domain 同使用之前在清单 6 - 19 中所示的配置文件所创建的 guest domain 相同。

清单 6 - 21　使用 SXP 配置脚本来创建 Guest

```
[root@dom0]# cat another_generic_guest.dryrun.sxp
(vm
    (name another_generic_guest.cfg)
    (memory 128)
    (vcpus 1)
    (image
        (linux
            (kernel /boot/vmlinuz-2.6.16-xen)
            (ramdisk /boot/initrd.img-2.6.16-xen)
            (ip
                192.168.0.101:1.2.3.4:192.168.0.1:
                255.255.255.0:another_generic_guest:eth0:off
            )
            (root '/dev/hda1 ro')
            (args 4)
        )
    )
    (device (vbd (uname file:/xen-images/fedora.img)
                (dev hda1) (mode w)))
    (device (vbd (uname file:/xen-images/fedora-swap.img)
                (dev hda2) (mode w)))
    (device (vif (mac 00:16:3e:36:00:05)))
)
[root@dom0]#
```

6.4.4 配置文件的路径

配置文件一般被存储在/etc/xen 目录下。但是，xm create 的 path 选项允许用户指定另一个位置。用户可以实际指定一个以冒号分隔的目录清单（就像传统的 UNIX 路径环境变量一样），如清单 6 - 22 所示。该路径仅仅包括用户当前的目录和/etc/xen 目录。

清单 6 - 22　指定配置文件的多个路径

```
[root@dom0]# xm create generic - guest.cfg \
```

```
    - - path = /xen/images/:/etc/xen/auto
[output omitted]
```

xm 在/xen/images/目录下搜索一个叫做 generic-guest. cfg 的文件。如果没有指定一个文件名,xm 将会默认搜寻一个叫做 xmdefconfig 的文件。

6.5 诊断 Guest 创建的问题

尽管用户付出了最大的努力,一些时候一个新 guest 的创建依然会失败。在本节,我们讨论一些可能会发生普遍的问题以及诊断它们的最好方式。

描述 xm create 的 dryrun 选项的使用以减少一些错误的发生。我们也会描述在 guest 引导时如何观察其控制台输出。最后,我们给出一个问题清单和它们的解决方案。即使用户在系统中遇到了不同的错误信息,我们也希望这些例子可以给用户一些提示来解决问题。

6.5.1 Dry Run

一个用于调试新 guest 创建的重要选项是 xm create 的 dryrun 选项。该选项显示了当用户执行 create 子命令的时候配置文件和命令配置选项将如何被 Xen 解析。guest domain 实际上将不会被创建。这使得用户可以捕获在配置文件或命令行参数中存在的语法错误或者其他的一些问题。清单 6 - 23 显示了一些输出实例。注意到它是 SXP 格式的。

清单 6 - 23 将一个 Python 配置文件转换成一个 SXP 配置文件

```
                    (dev sda1) (mode w)))
    (device (tap (uname tap:aio:/xen/generic.swap)
                    (dev sda2) (mode w)))
    (device (vif (bridge xenbr0)))
)
[root@dom0]#

[root@dom0]# xm create generic-guest.cfg --dryrun
Using config file "/xen/generic-guest.cfg".
(vm
    (name generic-guest)
    (memory 356)
    (vcpus 1)
    (image
        (Linux
            (kernel /boot/vmlinuz-2.6-xenU)
            (root '/dev/sda1 ro')
            (vncunused 1)
            (display :0.0)
```

```
                        (xauthority /root/.xauthv27eVB)
                )
        )
        (device (tap (uname tap:aio:/xen/generic.img)
```

　　该 dry run 的输出可以被保存并作为一个配置脚本而使用。用这种方式创建一个 guest 没有什么显著的优点，并且大多数用户并不需要这个功能。

　　一个 SXP 风格的配置文件能够在命令行通过带-F 选项而使用。执行效果和-f 选项被使用时似乎是一样的。该选项的不同表现在 SXP 格式中使用-F，而在 Python 脚本中使用-f。当 guest 在清单 6 - 24 中被创建时，"使用配置文件……"的信息并没有显示出来。这是因为使用一个 Python 配置脚本，xm create 将读取变量，形成一个 SXP 配置文件，然后创建 guest。

清单 6 - 24　使用一个 SXP 配置来创建一个 Guest

```
[root@dom0]# xm create -F sxp-generic-guest.cfg
Started domain generic-guest
[root@dom0]# xm list
Name                         ID Mem(MiB) VCPUs State   Time(s)
Domain-0                      0    1154     1 r-----   4516.5
generic-guest                 1     356     1 -b----     25.6
[root@dom0]#
```

6.5.2　控制台输出

　　当创建一个 guest 的时候，guest 在 create 子命令中使用-c 选项而获得一个终端（控制台）是可能的。清单 6 - 25 显示了如何做到这点。

清单 6 - 25　在创建时获得到一个 Guest 的控制台访问

```
[root@dom0]# xm create generic - guest.cfg-c
Using config file "/xen/gentoo/generic - guest.cfg".
Started domain generic - guest

<boot sequence not shown>

generic - guest login：
```

　　注意到从一个[root@dom0]#提示改变成了"generic-guest login："提示。我们将显示了所有设备和服务的初始化引导序列除去以节省空间，但是它应该看起来像一个普通的系统引导序列。这个新的终端类似于一个串口连接并且能够完成大多数普通控制台的任务。在 domain 已经被创建之后，xm console 命令也可以访问该控制台，这在本章后面将会介绍到。

　　控制台选项-c 在 guest 创建过程中用于诊断问题非常有效。在引导时通过一个

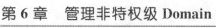

类似于串口的控制台连接到一个 guest，用户可以捕获任何可能发生的内核错误。但是如果不使用控制台选项，出问题的 guest 可能在不知道为什么它没有启动的情况下就消失和失败（crash）。当第一次启动一个新的 guest 的时候，我们极力推荐使用-c 选项，以至于如果该 guest 支持控制台的话用户将能看到可能会发生的错误。但是如果该 guest 不支持控制台，比如当用户运行一些 HVM guest 的时候，也许能像第 3 章讨论的基于日志文件而充当故障检修员。

6.5.3　问题实例

创建一个 guest 是非常复杂的，因为有如此多的变量来建立，并且调试也很消耗时间。接下来的是在学习如何创建配置文件和 guest 的初始阶段可能会遇到一些常见的错误。如果在这个清单中没有找到所发生的问题，一个简单的 Web 搜索通常能够帮用户找到答案。

1. 问题 1：在配置文件中字符串的值没有在引号中

在 Python 配置文件中，当设置一个变量为一个字符串的时候，用户必须将该值放置于双引号之内。在这个情况下，错误信息简单地提示存在一个语法错误以及错误出现的行号。清单 6-26 给出了该解决办法。

清单 6-26　Python 脚本文件不正确的语法

```
[root@dom0]# ls /mnt/part
bin    dev  home    lib          media  opt   root  srv  tmp  var
boot   etc  initrd  lost+found   mnt    proc  sbin  sys  usr
[root@dom0]#
```

2. 问题 2：内核镜像不存在

当使用新的内核入口，但/boot/vmlinuz-2.6-xenFOO 文件又不存在时，另一个错误便会发生。就像在清单 6-27 中所显示的，xm create 的错误指示内核镜像不存在。

清单 6-27　当内核参数指向一个不存在的内核时导致的错误

```
INCORRECT LINE IN CONFIGURATION FILE:
    kernel = "/boot/vmlinuz-2.6-xenFOO"
ERROR GIVEN BY XM CREATE:
    Error: Kernel image does not exist: /boot/vmlinuz-2.6-xenFOO
```

3. 问题 3：Guest 名字重名了

同 domain ID 一样，guest domain 的名字必须是唯一的。在清单 6-28 中，我们尝试着用一个同当前正在运行的 guest 相同的名字创建一个新的 guest。

清单 6 - 28　没有改变名字参数而再次使用配置文件

```
name = "pastebin"
VM name 'pastebin' already in use by domain 23
```

通常,Xen 的用户添加一个函数到 Python 脚本中使其动态生成一个唯一的名字。清单 6 - 29 显示了来自一个配置脚本例子的一个函数,该脚本可在 www.xen.org 下载的 Xen 的包中获取。

清单 6 - 29　用于动态生成 Guest 名字的脚本

```
 xm_vars.check()

[irrelevant lines of configuration file omitted here]

name = "VM%d" % vmid"

 def vmid_check(var, val):
     val = int(val)
     if val <= 0:
         raise ValueError
     return val

# Define the 'vmid' variable so that 'xm create' knows about it.
xm_vars.var('vmid',
            use="Virtual machine id. Integer greater than 0.",
            check=vmid_check)

# Check the defined variables have valid values.
```

xm_vars.var 函数定义了一个用于在命令行搜索的新的变量。第一个参数是选项的名字。第二个参数是选项的描述,如果使用错误便会被显示。第三个参数是一个用于检查传递给选项值的函数。为了使用该选项的值,name 必须像在清单 6 - 29 中最后一行定义的那样(从同样的 XenSource 例子而来)。清单 6 - 30 显示了如何使用该函数和它如何影响 guest 的名字。

清单 6 - 30　在创建过程中使用一个 Python 脚本来声明 Guest 名字

```
[root@dom0]# xm create generic-guest.cfg vmid=23
Using config file "generic-guest.cfg".
Started domain VM23
[root@dom0]# xm list
Name                     ID Mem(MiB) VCPUs State    Time(s)
Domain-0                  0    1154     1 r-----     283.1
VM23                      1     512     1 ------     0.9
[root@dom0]#
```

4. 问题 4：内存不足

在清单 6-31 中，我们分配 0MB 的内存给新的 guest。当然，这意味着没有内存空间来加载进内核或者程序。

清单 6-31　内存参数被设置的太低

```
INCORRECT LINE IN CONFIGURATION FILE:
    memory = 000
ERROR GIVEN BY XM CREATE:
    Error: Invalid memory size
```

一个 guest 必须有多于 0MB 的内存。当然，guest 也可以被分配 1MB 的内存，这样会导致一个"无效内存大小"的错误信息，但是在创建过程中类似于清单 6-32 的错误也可能会发生。内存的输出（OOM）错误在新 guest 的引导过程中被显示成一个无限的循环。

清单 6-32　当一个 Guest 用极少的内存启动时的内存错误输出信息

```
[root@dom0]# xm create generic - guest.cfg memory = 1
[root@dom0]# xm console generic - guest
Out of Memory：Kill process 2 (ksoftirqd/0) score 0 and children.
<message repeats>
```

另一方面，如果尝试分配太多内存也会发生问题。显示的错误如清单 6-33 所示。因为宿主机总共只有 1.5GB，4GB 是过量使用的内存。注意到错误提示说即使算上 Domain0 的内存，也没有足够的内存用于满足一个 4GB 的请求。

清单 6-33　内存参数设置的太大

```
INCORRECT LINE IN CONFIGURATION FILE:
    memory = 4000
ERROR GIVEN BY XM CREATE:
    Error: I need 4096000 KiB, but dom0_min_mem is 262144 and
    shrinking to 262144 KiB would leave only 1284476 KiB free.
```

5. 问题 5：Loopback 设备不足

一个经常忽略的限制 domain 数量的问题是所允许的 loopback 设备的数量。Guest domain 通常使用从 Domain0 文件系统中获得的 guest 镜像，并且通过一个 loopback 设备访问它们。如果每一个 guest domain 都有一个 guest 镜像和一个 swap 镜像，那么为每个 guest 必须保留两个 loopback 设备。这会快速地消耗尽 loopback 设备的资源。就像前面提到的，为 xen 镜像使用 loopback 设备是不被推荐的方法，但是一些人也许依然会使用它们。

如果用户正在使用 loopback 设备来访问 guest 文件系统，并且当 domain 被创建后并没有开始执行，那么问题可能是用户可用的 loopback 设备太少。该问题典型的症状并不是一个 xm create 的错误，而是 domain 在创建之后也许会消失，或者它会不明原因地启动到一个中止状态。为了诊断这个问题，在/var/log/xen/xen-hot-plug. log 中寻找为 backend/vdb 的 XenStore 读取错误。清单 6－34 显示了来自于日志文件的相关的错误信息，因为 loopback 设备不足该信息会从一个未被创建的虚拟块设备中抛出。

清单 6－34　当后端(backend)虚拟块设备脚本失败时的普通错误信息

```
xenstore - read：couldn't read path backend/vbd/12/2050/node
xenstore - read：couldn't read path backend/vbd/12/2049/node
```

解决这个问题需要增加 Domain0 内核的 loopback 设备的数量。

在对 loopback 支持被编译进内核的情况下，某一特定数量的 loopback 设备在启动时被创建。这设定了一个用户被允许通过 loopback 接口挂载的设备数量的限制。为了增加这个数量，可以增加"max_loop＝32"到 GRUB 入口的 Domain0 内核行中。用户想要的设备的数量来代替 32。

在对 loopback 支持被编译进内核的情况下，当使用 modprobe 命令装载 loop 模块的时候可以通过在命令行传递 max_loop＝32 来增加 loopback 设备的数量。

为了查看当前可以使用多少 loopback 设备，数一下在 deve 文件系统中的 loop 文件的数量。清单 6－35 显示了这样做的一个命令。

清单 6－35　Loopback 设备的数量

```
[root@dom0]# ls /dev/ | grep loop | wc -l
18
[root@dom0]#
```

为了查看当前正在使用的 loopback 设备的数量，使用清单 6－36 显示的 losetup 命令。

清单 6－36　正在使用的 Loopback 设备的数量

```
[root@dom0]# losetup-a
/dev/loop/0：[0301]：9404422 (/xen - images/gde - swap.img)
/dev/loop1：[0301]：9404421 (/xen - images/gde.img)
/dev/loop10：[0301]：9404433 (/xen - images/ircbot.img)
/dev/loop11：[0301]：9404434 (/xen - images/ircbot - swap.img)
/dev/loop12：[0301]：9404426 (/xen - images/controlcenter.img)
/dev/loop14：[0301]：7766019 (/xen - images/pastebin.img)
[root@dom0]#
```

6. 问题 6：不能运行网络脚本

在下一个例子中，我们尝试着将新 domain 的 vif 连接到一个不存在的虚拟网桥。注意在清单 6－37 中显示的错误报告表示热插拔(Hotplug)脚本没有在工作。这是因为一个虚拟网桥的连接导致了一个脚本运行。

148

清单 6 - 37　用一个不存在的网络接口名创建一个虚拟接口

```
INCORRECT LINE IN CONFIGURATION FILE:
    vif = [ 'bridge=xnbr0' ]
ERROR GIVEN BY XM CREATE:
    Error: Device 0 (vif) could not be connected. Hotplug scripts
    not working.
CORRECT LINE IN CONFIGURATION FILE:
    vif = [ 'bridge=xenbr0' ]
```

在本例,它是网桥名字的简单的一个印刷工(typo)。清单 6 - 38 显示了用于检查哪个虚拟网桥是可用的一个方式。在本例,有两个被称作 xenbr0 和 xenbr1 的网桥。

清单 6 - 38　显示虚拟网桥

```
[root@dom0]# brctl show
bridge name        bridge id              STP enabled        interfaces
xenbr0             8000.feffffffffff      no                 peth0
                                                             vif0.0

xenbr1             8000.feffffffffff      no                 peth1
                                                             vif3.0

[root@dom0]#
```

但是,当/bin/sh 没有指向 bash 的时候,一个类似的关于热插拔脚本未能工作的错误也会被给出。清单 6 - 39 显示了诊断和解决这样一个问题实例的命令。虽然该错误的产生有多种原因,但是一个网络搜索将可能足以解决这个问题。

清单 6 - 39　修改/bin/sh 使其连接到正确的 Shell 程序

```
[root@dom0]# ls-l /bin/sh
lrwxrwxrwx 1 root root 4 Dec 6 19:08 /bin/sh-> dash
[root@dom0]# rm-f /bin/sh
[root@dom0]# ln-s /bin/sh /bin/bash
[root@dom0]# ls-l /bin/sh
lrwxrwxrwx 1 root root 4 Dec 6 19:08 /bin/sh-> bash
[root@dom0]#
```

7. 问题 7:在 Domain0 中的错误内核

一些错误的发生并非只针对 xm 功能。例如因为在 Domain0 中引导了一个非 Xen 的内核导致 xm 运行失败。用户可以通过运行清单 6 - 40 中显示的两个命令之一来检查用户正在使用的 Xen 内核。

清单 6 - 40　确保一个 Xen 内核运行在 Domain0 中

```
[root@dom0]# uname-r
2.6.16.29 - xen
[root@dom0]# cat /proc/xen/capabilities
control_d
```

```
[root@dom0]#
```

uname 命令显示了内核的版本（并不一定是 2.6.16.29）。但是，当内核被编译的时候 Xen 可用的（Xen-enabled）内核典型的有"xen"字样添加到内核版本号的结尾。如果事情不是这样的，也可以核查/proc/xen/capabilities 是否存在。该文件仅仅当一个 Xen 内核被引导的时候才会存在。如果当前运行的并不是 Xen 内核，修改 GRUB 入口的 Domain0 内核行而使用 Xen 内核。关于这样做所使用的指令，请参考第 4 章"Xen Domain0 的安装和硬件需求"。

当然，用户正在运行的是一个非 Xen Domain0 内核的另一个标志是当启动 xend 守护进程时会有一个错误发生。如果遇到像清单 6 - 41 中的这样一个信息，很有可能在 Domain0 中运行的是一个非 Xen 的内核。甚至可能都没有运行 Xen Hypervisor。因此双重检验 GRUB 菜单文件来确定用户是否使用 Xen 内核启动系统。

清单 6 - 41　当处在一个非 Xen 内核时尝试启动 xen 守护进程

```
[root@dom0]# /etc/init.d/xend start
grep: /proc/xen/capabilities: No such file or directory
[root@dom0]#
```

8. 问题 8：无模块装载内核

当装载 guest 内核的 Xen 驱动和其他需要的驱动以作为内核模块编译而取代内核中原有的模块时，另一套常见的问题集可能会出现。如果在引导 guest 的时候出错，通过在/lib/modules/<kernel-version>目录下（内核版本指的是在 Domain0 上同 guest 内核相关的版本）搜索. ko 文件双重检验用户正在使用的模块。如果用户找到任何的. ko 文件，那么正在使用可装载的模块，并且很可能需要一个初始化的 RAM 磁盘（initrd）镜像使得内核知道在引导过程中什么模块是可用的。用户必须为 ramdisk 变量指定你 initrd 镜像所存放的位置。并且，确保 guest 镜像包含了合适的/lib/modules 目录。关于添加/lib/modules 目录到你 guest 镜像中的指令请参考第 5 章。诊断这种类型问题的一个好的方法是在 create 子命令中使用控制台选项(-c)来捕获内核引导时的错误。

问题 9：以非 root 帐户运行 xm 命令

本章的介绍中提到了只有 root 权限的账户能够运行 xm 命令。清单 6 - 42 显示了如果用非 root 权限的帐户使用 xm 命令所产生的错误。

清单 6 - 42　非 Root 权限的账户尝试运行一个 xm 命令

```
[user@dom0]$ xm <command>
ERROR: Could not obtain handle on privileged
    command interface (13 = Permission denied)
Error: Most commands need root access. Please try again as root.
[user@dom0]$
```

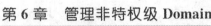

问题在于用户没有作为一个超级用户来运行这些命令。用户可以使用 root 登录，或者使用"su"命令变为 root，或者使用"sudo"命令来获得 root 权限。

6.6　自动启动 DomU

在已经解决了所有 guest 创建过程中的 bug 之后，用户可能已经非常不耐烦再手动启动 guest。例如，如果正运行 10 个 guest 在一个单独的 Xen 宿主机系统中，重启整个系统并再一次手动地启动每一个 guest 将会非常的麻烦。Xen 开发者已经意识到这样的情况必定是非常烦琐的，于是提供了一个初始化的脚本用于在系统启动时启动一个默认的 guest 集合。

在/etc/xen/auto 中的 guest 配置文件会自动启动——无论 xendomain 脚本是在系统启动时启动（如果 xendomain 初始化脚本可用）或在系统启动后启动。在/etc/xen/auto 目录中的内容应该是到 guest 配置文件的链接（symlink）。

清单 6 - 43 显示了在运行用于引导 guest 的脚本和配置文件之前的环境。

清单 6 - 43　在/etc/xen/auto 的配置脚本清单，xm list 显示只有 Domain0 运行

```
[root@dom0]# xm list
Name                         ID Mem(MiB) VCPUs State  Time(s)
Domain-0                      0     298    2   r-----  4348.8
[root@dom0]# ls -l /etc/xen/auto
total 0
lrwxrwxrwx 1 root  root 12 2007-02-07 23:35 gde -> /etc/xen/gde
lrwxrwxrwx 1 root  root 15 2007-02-07 23:35                    ➥
     ircbot -> /etc/xen/ircbot
lrwxrwxrwx 1 root  root 13 2007-02-07 23:35 ncpr -> /etc/xen/ncpr
lrwxrwxrwx 1 root  root 17 2007-02-07 23:35                    ➥
     pastebin -> /etc/xen/pastebin
lrwxrwxrwx 1 root  root 12 2007-02-07 23:35 rrs -> /etc/xen/rrs
lrwxrwxrwx 1 root  root 12 2007-02-07 23:35 sql -> /etc/xen/sql
[root@dom0]#
```

在该目录下的所有的文件都是到 domain 创建脚本的符号链接。当运行清单 6 - 44 中的初始化脚本的时候它们都应该被启动。的确，在清单 6 - 45 中显示的 xm list 输出显示它们都在启动。

清单 6 - 44　启动 xendomain 脚本

```
[root@dom0]# /etc/init.d/xendomains start
Starting auto Xen domains: gde ircbot ncpr pastebin rrs sql  *
[root@dom0]#
```

清单 6－45　xendomain 脚本启动 6 个 Guest

```
[root@dom0]# xm list
Name                     ID Mem(MiB) VCPUs State   Time(s)
Domain-0                  0     298      2 r-----   4351.5
gde                       5     128      1 -b----      6.0
ircbot                    6      64      1 -b----      7.4
ncpr                     24     128      1 ------      4.5
pastebin                 39      64      1 -b----      9.3
rrs                      26     128      1 ------      3.4
sql                      12     128      1 -b----      4.5
[root@dom0]#
```

6.7　关闭 Guest Domain

在用户成功使得 guest domain 正常运行之后，用户也许不愿关闭它们。但是这显然也是管理一个 Xen 系统的不可或缺的一部分。事实上有 3 种明显不同的方法来关闭（shut down）一个 guest domain：shutdown，reboot，和 destroy。

首先，我们讨论 shutdown 子命令。在一个 guest 运行之后，关闭它所需要做的只是像一个普通的计算机一样，用 shutdown 命令发送一个关闭的信号即可。Guest 会安全的关闭所有的进程，解除虚拟设备的挂载。然后 Domain0 释放 guest 使用的资源。下一个，我们讨论 reboot 子命令。reboot 大致等价于 shutdown 后面紧跟着一个 create。和 shutdown 本身一样，reboot 命令安全的关闭系统。第三个选则是 destroy 子命令。这是一种不安全的关闭 guest 的方法。不会去在意正在运行的进程。Domain 变得不活跃，意味着进程停止执行，并且资源被释放。直接 destroy 一个 domain 的危险将在本章后面的"xm destroy"一节中讨论。

因为 Domain0 是一个特权级 domain，像 shutdown、reboot 和 destroy 这样的命令对 Domain0 是不起作用的。作用的结果是简单地报告一个错误。这是因为所有其他的 guest domain 都依赖 Domain0 来执行它们各自的工作。如果没有 Domain0 运行，非特权级 domain 也就不会存在了。

6.7.1　xm shutdown

shutdown 命令是关闭一个 domain 最安全的方式。同样的信号被发送给 guest domain，就好像 poweroff 或 shutdown 命令是在一个 guest domain 内执行的一样。

当一个用户登录到 guest domain 并且使用 xm shutdown 命令时，用户看到了通常的关闭过程，就像在清单 6－46 中所示。省略的行主要是由普通的用户程序关闭过程组成的。

清单 6 - 46　Guest 使用 xm shutdown 命令而关闭

```
[user@domU]$
Broadcast message from root (console) (Wed Mar 7 09:34:03 2007):
The system is going down for system halt NOW!
<shutdown process continues but not shown>
```

我们以系统中存在一个 Domain0 和一个 DomU 来开始 xm shutdown 例子,如清单 6 - 47 所示。

清单 6 - 47　Domain0 和一个非特权级的 Guest 正在运行

```
[root@dom0]# xm list
Name                      ID Mem(MiB) VCPUs State   Time(s)
Domain-0                  0    1154     1 r-----    325.1
generic-guest             1     356     1 -b----     15.6
[root@dom0]#
```

用户对一个 guest 运行 shutdown 命令,需要指定它的名字或者 ID。通过在命令行使用多个 guest ID 或名字,并以空格隔开,多个 guest 能够在同一行被指定。我们使用在清单 6 - 48 中所示的 guest ID 来运行 xm shutdown 命令。

清单 6 - 48　关闭一个 Guest

```
[root@dom0]# xm shutdown 1
[root@dom0]# xm list
Name                      ID Mem(MiB) VCPUs State   Time(s)
Domain-0                  0    1154     1 r-----    325.1
generic-guest             1     356     1 ------     18.0
[root@dom0]#
```

观察 guest 关闭的状态和时间。它将会经历一个通常的关闭过程,因此 guest 当前会更多的使用 CPU。在清单 6 - 49 中,在等待了一小会儿之后,xm list 显示 domain 不在运行在 Hypervisor 之上了。

清单 6 - 49　在一个 Guest 已被关闭之后当前正在运行的 Guest

```
[root@dom0]# xm list
Name                      ID Mem(MiB) VCPUs State   Time(s)
Domain-0                  0    1154     1 r-----    325.1
```

如果指定了一个不存在的 domain,那么我们将收到一个简单的错误提示,如清单 6 - 50 所示。

清单 6 - 50　尝试关闭一个不存在的 Guest

```
[root@dom0]# xm shutdown 45
Error: the domain '45' does not exist.
[root@dom0]#
```

运
行
Xen：
虚
拟
化
艺
术
指
南

当用户想要关闭整个系统的时候，如果一个一个地单独关闭每一个 domain 将会非常痛苦。使用-a 选项可以立刻关闭所有的 domain。清单 6 - 51 显示了在对所有的 guest 运行 shutdown 命令之前和之后使用 xm list 的显示结果。一次性的关闭所有的 guest 可能需要耗费一些时间，因为它们均需要经历通常的安全关闭软件组件的过程（以运行级递减的顺序）。

清单 6 - 51　关闭当前运行的所有的 Guest

```
[root@dom0]# xm list
Name                      ID Mem(MiB) VCPUs State    Time(s)
Domain-0                   0   1154     1 r-----    456.2
master                     6    128     1 -b----      6.0
slave1                     8     64     1 -b----      3.2
slave2                     3     64     1 --p---      3.5
slave3                     4     64     1 --p---      3.5
[root@dom0]# xm shutdown -a
< wait about 30 seconds >
[root@dom0]# xm list
Name                      ID Mem(MiB) VCPUs State    Time(s)
Domain-0                   0   1154     1 r-----    456.2
[root@dom0]#
```

在清单 6 - 52 中，-w 选项用于使得命令等待直到 domain 被彻底关闭。shut-down 命令在大约 30 s 后返回。

清单 6 - 52　关闭当前所有的 Guest 并等待过程完成

```
[root@dom0]# xm list
Name                      ID Mem(MiB) VCPUs State    Time(s)
Domain-0                   0   1154     1 r-----    456.2
master                     6    128     1 -b----      6.0
slave1                     8     64     1 -b----      3.2
slave2                     3     64     1 -p----      3.5
slave3                     4     64     1 -p----      3.5
[root@dom0]# xm shutdown -wa
Domain slave1 terminated
Domain slave3 terminated
Domain slave2 terminated
Domain master terminated
All domains terminated
[root@dom0]#
```

有一个非常需要注意的地方是被中止的 domain 不能被关闭。在关闭任何被中止的 domain 之前恢复它们是最安全的方式。请参考本章后面的"中止 domain"一节获取更多信息。

154

6.7.2　xm reboot

　　xm reboot 有效地关闭一个 guest domain，然后自动重启。这意味着新的 domain 将会拥有一个不同的 ID，但是 domain 名字相同。该 reboot 命令给人感觉好像并不是在 guest domain 自身被调用也不是来自 Domain0 一样。

　　但是，xm reboot 并不仅仅是提供了方便。Reboot 同 shutdown 后面紧跟着一个 create 相比有一个不同。在 reboot 命令使用时 PCI 设备和所分配的内存这样的资源并不会重新分配。这在一定程度上减少了重启一个系统的开销，因为设备不需要被重映射到 guest，并且配置脚本也不需要再一次的被解析。

　　当一个用户登录到 guest domain 并且使用 xm reboot 命令时，用户将看到通常的重启过程开始。清单 6-53 显示了这个输出的头几行。

清单 6-53　当 Guest 从 Domain 中关闭时来自这个 Guest 内部的信息

```
[user@domU]$
Broadcast message from root (console) (Wed Mar 7 09:34:03 2007):
The system is going down for reboot NOW!
<reboot process continues but not shown>
```

　　以系统中运行着 Domain0 和另一个 guest domain 来开始 reboot 例子，如清单 6-54所示。

清单 6-54　从 Domain0 中重启一个 Guest

```
[root@dom0]# xm list
Name                   ID Mem(MiB) VCPUs State    Time(s)
Domain-0                0    1154      1 r-----    325.1
generic-guest           1     356      1 -b----     15.6
[root@dom0]# xm reboot generic-guest
[root@dom0]#
```

　　一个信号现在被发送给了正运行在 generic-guest domain 里的操作系统。接下来的重启过程就和一个非 Xen 操作系统类似了。清单 6-55 通过 xm list 显示了一个 guest 在重启之后的状态和样子。ID 改变了，它的时间也重新设定了，但是它的内存，VCPU，还有其他的资源都是一样的。

清单 6-55　在重启后的 Guest 状态

```
[root@dom0]# xm list
Name                   ID Mem(MiB) VCPUs State    Time(s)
Domain-0                0    1154      1 r-----    325.1
generic-guest           2     356      1 ------      0.7
[root@dom0]#
```

　　带有-a 选项的 reboot 命令重启所有的 guest domain。这当然不包括 Domain0。

清单 6-56 显示了这个选项的行为。

清单 6-56　重启所有当前正在运行的 Guest

```
[root@dom0]# xm list
Name                          ID Mem(MiB) VCPUs State    Time(s)
Domain-0                       0    1154     1 r-----    486.2
master                         6     128     1 -b----      6.0
slave1                         8      64     1 -b----      3.2
slave2                         3      64     1 -b----      3.5
slave3                         4      64     1 -b----      3.5
[root@dom0]# xm reboot -a
[root@dom0]# xm list
Name                          ID Mem(MiB) VCPUs State    Time(s)
Domain-0                       0    1154     1 r-----    498.2
master                        11     128     1 -b----      1.0
slave1                        12      64     1 -b----      3.2
slave2                         9      64     1 -b----      2.7
slave3                        10      64     1 -p----      1.3
[root@dom0]#
```

所有的 domain 被重启并且收到新的 domainID。所有的设备应该是一样的。

带有 -w 选项的 xm 命令会等待直到所有指定重启的 domain 全部完成重启。再一次提醒不要用 reboot 命令关闭被中止的 domain，因为这样可能会导致不可预测的行为。清单 6-57 显示了该命令的行为。

清单 6-57　重启一个 Guest 并等待该过程的完成

```
[root@dom0]# xm reboot generic-guest -w
Domain generic-guest rebooted
All domains rebooted
[root@dom0]# xm list
Name                          ID Mem(MiB) VCPUs State    Time(s)
Domain-0                       0    1154     1 r-----    325.1
generic-guest                  4     356     1 -b----     15.6
[root@dom0]#
```

用户可以通过使用 -R 标记使得 shutdown 命令像 reboot 一样。清单 6-58 显示了该命令是如何运行的，但是没有输出，就像 xm reboot 命令一样。

清单 6-58　使用 shutdown 命令重启

```
[root@dom0]# xm shutdown-R 4
[root@dom0]#
```

6.7.3　xm destroy

Destroy 子命令用于立刻不安全地关闭一个 domain。该命令的效果类似于拔一个正在运行的计算机的电源线。首先，domain 变得不可用并且从 domain 的清单里被除去（通过 xm list 查看）。然后 domain 同所有的 VIF，VBD 等等断开连接。相应的 VIF 和 VBD 被清空，意味着虚拟的接口被除去，并且允许访问 domain 镜像的文件描述符也被移除。

这是非常不安全的，因为没有考虑任何在 domain 上运行的进程和服务，并且会危害 guest 镜像的数据完整性。例如，如果一个 domain 正在运行一个网络文件系统服务器然后被关闭了，任何使用该文件系统的 domain 将不能访问它的文件，留下许多未解决的和不完整的 I/O 缓存数据。

并且，销毁（destroy）一个 domain 会直接将它的设备不安全的解除挂载，包括文件系统。这会导致 I/O 错误，并且在下一次创建 guest 的时候一定长度的 fsck 将可能会强制执行。如果没有其他的原因胜过避免一件麻烦事，那么使用 shutdown 命令相对来说更好。

想要 destroy 一个 guest domain 也有一些可行的原因。一个原因是如果一个行为异常的 guest 不能正常重启或者关闭。或者，如果一个带有敏感信息的 guest 被一个程序或者黑客的行为危及到自身的安全，那么销毁它是出于数据安全考虑最快的一个方式，而没有必要去保存数据。

再一次，我们通过显示 Domain0 和另一个正在运行的 guest 来开始我们的例子，如清单 6-59 所示。

清单 6-59　Domain0 和一个 Guest 当前正在运行

```
[root@dom0]# xm list
Name                 ID Mem(MiB) VCPUs State   Time(s)
Domain-0              0   1154     1  r-----   325.1
generic-guest         1    356     1  -b----    14.2
[root@dom0]#
```

如清单 6-60 所示，我们现在通过指定名字或 ID 在 generic-guest 上运行 destroy 子命令。

清单 6-60　销毁一个单独的 Guest

```
[root@dom0]# xm destroy 1
[root@dom0]# xm list
Name                 ID Mem(MiB) VCPUs State   Time(s)
Domain-0              0   1154     1  r-----   325.1
[root@dom0]#
```

该 domain 立刻被销毁了。这是一个基本的行为，也是一个强大的命令。因此，它同 shutdown 或 reboot 不一样的是它没有选项。

6.8　中止 Domain

除了彻底关闭一个 domain 之外，临时中止它也是可能的。在 guest domain 中的所有的设置和所有的设备（比如 CPU、网卡、内存量等）都保持不变，但是被中止的 guest domain 的进程不再被 Xen Hypervisor 调度而运行在任何 CPU 之上。该 guest domain 的新的被中止的状态可以在 xm list 中通过一个状态 p 而反映出来。

中止一个 guest domain 相对于使用 xm destroy 将其关闭然后在稍后将它重启来说具有一些优点。主要的优点在于当 guest 被中止时它的状态将会被保存。如果一个重要的编译或别的操作当前正在执行，那么中止 guest 将不需要重新开始该操作（只要 guest 不需要同另一台电脑保持持续的通信）。

另一个优点在于恢复一个被中止的 guest domain 的运行要比启动一个 guest 快得多。沿着同一条路线，当一个 guest 启动的时候，它给系统可用的资源造成了压力。这个开销可以通过中止而不是重启 guest 来避免。

6.8.1　xm pause

也许 xm pause 同一个系统休眠（hibernation）或者待机等相比要更好些。在两种情况下，中止一个 guest domain 或者使一个普通系统休眠，系统都不使用任何 CPU，但是仍然保留它同 PCI 设备（比如以太网卡、图形卡、还有硬件驱动器）一起使用的内存。注意到如果这个 domain 正在运行一个服务器（比如一个 Web 服务器），对于该服务器的客户来说该 domain 已经被关闭了。同 shutdown 和 destroy 一样，pause 不能使用在 Domain0 上。

首先，让我们以一个已经启动的并正在运行的 domain 开始，如清单 6 - 61 所示。

清单 6 - 61　Domain0 和一个 Guest 当前正在运行

```
[root@dom0]# xm list
Name                    ID Mem(MiB) VCPUs State   Time(s)
Domain-0                 0    1154     1   r-----   325.1
generic-guest            1     356     1   ------     0.2
[root@dom0]#
```

清单 6 - 62 显示了中止 domain。该 domain 现在应该被中止并且不再发出指令给 CPU。注意到 domain 状态的改变。它现在显示 p 表示被中止。重复调用 xm list 将显示该 domain 没有获得额外的时间，直到它被恢复运行。

清单 6 - 62　中止一个 Guest

```
[root@dom0]# xm pause generic-guest
[root@dom0]#
[root@dom0]# xm list
```

```
Name                      ID Mem(MiB) VCPUs State    Time(s)
Domain-0                   0    1154      1 r-----     325.1
generic-guest              1     356      1 --p---       0.2
[root@dom0]#
```

6.8.2　xm unpause

为了恢复一个被中止的 guest domain 的运行，可以简单地运行 xm unpause 命令，如清单 6 - 63 所示。

清单 6 - 63　恢复一个 Guest 的运行

```
[root@dom0]# xm unpause generic - guest
[root@dom0]#
```

清单 6 - 64 显示 guest 的状态改变成了其他的状态，这主要取决于 guest 被中止前它在做什么。generic-guest 的状态为空是因为它介于运行和阻塞状态之间，意思是它并不处在中止状态。

清单 6 - 64　在被恢复运行之后的 Guest 的状态

```
[root@dom0]# xm list
Name                      ID Mem(MiB) VCPUs State    Time(s)
Domain-0                   0    1154      1 r-----     325.1
generic-guest              1     356      1 ------       0.2
[root@dom0]#
```

用户也可以创建一个处在中止状态的 guest domain。清单 6 - 65 说明了在 xm create 中使用-p 选项来启动一个处在中止状态的 guest。这导致了该 domain 不会在任何 CPU 中被调度而执行。因此虽然该 domain 仍然保留了资源（比如主存、镜像和其他分配给它的设备），但是它甚至都不会开始启动。generic-guest 的状态是中止。它的运行时是 0.0，这是因为它还没有被授予权利使用 CPU。为了使得被中止的 domain 开始执行指令，我们将使用 xm unpause 命令。

清单 6 - 65　启动一个 Guest 使其处在中止状态

```
[root@dom0]# xm create generic-guest.cfg -p
[root@dom0]# xm list
Name                      ID Mem(MiB) VCPUs State    Time(s)
Domain-0                   0    1154      1 r-----     325.1
generic-guest              1     356      1 --p---       0.0
[root@dom0]#
```

6.9　以非图形化方式同 Guest 交互

迄今为止我们还没有讨论如何同 guest 进行交互。这里有两个主要的选项，图形化的或非图形化的方式。在本节集中关注非图形化方式,在下一节将详细讨论几种图形化可能的方式。

　　为了以非图形化的方式访问一个 guest domain,xm tool 提供了一个我们之前出于调试 guest domain 的目的而介绍到的类似于串口的控制台。在 xm create 命令执行时,可以使用-c 选项来立即访问这个控制台。对 xm console 来说使用 SSH 也是另一个吸引人的选择。

6.9.1　xm console

　　xm console 把显示在 Domain0 中的当前的控制台放到被选择的正在运行的 guest 的控制台中。效果类似于一个机器中的 SSH 会话(session)。注意到,一个 SSH 会话也是可能的,并且在本章的下一节中介绍。在控制台命令中,使用的服务器和客户端表现得像一个串口连接。使用 ncurses 所显示的或使用 pager 的程序如果用控制台观察将不会被合适的显示。ncurses 是一个伪图形化的显示工具。使用一个 pager 的应用程序实例是 Linux 中的"man"函数。

　　仅仅使用 xm console 的另一个缺点是 Xen 限制在一个单命令控制台中。这个限制使得当用户通过 xm console 使用系统时其他用户将不能使用,这使得多任务机制的实现变得更加的困难。

　　让我们从当前系统中有一个 guest domain 正在运行开始讨论,如清单 6 - 66 所示。

清单 6 - 66　当前 Domain0 和一个 Guest 在系统中运行

```
[root@dom0]# xm list
Name                     ID Mem(MiB) VCPUs State   Time(s)
Domain-0                  0    1154    1 r-----    325.1
generic-guest             1     356    1 ------      6.8
[root@dom0]#
```

　　通过指定一个 domain 可以在当前的 tty 下获得一个控制台来访问该 domain。或者通过 domain 的 ID,或者通过 domain 的名字都是可以的,如清单 6 - 67 所示,我们使用的是 domain ID。

清单 6 - 67　使用 guest 的 domain ID 来访问它的 Xen 控制台

```
[root@dom0]# xm console 1
<boot sequence not shown>
generic - guest login:
```

　　注意到提示改变了,因此用户知道现在正处在 guest domain 中。我们去掉了显示了所有设备和服务的初始化的启动序列以节省空间,但是其实它和一个普通的系统启动序列是相类似的。初始的引导序列的输出保存在一个缓冲区里,因此当用户第一次在 guest 上使用控制台命令的时候，将收到完整的输出。

　　用户现在可以使用 domain 几乎好像就处在一个非虚拟化的控制台中一样。但是，试着使用用于显示帮助页的 man 命令。由于串口的特征入口将不会被适当的显示。

　　如果已经指定了一个无效的 domain ID 或者 domain 名字，一个简单的错误信息将会在没有任何结果的情况下被显示。清单 6-68 显示了将收到的错误信息。

清单 6-68　在一个不存在的 Guest 上使用控制台命令

```
[root@dom0]# xm console 34
Error: Domain '34' does not exist.
Usage: xm console <Domain>

Attach to <Domain>'s console.
```

　　为了退出 domain 只需要按着右边的 Ctrl 键并按下右括号（右 Ctrl＋ ］）。在按下这些键之后将退回到 Domain0。提示类似于清单 6-69。

清单 6-69　使用 Ctrl＋］符号退出一个 Guest 控制台

```
generic-guest login:[root@dom0]#
```

　　如果用户必须在一个 Xen 控制台中使用帮助页或其他的工具页，也许将输出导出到一个临时文件中将会满足当前需求。试着使用在清单 6-70 中的命令。出于节省空间的原因，我们不显示整个的帮助页。

清单 6-70　在一个 Xen 控制台中查看帮助手册

```
[user@domU]$ man ls > temp_file
[user@domU]$ cat temp_file
LS(1)                                                              LS(1)


NAME
        ls, dir, vdir - list directory contents

SYNOPSIS
        ls [options] [file...]
< man page continues... >
```

6.9.2　SSH

　　SSH 代表 secure shell（安全的 Shell）。它是一个稳定的，普遍存在的可用程序，作为一个远程登录和 telnet 的替代，并且包括 RSA 和 DSA 加密技术。通信过程出于安全而被加密。很多 SSH 会话可以使用同样的服务器而被开启，这使得多任务变得简单。

　　为了使用 SSH,用户在想要连接的 guest 上安装和运行一个 SSH 服务器。SSH 守护进程必须运行来监听来自 SSH 客户端的连接。通过 init. d 脚本或者一个合适的命令来开启 SSH 服务器。

　　用户也必须安装和运行一个 SSH 客户端在远程所连接的计算机上。对大多数发行版来说 SSH 是一个默认的应用程序,并且很有可能已经被安装了。为了连接服务器,开启服务的机器的主机名或者 IP 地址,后面简单地加上 ssh 就可以了。

　　SSH 提供了一个在 Domain0 内运行 xm console 的非常吸引人的选则。SSH 允许用户从一个外部机器而不是通过 Domain0 来直接连接你的 guest。在这种方式下,虚拟 guest 可以像在网络中的物理机器一样被管理。同样,尽可能多地消除同 Domain0 的直接交互也是非常明智的。一个 Domain0 所犯下的错误不仅会伤害到 Domain0,而且也会伤害所有其他的 domain。因此,最好的方式就是避免使用 Domain0 作为访问其他 domain 的发起点。SSH 同 xm console 相关联的一个缺点是内核的错误将不会在 SSH 中显示,因为 SSH 是作为 guest 中的一个进程而运行。

　　网上有大量的参考文档可供用户进一步了解 SSH。同样,ssh 和 ssh_config 的帮助页也是非常全面的。

6.10　以图形化的方式同 Guest 交互

　　在某些时候用户也许想通过一个类似于 GNOME 或 KDE 这样的窗口管理器来访问一个 guest。本章剩下的部分将致力于探索许多流行的方法,并附上每一种方法的优点和缺点。我们讨论的一些技术在网上有非常好的文档,因此每种方法使用的完全指南并没有在这里给出。

　　显示一个 guest 的图形化环境的一种方法是分配一个 PCI 设备给 guest。这就像是把 Domain0 的显卡拿给其他 guest 中的一个一样。在本章结束的表 6 - 2 中将会包含 PCI 设备,将其作为一个可能的解决方法。但是这个方法并不会在本章中详细讨论,因为在第 9 章"设备虚拟化和管理"中将会介绍到它。

6.10.1　使用 SSH 的 X Forwarding

　　在前面的"SSH"一节,我们简要地描述了如何使用 SSH 来获得访问一个 guest 的控制台。但是 SSH 也可以使用于运行在一个 guest 之上的访问远程机器的程序的图形化显示。这样做的优点在于相比于改进 guest 的整个图形化显示来说(我们稍后会介绍到)开销会更小。并且用户可能已经在系统上安装了这个程序,因此也非常的方便。

　　SSH 对一个 X 图形化显示的改进并不是必须整个都是必须的,而是主要针对方便和安全。可能可以通过改变 DISPLAY 环境变量使得 X 服务器直接显示信息给一个专门的宿主机,无论是本地的或是远程的。但是,当使用 SSH 来改变一个图形化窗口的目的地址(destination)的时候,很多细节将会对用户隐藏。同样由 SSH 提供的加密技术也会带来利益,因为 X 服务器自己并不支持加密技术。

现在简要地介绍一些意识到的配置选项和在 SSH 中 X Forwarding 选项的使用。

6.10.2　SSH 服务器和客户端的配置

在 Red Hat 和基于 Debian 的发行版中用于 SSH 服务器的配置文件应该位于/etc/ssh/sshd_config。清单 6-71 显示了 X Forwarding 必带的两个选项。

清单 6-71　当在服务器上建立 SSH X Forwarding 时的重要配置文件行

```
X11Forwarding yes
X11UseLocalhost no
```

在清单 6-71 中的两个选项和两个其他的可能较有趣 SSH 服务器配置参数在以下清单中被解释:

(1) X11Forwarding——决定 X forwarding 是否被允许使用 SSH 的主要因素。

(2) X11UseLocalhost——指出 X 服务器是否应该绑定到本地 loopback 地址或者接受来自其他地址的连接。当设置为 no 的时候,它允许远程连接到 X 服务器。当设置为 yes 的时候,仅仅允许在本地计算机上进行连接。但是在一些早期版本的 X11 服务器上不支持这个选项。

(3) XauthLocation——确定 xauth 程序的完全路径名,该程序鉴别了 X 服务器的 X 会话。XauthLocation 的默认值是/usr/bin/xauth,这是最有可能正确的。

(4) X11DisplayOffset——指定新的 X 应用程序能够运行的 X display 的数量。默认的值是 10。如果该值被设定的太小,新的 X 应用程序也许会干扰一个已经存在的 X 会话。出于大多数目的,默认值应该设置的合适。

在客户端机器上用于 SSH 客户端的配置文件应该位于/etc/ssh/ssh_config。清单 6-72 显示了一对值得一提的选项。

清单 6-72　当在客户端设置 SSH X Forwarding 时的中哟啊配置文件行

```
ForwardX11 yes
ForwardX11Trusted yes
```

SSH 服务器和客户端都必须支持显示信息的改进。在清单 6-72 中设置参数的理由在以下的清单中被解释:

(1) ForwardX11——指定应用程序的 X display 是否将通过 SSH 连接自动被改进(forward)。

(2) ForwardX11Trusted——如果该设置为 no,那么将会对会话由一个时间限制,并且远程的用户将不能使用属于任何存在的 X 应用程序的数据。它们仅仅能够创建新的 X 应用程序。在这里设置为 no 相对来说更加安全。

1. SSH X Forwarding 的使用

在本章早先讨论了用 SSH 在非图形化会话中开启服务。同服务器进行连接和在本章早先的"SSH"一节中讨论的一样,除了 ssh 命令的-x 选项的使用。现在当用户启动一个使用 X 的程序的时候,在客户端显示将会出现。例如,在一个 SSH 会话中运行 xterm 将会在客户端打开一个图形化的 xterm 显示。

一些时候当 X 身份认证(authentication)不能正常工作的时候错误可能会产生。清单 6 - 73 显示了一个错误,不允许用户修改.xauthority 文件。

清单 6 - 73 关于.xauthority 文件的错误信息

```
/usr/bin/xauth:  /home/guest/.Xauthority not writable,    ➡
    changes will be ignored
[user@domU]$ xterm
X11 connection rejected because of wrong authentication.
X connection to localhost:11.0 broken    ➡
    (explicit kill or server shutdown).
```

解决这个问题所需要做的就是改变许可,允许用户修改文件然后通过注销 SSH 后重新登录来重启 SSH 会话。清单 6 - 74 显示了我们用来修改许可问题的命令。

清单 6 - 74 在.xauthority 文件中修改许可

```
[user@domU]$ chmod + wr /home/guest/.Xauthority
[user@domU]$
```

如果改变了文件的许可而不能工作,试着删除.Xauthority 文件。当重启 SSH 会话时,.Xauthority 文件将被再一次创建,但是这一次带有合适的许可和内容。

6.10.3 VNC

虚拟网络计算(VNC)使用一个远程的帧缓冲协议来来压缩和传输所有的显示帧到远程计算机上。基于一个同等(coordinate)系统的鼠标事件和键盘事件被退回给 VNC 服务器而同操作系统交互。

这个方法的优点在于客户端机器仅仅需要拥有一个 VNC 客户端和一个图形化的环境来运行客户端即可。图形化的环境并不一定是 X11。如果 VNC 客户端和服务器均位于同一台机器上,那么用于传输显示帧的网络带宽并不会是一个重大的负担,除非有大量的 VNC 服务器。一个缓慢的网络连接将会导致一个巨大的延迟,此时 Freenx 可能会是一个更好的选择(将在本章后面介绍)。

网上有大量有关 VNC 的文档可供用户进一步了解 VNC。有一个也许想要研究的东西是通过 SSH 的通道 VNC(tunneling VNC through SSH)。这样做的目的

运行 Xen:虚拟化艺术指南

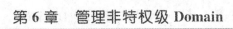

是为了安全。它使得攻击者截断用户的会话或者找到用于连接 VNC 服务器的密码变得困难得多。用户也许也想要考虑使用 TightVNC,它是 VNC 的 GPLed 实现。TightVNC 有更多的特征;例如,SSH 被放入进去了。

2. 基本使用

首先用户需要在想要远程连接的计算机上安装一个 VNC 服务器,然后在想要访问的任何一台机器上安装一个 VNC 客户端。大多数发行版都支持 VNC,也包括Windows,并且安装服务器和客户端都是非常简单的。

为了运行 VNC 服务器,使用如清单 6 - 75 所示的 vncserver 命令。

清单 6 - 75　启动一个 VNC 服务器

```
[user@domU]$ vncserver :4

New 'localhost.localdomain:4 (username)' desktop is            ➥
    localhost.localdomain:4

Starting applications specified in /home/username/.vnc/xstartup
Log file is /home/username/.vnc/localhost.localdomain:4.log
```

符号“:4”指定了桌面应该显示的 display 编号。如果 display 编号没有被指定,那么从 0 开始的第一个可用号码则被选择。

为了访问刚启动的 display,我们使用带有主机名或 IP 地址以及 display 编号的vncviewer 命令。清单 6 - 76 显示了一个连接到 guest 的正在运行的 VNC 服务器的例子。图 6 - 1 为一个屏幕截图。

清单 6 - 76　通过一个 VNC 客户端远程访问一个桌面

```
Sun Jul 15 19:10:52 2007
  TXImage: Using default colormap and visual, TrueColor, depth 24.
  CCConn: Using pixel format depth 6 (8bpp) rgb222
  CConn: Using ZRLE encoding
  CConn: Throughput 20036 kbit/s- changing to hextile encoding
  CConn: Throughput 20036 kbit/s- changing to full colour
  CConn: Using pixel format depth 24 (32bpp) little  endian rgb888
  CConn: Using hextile encoding

Sun Jul 15 19:10:53 2007
  CConn: Throughput 19440 kbit/s- changing to raw encoding

  CConn: Using raw encoding

[user@client_side]$ vncviewer 192.168.1.4:4
```

VNC Viewer Free Edition 4.1.2 for X- built Jan 8 2007 10:03:41

Copyright (C) 2002 – 2005 RealVNC Ltd.

See http://www.realvnc.com for information on VNC.

Sun Jul 15 19:10:47 2007

CConn: connected to host 192.168.1.4 port 5904

CConnection: Server supports RFB protocol version 3.8

CConnection: Using RFB protocol version 3.8

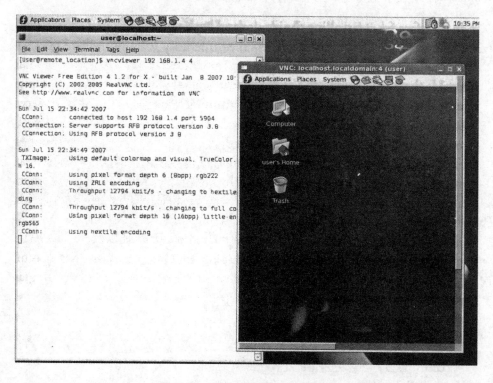

图 6 - 1　VNC 连接到一个 domain

　　图 6-1 显示了一个 VNC 服务器被启动和一个客户端所看到的视图的例子。屏幕左边的窗口是一个通过 SSH 被访问的 guest 和正在运行的一个 VNC 服务器。屏幕右边的窗口是在客户端同一个服务器连接之后被创建的窗口。

6.10.4　虚拟帧缓冲和集成的 VNC/SDL 库

　　一个虚拟机器的图形化控制台也许可以通过使用 VNC 或者简单的 DirectMedia 层(SDL)图形库(被放入了 Xen 的虚拟帧缓冲里)输出。这些库在 guest 的外部运行,并且 guest 仅仅需要运行两个设备驱动来支持这些库。当处理不支持 Xen 的虚拟文本控制台(xm console)的虚拟机时(包括运行微软 Windows 的虚拟机),使用 Xen 的集成 VNC 或 SDL 库便显得尤其有用。

有两个 Xen 设备驱动——虚拟帧缓冲和虚拟键盘,允许 Domain0 宿主机以图形化方式访问 guest。虚拟帧缓冲设备 vfb 被分离为前端和后端。前端允许一个 guest 将图形化 X 会话的帧传送给内存。第二个驱动 vkbd 提供了一个用于控制 guest 的 X 会话的鼠标和键盘的接口。后端驱动允许 Domain0 访问 guest 存储帧的内存位置。因为帧缓冲的内存位置是在 Domain0 和 DomU 之间共享的,因此在每个 guest 上运行一个 X 会话并不会带来很大的性能影响。但是,在 Domain0 中运行单独的一个 VNC 或 SDL 服务器相对于在每个 guest 中都各运行一个服务器是具有优势的。

使用一个虚拟帧缓冲的结果是虚拟的控制台没有被建立。这意味着 xm console 将不会给出一个终端,但是使用一个类似于 SSH 或通过虚拟帧缓冲接口获得一个终端将是非常必要的。在一个 guest 被创建之后给了创建一个虚拟的控制台,执行在清单 6-77 中的命令行,它添加了一行到/etc/inittab 文件中并且再一次评价(evaluate)了这个文件。一些 Linux 发行版也许使用一个不同的 init 守护进程(init daemon)而不是默认使用 inittab 文件,但是大多数主要的发行版应该至少是支持这个文件的。这确保了虚拟控制台被启动并保持运行,即使 tty 程序因某种原因而被毁坏(destroy)。

清单 6-77　为 Xen 创建一个虚拟控制台

```
[root@dom0]# echo "co:2345:respawn:/sbin/agetty xvc0 9600 vt100-nav" >>
/etc/inittab
[root@dom0]# telinit q
[root@dom0]#
```

如果愿意并且能够作为 root 登录,用户也将不得不添加 xvc0 到安全文件中,如清单 6-78 中所示。

清单 6-78　使 Root 在一个终端上登录

```
[root@dom0]# echo "xvc0" >> /etc/securetty
[root@dom0]#
```

在使用内部 VNC 库之前,Xen 必须配置用于监听一个 VNC 连接的接口。该配置选项位于/etc/xen/xend-config.sxp 文件,如清单 6-79 所示。

清单 6-79　在 Xen 守护进程配置文件中与 VNC 相关的行

```
#(vnc-listen '127.0.0.1')
```

通过删除 # 符号使该行变为非注释行,这一行仅仅是使得通过集成 VNC 服务器监听本地连接变得可用。如果想要允许通过一个不同的接口进行连接,那么修改单引号之间的 IP 地址来匹配合适的接口,或者将该地址设置为 0.0.0.0 以监听来自所有接口的 VNC 连接。

为了使得 VNC 图形输出到一个特定的 guest,编辑在/etc/xen 目录下 guest 配置文件中的 vnc＝0 这一行以使其读取 vnc＝1，如果在它不存在的时候添加这一行，如清单 6 - 80 所示。

清单 6 - 80　通过 Guest 配置文件使得 Xen VNC 支持可用

　vnc = 1

如果想要与在/etc/xen/xend-config. sxp 中的默认设置不同时，也许选择指定一个地址来监听 VNC 连接。这是通过取消 vnclisten 行的注释并且设置 vnclisten＝"10.0.0.1"(可以将该地址替换为你想要绑定的 VNC 的接口)完成的，如清单 6 - 81 所示。

清单 6 - 81　通过 Guest 配置文件修改运行着 VNC 服务器的地址

　vnclisten = "10.0.0.1"

其他可选的 guest VNC 的设置包括指定一个 VNC display 以供使用，使得为 VNC 服务器寻找一个未使用的端口的功能启用，使得在本地系统中为 domain 的控制台自动产生 vncviewer 的功能启用等。这些也许通过取消注释或者修改 vncdisplay、vncunused 和 vncconsole 实现，如清单 6 - 82 所示。

清单 6 - 82　在 Guest 配置文件中其他与 VNC 相关的变量

```
# vncdisplay = 1      # Defaults to the domain's ID
# vncunused = 1       # Find an unused port for the VNC server; default = 1
# vncconsole = 0      # spawn vncviewer for the domain's
                      # console; default = 0
```

Xen 的 SDL 图形库是创建一个可访问的 guest 图形化控制台的另一种方式。为了使得 SDL 可用，在/etc/xen 目录下的虚拟机配置文件中取消注释和设置 sdl 入口为 1，如清单 6 - 83 所示。

清单 6 - 83　在一个 Guest 配置文件中使得 SDL 图形库可用

　sdl = 1

当 SDL 被使用时，guest 一被创建，则包含了 guest 的帧缓冲的一个 X 窗口也随之被创建。该窗口或者被发送给在本地系统上的活跃的 X 服务器或者通过 SSH 导出到管理者的系统中出现(如果管理者通过其 SSH 连接到 Xen 系统并且 SSH X Forwarding 可用(SSH - X 选项)从而被远程调用 xm create)。

注意到使用 SDL 时，一旦 X 窗口被关闭，虚拟机则立即被杀(killed)。这个警告——同 SDL 依靠一个活跃的 X 服务器一起——也许会使得 SDL 更适宜于在虚拟机上临时使用而不是经常性的使用，例如 guest 的安装或者短暂的开发和测试工作。例如，SDL 可以在 Windows guest 安装过程中使用，优先于在 Windows 里配置远程访问设备。在一个远程访问设备配置好之后它可以被禁用；但是，如果在 guest 启动

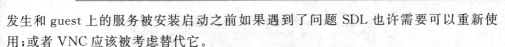

发生和 guest 上的服务被安装启动之前如果遇到了问题 SDL 也许需要可以重新使用；或者 VNC 应该被考虑替代它。

6.10.5　Freenx

Freenx 类似于 VNC，但是被足够优化使其使用非常低的网络带宽。显示帧依然被发送给远程客户端。效率是通过使用高度被优化压缩（heavily optimized compression）技术和缓存实现的，以至于客户端记得屏幕的一部分，类似于被显示的菜单和桌面。Freenx 默认使用 SSH 来传输它的信息。因此 Freenx 不像 VNC 而不需要添加额外的复杂事物来配置 Freenx 通信（traffic）来保证安全。一些额外的 perk 也来自 Freenx，比如挂起（suspend）和恢复（resume）会话的的能力，以至于每次登录后运行的应用程序都被记住。NoMachine NX 对 Linux 和 Windows 都是可用的，但是 Freenx 仅仅在 Linux 中是可用的。

Freenx 也许不会在发行版中。在这种情况下将可能为你的发行版在 Freenx 下载页上（http://freenx.berlios.de）找一些包。在安装之后，也许不得不第一次配置 nx，并且然后启动服务器。清单 6-84 显示了这样做的命令。用户现在可以准备使用 Freenx 了。

清单 6-84　配置和启动 Freenx 服务器

```
[root@domU]# nxsetup--install--setup-nomachine-key--clean
[root@domU]# nxserver-start
[root@domU]#
```

为了连接到服务器，运行 nxclient 程序。这个图形化程序通过确定 nx 服务器正运行在哪台机器上的过程来引导用户。IP 地址和一些简单的想要在 Freenx 会话（GNOME、KDE 等）中使用的配置选项（比如窗口管理器）。登录认证好像在 guest 中启动一个 SSH 会话一样。guest 所显示的桌面看起来就像 VNC 窗口一样。

6.10.6　远程桌面

远程桌面，也被称为 Microsoft 终端服务，在运行着某些微软 Windows 操作系统（包括 Windows2000、Windows XP、Windows Vista 和 Windows 服务器家族产品）的发行版的虚拟机中该终端服务是可用的。远程桌面使得将一个 Windows 用户连接到正运行在 guest 之上的 Windows 安装，并且同 GUI 应用程序和桌面进行视觉交互都变得可能。

远程桌面在 Windows XP 中也许是可用的，到控制面板的系统属性页，然后在远程桌面标签栏下，检查允许远程连接到这台计算机的用户，如图 6-2 所示。注意到，一般地，所有是管理员组的用户和任何其他在"选择远程用户"的下面所指定的用户在远程桌面可用的时候都拥有远程访问权限。同样注意到没有密码的账户设置默认是拒绝远程访问的，以避免无意识下对系统安全造成威胁。

远程桌面在启动过程完成之后提供了远程访问 Windows 安装的能力，但是没有

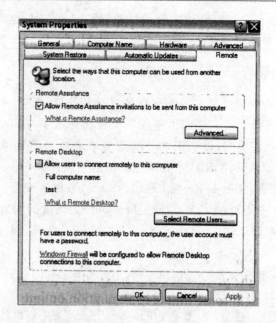

图 6 - 2　在系统属性窗口的远程标签,此处远程桌面是启用的

提供启动过程的远程显示,当遇到错误的时候(或通过按键进行手动请求的时候,或 Windows 安装程序在安装过程中的时候)Windows 启动选项菜单在启动过程中也许会出现。在 guest 中当启用远程桌面之前它也是没有什么用处的。为了在这些阶段图形化的观察 guest,内部 VNC 或 SDL 图形库必须使用到。

一个远程桌面服务被启用的 guest 能够从 Windows 系统中通过远程桌面连接客户端,终端服务客户端,或者在 Linux/Unix 系统中通过桌面被访问到。

表 6 - 2 可以作为一个本章所讨论的 guest 图形化接口多种解决方案正反两个方面的总结和参考。需要注意的是,本节并不能详尽地覆盖到所有可以使用的技术。

表 6 - 2　图形化解决方案的比较

方法	显示类型	利	弊
X forwarding	通过 SSH(一套安全的网络连接程序)单一应用显示	避免了传输整个窗口的开销	不能访问整个窗口系统 不能访问已运行的图形应用程序
VNC	正向全显示	建议采用 HVM 方案 简单安装和设置,集成到 Xen	低效通过低带宽或繁忙的网络
Freenx	正向全显示	高效通过低带宽或繁忙的网络	安装更复杂,不过仍不算最复杂

续表 6－2

方法	显示类型	利	弊
rdesktop	正向全显示	集成到微软 Windows 的一些版本	低效通过低带宽或繁忙的网络 仅支持连接到微软 Windows 客户机
PCI Device Assignment	通过硬件支持正向全显示	为单个客户机提供最佳性能	每个客户机需要一块图形卡运行图形化应用程序 设置可能有困难 认为不安全

小　结

　　本章包含了 xm 命令的基本内容。用户现在应该对如何创建和运行虚拟化 guest，如何监控资源使用，如何像一个普通计算机一样重启和关闭 guest，如何中止并保存 guest 的状态，如何不安全但是迅速地销毁 guest，还有如何通过多种方法获得控制台或图形化访问 guest 等都非常熟悉了。关于 xm 子命令的总结，请参考附录 B。

　　对于本书剩下的部分，我们假设用户已经熟悉了这些命令，因为它们是交互和管理 guest 操作系统的主要的工具。

参考文献和扩展阅读

Freenx 官方网站

　　http://freenx. berlios. de/info. php

rdesktop 官方网站

　　www. rdesktop. org/

VNC 官方网站

　　www. realvnc. com/vnc/index. html

使用 SSII 的 X Forwarding　指南

　　www. vanemery. com/Linux/XoverSSH/X-over-SSH2. html

Xen2. 0 和 3. 0 的用户手册。剑桥大学

　　www. cl. cam. ac. uk/research/srg/netos/xen/documentation. html

第 7 章

制作 Guest 镜像

在前几章中,我们讨论了如何使用 prebuilt guest 镜像和如何基于已经存在的镜像管理 guest。在本章,我们讨论如何创建新的特定的 guest 镜像。我们首先讨论如何使用标准的安装 CD 来安装一个硬件虚拟机(HVM)guest(比如 Windows XP)。然后讨论如何使用几个流行的 Linux 发行版制作半虚拟化的 guest。制作半虚拟化 guest 的绝大多数方法都只针对用户所安装的某一个操作系统或者发行版。我们讨论用于 OpenSUSE 的 YaST 虚拟机管理工具,用于 CentOS/Fedora 的 virt-manager,用于 Debian/Ubuntu 的 debootstrap,用于 Gentoo 的 quickpkg 和 domi 脚本,还有用于 Xen Express 的 XenServer 客户端。最终,我们解释将一个已经存在的操作系统安装转换成一个 Xen 的 guest 的步骤。

7.1 硬件虚拟机(HVM)Guest 的制作

第 1 章"Xen 背景和虚拟化基本原理"解释了半虚拟化(PV)guest 同硬件虚拟机(HVM)guest 之间的区别。HVM guest 需要 Intel VT-x 或者 AMD - V 的硬件扩展。Xen 的 HVM 层是一个 Intel 的 VT 和 AMD 的安全虚拟机(SVM)添加到 x86 架构的的通用接口。这使得 HVM guest 就像是直接运行在裸机上一样。另一方面,PV guest 并不需要硬件扩展,但是需要一个修改的内核使其意识到它正运行在一个虚拟机中而不是直接运行在硬件之上。因为 PV guest 需要修改内核,所以创建一个 PV guest 需要访问操作系统源代码。这样便使得公开可用的 PV guest 都是建立在开源操作系统的基础上的。HVM guest 能够建立在任何能够运行在 x86 硬件的操作系统基础之上,包括像 Linux 和 Solaris 这样的开源操作系统,也包括像 Windows 这样的非开源操作系统。

一个 HVM guest 的制作就像从一个光盘里安装一个操作系统一样简单。在本节我们介绍两种制作 HVM guest 的方法——手动的方法制作和使用 virt-install 命令制作(在 Fedora/RHEL 系统中可用)。一般地,我们可以使用其他的发行版,比如 OpenSUSE,Xen Express,和 Debian。因为一个 HVM guest 的创建类似于一个标准的操作系统安装,我们首先讨论制作一个 HVM guest 的例子。在本章后面,将讨论通过 Xen 支持的多种流行的发行版制作多种 PV guest。

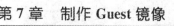

7.1.1　用一个光盘或光盘镜像(以 Windows XP 为例) 制作一个 Guest 镜像

首先讨论如何从一个 CD - ROM 或光盘镜像的安装来手动制作一个 HVM guest。在本例中,我们使用一个 Windows XP 的安装光盘镜像。同样地,我们也可以使用别的操作系统的安装光盘镜像,比如 Linux 或 Solaris。为了创建镜像我们使用清单 7 - 1 所示的 dd 命令。对于开源操作系统来说发布它们的安装 CD 的可供下载的 ISO 镜像文件是非常普遍的,该镜像文件可以从硬盘驱动器中使用。

清单 7 - 1　使用 dd 命令来创建一个 Windows XP CD 镜像

```
[user@linux]# dd if = /dev/cdrom of = winxp.iso
1186640 + 0 records in
1186640 + 0 records out
607559680 bytes (608 MB) copied, 125.679 seconds, 4.8 MB/s
[user@linux]#
```

为了特意创建一个 HVM guest,我们在 DomU 配置文件中设置 kernel、builder 和 device_model 行,如清单 7 - 2 所示。对 HVM guest 来说,我们使用到 hvmloader 二进制码(hvmloader binary)的路径,在该路径下将为 PV guest 指定一个内核镜像。此外,我们将 builder 功能设置为 hvm,并且我们将设备模型的值设置为 qemu-dm 二进制码的位置。将在第 9 章"设备虚拟化和管理"中更详细地讨论设备模型。这些设置为 guest 准备好了 HVM 的环境以供其运行。

注意:

hvmloader 和 qemu-dm 二进制码的位置也许会基于发行版的不同而有所不同。例如在 Ubuntu 7.10 中,'/usr/'+ arch_lib + 'xen/bin/qemu'路径会被'/usr/'+ arch_lib + 'xen-ioemu/bin/qemu/'所代替。

清单 7 - 2　HVM Guest 的 kernel, builder, 和 device_model 配置行

```
# hvmloader in place of a kernel image
kernel = "/usr/lib/xen/boot/hvmloader"
# guest domain build function (for HVM guests we use 'hvm')
builder = 'hvm'
# path to the device model binary
device_model = '/usr/' + arch_libdir + '/xen/bin/qemu - dm'
```

下一步是为 HVM guest 分配虚拟磁盘。我们首先演示在一个 LVM 逻辑卷被用作虚拟硬盘的情况下,使用一个光盘(CD - ROM 或 DVD)镜像文件(通常是一个 ISO)进行安装。其他的分区类型,比如普通的分区和镜像文件,也可以代替 LVM 逻辑卷而被使用,也包括可供使用的其他的存储方法(将在第 8 章"存储 Guest 镜像"中

讨论)。在清单 7 - 3 中我们演示了将安装镜像指定为一个虚拟的 hdc: cdrom。回忆一下第 5 章"使用 Prebuilt Guest 镜像", disk 参数是()一个 Python 数组, 它是由一个被逗号分隔的三元组列表所组成。每一个三元组由以下 3 种参数组成:

(1) 一个块设备路径, 可以是物理的或虚拟的设备。

(2) 在 DomU 中它被指定的设备。

(3) 许可, r 和 w 分别代表只读和可读可写。

清单 7 - 3　使用一个光盘镜像的 HVM Guest disk 参数配置行的例子

```
disk = ['phy:/dev/XenGuests/hvm1,hda,w','tap:aio:/root/winxp.iso, ➡
    hdc:cdrom,r']
# first device is LVM partition to use as hard disk,
# second device is an image of an installation CD-ROM
```

使用一个物理的 CD - ROM 或 DVD - ROM 驱动器而代替一个镜像文件的操作, 是通过设置 hdc: cdrom 设备为一个物理的驱动器而取代一个文件而完成的。清单 7 - 4 显示了一个类似的 disk 参数配置, 它使用了/dev/cdrom 而代替了一个光盘镜像文件。

清单 7 - 4　使用一个物理 CD - ROM 驱动器的 HVM Guest disk 参数配置行的例子

```
disk = ['phy:/dev/XenGuests/hvm1,hda,w','phy:/dev/cdrom, ➡
    hdc:cdrom,r']
# first device is LVM partition to use as hard disk,
# second device is a physical CD-ROM drive
```

通过用一个真实的 CD - ROM 设备代替 ISO 文件, 我们简单地改变了第二个元组。在系统中, /dev/cdrom 是物理的 CD - ROM。

下一步, 选择一个图形库来用于 HVM guest 的显示。Xen 支持一个 SDL 库和一个 VNC 库。当使用 SDL 库的时候, 执行 xm create 导致一个显示窗口出现在 Domain0 的 X 服务器会话中(假设有一个活跃的会话)。当在一个 HVM guest 中需要网络可见显示(Network-viewable display)的时候使用 VNC 库是非常方便的(也就是你可以从不仅仅是 Domain0 的任何网络所连接的机器中查看输出)。设置 vncconsole 使其可用导致了 vncviewer 的自动产生(在 Domain0 可以自动看到在本地机器上的 VNC 输出)。清单 7 - 5 显示了当禁用 VNC 库的时候, 启用 SDL 库用于图形化显示。列表也显示了许多其他普通的特定用于显示的选项。

清单 7 - 5　HVM Guest 显示配置

```
sdl = 1 # SDL library support for graphics (default = 0 disabled)
vnc = 0 # VNC library support for graphics (default = 0 disabled)

# address for VNC server to listen on
# vnclisten = "10.0.0.20"
```

```
# default is to use the global 'vnclisten' setting
# global vnclisten is set in /etc/xen/xend - config.sxp

# set the VNC display number (default = domid)
# vncdisplay = 1
# find an unused port for the VNC server (default = 1 enabled)
# vncunused = 1
# spawn vncviewer for domain's console (default = 0 disabled)
# vncconsole = 0

# no graphics, only serial (do not enable for Windows guests)
# nographic = 0

# stdvga (cirrus logic model, default = 0 disabled)
# stdvga = 0

# start in full screen (default = 0 no)
# full - screen = 1
```

　　最后，一个操作系统的 guest 制作将通过在 guest 上调用 xm create 和允许它从一个安装光盘或光盘镜像中启动的操作而实现。确保安装光盘和光盘镜像处在合适的位置以创建 guest 来启动安装。清单 7－6 和图 7－1 说明了一个 HVM guest domain 的创建和安装过程的启动。

清单 7－6　手动使用 xm create 启动一个 HVM Guest

```
[root@dom0]# xm create hvmexample1
Using config file "/etc/xen/hvmexample1".
Started domain hvmexample1
[root@dom0]#
```

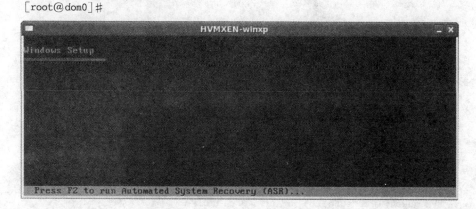

图 7－1　在我们的 HVM DomU guest 的 VNC 控制台里装载 Windows XP 的安装屏幕

　　清单 7-7 包含了一个从一个光盘镜像中被制作的 HVM guest 的配置文件的实例。清单 7-8 包含了另一个从一个物理光盘中被制作的 HVM guest 的配置文件的实例。在清单 7-8 中的配置文件的绝大多数内容都同清单 7-7 中的 ISO 镜像的配置文件相同（因此这一部分被省略了），其中两者的 disk 参数有所不同，在清单 7-8 中我们使用一个物理设备（phy：）代替了一个光盘镜像文件（tap：aio）。

清单 7-7　一个 HVM Guest 配置文件实例（从一个 ISO 光盘镜像中被制作）

```
#  -*- mode: python; -*-

arch = os.uname()[4]
if re.search('64', arch):
    arch_libdir = 'lib64'
else:
    arch_libdir = 'lib'
```

```
#-----------------------------------------------------------
# hvmloader in place of a kernel image

kernel = "/usr/lib/xen/boot/hvmloader"

# guest domain build function (for HVM guests we use 'hvm')
builder='hvm'

device_model = '/usr/' + arch_libdir + '/xen/bin/qemu-dm'

# memory allocation at boot in MB
memory = 128

# shadow pagetable memory,
#should be at least 2KB per MB of memory plus a few MB per vcpu
shadow_memory = 8

name = "hvmexample1"  # name for the domain

# number of CPUs guest has available (default=1)
vcpus=1

# HVM guest PAE support (default=0 disabled)
#pae=0

# HVM guest ACPI support (default=0 disabled)
#acpi=0

# HVM guest APIC support (default=0 disabled)
#apic=0
```

```
#-----------------------------------------------------------

# 1 NIC, auto-assigned MAC address
vif = [ 'type=ioemu, bridge=xenbr0' ]

# first device is LVM partition to use as hard disk,
# second device is an image of an installation CD-ROM
disk = ['phy:/dev/XenGuests/hvm1,hda,w', ➡
    'tap:aio:/root/winxp.iso,hdc:cdrom,r']

# boot order (a=floppy, c=hard disk, d=CD-ROM; default=cda)
boot="cda"

# function to execute when guest wishes to power off
#on_poweroff = 'destroy'

# function to execute when guest wishes to reboot
#on_reboot   = 'restart'

# function to execute if guest crashes
#on_crash    = 'restart'

#-----------------------------------------------------------
# SDL library support for graphics (default=0 disabled)
sdl=1

# VNC library support for graphics (default=0 disabled)
vnc=0

#-----------------------VNC---------------------------------
# address for VNC server to listen on,
# (default is to use the 'vnc-listen'
# setting in /etc/xen/xend-config.sxp)
#vnclisten="10.0.0.20"

# set the VNC display number (default-domid)
#vncdisplay=1

# find an unused port for the VNC server (default=1 enabled)
#vncunused=1

# spawn vncviewer for domain's console (default=0 disabled)
#vncconsole=0

#-----------------------VGA---------------------------------
# no graphics, only serial (do not enable for Windows guests)
```

```
#nographic=0

# stdvga (cirrus logic model, default=0 disabled)
stdvga=0

# start in full screen (default=0 no)
#full-screen=1

#------------------------USB------------------------------------
# USB support
#(devices may be specified through the monitor window)
#usb=1

# normal/relative mouse
#usbdevice='mouse'

# tablet/absolute mouse
#usbdevice='tablet'

#------------------------MISC------------------------------------
# serial port re-direct to pty device,
# allows xm console or minicom to connect
#serial='pty'

# sound card support (sb16, es1370, all; default none)
#soundhw='sb16'

# set real time clock to local time (default=0 UTC)
localtime=1
```

清单 7 - 8　一个 HVM Guest 配置文件实例(从一个物理 CD - ROM 驱动器中被制作)

```
[The start of the file is omitted, it is the same as Listing 7.7]

disk = ['phy:/dev/XenGuests/hvm2,hda,w', ➡
    'phy:/dev/cdrom,hdc:cdrom,r']
  # first device is LVM partition to use as hard disk,
  # second device is a physical CD-ROM drive

[The end of the file is omitted, it is the same as Listing 7.7]
```

7.1.2　用 virt-install　自动制作 Guest 镜像

在 Fedora/RHEL 系统,HVM guest 可以简单地通过使用包含了 virt-install 的工具而被制作。vir-install 会询问一系列的问题,然后根据用户的输入自动地准备好 guest 配置文件。清单 7 - 9 显示了如何调用和使用 virt-install 工具。

清单 7 - 9　使用 virt-install 制作一个 HVM Guest

```
How large would you like the disk to be (in gigabytes)? 5
Would you like to enable graphics support? (yes or no) yes
What would you like to use for the virtual CD image? ➥
    /root/winxp.iso
Starting install...

[root@dom0]# virt-install
Would you like a fully virtualized guest (yes or no)? ➥
This will allow you to run unmodified operating systems. yes
 What is the name of your virtual machine? hvmexample3
 How much RAM should be allocated (in megabytes)? 128
What would you like to use as the disk (path)? hvmexample3.img
```

假设在拥有一个活跃的 X 会话的系统中调用了 virt-install, vncviewer 会自动地产生并且连接到被创建的 HVM guest 的显示。包含在虚拟光盘镜像中的安装程序在 vncviewer 窗口中是可见的,就像之前在图 7 - 1 中所示。因此,完成通常的安装过程也就完成了 HVM guest 的制作。

回忆一下在任何时候想要关闭与 guest 的 VNC 会话,用户也许会直接关闭。重新通过 VNC 连接简单的只需要在 Domain0 上打开一个新的控制台并输入 vnc < ipaddress>(IP 地址是到虚拟 guest 的 IP)即可。

图 7 - 2 显示了我们的 HVM guest 的初始的装载。图 7 - 3 显示了 Windows XP 的装载,图 7 - 4 显示了 Windows XP 作为一个 guest 而被使用。

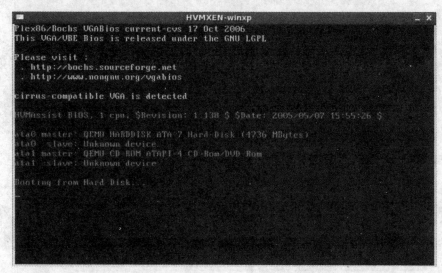

图 7 - 2　我们的 HVM DomU guest 的 VNC 控制台显示 HVM BIOS 正进行装载

HVM 的制作在很多方面同使用供应商的产品安装一个操作系统的机制相同。不同之处在于用户是处在一个 Xen domU 的上下文中启动物理介质或 ISO 文件,而

179

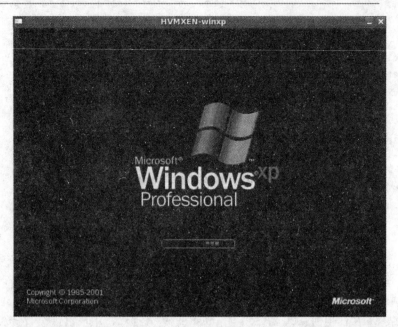

图 7 - 3 我们的 HVM DomU guest 的 VNC 控制台显示 Windows XP 的启动屏幕

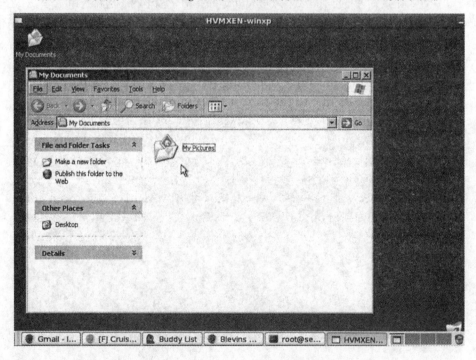

图 7 - 4 Windows XP 作为一个 Xen HVM guest 正在运行

不是像标准地安装那样直接处在裸机上。这是通过向 Xen 提供一个访问物理介质或 ISO 文件的路径,使用一个专门的 HVM boot loader,和执行之后的正常安装等操作所实现的。一个专门的类似于 VNC 的连接取代了一个显示器的直接连接。正常安装过程中文件被直接写入磁盘驱动器的操作则由写入位于 DomU 的虚拟磁盘的操作所替代。

7.2　半虚拟化(PV)Guest 的制作

当提供对非修改 guest 操作系统的支持的 shihi，HVM guest 相比于 PV guest 而更加易于使用。但是，PV 是在没有 HVM 支持的硬件上的唯一选择，并且 PV guest 拥有一些其他的重要优势。其中的一个主要优势便是速度，而这是 Xen 早期取得成功的关键因素。

回想一下使用一个 PV guest 意味着必须修改 guest 操作系统使其意识到它正运行在一个 Hypervisor 和虚拟化的硬件之上。当然，如果 Windows 的代码可以获得的话，PV Windows guest 也是可能的。事实上，描述 PV Windows guest 被创建的最初 Xen 的论文便是同剑桥大学的微软研究实验室相关的。但是，这些 guest 从没有被公开发布。

一般来说，即使对开源的操作系统，PV guest 支持的发布典型的也落后于相应版本的发行版的发布，这主要是因为需要修改其操作系统代码。但是对于 Linux 2.6.23 版本，对 Xen guest 的支持是直接在 Linux 内核中可用的。这使得 Xen 和 Linux guest 的使用变得易于管理的多（也就是说，该版本或者更高版本的 Linux 的 guest 可以直接运行在 Linux 之上）。PV Windows 驱动程序也已经由 Novell 开发，并可以在 www.novell.com/products/vmdriverpack/找到。这些 Windows PV 驱动程序已经被集成到开源版本的 Xen 之中去了。第一个发布版在 xen-devel 邮件列表中有所讨论：http://lists.xensource.com/archives/html/xen-devel/2007-10/msg01035.html。

我们将讨论许多支持 PV guest 特定安装的工具。一般来说，这些工具都是针对特定发行版的。首先讨论在 OpenSUSE Linux 中的 YaST 虚拟管理工具，它是一个用于安装一个 OpenSUSE guest 或潜在可能的其他 guest 操作系统的图形化工具。然后讨论在 Fedora Linux 中的 virt-manager 工具，它使得用户可以只通过指定一个包含了安装文件和包的镜像来进行一个 Fedora 或 RHEL 的安装。下一步，我们讨论 debootstrap，它是一个用于引导（bootstrap）一个 Debian/Ubuntu 最小化基本安装到一个目录的命令行工具。我们也会讨论在 Gentoo Linux 上的 quickpkg 和 domi，quickpkg 是在 Gentoo 中的管理系统包，使用户可以安装进一个目录。而 domi 脚本使用户可以安装多种 guest 类型。最终，我们讨论 Xen Express 和它提供的用于创建 guest 的工具。

注意：

这并不有全面涵盖 Xen guest 的所有安装工具。现有的工具正被积极地开发出来,并且不断有新的工具产生。请参考本章末尾的"参考资源和深入阅读"一节和本书的网站获取更多信息。

　　本章中所包含的例子都是基于 Linux,但是 Linux 并非是唯一可用的 PV guest。OpenSolaris 最近的开发版本能被用作 Domain0 并且能够运行多种 PV guest。Xen 支持的稳定版 OpenSolaris 的问世就不会太久。其他开源的操作系统,比如 Net-BSD,FreeBSD,OpenBSD,还有 Plan9,也都可以作为 PV guest。其中一些也可以作为 Domain0 而被实现。

7.2.1　OpenSUSE：YaST 虚拟机管理工具

　　如果像第 4 章"Xen Domain0 的安装和硬件需求"中描述的那样将 Xen 的工具安装在 OpenSUSE 之中,那么能够使用 YaST 虚拟机管理(VMM)模块来创建和管理 Xen DomU guest。为了开启 VMM 模块,运行 YaST 控制中心,单击 System 命令,然后选择 Virtual Machine Management(Xen)选项。图 7-5 显示了 YaST 控制中心的屏幕。在单击了"Virtual Machine Management(Xen)"后,弹出一个窗口允许管理虚拟机(请看图 7-6)。最终,在单击 Add 按钮之后,打开一个窗口,如图 7-7 所示,从而允许用户创建一个虚拟机。

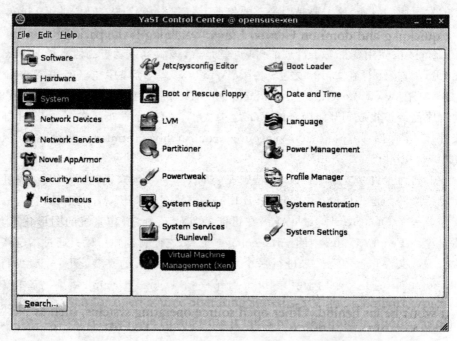

图 7-5　在 YaST 控制中心单击 Virtual Machine Management(Xen)
选项,从而弹出一个窗口允许管理虚拟机

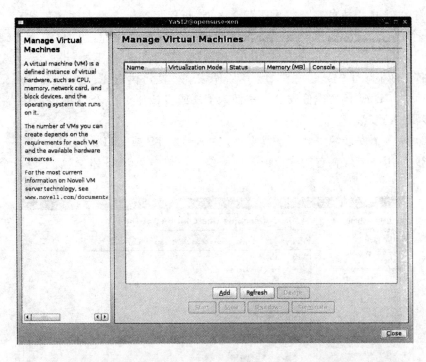

图 7 - 6　在管理虚拟机的窗口单击 Add 按钮从而弹出一个创建虚拟机的窗口

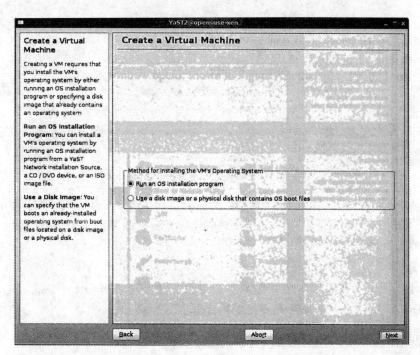

图 7 - 7　创建一个虚拟机的窗口允许用户选择不同的方法来为 DomU 安装一个操作系统

创建一个虚拟机的窗口提供了两个选择：可以运行一个操作系统安装程序或者使用一个现有的安装。我们选择运行安装程序。选择选项钮然后单击 Next 按钮。用户开始了标准化的 YaST 安装过程。请跟随着安装步骤往下执行。

图 7-8 显示了安装设置窗口。有 3 个安装方法可供选择：

（1）从 CD 或 ISO 镜像安装——插入 CD 或者使用一个 ISO 镜像，然后跟随着安装步骤进行安装。

（2）从一个安装源安装——需要指定一个 HTTP 或 FTP 的安装源。

（3）使用一个现在有的磁盘或分区镜像——单击 Add 按钮，然后定位一个磁盘镜像。

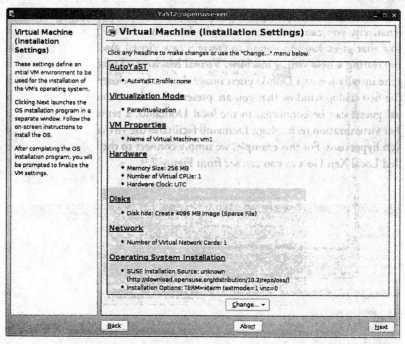

图 7-8　虚拟机（安装设置）窗口使你像平常一样安装 OpenSUSE 操作系统

对所有的安装类型来说，都需要确保有至少 512 MB 的内存，或者配置 guest 使其拥有足够的 swap 空间。如果没有足够的内存或者不能激活一个 swap 分区，那么 YaST 的安装将不能继续下去。

注意：

OpenSUSE 的安装细节超出了本书的范围。请参考手册 http://en.opensuse.org/INSTALL_Local 以获得更多的安装信息。

7.2.2　CentOS/Fedora：virt-manager

如果像第 4 章描述的那样安装 Xen 工具，可以打开一个称为虚拟机管理器（Virtual Machine Manager)的工具。虚拟机管理器可以通过去应用程序菜单然后单击系统工具里，然后单击里面的虚拟机管理器而访问。(可选的，也可以在命令行运行 virt-manager)它弹出了一个窗口并使用户可以通过单击 New 按钮，来创建一个新的虚拟机。当创建一个新的虚拟机的时候，虚拟机管理器启动一个向导以简化 DomU guest 镜像的安装。让我们详细看一下这个过程。

第一个呈现的对话框是 Open Connection 对话框。虚拟化 guest 能够被连接到本地的 Domain0，一个远程的 Domain0，或者甚至是另一种虚拟化技术。Domain0 帮助虚拟化 guest 连接到 Xen Hypervisor。对于本例，我们简单的连接到本地的 Domain0，在图 7 - 9 中它被称作 Local Xen Host。

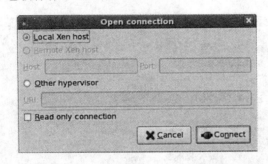

图 7 - 9　Open Connection 对话框使用户可以连接到本地或远程的 Xen host

单击 Connect 按钮，假设 Domain0 和 Xend 当前正在运行，将看到图 7 - 10 所示的虚拟机管理器主窗口。

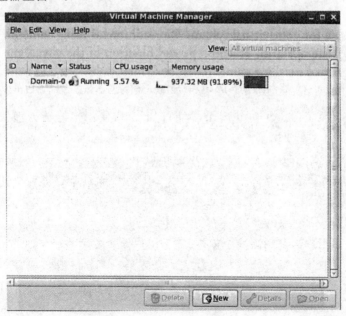

图 7 - 10　当第一次连接到 local xen host 时，虚拟机管理器主窗口出现

第 14 章"Xen Enterprise 管理工具纵览"在虚拟机管理器（virt-manager）的能力方面将会更强。在本例关注于使用虚拟机管理器来创建一个新的 DomU guest。所以我们单击 New 按钮。

注意：

在 Fedora 8 中，创建一个新 guest 的按钮被移到虚拟机管理器的主内部框架中，并且不再有"New"的标签。因为 Fedora 典型的作为 CentOS 的基础而直接被使用，所以这可能也会影响 CentOS 未来的版本的接口。

这产生了 ungjianyige 新的虚拟系统的窗口，如图 7 – 11 所示。简单地解释这个过程就是命名系统来建立安装位置，然后为 guest 分配资源。

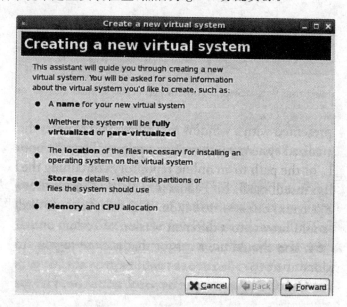

图 7 – 11 当创建一个 DomU 时，创建一个新的虚拟系统的窗口出现

在这个窗口，单击 Forward 按钮，弹出一个窗口使用户能够为虚拟化系统输入一个名字。我们推荐使用某些能够具有足够描述性的告诉操作系统该虚拟机类型和功能的名字。比如好的虚拟机的名字可能类似 fedora_webserver 和 windows_gaming。反之如果名字类似于 system1 或 guest2 则不可能具有足够的描述性在不登录该 guest 的情况下来告诉操作系统该虚拟机的功能作用。图 7 – 12 显示了这个命名窗口。在为 DomU guest 选择了一个名字之后，单击 Forward 按钮。

下一步，在用户面前出现一个窗口，提示用户输入安装介质。对一个半虚拟化系统来说，有两个选择。第一个选择是输入一个安装介质的 URL，或者包含了安装文件的一个网上路径。一个包含了 Fedora 安装介质的 URL 是 http://download.fedora.redhat.com/pub/fedora/linux/core/6/i386/os。这专门针对 i386 架构的 Fedora 6 的安装。用户可以浏览 Fedora 的不同版本和不同的架构，比如 x86_64。用户

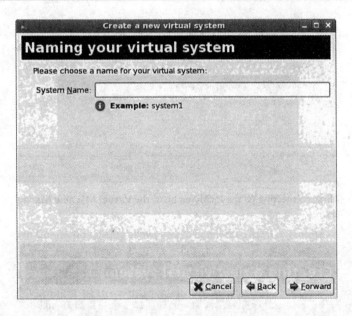

图 7 - 12　命名虚拟化系统窗口允许为 DomU 输入一个名字

也可以使用一个离用户较近的镜像(mirror)。用户可以在 http://mirrors.fedora-project.org/publiclist 找到一个 Fedora 的镜像列表,也可以在 www.centos.org/modules/tinycontent/index.php? id=13.php? id=13　找到一个 CentOS 的镜像列表。虚拟机管理器应用程序当前只支持基于 Red Hat 的发行版的安装介质 URL,比如 Fedora 和 CentOS,但是在读到本书的时候可能已经支持更多的发行版了。

　　一般地,用户能够输入一个 Kickstart 文件的位置。Kickstart 是一个自动安装工具,被设计通过读取 Kickstart 配置文件进行系统的快速配置,它提供了很多问题的解答,比如安装哪些包和其他的配置信息,比如主机名和用户信息。对于本例,我们使用安装介质 URL http://download.fedora.redhat.com/pub/fedora/linux/core/6/i386/os 来安装一个 Fedora Core 6 DomU guest,并且我们使用一个基于 CentOS 5　的 Domain0。用户也可以选择使用 Domain0 系统,比如支持 virt-manager 的 Fedora。在输入想要的安装介质之后,单击 Forward 按钮,当前显示在面前的窗口如图 7 - 13 所示,它允许为 DomU guest 分配存储空间。

　　用户可以选择为一个普通(物理的)磁盘分区或者一个简单的文件(它被期望在不久的将来根据用户的需求支持多种类型的基于网络的存储)。如果用户选择一个普通的磁盘分区,确保它是一个空分区或者它里面的内容是无用的,因为安装过程将会格式化该分区里面的所有数据。请参考第 5 章"使用 Prebuilt Guest 镜像"中使用 GParted 来调整现存的分区的大小以产生一个新的空分区。如果用户选择"简单文件",应该给出文件的名字,该文件或者不需要存在,或者能够作为 DomU 磁盘而被创建(或使用)。(应该将此文件放在/xen/images,/var/lib/xen/images,或者相似的

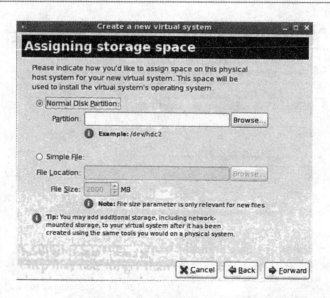

图 7 - 13　分配存储空间窗口允许添加一个磁盘到 DomU 中

其他目录下，以至于过后想要使用它的时候能够找到它）virt-manager 更多最近的版本，比如 Fedora 7 和之后版本中的 virt-manager，都支持创建稀疏（sparse）或预分配（preallocated）镜像的能力。如果仅仅是典型安装，我们推荐为 DomU guest 至少分配 4 GB 的空间。在选择了磁盘（真实的或虚拟的）选项和它的大小之后（可能还有稀疏的或者预分配的），单击 Forward 按钮。

下一步，显示在面前的窗口如图 7 - 14 所示，它允许为 guest 分配内存和 CPU。

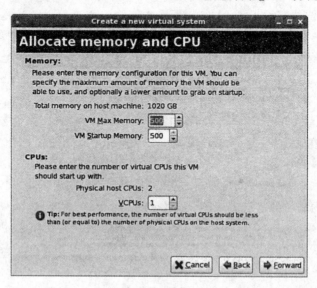

图 7 - 14　分配内存和 CPU 的窗口让用户为 DomU 指定内存和 CPU 选项

Fedora 和 CentOS 安装过程通常需要至少 256MB 的内存，有时候需要更多，但是我们推荐用户分配 512MB 或更多内存用于安装过程。如果用户不能分配推荐的那么多内存，考虑在 Fedora/CentOS 安装期间为 guest 创建和激活一个 swap 分区。用户可以在稍后的正常使用时再调整这个内存的值。VM Max Memory 是该 DomU 最大可以分配的内存量，而 VM Startup 内存是当启动一个 guest 时被请求的内存量。在图 7－14 中的提示推荐虚拟 CPU 的数量应该少于（或等于）系统中物理 CPU 的数量。请参考第 12 章"管理 Guest 资源"以了解更多关于为什么非常重要的原因。在已经为 DomU 输入了内存和 CPU 的值之后，单击 Forward 按钮。

下一步，显示在面前的是一个总结窗口，如图 7－15 所示，在单击 Finish 按钮之后用户便可以开始安装过程了。

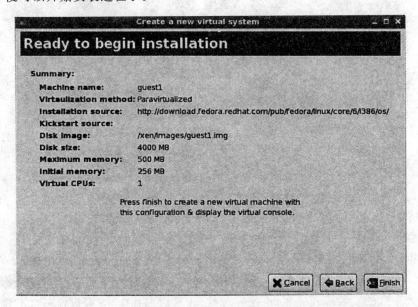

图 7－15　最终，准备开始安装的窗口显示了 DomU 设置的总览

在单击了 Finish 之后，一个创建虚拟机的对话框弹出，如图 7－16 所示。该步骤相比于剩下的步骤可能需要花一段时间，这主要取决于连接到安装镜像的速度。

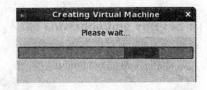

图 7－16　在准备开始安装的窗口中单击 Finish 按钮，出现的进度条

在安装镜像被下载 zhihi，系统在一个虚拟机控制台里启动，如图 7－17 所示。

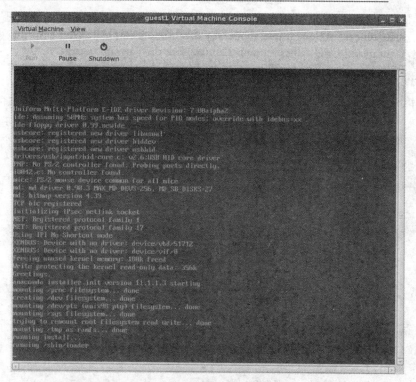

图 7-17 在 DomU 被创建之后,虚拟机控制台出现

在此,操作系统安装开始了,然后可以像平时一样跟随着安装步骤往下进行。图 7-18 显示了安装过程的开始屏幕,剩下的安装步骤就被省略了。

注意:

Fedora 的安装细节超出了本书的范围。请参考手册 www.redhat.com/docs/manuals/enterprise/以获取安装过程的文档。

绝大多数的安装顺利完成,但是有时候,在重启过程中,虚拟机控制台不会启动。该问题有两个解决办法(workaround)。如果 DomU guest 的运行情况如图 7-19 所示,那么用户可以在列表的相应入口处双击从而使用控制台进入 guest。如果它不在运行,那么可以通过运行带有-c 选项和 guest 的名字的 xm create 命令来启动它。清单 7-19 显示了该命令。然后就像之前描述的那样可以单击图 7-19 所示的清单中的入口从控制台使用虚拟机管理器进入 guest。

清单 7-10 使用 xm create 命令手动地启动 Guest

```
[root@dom0]#xm create-c guest1
Using config file "/etc/xen/guest1"
Going to boot Fedora Core (2.6.18-1.2798.fcxen.img)
Started domain guest1
rtc: IRQ 8 is not free
i80042.c: No controller found.
```

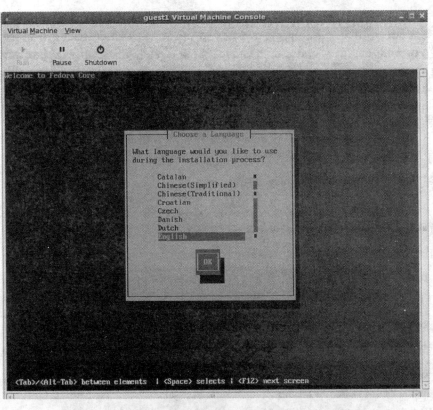

图 7 - 18　安装屏幕然后出现

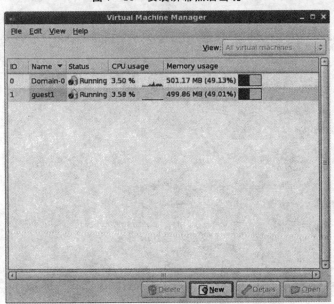

图 7 - 19　为了得到一个控制台进入 guest1,简单在列表的 guest1 上双击

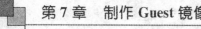

7.2.3 Debian /Ubuntu：debootstrap

在基于 Debian 的系统上，可以通过使用 apt-get install debootstrap 命令安装（如果尚未安装的话）debootstrap 软件包。一旦完成安装，便可以运行 debootstrap 命令，它使用户可以安装基本的基于 Debian 的系统到一个目录中。

想要安装的目录位置应该是相对于 guest 的 root 文件系统的。对于本例，我们创建一个分区镜像作为 root 文件系统（该操作的细节在第 8 章中讨论）。清单 7 - 11 显示了如何创建这个文件系统。使用 debootstrap 的例子假设你的 guest 的 root 分区被挂载到了/mnt/guest_image，如清单 7 - 11 所示。应该为每一个想要安装的 Debian 或 Ubuntu guest 创建分区镜像。

清单 7 - 11   创建和挂载一个分区镜像

```
［root@dom0］# dd if = /dev/zero of = /xen/images/sid - example. img \
bs = 1024k seek = 4000 count = 1
［root@dom0］# mkfs. ext3-F /xen/images/sid - example. img
［root@dom0］# mkdir-p /mnt/guest_image
［root@dom0］# mount-o loop /xen/images/sid - example. img \
/mnt/guest_image
［root@dom0］#
```

首先，我们需要找到 Debian 发行版来安装。如果在一个纯 Debian 的系统中，可以使用 debootstrap 命令和指定系列（suite）和位置，如清单 7 - 12 所示。Suite 指的是一个特定的 Debian 发行版的版本。在本例中，sid 是 Debian 的版本（或者系列），/mnt/guest_image 是目标目录。目录/mnt/guest_image 是 guest 的 root 分区被挂载的位置。

清单 7 - 12   在一个 Debian 系统中使用 debootstrap 创建一个 Debian Guest 镜像

```
［root@dom0 - debian - based］# debootstrap sid /mnt/guest_image
I：Retrieving Release
I：Retrieving Packages
I：Validating Packages
I：Resolving dependencies of required packages...
I：Resolving dependencies of base packages...
I：Checking component main on http://ftp. debian. org/debian...
I：Retrieving adduser
I：Validating adduser

［Deebootstrap output omitted］

I：Configuring sysklogd...
I：Configuring tasksel...
```

```
I：Base system installed successfully.
[root@dom0 - debian - based]#
```

一般地，如果在一个 Ubuntu 系统中，可以使用一个清单 7 - 13 所示的命令。在本例中，dapper 是安装到/mnt/guest_image 的 Ubuntu 的系列，或者版本。

清单 7 - 13   在一个 Ubuntu 系统中使用 debootstrap 来创建一个 Ubuntu Guest 镜像

```
[root@dom0]# debootstrap dapper /mnt/guest_image

I：Retrieving Release

I：Retrieving Packages

I：Validating Packages

I：Resolving dependencies of required packages...

I：Resolving dependencies of base packages...

I：Checking component main on http://archive.ubuntu.com/ubuntu...

I：Retrieving adduser

I：Validating adduser

[Deebootstrap output omitted]

I：Configuring gnupg...

I：Configuring ubuntu - keyring...

I：Configuring ubuntu - minimal...

I：Base system installed successfully.
[root@dom0]#
```

该包的系列（例如，sid 和 dapper）是可用的，因为使用的镜像分别是 Debian 专用的和 Ubuntu 专用的镜像。一个 CentOS 或 OpenSUSE 镜像将不能工作。请参考"参考文献和扩展阅读"一节的有关类似于能够用在 CentOS 和 OpenSUSE 上的 debootstrap 的工具的内容，例如 rpmstrap、rinse、带有 - install-root 选项的 yum 和带有 dirinstall 选项的 yast。Ubuntu 和 Debian 的镜像都在标准的/etc/apt/sources. list 文件中配置。如果想要在一个 Debian 系统上安装一个 Ubuntu 版本，或者在一个 Ubuntu 系统上安装一个 Debian 版本，需要在 debootstrap 命令行指定相应的服务器的镜像。因此在 Debian 上将需要指定一个 Ubuntu 镜像，并且你将使用如清单 7 - 14 所示的命令。一般地，在 Ubuntu 上将需要指定一个 Debian 镜像，并且你将使用如清单 7 - 15 所示的命令。

命令 debootstrap 依靠指定系列或版本的脚本。对每一个可用的版本的安装，一个相应的脚本位于/usr/lib/debootstrap/scripts 目录指示如何安装该版本。如果想要安装的 Debian 或 Ubuntu 的指定版本的 debootstrap 脚本在系统中不可用，那么可以从其他机器上复制脚本。例如，我们不得不从 Ubuntu 系统的/usr/lib/debootstrap/scripts/目录下复制 dapper 脚本到 Debian 系统的相应目录下以便在 Debian 系统中安装 dapper，如清单 7 - 14 所示。

运
行
Xen
:
虚
拟
化
艺
术
指
南

清单 7 - 14 在一个 Debian 系统中使用 debootstrap 来创建一个 Ubuntu Guest 镜像

```
[root@debian - dom0]# debootstrap dapper /mnt/guest_image\http://archive.ubuntu.
com/ubuntu
I: Retrieving Release
I: Retrieving Packages
I: Validating Packages
I: Resolving dependencies of required packages...
I: Resolving dependencies of base packages...
I: Checking component main on http://archive.ubuntu.com/ubuntu...
I: Retrieving adduser
I: Validating adduser

[Debootstrap output omitted]

I: Configuring gnupg...
I: Configuring ubuntu - keyring...
I: Configuring ubuntu - minimal...
I: Base system installed successfully.
[root@debian - dom0]#
```

清单 7 - 15 在一个 Ubuntu 系统中使用 debootstrap 来创建一个 Debian Guest 镜像

```
I: Configuring sysklogd...
I: Configuring tasksel...
I: Base system installed successfully.
[root@debian-dom0]#
[root@debian-dom0]# debootstrap sid/mnt/guest_image\
http://ftp.debian.org/debian
I: Retrieving Release
I: Retrieving Packages
I: Validating Packages
I: Resolving dependencies of required packages...
I: Resolving dependencies of base packages...
I: Checking component main on http://ftp.debian.org/debian...
I: Retrieving adduser
I: Validating adduser
[Debootstrap output omitted]
```

7.2.4 Gentoo:quickpkg 和 domi 脚本

对于 Gentoo,我们讨论两个选项。第一个是 quickpkg,它在概念上类似于 de-bootstrap。这两个工具都将操作系统安装到一个目录中。第二个选项是 domi 脚本,它在 Gentoo 系统中使用其他的包管理工具。

1. quickpkg

当传递特殊的标记给编译器的时候 Gentoo 允许编译系统。这些标记允许为硬件定制一个安装。我们已经在第 4 章中看到过了标记-mno-tls-direct-seg-refs 添加到了 Domain0 的编译中。通常,这些同样的编译标记在 DomU 环境中也是非常有用的。Gentoo 有一个选项可以极大地减少安装一个 DomU 系统所需要的时间,有效地取代(cut out)已经为 Domain0 重编译的包。这是通过使用一个名为 quickpkg 的 Gentoo 的工具完成的。quickpkg 创建了一个二进制包,类似于一个 RPM 或 DEB 文件,通过使用 Portage 系统得知哪些文件属于该包,然后从当前的文件系统中将那些文件读取出来。者拥有之前提到的避免编译阶段的优势,但是从文件系统中读取当前的文件有一个潜在的缺陷。如果文件在安装之后被修改了,那么被修改的新的文件将被选取和打包。由于 Gentoo 基于代码的特性,一些使用 Gentoo 包系统和软件的经验是被推荐的。在最小的情况下,选择跟随定制的 Gentoo DomU 镜像创建的用户应该对日复一日的 Gentoo 操作有一个正确的理解。Gentoo 有非常好的在线文档。参考本章的"参考资源和深入阅读"一节获取更多 Gentoo 的资源。

我们使用在 Domain0 中作为一个基础已经被安装了的包创建一个 DomU。为了做到这点我们需要安装 gentools 工具系列。清单 7 - 16 显示了这样做的命令。

清单 7 - 16　使用 emerge 来安装 gentools

```
[root@dom0]# emerge app - portage/gentoolkit

[Emerge output omitted]

[root@dom0]#
```

安装 gentools 给我们提供了 quickpkg 工具和其他很多工具。下一步需要用一个循环遍历当前在系统中安装的所有的包。这能够通过在命令行使用一个简单的 shell 脚本做到,如清单 7 - 17 所示。

清单 7 - 17　使用一个 Shell 脚本来处理所有已经安装的包来使用 quickpkg

```
for PKG in $(equery -q list | cut -d ' ' -f 3)
do
  quickpkg =$PKG
done
```

在清单 7 - 17 中的 shell 脚本为每个当前被安装的包都创建了一个 tarball,并且将 tarball 放入到/usr/portage/packages 中。如果想要它们被放置到不同的目录下,可以添加一行 PKGDIR=/some-where/else 到/etc/make. conf 里。

现在我们有一个准备好了的包供应,我们必须为 DomU 镜像创建一个磁盘。为了这样做首先使用 dd 命令制作一个稀疏(sparse)文件。然后,我们格式化该文件进一个文件系统中并且将该文件系统挂载。清单 7 - 18 显示了这样做使用的命令。

清单 7 - 18　创建和挂载 DomU 镜像

```
[root@dom0]# dd if = /dev/zero of = /var/xen/domU - Image bs = 1M \
```

```
seek = 8195 count = 1
[root@dom0]# mkfs.xfs-f /var/xen/domU - Image

[output omitted]

[root@dom0]# mkdir-p /mnt/domU
[root@dom0]# mount /var/xen/domU - Image /mnt/domU-o loop
[root@dom0]#
```

现在需要一个基本的 Gentoo stage tarball，它的版本需要足够高以提供我们可以用于配置包的工具，但是也不能太高以便将可以简单地重写我们包里的所有东西。stage2 tarball 符合这两个要求。从一个本地的 Gentoo 镜像获得一个标准的 stage2 tarball，然后将它解压到新的镜像中。这些操作的步骤已经在官方的 Gentoo 文档中详细地介绍了（请再一次参考"参考资源和深入阅读"一节获取更多信息）。清单 7 - 19 显示了这样做所使用的命令。用户选择使用一个 Gentoo 镜像，最好是最快的那个。

清单 7 - 19　下载 stage2 tarball

```
[root@dom0]# cd /mnt/domU
[root@dom0]# wget \ ftp://mirror.iawnet.sandia.gov/pub/gentoo/releases/x86/ ➡
current/stages/stage2-x86-2007.0.tar.bz2

[output omitted]

[root@dom0]# tar -xpjf stage2-x86-2007.0.tar.bz2
[root@dom0]#
```

现在有一个来自 stage2 基本 Gentoo 安装，需要一些简单的配置文件和一个为新的 Gentoo DomU 所创建的 swap 空间。清单 7 - 20 显示了创建 swap 空间和复制配置文件的命令第一个配置文件 resolv. conf 是域名服务器的列表以便于 DomU 能决定网络名字。第二个配置文件 make. conf 是非常重要的。它包含了所有的特殊设置，从编译标记到 Gentoo 的 USE 标记。它在匹配从 Domain0 来的这些设置是非常重要的，因为将从 Domain0 中配置包。一个不匹配将导致之后的 emerge 过程失败。

清单 7 - 20　Swap 和配置文件

```
[root@dom0]# dd if = /dev/zero of = /mnt/domU/swap bs = 1M count = 256

[output omitted]

[root@dom0]# mkswap /mnt/domU/swap

[output omitted]

[root@dom0]# cp /etc/resolv.conf /mnt/domU/etc/
[root@dom0]# cp /etc/make.conf /mnt/domU/etc/
```

```
[root@dom0]#
```

下一步，我们需要挂载一些特殊的文件系统，就像一个普通的 Gentoo 安装一样。清单 7 - 21 显示了这些命令。

清单 7 - 21　挂载 proc 和 dev

```
[root@dom0]# mount-t proc none /mnt/domU/proc
[root@dom0]# mount-o bind /dev /mnt/domU/dev
[root@dom0]#
```

现在到了使用 Portage 系统来启动 DomU 的重要部分。我们需要复制当前的 Portage 系统进新的 DomU 中，如清单 7 - 22 所示。

清单 7 - 22　复制 Gentoo Portage 树

```
[root@dom0]# cp-R /etc/portage /mnt/domU/etc
[root@dom0]# cp-a /usr/portage /mnt/domU/usr
[root@dom0]#
```

在这一步完成之后，DomU 有了同 Domain0 完全一样的 Portage 树，外形（profile），还有设置。现在使用包在新的 DomU 上安装系统。从 Domain0 中通过改变在 DomU 中所展现的 root 目录而做到这些。我们也必须禁用一些安全措施，主要是冲突和配置保护。通常这是不被建议的，但是因为正从一个当前运行的 Gentoo 系统中安装所有的包，所以我们应该不错。容纳后我们简单地用 emerge 使用所有的包并为"系统"目标重新安装所有的东西，如清单 7 - 23 所示。

清单 7 - 23　重新安装系统的命令

```
[root@dom0]# ROOT = /mnt/gentoo/ CONFIG_PROTECT = - /etc \
FEATURES = - collision - protect emerge- - usepkg- - emptytree system

[Debootstrap output omitted]

[root@dom0]#
```

现在，如果没有 USE 标记不匹配，我们已经准备好切换 root 到新的 DomU 中了。如果有 USE 标记不匹配，需要在 guest 的 make. conf 中修改 USE 标记，就像在普通的 Gentoo 系统中所做那样，然后重新运行清单 7 - 23 中的命令。清单 7 - 24 显示了切换到新的 DomU 系统的命令。

清单 7 - 24　使用 chroot 切换 root 进 DomU 系统

```
[root@dom0]# chroot /mnt/domU
[root@domU]# env - update
[root@domU]# source /etc/profile
[root@dom0]#
```

下一步我们需要在新的环境中安装 Gentoolkit。它给我们提供了一个新的工具 revdep-rebuild,再度出现的连接到一些不同于新的包的任何东西。换句话说,它清理了所有的依赖关系。我们应该为 Perl 和 Python 绑定做同样的事情。清单 7 − 25 显示了这样做的命令。

清单 7 − 25　清理依赖关系

```
[root@domU] # emerge- - usepkg gentoolkit
[Emerge output omitted]
[root@domU] # revdep - rebuild- - use - pkg
[revdep - rebuild output omitted]
[root@domU] # perl - cleaner all-usepkg
[perl - cleaner output omitted]
[root@domU] # python - updater
[python - updater output omitted]
[root@domU] #
```

现在我们准备好安装 Gentoo 系统了(就像安装一个普通的 Gentoo 系统一样),包括为系统安装多种工具。我们现在继续使用-usepkg emerge 标记来保存时间。如果有一个新的工具是 Domain0 没有但是 DomU 需要的,可以像通常那样 emerge(没有-usepkg)。一些需要记住的关键点是文件系统工具,配置 DHCP 客户端,设置 root 密码,和修改 fstab 和时区。清单 7 − 26 显示了安装这些必须的包和改变 root 密码的命令。

清单 7 − 26　安装必须的包

```
[root@domU] # emerge- - usepkg dhcp xfsprogs syslog - ng vixie - cron
[emerge output omitted]
[root@domU] # passwd root
[output omitted]
```

新的 DomU 的/etc/fstab 应该类似于清单 7 − 27。

清单 7 − 27　一个/etc/fstab 文件的例子

# <fs>	<mountpoint>	<type>	<opts>	<dump/pass>
/dev/xvda	/	xfs	noatime	0 1
/swap	none	swap	sw	0 0
proc	/proc	proc	efaults	0 0
shm	/dev/shm	tmpfs	nodev,nosuid,noexec	0 0

现在我们准备好退出 chroot 环境，创建 Xen 配置文件，然后最终启动新的 DomU。清单 7 - 28 显示了退出 chroot、创建文件和启动 DomU 的步骤。

清单 7 - 28　Guest 配置文件

```
[root@domU]# exit
[root@dom0]# cat > /etc/xen/gentoo
# general
name = "gentoo";
memory = 256;
kernel = "/boot/xen-domU";
disk = [ "file:/var/xen/domU-gentoo,xvda,w" ];
root = "/dev/xvda ro";
vif = [ "" ];
dhcp = "dhcp";
^D <-- this means to type CTRL + D on the keyboard
[root@dom0]# xm create-c gentoo

[Bootup process output omitted]

login:
```

2. Gentoo Domi 脚本

domi 工具是一个脚本，用于协调（leverage）其他发行版的包管理系统以快速和简单地创建新的 DomU。domi 脚本能够协调 yum 来创建 Fedora 或者 CentOS DomU 并且能够使用 debootstrap 来创建 Debian 和 SUSE 的 DomU。Gentoo DomU 也可以使用一个 domi 脚本被创建。

在 Gentoo 的 Portage 系统下，domi 被屏蔽了。为了解除对它的屏蔽，需要做的操作同在第 4 章解除对 Xen 的屏蔽所做的一样。编辑/etc/portage/package. keywords 文件以包含 domi。domi 包也需要一些被屏蔽的依赖，也就是多路径工具，如 yum 和 rpm。像通常那样，当屏蔽软件的时候，在行动之前了解这样做的分支（ramification）。清单 7 - 29 显示了应该被添加到/etc/portage/package. keywords 文件中的入口。

清单 7 - 29　domi 依赖

```
app-emulation/domi
sys-fs/multipath-tools
sys-apps/yum
app-arch/rpm
```

然后可以通过运行如清单 7 - 30 所示的 emerge 命令安装 domi。

清单 7 - 30　安装 domi

```
[root@dom0]# emerge domi
```

```
[Emerge output omitted]
[root@dom0]#
```

在 emerge 完成之后,domi 被安装。domi 脚本需要内核中的设备映射机制(Device-mapper)的使用。设备映射机制可以被编译进内核,也可以作为一个模块而被编译。如果设备映射机制作为一个模块被编译,确保该模块在运行 domi 之前就被安装。如清单 7-31 所示调用 modpobe。

清单 7-31 装载设备映射模块

```
[root@dom0]# modprobe dm_mod
[root@dom0]#
```

现在准备配置一个新的 DomU 镜像了。针对以上的例子,我们创建一个 Gentoo DomU。需要创建一个配置文件用于 domi 读取。这些文件是简单而直接的。清单 7-32 显示了使用 domi 创建 Gentoo guest 的配置文件。配置文件的第 1 行告诉 domi 为该 DomU 在哪创建镜像文件。第 2 行指定了选择使用一个稀疏的或预分配的虚拟磁盘。第 3 行告诉 domi 将该 DomU 的 Xen 配置文件放到哪里。第 4 行是用于引导 DomU 的内核。第 5 行是想要 domi 为我们创建的发行版的类型,当前可供选择的发行版有 Debian,Gentoo,SUSE,和 ttyLinux。第 6 行是新的 DomU 的名字。第七行是我们想提供给新的 DomU 的虚拟磁盘的类型。

清单 7-32 一个用于 Gentoo guest 的 domi 配置文件的实例

```
DOMI_DISK_FILE = "/var/xen/gentoo-domU.img"
DOMI_DISK_SPARSE = "yes"
DOMI_XEN_CONF = "/etc/xen/gentoo-example"
DOMI_XEN_KERNEL = "/boot/xen-domU"
DOMI_DISTRO = "gentoo"
DOMI_NAME = "gentoo-example"
DOMI_VDISK = "hda"
```

为了创建 DomU guest,我们简单地将配置文件作为一个参数调用 domi,如清单 7-33所示。

清单 7-33 创建 Gentoo guest

```
[root@dom0]# domi gentoo-domi.config
[domi output omitted]
[root@dom0]#
```

domi 脚本然后开始运行来创建新的 DomU。这也许会花费一段时间,这主要取决于所选择的发行版和 Internet 连接的速度。

在 domi 完成之后,用户已经准备好启动新的 DomU 了。清单 7-34 显示了启动在清单 7 - 33 中所创建的 DomU 的命令。

清单 7 - 34　启动 Gentoo Guest

```
[root@dom0]# xm create gentoo - example

[xm create output omitted]

[root@dom0]#
```

清单 7 - 35 显示了一个用于创建一个 Fedora DomU 的配置文件。清单 7 - 36 显示了使用 domi 创建 Fedora DomU 的命令，并且也显示了运行 domi 输出的一个片段。

清单 7 - 35　一个用于 Fedora Guest 的 domi 配置文件的例子

```
DOMI_DISK_FILE = "/var/xen/fedora - domU.img"

DOMI_DISK_SPARSE = "yes"

DOMI_XEN_CONF = "/etc/xen/fedora - example"

DOMI_XEN_KERNEL = "/boot/xen - domU"

DOMI_DISTRO = "fedora"

DOMI_NAME = "fedora - example"

DOMI_VDISK = "hda"
```

清单 7 - 36　使用 domi 创建一个 Fedora DomU Guest

```
[root@dom0]# domi fedora_config

##
###fedora-example: initialization (i386)###
###
###fedora-example: initialization (i386)
###
###fedora-example: setup disk
###(sparse file /var/xen/fedora-domU.img)
###
###
###fedora-example:
###setup disk (sparse file /var/xen/fedora-domU.img)
###
1+0 records in
1+0 records out
1048576 bytes (1.0 MB) copied, 0.005433 s, 193 MB/s
Disk /dev/loop/1: 4295MB
Sector size (logical/physical): 512B/512B
Partition Table: msdos
Number  Start   End     Size    Type      File system  Flags
```

201

```
1      0.51kB   4026MB   4026MB   primary                    boot
2      4026MB   4294MB   268MB    primary

add map 1-part1 : 0 7863281 linear /dev/loop/1 1
add map 1-part2 : 0 522648 linear /dev/loop/1 7863282
###fedora-example: setup root fs and swap###
###
### fedora-example: setup root fs and swap
###
Setting up swapspace version 1, size = 267591 kB
Label was truncated.
LABEL=fedora-example-, UUID=b0caa752-158d-49e2-9a32-d6e5a998d969
###fedora-example: copy saved yum cache
### [/var/cache/domi/fedora-pub-fedora-linux-core-4-i386-os]
###
###
### fedora-example: copy saved yum cache
### [/var/cache/domi/fedora-pub-fedora-linux-core-4-i386-os]
###


###fedora-example: fetch and install###
###
### fedora-example: fetch and install
###
# [main]
# reposdir=""
# gpgcheck=0
# debuglevel=2
# installroot=/tmp/domi-12119/mnt
#
# [fedora]
# name=Fedora Core
# baseurl=http://download.fedora.redhat.com/pub/fedora/\
#linux/core/4/i386/os/
#
Warning, could not load sqlite, falling back to pickle
Setting up Group Process
Setting up repositories
fedora                                                        [1/1]
fedora                         100% |================| 1.1 kB   00:00

[domi output omitted]


### fedora-example: save yum cache
### [/var/cache/domi/fedora-pub-fedora-linux-core-4-i386-os]
```

```
###
###fedora-example: cleanup: virtual disk
###
###
### fedora-example: cleanup: virtual disk
###
/dev/mapper/1-part1 umounted
del devmap : 1-part1
del devmap : 1-part2
###fedora-example: cleanup: remove tmp files###
###
### fedora-example: cleanup: remove tmp files
###
```

7.2.5　Xen Express

在第 4 章,将 Xen Express 作为 Domain0 而安装,并且显示了如何安装客户端软件包来管理 Xen Express 服务器。在本节,我们显示如何使用 Xen Express 客户端来创建一个 guest。在第 14 章将研究 XenExpress 的管理功能。

回想一下可以运行 xenserverclient 启动 Xen Express 客户端,装载了图 7-20 所示的 XenServer 主窗口。通过选择在第 4 章所给的 Xen server 的名字,用户可以单击位于窗口中间工具栏的安装 XenVM 按钮。

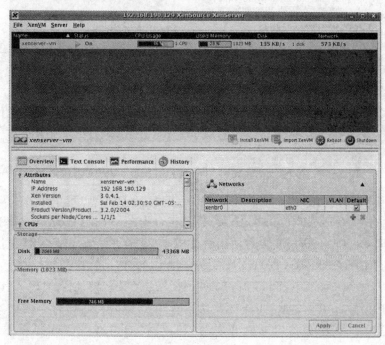

图 7-20　单击 xenserver-vm 激活 Install XenVM 按钮

203

单击安装 XenVM 按钮会弹出一个窗口,如图 7－21 所示。很多 guest 安装的模板可供选择。这些都已在 install 的下拉框中列出,并且包含了 3 个 PV guest 选项:Debian Sarge Guest 模板,Red Hat Enterprise Linux 4.1 Repository,还有 Red Hat Enterprise Linux 4.4 Repository。有 5 个 HVM guest 选项:Red Hat Enterprise 5,SUSE Linux Enterprise 10 Service Pack1,Windows Server 2003 Standard/Enterprise,Windows 2000 Service Pack 4,还有 Windows XP Service Pack 2。

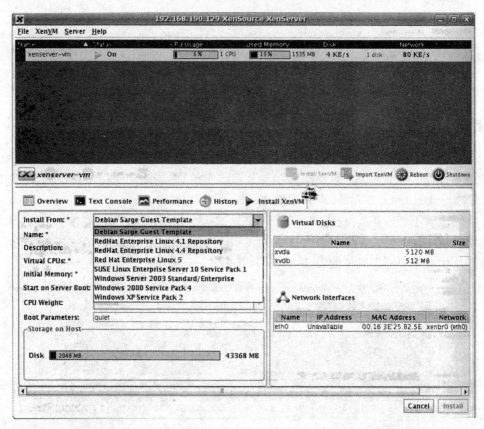

图 7－21　Xen Express 安装 XenVM 标签显示了安装位置的选择

在接下来的例子中使用 Debian Sarge Guest 模板。RHEL 4.1 和 RHEL 4.4 repository 选项带来了一个 Red Hat Anaconda 安装,让用户指定一个网络安装源(NFS,HTTP,FTP)。这同 CentOS/Fedora 安装时使用的 URL 介质是类似的,但是在这里使用的是 RHEL。剩下的选项是基于 CD/DVD 的安装,因此需要 HVM 支持。

我们从 Install 旁的下拉框中选择 Debian Sarge Guest 模板,并且输入其名称,在本例中,输入 Debian1。虚拟 CPU 被默认设置为 1,然后初始化内存被默认设置为 256。我们单击"在服务器启动时开启"按钮,使得如果重启 Xen 服务器,那么该 guest 也会跟着自动启动。虚拟磁盘和网络接口可以采用默认值。新 guest 有一个叫做 xvda 的 5GB 的 root 文件系统和一个为虚拟驱动器准备的 512MB 的 swap 驱动器，还有一个桥接网卡（bridged network card），如图 7-22 所示。

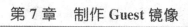

图 7-22　为 Debian guest 在 Install XenVM 栏下填入一些值

　　当对设置感到高兴的时候，单击 Install 按钮。这将会添加 debian1 guest 到带有"＊＊＊Installing"的状态窗口，7-23 所示。

　　在安装完成之后，状态改变到"starting"，然后历史标签打开。它使用户了解该操作提交的时间和所花去的时间。图 7-24 显示了这个窗口。

　　在 guest 自动启动之后，并且通过在清单 7-22～7-24 所显示的模板被快速地创建之后，debian1 guest 的状态改变为 On。通过单击 debian1 guest 按钮，文本控制台标签打开，显示了系统启动过程，如图 7-25 所示。

　　在启动过程的最后，guest 的一次配置发生了。提示输入一个 root 密码和一个 VNC 密码。两个密码都是盲打的，意思是在屏幕上没有字符显示。也会提示输入一个主机名。ssh 服务器被配置，然后开启一些服务，接下来是一个登录屏幕，如图 7-26所示。

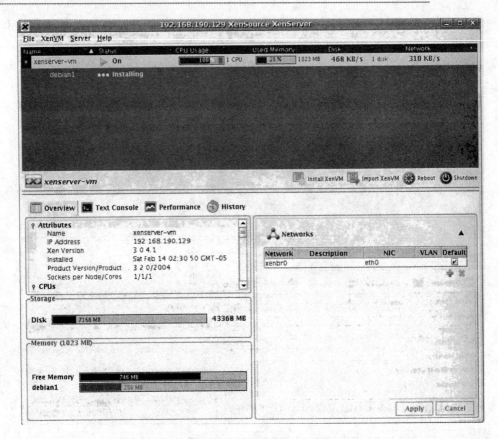

图 7 - 23　在单击了 Install 按钮之后,XenExpress 主窗口显示了一些信息

现在可以单击"图形化控制台"标签,它会提示用户输入刚才设置的 VNC 密码,
然后展现在用户面前的便是图 7 - 27 所示的 GDM 的登录界面。

现在已经有了一个包括文本和图形化控制台的 Debian Sarge 安装。最终,应该
注意到在顶端右上角的图形化控制台按钮,它允许 undock guest 以使得它只处在自
己的窗口时才可用。图 7 - 28 显示了一个 undock 窗口的例子。

注意:

默认安装的窗口管理器设置为 XFCE,因为它占据较少的空间。如果需要另一
个桌面环境,比如 GNOME 或 KDE,可以像在一个普通的 Debian 系统中一样安装它
们。

关于 Citrix XenServer Express Edition 的更多信息请参考:http://www.cit-
rixxenserver. com/products/Pages/XenExpress. aspx。

我们现在已经完成了半虚拟化 guest 制作方法的讨论。表 7 - 1 显示了从主观
经验上看,各个平台下 guest 安装的一些相对的优点和缺点。

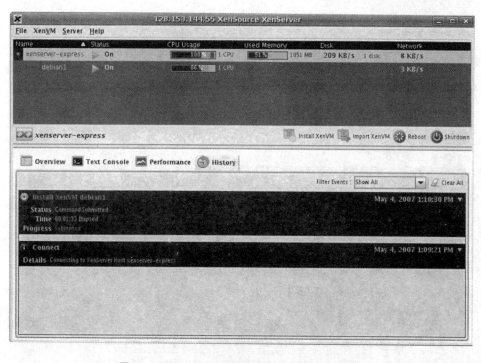

图 7 - 24　显示提交的和完成的事件的历史标签

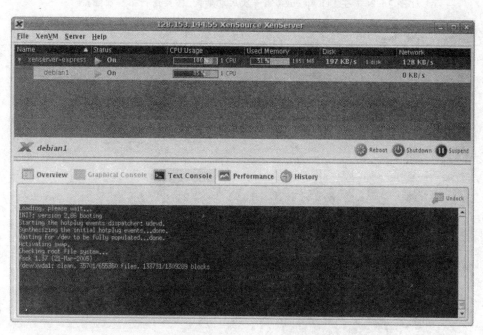

图 7 - 25　显示在文本控制台的一个标准的 Debian 启动过程

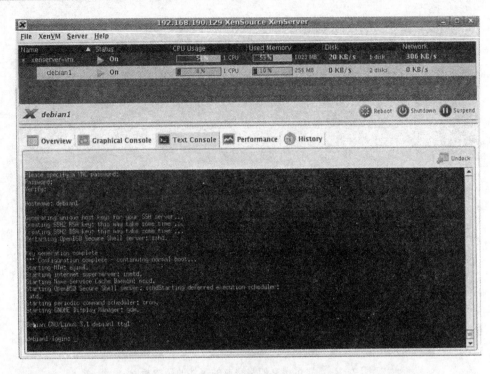

图 7 - 26　在 Debian guest 第一次启动期间，需要进行第一次配置

图 7 - 27　出现在 Debian 图像化控制台的登录窗口

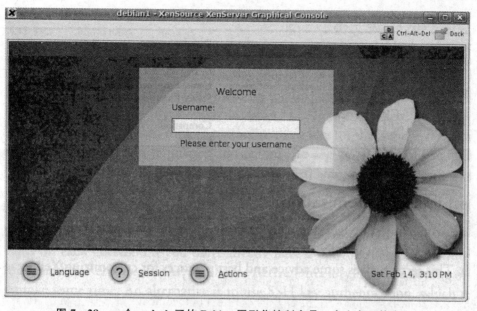

图 7 - 28　一个 undock 了的 Debian 图形化控制台是一个它自己的窗口，
也可以通过单击在右上角的 Dock 按钮返回到 XenExpress 主窗口

表 7 - 1　Xen Guest 创建的优点和缺点

Type	Advantages	Disadvantages
OpenSUSE	Early adoption of Xen Several good installation options	Some installation methods either are tricky or don't work as well as others.
CentOS	Good mix of command line and graphical tools with the same basic functionality	Some divergence from upstream Xen releases.
Ubuntu	Easy guest installation with distribution tool debootstrap	Support for Xen not in the core (main) packages supported. (However, the community (universe) support is good.) Lack of native GUI tools that come with the distribution.
Gentoo	Easiest to install different distributions as guests	Compile flags and options can be confusing. Experience with the Gentoo software build and packaging systems presents a higher barrierto entry
Xen Express	Template-based installations of guests More advanced functionality in GUI interface	Limited support/capability compared to Server/Enterprise versions.
		Compatibility/similarity with other distributions limited.

7.3　Guest 镜像的定制

当手动制作 guest 镜像或使用从 Internet 下载的镜像时，仔细地定制镜像将其彼此区分是非常有用的。本节给出一些关于定制 Xen 镜像的建议和最好的实践。

7.3.1　定制主机名

主机名的区别是非常重要的，这样便可以知道正在操作的是哪一个 guest 并且在同样的本地网络下的 guest 不会有任何的冲突。对主机名进行修改通常是针对发行版来言的。通常不同的自动化的终端或图形化工具能够帮助进行此操作。如果对此拿不准的话，请参考包含在发行版中的文档。

然而，用户仍然可以讨论绝大多数通常修改的位置并找到其他的问题。最小情况下，在很多发行版的/etc/hostname 和/etc/hosts 文件中有一个通常的用途和格式。/etc/hostname 包含了系统所需要的主机名。使用/etc/hosts 文件可以使得本地系统工具能够查明系统主机名并同本地主机（localhost）和本地主机的 IP 地址（es）相匹配。该/etc/hosts 文件可以在发行版之间轻微的改变，但是其一般的格式显示在清单 7 - 37 中。

清单 7 - 37　一个/etc/hosts　文件的例子

```
#ip address    #hostname      #alias
127.0.0.1     localhost
127.0.1.1     myhostname     myhostname.mydomain.com
```

另一个定制是被发送给动态主机配置协议（DHCP）服务器的主机名。在基于 Debian 的系统中，发送主机名的位置在文件/etc/dhcp3/dhclient. conf 中。send host-name 一行应该被取消注释并且用想要的主机名集合进行编辑。在基于 Red Hat 系统中，DHCP 主机名的设置通过添加 DHCP_HOSTNAME＝"desired-host-name"一行到文件/etc/sysconfig/network/ifcfg-ethX 中而完成，其中"X"是以太网设备号。为 Xen guest 定制这些文件的最佳时间是当它们被第一次挂载和制作的时候，并且在使用 xm create 来启动它们之前；用此方法则在它们启动后它们便已经有了正确的主机名集合。

7.3.2　定制用户

当使用 Xen guest domain 的时候，在每个 guest 上处理本地用户帐户是非常麻烦的。因此如果还没有一个合适的基于网络的认证方案（比如 Kerberos、LDAP、Samba 或 Active Directory），那么设置这些也许会花费一段时间。一个可选的方案是使用 SSH　密钥认证（SSH key authentication），它使用一个公钥和私钥对。这些密钥用于授权拥有私钥的人通过 SSH 访问一个远程的系统，它允许 Domain0 或一个可信的管理控制点连接和管理 guest。SSH 密钥认证安装非常简单因为它仅仅需要一个可用的 SSH 服务器和一个来自连接主机的公钥被添加到 .ssh/authorized_key 文件中。清单 7 – 38 显示了如何使用命令创建和复制密钥到合适的位置。请参考 ssh-keygen 和 ssh-copy-id 的帮助页以获取更多信息。

清单 7 – 38　使用 ssh 工具来安装简单的 SSH 密钥认证

```
The key fingerprint is:
ca:e6:7f:48:be:e6:33:e3:2e:6c:51:4f:84:3f:d8:1e user@dom0
[user@dom0]$ ssh – copy – id-i .ssh/id_rsa.pub domU
[user@dom0]$ ssh domU
Last Login on: <Date>
[user@domU]$ cat .ssh/authorized_keys
ssh – rsa AAAAB3NzaC1yc2EAAAABIwAAAQEA26Z6jyYeprOvOQhpLa6VnLCxKOQk
GVyS5draf5c8JuqNgh6ybERvkcgkuQlY9Yx865bpkhY7HRmunGWyiySOLy0QXx23
Qhf8cW4WfVd1RbMOrvRqVO1sxSZjbfbENkt63sXhaqQsNBc9LI8cg9PWAS0p1FXm
Zwc3QGGnV2sNWakx9bApUZN8okvBncmHuSv7SvTCgjmXuZFrHcK + i3NE5RvOCwCj
ntfaG67hsfMDhhJD9p/h0p + OO + OGaDtVRUI7oXxTYZNKFWe7rxH89UbsNjW7uX5c
zRy8Veq3fSx82vxOyanCUOCJGxJjDxluLi7loQ168a8rj5H2p2P2q1RuCQ = =
[user@domU]$
[user@dom0]$ ssh – keygen-t rsa
Generating public/private rsa key pair.
Enter file in which to save the key (/home/user/.ssh/id_rsa):
Enter passphrase (empty for no passphrase):
Enter same passphrase again:
Your identification has been saved in /home/user/.ssh/id_rsa.
Your public key has been saved in /home/deshant/.ssh/id_rsa.pub.
```

7.3.3　定制软件包和服务

当最开始创建 DomU guest 镜像的时候，对所安装的包有更多的控制。大多数 Linux 发行版的安装或者安装工具（debootstrap、emerge 等）允许最小化安装、基本安装或服务器安装。应该为 guest 选择一项安装并且添加更多所需要安装的软件包。这有几个重要的好处。首先，它保持 guest 镜像很小，这有可以节省空间。其次，安装了一些软件包之后使得 DomU 更易于被管理，因为安全更新和版本更新需要应用到每一个有特殊软件版本的 DomU 中。最后，对于 guest 实现它的功能来说不需要的服务应该在启动的时候被禁用或被全部删除。

7.3.4　定制文件系统表（ /etc /fstab）

在 Linux 中，/etc/fstab 文件包含了一个列出了块设备、挂载点、文件系统类型和几个其他选项的表。在操作 DomU guest 的块设备的时候一个需要记住的关键点是它们应该仅仅访问明确通过 xm 操作输出的驱动程序。xm create 命令从 guest 配置文件中读取初始化的设备,然后 xm block-attach 能够添加块设备。xm create 命令已经在第 6 章中介绍了。xm block-attach 在附录 B"xm 命令"中有介绍。

指定 DomU 得到的块设备的优点在于允许用户相应地做出计划。因此当用户输出一个物理分区(例如 sda8)到 guest 的时候,用户需要为 guest 指定一个分区。清单 7 - 39 显示了在一个 guest 配置文件中 disk 行的使用。物理分区 sda8 被输出,但是在 guest 看来是 hda2。清单 7 - 40 显示了在 guest 配置中的使用。

清单 7 - 39　在 Guest 配置文件中的 Disk 行,将文件作为 hda1,将本地 Domain0 的/dev/sda8 分区作为 hda2 而输出。

```
disk = ['tap:aio:/xen/images/guest_partition.img,hda1,w',  ➥
        'phy:sda8,hda2,w']
```

清单 7 - 40　/etc/fstab 文件的例子,Guest 将 root 作为 hda1,将 Swap 作为 hda2

```
proc            /proc        proc     defaults    0 0
/dev/hda1       /            ext3     defaults,errors=remount-ro    0 1
/dev/hda2       none         swap     sw          0 0
```

当操作 prebuilt guest 镜像的时候,可能有一个已经存在的/etc/fstab 文件也许假定正在使用的磁盘镜像有一个定义的标签或者 UUID。例如,当下载 openfiler tar 文件的时候,像第 5 章那样,初始的/etc/fstab 文件假定 root 分区是一个带有标记"/"的分区(初始的/etc/fstab 可以在清单 7 - 41 中找到)。

清单 7 - 41　来自初始 fstab tarball 的 guest fstab 文件

```
LABEL=/         /            ext3     defaults                 1 1
none            /dev/pts     devpts   gid=5,mode=620           0 0
none            /dev/shm     tmpfs    defaults                 0 0
none            /proc        proc     defaults                 0 0
none            /sys         sysfs    defaults                 0 0
/dev/cdrom      /mnt/cdrom   auto     noauto,ro,owner,exec     0 0
/var/swap       swap         swap     defaults                 0 0
```

注意:
如果 DomU guest 正在使用一个来自 Domain0 的内核和 ramdisk,那么用户应该从 Domain0 中复制模块到 guest 中以应用定制。我们在第 5 章就是这样做的。

7.4　转换已经安装的 OS

现在看一下如何将一个已经安装的 OS 作为一个 guest 镜像而使用。回想一下在第 5 章看到过了使用硬盘驱动器分区的一个例子。我们使用 GParted 来调整一个已经存在的分区的大小,创建了新的分区然后将一个压缩文件的内容解压到此处。

在本章,我们转换一个半虚拟化的 Linux 安装。HVM guest 也是类似的。绝大部分的不同在于不同的操作系统。Windows 处理分区不同于 Linux。在 Windows 下,一个作为 had 被输出的驱动器显示成 C:,hdb 显示成 D:,hdc 显示成 E:,等等。同样,一般,一个 SCSI sd * 设备(例如,sda)驱动器在 Windows 安装特殊驱动程序过程中,如果没有装载其驱动程序那么 Windows 是不支持它的。

在本节,我们讨论如何使用一个已经安装非虚拟化的 OS 作为一个 Xen DomU guest 的基础。如果有一个已经安装的 OS 并且 Xen 对其提供支持,那么可以将该 OS 转变成一个 DomU guest。但是,为了正确安装需要意识到一些细微的问题。它也许会试着认为因为在物理驱动器上安装的 OS 可以工作,所以不需要对其进行任何修改。但是,一旦完成将安装的 OS 变为一个 DomU guest,Xen Hypervisor 是不能将其作为一个虚拟化的 guest 而使用的。在 DomU guest 的配置文件中已被授权的资源却被限制访问。用户需要调整被复制的安装 OS 以使用这些虚拟化的资源而不是它所期望的直接使用物理资源。

转移到虚拟化世界之后的一个重要的不同在文件系统表/etc/fstab 中可以找到。回想一下在第 5 章编辑 fstab 来启动一个压缩文件系统镜像。该文件告诉内核如何映射硬件驱动器分区到文件系统的目录上。清单 7 - 42 显示的是一个在物理机器上安装的操作系统的一个典型的 fstab 文件。该/etc/fstab 文件来自一个运行着 Ubuntu 6.06 的服务器。为了增强其可读性,删除了/dev/hda1 分区的 errors＝remount-ro 选项。

清单 7 - 42　一个/etc/fstab 的基本例子

```
# <file system>  <mount point>  <type>  <options>            <dump>  <pass>
proc             /proc          proc    defaults             0       0
/dev/hda1        /              ext3    defaults             0       1
/dev/hda4        none           swap    sw                   0       0
/dev/hdc         /media/cdrom0  udf,iso9660user,noauto 0            0
```

注意到已经存在的安装操作系统的/etc/fstab 文件谈到了在本地磁盘上的物理分区,包括它位于/dev/hda1 的 root 分区,和位于/dev/hda4 的 swap 分区。在 Xen 系统上,Domain0 被典型的配置而直接使用这些物理资源。其他的 guest 也许也被授权访问在同一个驱动器上的指定的分区。允许多个 guest 访问同一个块设备(即同一个分区)通常来说是不安全的,除非它们的共享是只读的。如果两个 guest 要写入同一个块设备,冲突(corruption)是不可避免的。每一个 guest 镜像的内核假设它拥有访问整个磁盘或分区的写的权限,或每一次尝试独立地修改目录结构的文件系统。例如,它们也许在同一个时刻都试着添加一个文件到/目录中。可以在导致文件系统元数据冲突的竞争改变之间建立一个竞赛条件(race condition)。

Xend 实际上阻止用户挂载一个块设备的读/写到多个 guest 之上。有多种方法可以跳过这个机制,但是这是极力不推荐的。一个共享块设备的更好方式是使用一

213

个网络文件系统（比如 NFS）或者甚至一个集群文件系统（比如全局文件系统
[GFS]），或者 Oracle 集群文件系统[ocfs2]。我们在第 8 章更加详细的讨论一些基
于网络的解决方案。

因此，我们需要修改已经安装的 OS 中的/ect/fstab 文件来正确地反映被 Do-
main0 明确输出的实际的设备（真实的或虚拟的）。换句话说，guest 将仅仅被允许在
它的新的虚拟世界中访问设备。清单 7-43 显示了在 Domain0 被顺序安装之后的
系统安装时的/etc/fstab 文件的一个例子。该/etc/fstab 文件来自一个用作 Xen
guest 的正在运行的 Ubuntu 6.10 桌面系统。为了增强可读性，我们删除了/dev/
hda7 分区的 errors＝remount-ro 选项，nls＝utf8，umask＝007，和 gid＝46 选项（它
是一个 Windows XP 的 NTFS 分区）。

清单 7-43　一个/etc/fstab 的例子（来自新安装的系统）

```
# <file system> <mount point> <type>        <options>      <dump>  <pass>
Proc            /proc         proc          defaults        0       0
/dev/hda7       /             ext3          defaults        0       1
/dev/hda1       /media/hda1   ntfs          defaults,*      0       1
/dev/hda6       /media/hda6   ext3          defaults        0       2
/dev/hda5       none          swap          sw              0       0
/dev/hdc        /media/cdrom0 udf,iso9660   user,noauto     0       0
```

对于本例，我们想要分区/dev/hda7 为 DomU guest 安装的 root 分区"/"，/dev/
hda6 为 Domain0 的 root 分区"/"。我们想作为一个 guest 的已经存在的安装 OS 在
Xen 系统之后被安装。因此一般地，它相信自己是新的基本系统并且没有干涉，将在
启动时尝试挂载 Domain0 的 root 分区（/dev/hda6）到/media/hda6。就像我们已经
说过的，为了安全，我们不想在我们新的 guest 中挂载任何已经被 Domain0 挂载的分
区，尤其是它的 root 分区。一般地，当 guest 正在运行的时候任何挂载到新的 guest
中的分区也不应该被挂载到 Domain0 中。除非它被只读的挂载。该规则的一个例
外是一些时候 guest 分区被临时可写的挂载到 Domain0 中进行一些修改，比如修改/
etc/fstab。但是，当 guest 正在运行的时候这个操作是不能进行的。

为了将系统安装到/dev/hda7，使其作为一个 DomU guest 而正常工作，需要做
出一些修改。首先也是最重要的，指定 Domain0 root 文件系统的一行（/dev/hda6）
需要被注释掉或者被完全的删除。对 fstab 文件进行的最小化的改动如清单 7-44
所示。同样，guest 的 xm 配置文件也需要被修改以输出 guest 所需要的分区。该/
etc/fstab 文件来自一个用作 Xen guest 的正在运行的 Ubuntu 6.10 桌面系统。注意
到符号＃代表了注释并被内核忽略掉。增强了可读性，我们删除了/dev/hda7 分区
的 errors＝remount-ro 选项，nls＝utf8，umask＝007 和 gid＝46 选项（它是一个 Win-
dows XP 的 NTFS 分区）。

清单 7 - 44　一个被修改的/etc/fstab 的例子（来自新安装的系统）

# <file system>	<mount point>	<type>	<options>	<dump>	<pass>
Proc	/proc	proc	defaults	0	0
/dev/hda7	/	ext3	defaults	0	1
#/dev/hda1	/media/hda1	ntfs	defaults,*	0	1
#/dev/hda6	/media/hda6	ext3	defaults	0	2
/dev/hda5	none	swap	sw	0	0
#/dev/hdc	/media/cdrom0	udf,iso9660	user,noauto	0	0

正像在第 5 章中所看到的，也许想要获得的另一个细节是复制同 Domain0 兼容的内核模块到 Xen DomU guest 中。这很快将不再是一个问题，因为一些 Xen DomU 支持已经被添加到了 Linux Kernel 中，比如在第 1 章描述的在 2.6.23 版本中使用的 paravirt_ops。如果内核在已经存在的并为 Xen 兼容的安装 OS 中启动时是非常有帮助的——即能够在半虚拟化模式下作为一个 DomU guest 启动。在本例中，我们可以使用在第 5 章中描述的 pygrub。然而，如果 guest 内核不被支持，将需要像在第 5 章中讨论过的使用外部内核和 RAM disk 启动。在本例中，我们应该添加相应的内核模块（同在第 5 章的例子中看到的非常相似）。清单 7 - 45 显示了复制模块的命令。首先创建一个临时的目录（使用 mkdir）用于挂载 guest 分区；然后挂载 guest 分区（使用 mount），复制模块（使用 cp），然后最终使用 umount 解除分区的挂载。

215

清单 7 - 45　复制 Domain0 的模块到在一个分区中安装的 Guest 中

```
[root@dom0]# mkdir /mnt/guest_partition
[root@dom0]# mount /dev/hda7 /mnt/guest_partition
[root@dom0]# cp-r /lib/modules/uname-r \
/mnt/guest_partition/lib/modules/
[root@dom0]# umount /mnt/guest_partition
[root@dom0]#
```

下一步，需要一个 guest 配置文件来授予 guest 访问物理分区的权限，使其可以正常工作。对于这点，我们直接输出它所期望的物理设备。注意到在清单 7 - 46 中的 root 参数。它告诉内核 root 文件系统的位置。一个配置文件的例子显示在之前的清单 7 - 45 中。和通常一样，将 DomU 的配置文件存储在/etc/xen 中；对于本例称其为 ubuntu-edgy。我们使用来自 Domain0 的内核和 RAM disk 作为 DomU 的内核和 RAM disk。输出 guest 所期望的 root 文件系统/dev/hda7 和 swap 空间/dev/hda5。确定不要让 DomU 和 Domain0 使用同一个 swap 空间，因为这是不安全的。

清单 7 - 46　用于已经存在的安装 OS 的 DomU guest 配置文件

```
kernel = "/boot/vmlinuz - 2.6.16 - xen"
ramdisk = "/boot/initrd.img - 2.6.16.33 - xen"
```

```
memory = 128
name = "ubuntu - edgy"
vif = [ '' ]
dhcp = "dhcp"
disk = ['phy:hda7,hda7,w',hda5,hda5,w']
root = "/dev/hda7 ro"
```

最后，我们能够使用 xm create 来启动已经通过已经存在的安装 OS 所创建的 DomU guest。清单 7 - 47 显示了 xm create 命令；它的输出被省略了，因为它类似于以前看到过的 Linux 启动过程。我们使用带有-c 选项的 xm create 命令以至于在 guest 启动时可以看到 guest 控制台。

清单 7 - 47　启动基于存在的安装 OS 的 DomU guest

```
root@dom0 xm create-c ubuntu - edgy
[output omitted]
```

现在可以在成为一个 Xen guest 的限制下类似于使用存在的安装 OS 那样的使用该 guest。

至此结束了关于如何配置先前存在的独立安装 OS 作为 DomU 安装 OS 的讨论。该方法相对比较简单，因为它允许用户建立一个可用的独立系统并且仔细地将其转换成一个 DomU guest。这个方法也有一些明显的要求，比如操作系统必须是 Xen 兼容的，并且在机器上有多个现存的安装操作系统或者空闲分区以使得用户可以做一些普通的安装然后转换它。用户应该意识到可以在 IDE 或 SCSI 驱动器上创建分区数量的可能的限制，因为在操作系统中通常对分区的数量都有限制。如果遇到了这种类型的限制，LVM 或基于网络的存储选择也许对用户来说会是一个更好的选择（详细内容请参考第 8 章）。

小　结

本章给出了多种方法供用户创建你自己的 guest 镜像，包括 HVM guest 和 PV guest。此外，我们讨论了定制 guest 镜像时需要考虑的一些问题。最后，用户学到了如何将一个已经存在的安装操作系统转换成一个 Xen guest。第 8 章将会介绍更多高级的方法，供在存储 guest 和安装自己定制的基于网络和基于文件的存储时使用。

参考文献和扩展阅读

Burdulis, Sarnas. "Xen 3. 04 HVM and Debian Etch. " Dartmouth College.
　http://www. math. darmouth. edu/~sarunas/xen_304_hvm_etch. html

"CentOS-4 on Xen. "

　　http：//mark. foster. cc/wiki/index. php/Centos-4_on_Xen

Citrix XenServer Express Edition Download. Citrix.

　　http：//www. xensource. com/Pages/XenExpress. aspx

"Configuring Gentoo with Xen. " Gentoo Linux.

　　http：//www. gentoo. org/doc/en/xen-guide. xml.

"Creating and Installing a CentOS DomU Instance. " CentOS Wiki.

　　http：//wiki. centos. org/HowTos/Xen/InstallingCentOSDomU

"Debian Sarge on Xen. "

　　http：//mark. foster. cc/wiki/index. php/Debian_Sarge_on_Xen

Fedora Xen Quickstart Guide.

　　http：//fedoraproject. org/wiki/FedoraXenQuickstartFC6.

FreeBSD/Xen-Free BSD Wiki

　　http：//wiki. freebsd. org/FreeBSD/xen

Gentoo Linux Resources

　　http：//www. gentoo. org/doc/en/

　　http：//www. gentoo. org/doc/en/handbook/index. xml

　　http：//gentoo-wiki. com/Official_Gentoo_Documentation

"HOWTO：Virtual Xen Servers and Gentoo. " Gentoo Wiki.

　　http：//gentoo-wiki. com/HOWTO_Virtual_Xen_Servers_and_Gentoo.

"HOWTO Xen and Gentoo. " Gentoo Wiki.

　　http：//gentoo-wiki. com/HOWTO_Xen_and_Gentoo.

"Installing and Using a Fully-Virtualized Xen Guest. " CentOS Wiki.

　　http：//wiki. centos. org/HowTos/xen/InstallingHVMDomU.

"Installing Xen3 - openSUSE" includes yast dirinstall

　　http：//en. opensuse. org/Installing_Xen3

"Installing Xen on Ubuntu Feisty Fawn - The Complete Newbies Guide. "
Redemption in a Blog.

　　http：//blog. codefront. net/2007/06/26/installing-xen-on-ubuntu-feisty-
fawn-the-complete-new bies-guide/.

Rosen，Rami. "Virtualization in Xen 3. 0. " Linux Journal.

　　http：//www. linuxjournal. com/article/8909.

"rpmstrap - Bootstrap a Basic RPM - Based System. "

　　http：//rpmstrap. pimpscript. net/.

Timme，Falko. " The Perfect Xen 3. 1. 0 Setup for Debian Etch（i386）. "
HowtoForge.

http：//www. howtoforge. com/debian_etch_xen_3. 1.

"Xen. "openSUSE.

http：//en. opensuse. org/Xen.

"Xen. " Ubuntu Wiki.

http：//help. ubuntu. com/communitu/Xen.

"Xen 3. 1 Binary Installing CentOS 5. 0 [with HVM support]. " Oracle DBA Blog.

http：//bderzhavets. blogspot. com/2007/08/xen-3_10. html.

"Xen Tools. " Xen guest creation tools for Debian.

http：//xen-tools. org/software/xen-tools/.

xen-tools. org rinse

http：//xen-tools. org/software/rinse/

第 **8** 章

客户映像的存储

到现在为止,用户知道怎么创建和使用客户机映像了,下一件事情是考虑用什么存储方式来存储客户机的内核映像可以更适合用户使用。在这一章中,我们讨论了诸如逻辑卷(volumes)本地存储的选项,iSCSI,ATA-over-Ethernet(AoE)等网络存储的选项和 NFS 的网络文件系统的选项。我们同样讨论了映像归档文件的相关问题,包括如何创建自己的基于文件的磁盘和分区映像。

在第 5 章中"使用预先编译好的客户映像",讨论了如何使用预先编译好的客户映像,包括说明了如何将它们解压到硬盘驱动(hard drive)的分区中。物理硬盘驱动分区的性能能够比基于文件的客户映像性能更好。特别是如果能避免来自于同一个驱动的竞争,比如将客户映像存储在不同于 domain 0 的物理驱动上。但是,这样会受限于在硬盘驱动上创建的分区数,而且分区有时也是一项冒险的工作。在这一章中,我们讨论了当物理分区不作为一个选项存在时,引起一些额外的映像存储的问题。

我们将从逻辑卷开始,逻辑卷提供了本地映像存储的额外的可扩展能力。接着讨论了不同的基于网络的存储选项,包括 iSCSI 和 AoE,这些都是可以直接访问的远程磁盘。我们同样讨论了在映像存储中的分布式文件系统的角色,例如 NFS。最后,讨论了映像归档的相关问题和共享。在这个内容之下,描述了怎么创建一个像第 5 章中使用那样类型的预编译好的客户映像。

8.1 逻辑卷

逻辑卷管理(LVM)提供了一个实际块设备之上的抽象层(如磁盘)。这就使分组和重新分配物理分区的大小的存储管理变得更容易,而且使之具备显著的可扩展性。许多操作系统都有逻辑卷管理的实现,包括绝大多数的 UNIX 以及一些版本的 Windows。LVM 单元通常被用来实现 linux kernel 的逻辑卷管理。

一个 LVM 管理物理卷(PVs),也就是块设备,包括本地硬盘或分区、网络硬盘或分区。PVs 被分成小的单元称为物理扩展块(PEs),物理扩展块又能被连接到一块,或者通过 LVM 的增加、减少 PVs 被分割。一个或者更多的 PVs 能够连成卷组(VG)。从卷组中,任意大小的逻辑卷(LVs)能够被创建。这些逻辑卷能够跨越多个

PVs,允许它们是任意大小的。LVM 可以支持类似于 RAID 级诸如重复、冗余和加条纹的功能。一些支持写时复制的快照可以实现共享和备份。

在 VGs 和 LVs 创建之后,底层的 PVs 在后台被管理。LVs 是存储单元,这些单元能够实际被挂载或使用。如果需要的话,更高层次的扩展或者减小 LVs 的功能也能被使用。图 8.1 展现了高层次的 VG 图解,VG 是指在 PVs 上由 LV 组成的块。

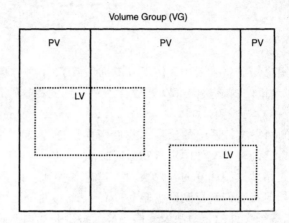

图 8 - 1　高层次 VG 图解

使用 LVM 存储 xen 客户系统的映像是一个有吸引力的选项,因为它能够提供有用的特性,如动态划分卷大小或快照。动态划分 xen 客户的大小是有用的,因为如果客户需要更多的空间,LV 能够重新划分大小提供额外的空间来满足客户需要。LVs 能够按需调整,而不是简单的供给。"快照"这个特性对于完成小的时间点的备份是有用的。在这一章中,在 Linux 上使用了 LVM2 作为 LVM 的例子。

8.1.1　基本的 LVM 使用

为了初始化支持 LVM 卷的分区,我们使用命令 pvcreate,或者创建物理分区。Pvcrate 命令带有一个参数,这个参数可以是整个磁盘。一个大容量的设备(由一个或者多个物理设备组成的逻辑设备),或者自环路文件。Pvcreate 命令自身不会创建 VGs,而只是初始化 LVM 后来将用到的设备。这个初始化将擦除设备上的分区表,并创建 LVM 指定的设备上的大容量数据区。这个步骤将使驱动上之前的任何数据都不可用。换句话说,这个命令有效地销毁了存储在磁盘上的任何数据。所以使用此命令一定要谨慎。

清单 8 - 1　使用 pvcreate 初始化 LVM 上/dev/sda9 的 10GB 分区

```
[root@dom0]# pvcreate /dev/sda9
Physical volume "/dev/sda9" successfully created
[root@dom0]#
```

现在使用 LVM 创建了 PV,一个 VG 能够使用 PV 被创建了(更多使用 pvcreate 初始化并在创建 VG 中使用 PV 的如清单 8-2 所示)。下一步是使用 vgcreate 命令来创建卷组。Vgcreate 命令被用来创建通过参数指定的一个或多个的卷。Vgcreate 的第一个参数是 VG 的名字,接下来的那个参数是 PVs。清单 8-2 种显示了使用在清单 8-1 中初始化过的 PV 来创建名为 xen_vg 的 VG。

清单 8-2　创建名为 xen_vg 的 VG

```
[root@dom0]# vgcreate xen_vg /dev/sda9
   Volume group "xen_vg" successfully created
[root@dom0]#
```

注意:

在 VG 被创建之后,LVs 能够从中创建。重新调用 LVs 将会实际挂载和使用存储的 xen 客户系统的映像。用来创建 LV 的命令是 lvcreate。Lvcreate 命令创建新的 LV,将它放在从空闲逻辑扩展块池中 VG 中逻辑扩展块上。清单 8-3 显示了创建一个 4 GB LV 的示例。-L 选项被用来指定特定大小的 LV 块,-n 选项被用来指定 LV 的名字。这个例子在 xen_vg VG 上创建了名为 guest_partition_lvm 的 4GB 的 LV。

清单 8-3　创建一个 4GB LV

```
[root@dom0]# lvcreate -L 4G-n guest_partition_lvm xen_vg
   Logical volume "guest_partition_lvm" created
[root@dom0]#
```

在清单 8-3 中的 Lvcreate 命令给新的 LV 在/dev/<volume_group_name>/目录中创建了一个新的入口。在这种情况下,它代表着/dev/xen_vg/guest_partition_lvm 入口。一个新的入口需要在/dev/mapper 中才可用,因为这个入口在/dev/xen_vg/guest_partition_lvm 是典型的符号表连接到/dev/mapper/xen_vg * 设备节点。这个设备,/dev_xen_vg/guest_partition_lvm 能够像物理分区那样用。清单 8-4 显示了怎么格式化、挂载和填充(populate)的例子。就像在第 5 章中使用空白分区那样。在这个例子中,一个压缩文件被创建,但是另一种填充使用的方法能够更容易,填充方法在第 7 章中有讨论。

清单 8-4　格式化挂载和填充

```
[root@dom0#] mkfs.ext3 /dev/xen_vg/guest_partition_lvm
[output omitted]
[root@dom0#] e2label /dev/xen_vg/guest_partition_lvm "/"
[output omitted]
[root@dom0#] mkdir /mnt/guest_partition
```

221

```
[root@dom0#] mount /dev/xen_vg/guest_disk_lvm /mnt/guest_partition
[root@dom0#] cd /mnt/guest_partition
[root@dom0#] tar xzf /xen/downloads/openfiler-2.2-x86.tgz
[root@dom0#] umount /mnt/partition
```

最后,我们能够创建 domU 的客户配置文件,清单 8-5 所示。

清单 8-5　创建 domU 的客户配置文件

```
/etc/xen/openfiler-lvm
kernel = "/boot/vmlinuz-2.6.16-xen"
ramdisk = "/boot/initrd.img-2.6.16.33-xen"
memory = 128
name = "openfiler-lvm"
vif = [ " ]
dhcp = "dhcp"
disk = ['phy:xen_vg/guest_disk,xvda1,w']
```

接着使用 xm create 命令,客户将清单 8-6 中那样被启动。

清单 8-6　使用 xm create 启动

```
[root@dom0#] xm create-c openfiler-lvm
[output omitted]
```

8.1.2　重新设置映像大小

　　LVM 的重新设置大小的特性允许客户在 LVM 的 LV 上构建更容易扩展。例如,如果有需要,一个客户的根文件系统能够被重新划分大小。使用 LVM 管理重新分配大小比没有 LVM 的情况下容易多了。当需要增加 LV 时记住,在 LV 增加了之后,文件系统的大小也必须同样增加,这样才能让新增加的空间得到使用。因此,为了真正用上这个功能,文件系统也要支持能够重新设置大小。

　　最近的 ext3 版本支持在线重新设置大小(只要挂载上了就可设置大小)。ReiserFS 也是可支持一个文件系统重新设置大小的例子。通常来说,当文件系统被挂载上之后,手工检查是否支持增加和释放的特性是比较保险的办法。

　　Ext3 会在下面的例子中被用到。在我们的实验中,ext3 文件系统在挂载上没有问题之后将被设置为一个更大的可用空间,尽管将其设为更小的大小不需要卸载。这些操作都需要小心使用而且可以在重设文件系统大小之前对系统进行备份。

　　另一个重要的需要考虑的问题就是 xen 的客户机是否能够识别被重新设置大小之后的底层文件系统。在 xen 的最新版中,这个能力有可能成为可能,但是要将这套机制建立起来还是很麻烦的。具体可参考 http://forums.xensource.com/message.jspa? messageID=8404。客户操作系统最在运行重新设置大小的进程时最好先关机然后再重启。清单 8-7 中显示了关机和开机的命令。第 6 章中"管理非特权 do-

222

main"提到了更多的命令。如果客户的停机时间过长,可能是重设大小的过程中出了问题,最好在建立这种机制之前先做测试。如果文件系统支持和 xen 支持的情况下,这样的扩张能够被完成。缩小同样是可能的,但是只有少数的文件系统能被支持将其缩小。

清单 8 - 7　关机和开机命令

```
[root@dom0]# xm shutdown-w guest1
<Do the resizing of the logical volume and file system here as shown below>
[root@dom0]# xm create-q guest1
```

1.　增加卷大小

第一步是通过 lvextend 增加 LV 上的可用空间。Lvextend 是 LVM2 linux 安装包可以通过它来使用扩展或者说增加 LV 的大小。从 10GB VG 中拿出 4GB LV。现在 LV 的大小可以增加到 5GB,清单 8 - 8 展示了如何使用 lvextend 命令去扩展逻辑卷。

223

清单 8 - 8　Lvextend 命令

```
[root@dom0]# lvextend-L 5G /dev/xen_vg/guest_partition_lvm
   Extending logical volume guest_partition_lvm to 5.00 GB
   Logical volume guest_partition_lvm successfully resized
[root@dom0]#
```

第二步是重新设置底层的文件系统的大小让它使用新的空间。resize2fs 命令可以被用来重新设置 ext3 的大小。resize2fs 命令是 e2fsprogs 软件包中部分,它被用来重新设置 ext2 和 ext3 分取得大小。如果大小不被传入 reszie2fs 命令,它将自动重新设置分区的大小。清单 8 - 9 显示了 resize2fs 命令用作这种情况的例子,显示了文件系统填满了整个 LV。注意这个设置是在卷被挂载上在线完成的。

清单 8 - 9　resize2fs 命令

```
root@dom0]# resize2fs /dev/xen_vg/guest_partition_lvm
resize2fs 1.39 (29-May-2006)
Filesystem at /dev/xen_vg/guest_partition_lvm is mounted on /mnt/guest_partition_
lvm; on-line resizing required
Performing an on-line resize of /dev/xen_vg/guest_partition_lvm ➡
to 1310720 (4k) blocks.
The filesystem on /dev/xen_vg/guest_partition_lvm is now 1310720 blocks long.
[root@dom0]#
```

如果 LV 能够在线下完成,e2fsck 命令能够重新检查文件系统在重设大小的过程中有没有出问题。e2fsck 同样是 e2fsprogs 包中的工具,如清单 8 - 10 所示。

清单 8 – 10　e2fsck 命令

```
[root@dom0]# umount /dev/xen_vg/guest_partition_lvm
[root@dom0]# e2fsck /dev/xen_vg/guest_partition_lvm
e2fsck 1.39 (29 – May – 2006)
/dev/xen_vg/guest_partition_lvm: clean, 11475/655360 files, 105166/1310720 blocks
[root@dom0]#
```

2. 减少卷的大小

下一步,将考虑其他客户需要更多空间而 guest_partition_lvm 的 LV 并没有完全被用到。LV 的大小能够通过基本的转换其他扩展进程和改变命令来扩展卷的大小被减少。第一,文件系统将通过 umount 被卸载。因为缩小文件系统不像扩展文件系统那样被 ext3 支持。第二,文件系统的大小可以通过 resize2fs 来降低。最后,包括在 LVM2 包中的 lvreduce 命令将用来降低 LV 的大小。注意这个操作顺序跟扩展中的顺序是相反的。清单 8 – 11 显示了卸载文件系统的过程和文件系统的检查。

清单 8 – 11　卸载文件系统的过程和文件系统的检查

```
[root@dom0]# umount /mnt/guest_partition_lvm/
[root@dom0]# e2fsck-f /dev/xen_vg/guest_partition_lvm
e2fsck 1.39 (29 – May – 2006)
Pass 1: Checking inodes, blocks, and sizes
Pass 2: Checking directory structure
Pass 3: Checking directory connectivity
Pass 4: Checking reference counts
Pass 5: Checking group summary information
/dev/xen_vg/guest_partition_lvm: 11475/655360 files (1.1% non – contiguous),
105166/1310720 blocks
root@dom:~# resize2fs /dev/xen_vg/guest_partition_lvm 4G
resize2fs 1.39 (29 – May – 2006)

 Resizing the filesystem on /dev/xen_vg/guest_partition_lvm to ➡
 1048576 (4k) blocks.
 The filesystem on /dev/xen_vg/guest_partition_lvm is now 1048576 blocks long.

[root@dom0]#
```

清单 8 – 12 显示了如何使用 lvreduce 命令去减少 LV 的大小。我们使用了-f 选项来强制执行这个操作,可以在 Do you really want to reduce the logic volume? [y/n]是否离开该操作。

清单 8 – 12　Lvreduce 命令

```
[root@dom0]# lvreduce-f-L 4G /dev/xen_vg/guest_partition_lvm
```

```
WARNING: Reducing active logical volume to 4.00 GB
THIS MAY DESTROY YOUR DATA (filesystem etc.)
Reducing logical volume guest_partition_lvm to 4.00 GB
Logical volume guest_partition_lvm successfully resized
[root@dom0]#
```

在写完这些之后,尽管将客户映像大小重新设置为较大的大小被支持,在安装 xen 的过程中支持这个改变也仍然是棘手的。具体可参考 http://forums. xensource. com/message. jspa? messageID=8404。清单 8－13 显示了从 dom0 中重启 domU 的操作,这样可以使得 domU 可以运行在老版本的 xen 上也可以识别调整后的它的磁盘大小。xm reboot 命令需要在改变卷大小之后被使用。

清单 8－13　重启 domU 操作

```
<Do resizing of logical volume and file system here as shown above here>
[root@dom0]# xm reboot <guest name or id>
```

8.1.3　使用写时复制的映像快照技术

写时复制(CoW)是支持两个或两个以上的大对象实体例如进程或者线程的一种高效共享技术。对于每个对象而言,它都有自己的可写备份,像大文件或者地址空间。事实上,每个实体都只能只读的访问共享对象。如果一个实体需要写一个组成该对象的块或者页,那个块将被快速复制,并且给写者一个自己的备份。

CoW 是一种高效的共享大对象的方式,它将很少被共享的实体。当创建 DomU 的时候使用 CoW 映像能够降低相似的客户操作系统的存储空间(因为客户如果不需要改变,则可以共享其文件系统部分)以及可以更高效地实现快照。Xen 中 CoW 映像的实现有很多选项。 这些选项都使用了 LVM 快照。使用 blktap 作为访问磁盘、使用网络或者基于集群解决方案的接口,例如 CowNFS 或者 parallax,以及大量的其他方案的接口。在这一节中,我们关注 domU 使用更通用的 CoW 映像:LVM LV 复制,同样作为可写的持久快照。可以通过 xen 的 wiki:http://wiki. xensource. com/xenwiki/COWHowTo 来获得更多的 CoW 选项。

在 LVM 创建和客户分区或者磁盘已经开始使用 LV 复制之后,CoW 克隆能够被 LVM 卷创建。这些功能在 linux 内核版本 2.6.8 被作为新功能加入。guest_disk _partition LV 在这一章的早先就已经创立了,创立过程如清单 8－13 所示。这个 LV 被用作剩下复制的例子。第一步是保证 dm-snapshot 内核模块被加载。清单 8－14显示了 modprobe 命令去加载 dm-snapshot 模块。

清单 8－14　创建 guest_disk_partition LV

```
[root@dom0]# modprobe dm - snapshot
[root@dom0]#
```

下一步是创建一个或者更多的 guest_partition_lvm 的 CoW LVs。在这个例子中,有两个被创建了。清单 8 - 15 显示了创建 LV 复制所需要的命令。

清单 8 - 15　创建 LV 所需要的命令

```
[root@dom0]# lvcreate-s-L 1G-n clone1 /dev/xen_vg/guest_partition_lvm
Logical volume "clone1" created
[root@dom0]# lvcreate-s-L 1G-n clone2 /dev/xen_vg/guest_partition_lvm
Logical volume "clone2" created
[root@dom0]#
```

清单 8 - 15 所展示的命令结果中显示了两个映像都是 guest_partition_lvm 的完全映像,但事实上它们只是 CoW 映像,它们只存储与原来映像不同的地方,并且这些不同只在一个克隆映像被写入的时候才会产生。注意尽管 guest_partition_lvm LV 能够被写入,它不应该被挂载或者改变,因为它是一个原始的干净映像。CoW 映像被创建成 1GB,但是它们能够像先前讨论的那样通过 lvextend 命令来扩展。

使用 LVM 还有很多不同的好处,例如重新分配分区的大小。尽管 LVM 在 xen 上逐渐在改变本地磁盘的存储方式,它对物理设备连接到 domain0 主机没有任何限制。网络相关的存储设备也能够通过 LVM 来使用和管理存储设备。在一些情况下,物理硬盘的产量已经饱和了,或者更大的物理磁盘能够被消耗,一个 xen 支持的基于网络的存储系统的支持可能会更有效。

8.2　网络镜像存储的选择

支持 Xen 客户域系统映像的网络存储方式有多种,使用网络存储的方式来提供客户域系统映像可以带来很多优异的特性,如动态迁移/活迁移(live migration,详细的内容请参考第 3 章:客户域保存、恢复和动态迁移),此外还可以使客户域映像的配置更加灵活。例如,当客户域系统映像通过网络的方式挂载,那么多个客户域就可以使用同一个映像,即使这些域运行在不同的物理主机之上。使用网络服务器提供客户系统映像可以使得域的备份工作更简单,并且可以减少硬件故障导致的系统失效(当发生硬件故障时,将对应的客户域运行在其他的物理主机之上)。

当然,使用网络的方式提供客户映像,也需要考虑一些额外的因素,如网络的安全性能,在有些情况下,可以允许可信的客户或服务器访问那些通过网络存储提供的敏感信息。此外,还需要考虑网络的连接速度,因为网络挂载会给系统带来额外的性能损失。最后,网络的故障也可能导致整个客户域的失效。

在这一节中列举了几种常见的网络存储系统,并比较了它们的特点。我们将重点讨论 iSCSI、AoE(ATA over Ethernet)和网络文件系统(Network File System,NFS),虽然基于网络的存储系统还有很多,但是这几种是最常见的方式。

NFS 和 iSCSI 都使用了传输层协议(如 TCP),因此它们的适用范围较广,甚至

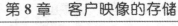

可以应用于广域网 WAN(wide area network)，当然这种用法并不值得推荐，因为最初的设计目标是为了在带宽较高的局域网(LAN)中使用。而 AoE 则是建立在以太网通信协议的基础之上，因此客户机和服务器必须位于同一子网中。

AoE 通常用在客户端和服务器都由同一管理者控制的情况下，因为该协议不能提供任何额外的安全保障，位于同一子网的任何机器都可以访问那些被导出的驱动器目录。NFS 和 iSCSI 则提供了部分验证机制，以控制客户端的访问权限。在我们看来，AoE 在遭遇暂时的网络故障时，可以提供比 iSCSI 和 NFS 更优异的恢复性能，例如，如果客户执行了 fdisk － l 命令，那么在网络驱动器的访问功能恢复后，相关的清单显示操作会继续执行而不会中断。

上述的网络存储服务可以在很多情况下适用，但这种方式最好不要应用于 Domain0 本身，因为这会增加系统崩溃的风险，任何有关 Domain0 的额外操作都应当被避免，详情请参考第 11 章：安全的运行 Xen 系统。

8.2.1　iSCSI

网络小型计算机系统接口(internet Small Computer Systems Interface，iSCSI)可以通过网络共享数据，这种传输协议是建立在 TCP/IP 协议之上，此时客户端连接的是服务器端的 SCSI 驱动器，而不是某个已经挂载的文件系统目录。当然，服务器导出的并不仅限于 SCSI 类型的驱动器，非 SCSI 类型的磁盘也可以通过这种方式进行访问。客户端一旦连接了服务器端导出的驱动器，就可以像普通的硬盘驱动器一样对其进行访问。因为该协议是建立在以太网链路的基础之上，因此其性能非常优异。

在 iSCSI 中服务器被称作是一个 target。iSCSI target 有几个变种。开源软件 iSCSI target 包括了 iSCSI Enterprise Target 项目和发行版 Openfiler。商业软件 iSCSI target 包括了 Data-Core 软件公司的 SANsymphony 和 String Bean 软件公司的 WinTarget(微软所有)。还有一些 iSCSI target 的商业软件，比如 IBM 的 DS 家族中的很多存储服务器和来自 EqualLogic 公司的 PS 串口架构。

在 iSCSI 中客户端被称作是一个 initiator。可分为软件的 iSCSI initiator(比如 Cisco 公司的 iSCSI Driver 和 Open-iSCSI 项目)和硬件的 initiator(比如来自 Alacritech 和 Qlogic 的 iSCSI 主机总线适配器(HBAs))。

1. iSCSI 中的服务器安装

很多 Linux 的发行版本都包含了 iSCSI 的软件包，如 Fedora 和 Ubuntu，我们也可以使用源码自己编译需要的 target。清单 8 - 16 中给出了安装 iSCSI target 的过程。

清单 8 - 16　使用源码安装 iSCSI target

```
# You will need the OpenSSL development libraries
```

```
[root@ubuntu-dom0]# apt-get install libssl-dev
OR
[root@fedora-dom0]# yum install openssl-devel

# download latest release from http://iscsitarget.sourceforge.net/
# At the time of this writing 0.4.15, ➥
so we use the following commands [output omitted]
tar zxvf iscsitarget-0.4.15.tar.gz
cd iscsitarget-0.4.15/
make
make install
```

另一种获取 iSCSI target 的方式就是直接下载一个已经配置完成的容器(appli-ance),在写作本书时,我们还未能找到为 Xen DomU 专门配置的 iSCSI target,但针对 Vmware 进行配置的容器已经可以在开源的 iSCSI 企业目标工程文件中获取。在第5章中详细讨论了如何将 Vmware 的 image 文件转换成 Xen 客户域可以使用的文件,在此不再详述。

接下来要做的就是配置 iSCSI target,这里需要对/etc/ietd. conf 文件进行两处简单的修改,以导出所需的驱动器。清单 8 – 17 中给出了使用的/etc/ietd. conf 文件的例子,需要修改的内容包括将目标名称由原先的 iqn. 2001 – 04. com. example:storage. disk2. sys1. xyz 修改为 iqn. 2007 – 10. com. mycompany:storage. disk2. da-ta1. rack,以及将/dev/sdc 修改为/dev/sdb,并且去掉对应的注释标志,这样就可以导出已经释放的设备(在这种情况下,就是/dev/sdb)。

以上这些便是为了得到一个功能化的 iSCSI 服务器所需要做出的改变。对于生产系统的使用,你需要在 Target stanza 的第一行改变 target 名字为所属的组织信息,因为根据 iSCSI 标准的定义,这个名字是全局唯一的。

对选项完整的描述超出了本书的范围。一些能够通过以下所显示的配置文件做的事情包括用户级安全保证的添加(默认是无安全保证的)和指定 I/O 模式(默认是通过写直达缓存(write-through caching)来进行写访问)。请参考 ietd. conf 的 man 帮助页以获取更多信息。

清单 8 – 17 简单的/etc/ietd. conf iSCSI Target 配置

```
# Note: need to change the target name
# Also, change /dev/sdb to the device to export
# Target iqn. 2001-04. com. example:storage. disk2. sys1. xyz
Target
iqn. 2007-10. com. mycompany:storage. disk2. data1. rack1
    # Lun 0 Path = /dev/sdc, Type = fileio
    Lun 0 Path = /dev/sdb, Type = fileio
```

可以使用清单 8 – 18 中的命令启动 iSCSI 服务器。如果从一个发行版包中进行安装,那么该发行版也许会提供不同的工具用于为 iSCSI target 服务器执行 init 脚本,以及用于 iSCSI target 服务器 binary 和 init 脚本的不同的名字。

清单 8 - 18　启动 iSCSI 服务器

```
[root@dom0]# /etc/init.d/iscsi-target
start
```

注意:

为了帮助解决可能发生的问题,我们推荐使用 ietd 命令(iSCSI Enterprise Target Daemon)。用户可以在命令行手动地运行它(使用-d 选项表示调试级别,使用-f 表示在前台)。请参考 ietd 的 man 帮助页以获取更多信息。

一个普遍的问题是 iSCSI 连接需要得到 iSCSI 服务器机器或客户机防火墙的许可。默认的 iSCSI target 端口是 3260,但是这可以在 ietd. conf 文件中配置或在命令行使用-p 选项进行手动的配置。最后,确保 iscsi-target 服务在系统启动时被开启。请参考发行版文档以获取如何在系统启动时开启服务的详细信息。

2. iSCSI 中的客户端安装

为了安装 iSCSI 客户端(也被称作 initiator),首先安装合适的 iSCSI 客户端工具是非常必要的。我们已经成功地安装了 open-iscsi 工具(在 Fedora 中包含在 iscsi-initiator-utils 软件包中,在 Ubuntu 中包含在 open-iscsi 软件包中)。如果一个软件包在发行版中找不到,那么你可以从 www. open-iscsi. org 下载源代码来编译安装 iSCSI 客户端。清单 8 - 19 显示了从源代码安装 iSCSI 客户端的命令。

清单 8 - 19　从源码安装 open-iscsi

```
Code View:
[root@dom0]# wget
http://www.open-iscsi.org/bits/open-iscsi-2.0-865.15.tar.gz
[root@dom0]# tar xzvf open-iscsi-2.0-865.15.tar.gz
[tar output omitted]
[root@dom0]# cd open-iscsi-2.0-865.15/
[root@dom0]# make
[root@dom0]# make install
```

为了建立从客户端 initiator 到服务器的连接,可以使用清单 8 - 19 中所安装的 iSCSI 客户端工具之一的 iscsiadm 工具。iscisadm 工具与 iscsid daemon 进行通信以维持 iSCSI 会话。选项-m 可以指定模式(discovery 或 node)。在 discovery 模式,iSCSI daemon 探测 iSCSI target 服务器以获取可用的输出 target。在清单 8 - 20 中,可以看到 target iqn. 2006-05. vm. iscsi:storage. sdb 通过 128. 153. 18. 77 的 iSCSI target 输出。然后我们使用 node 模式,由-m node 指定,target 可以通过使用-T 选项指定专用的 target 名而被附加,-p 用于指定服务器 IP,-l 用于登录。可以在 iSCSI 服务器配置中针对特定的 target 设置访问权限;请参考之前对 ietd. conf 的讨论。

清单 8-20 **用于探测和登录到 iSCSI Target 的 iscsiadm 命令**

```
[root@dom0]# iscsiadm -m discovery -t st -p
128.153.18.77
128.153.18.77:3260,1 iqn.2006-05.vm.iscsi:storage.sdb
[root@dom0]# iscsiadm -m node -T \
iqn.2006-05.vm.iscsi:storage.sdb -p  128.153.18.77 -l
[root@dom0]#
```

在成功登录之后，target 被附加作为一个 SCSI 设备(/dev/sdX)，默认的 X 是下一个可用的 sd 驱动器的符号(也就是说，如果已经有了 sda，那么附加的驱动器将会是 sdb)。可以通过使用 udev 来对附加的设备进行更多的命名控制。在大多数发行版中的 udev 子系统都是统一标准的，并且可以从一个软件包或源码包中得到它。可以参考 www.kernel.org/pub/linux/utils/kernel/hotplug/udev.html 以获取更多关于 udev 的信息。

当每次使用 udev 将一个设备连接/附加到一个系统时，一个相应的 udev 设备结点都会被创建。这一点在使用 iSCSI 时尤其有用，因为每次设备被连接时，相对应的/dev/sd∗ 都会不同(也就是说，有时它会表现为/dev/sdb，有时会表现为/dev/sdc，这主要依赖于下一个可用的 SCSI 设备[sd]是什么)，但是使用 udev 时，会有一个到相应的 sd∗ 设备的符号链接，每一个磁盘均表示为/dev/disk/by-uuid，这样便唯一标识了一个设备。清单 8-21 显示了作为一个 iSCSI initiator 并且拥有在清单 8-20 中被附加的驱动器 Domain0 的/dev/disk/by-uuid 标识。

清单 8-21 **udev 磁盘 by-uuid 设备清单**

```
Code View:
root@dom0 ls -l /dev/disk/by-uuid/
total 0
lrwxrwxrwx 1 root root 10 2007-07-07 11:16
3ab00238-a5cc-4329-9a7b-e9638ffa9a7b -> ../../sda1
    lrwxrwxrwx 1 root root 10 2007-07-07 11:16
d54098ac-5f51-4a67-a73d-33ac666691d2 -> ../../sdb1
```

清单 8-22 显示了用于本例中 iSCSI 安装的 DomU 配置文件。

清单 8-22 **一个用于 iSCSI 的 DomU 配置文件实例**

```
kernel = "/boot/vmlinuz-2.6.16-xen"
ramdisk = "/boot/initrd.img-2.6.16.33-xen"
memory = 128
name = "iscsi_guest"
vif = [ " ]
dhcp = "dhcp"
disk =
```

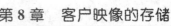

```
['phy:disk/by-uuid/d54098ac-5f51-4a67-a73d-33ac666691d2,xvda1,w']
```

注意：

因为 iSCSI 设备被看作是块设备，因此将它们带有写访问权限的挂载多次是不被推荐的，因为这可能导致文件系统出错。关于 iSCSI Enterprise Target 项目的更多信息可以参考 http://iscsitarget.sourceforge.net/。关于 Open-iSCSI 项目的更多信息可以参考.www.open-iscsi.org/.

8.2.2　ATA over Ethernet（AoE）

ATA over Ethernet（AoE）的概念类似于 iSCSI，但是前者并没有通过一个传输层协议，而是通过一个以太网层的协议输出设备。通常地，AoE 较 iSCSI 有更高的性能。AoE 的另一个优势是较 iSCSI 的安装更为简单。安装 AoE 所有需要做的事情只是安装合适的内核模块并且输出一个块设备。AoE 主要的缺点是它仅仅工作在同一个逻辑的交换机或子网中，并且同 iSCSI 所支持的客户端和用户专有的访问相比，AoE 协议或服务器端没有任何的安全策略。唯一的安全是网络交通是不可路由的（意思是，仅仅存在于同一个本地子网中）。

1. AoE 中的服务器安装

AoE，像其他的基于网络的存储解决方案一样，拥有一个服务器端和一个客户端组件。服务器组件被称作 Vblade，它是一个虚拟的 EtherDrive Blade，可以通过一个本地的以太网输出块设备。它模仿一个拥有盘架和槽口的物理设备。因此当用户输出一个带有 vblade 命令的块设备时，需要指定虚拟的 EtherDrive 的盘架和槽口。

VBlade 软件包带有 vbladed，它是 vblade 的一个 daemon 版本，就像 vblade 二进制码所做的那样，它将它的输出记录到 syslog 文件而不是输出到标准的输出口。大多数发行版都带有 VBlade 软件包，但是它也可以从源码进行编译安装。清单 8-23 显示了安装 Vblade 的步骤。Vblade 软件包的最新的版本可以从 http://sf.net/projects/aoetools/下载到。请参考 http://sourceforge.net/projects/aoetools/以获取更多关于 VBlade 的信息。

清单 8-23　从源码编译 Vblade，AoE 服务器组件

```
[root@dom0]# tar xzpf
vblade-14.tgz
[root@dom0]# cd vblade-14/
[root@dom0]# make

[output omitted]

[root@dom0]# make install

[output omitted]
```

我们做的第一件事情是使用 vblade 命令通过 AoE 来输出一个物理驱动器。清单 8-24 显示了这个命令的使用和输出。在本例中，一个本地磁盘被输出，一个基于文件的磁盘客户机镜像也可以用类似的方法被输出。在它被检验之后，vblade 命令的工作类似于清单 8-24 中所示，可以使用 Ctrl+C 来退出。我们使用 vbladed 命令并且使用系统日志文件（即 syslog）追踪任何错误。vblade 的使用方法是 vblade < shelf> <slot> <ethn> <device>。因此针对在清单 8-24 中显示的例子，vblade 使用 shelf 1，slot 1，还有 eth0。槽口和盘架引用了一个基于物理 EtherDrive 的逻辑计数机制（logical numbering scheme）。关于物理 EtherDrive 单元的更多信息，请参考 www.coraid.com 和 www.coraid.com/support/linux/。

清单 8-24　使用 vblade 来输出一个物理块设备

```
[root@dom0]# vblade 1 1 eth0
/dev/sda
octl returned 0
2147483648 bytes
pid 367: e1.1, 4194304 sectors
^C     <--- added for demonstration
```

我们运行同一个命令，这一次是 vbladed，如清单 8-25 所示。vbladed 的使用同 vblade 相同。vbladed 调用一个 vblade 的实例，在后台运行它，然后将输出送至系统日志文件。

清单 8-25　使用 vbladed 输出一个物理块设备

```
[root@aoe-server]# vbladed 1 1 eth0
/dev/sda
[root@aoe-server]#
```

vbladed 作为一个没有任何输出到标准输出的守护进程在后台运行。以上是所有用户需要在服务器端进行的安装操作。对一个生产系统来说，可以使用一个初始化（init）脚本；请查看发行版的文档以获取详细信息。

2. AoE 中的客户端安装

对 AoE 客户端来说，需要安装 aoetools 软件包并加载 aoe 模块。aoetools 软件包在大多数发行版中都可以获得，但也可以从源码编译安装。清单 8-26 显示了从源码编译的步骤。首先应该从 http://sf.net/projects/aoetools/下载最新的 aoe-tools 软件包。

清单 8-26　从源码编译 AoE 客户端工具

```
[root@dom0]# tar xzf
aoetools-21.tar.gz
[root@dom0]# cd aoetools-21/
```

232

```
[root@dom0]# make
[make output omitted]
[root@dom0]# make install
[make install output omitted]
[root@dom0]#
```

为了加载 aoe 模块,可以使用如清单 8-27 所示的 modprobe 命令。

清单 8-27 使用 modprobe 来加载 aoe 模块

```
[root@dom0]# modprobe
aoe
[root@dom0]#
```

现在 aoetools 已经安装好,并且 aoe 模块也已被加载,可以运行 aoe-stat 命令来显示可用的 AoE 设备。清单 8-28 显示了使用 aoe-stat 命令显示在清单 8-25 中安装的 AoE 设备的状态。

清单 8-28 使用 aoe-stat 来列出可用的设备

```
[root@dom0]# aoe-stat
    e1.1        2.147GB
eth0 up
[root@dom0]#
```

对每一个 AoE 设备来说,在/dev/etherd/中有一个相应的入口,每一个入口表现为一个 AoE 客户端,在本例中是作为一个块设备的 Domain0。清单 8-29 显示了本例的路径清单。在网络中可用的 AoE 设备自动的显示在/dev/etherd 中。

清单 8-29 使用 ls 来获取可用的 AoE 块设备清单

```
[root@dom0]# ls
/dev/etherd/
    e1.1
[root@dom0]#
```

现在可以使用/dev/etherd/e1.1,就好像它是一个普通的块设备一样。例如,可以对它进行分区、格式化、挂载、制作,就像用户在一个普通的物理驱动器上做的那样。分区的名称为设备名称后面加字母 p 和分区号。清单 8-30 显示了在/dev/etherd/e1.1 上创建了一个分区之后的例子。当在 AoE 设备上创建分区时,被创建的分区自动显示在/dev/etherd 目录下,显示为 pN,其中 N 是被输出的 AoE 设备的分区号。

清单 8-30 使用 ls 来获取可用的 AoE 块设备清单(现在有了一个分区)

```
[root@dom0]# ls
```

233

```
/dev/etherd/
    e1.1    e1.1p1
[root@dom0]#
```

在将客户机镜像存储到/dev/etherd/e1.1p1 之后（就像将一个客户机镜像存储在/dev/hda1 或/dev/sda1），可以使用一个类似于清单 8 - 31 中的 DomU 客户机配置文件。一般地，在 iSCSI 一节中使用到的 udev 策略也可以在 AoE 设备中使用。

清单 8 - 31　用于 AoE 设备的 DomU 客户机配置文件

```
kernel = "/boot/vmlinuz-2.6.16-xen"
ramdisk =
"/boot/initrd.img-2.6.16.33-xen"
memory = 128
name = "iscsi_guest"
vif = [ "" ]
dhcp = "dhcp"
disk = ['phy:etherd/e1.1p1,xvda1,w']
```

注意：
因为 AoE 设备被看作是块设备，因此将它们带有写访问权限的挂载多次是不被推荐的，因为这可能导致文件系统出错。

8.2.3　NFS

分布式文件系统，比如 AFS、NFS、和 Samba，对通过网络进行文件共享提供了很好的支持。它们也可以在 Xen 系统中作为一种共享文件的方法——例如，用于存储 DomU 根文件系统或者其他的文件和目录。在分布式文件系统和附网存储（network attached storage）方案之间有一个重要的不同，比如之前讨论过的 iSCSI 和 AoE。在分布式文件系统中，文件被挂载到 DomU 中，而在附网存储方案中，一个块设备被附加到了 DomU 中。通过一个分布式文件系统（比如 NFS）挂载的优势是文件系统被设计成支持多个客户端在同一时间具有写访问权限。而这对块设备是不适用的，因为多个实体以写访问的权限同时挂载同一个分区是非常可能导致系统出问题的。

分布式文件系统的另一个好的用途是在当服务器需要周期性的修改会被一个或多个客户端使用的一个文件时。在附网存储中这种情况很难得到处理，因为客户端不能与服务器在同一时刻带有写访问权限的挂载同一个块设备分区（当然，是在没有分布式文件系统的帮助之下）。

最初由 Sun 在 1984 年开发的网络文件系统（NFS）是作为最成熟和得到广泛支持的分布式文件系统的选择之一而出现的。尽管它拥有很长的历史，但是也有一些熟知的问题,比如当作为根文件系统使用时(即使仅仅在 vanilla Linux 中)在重负载下的稳定性问题。

1. NFS 中的服务器安装

安装和运行一个 NFS 服务器的细节超出了本书的讨论范围。请参考 http://nfs.sourceforge.net/nfs-howto/以获取更多的信息。大多数现代的 Linux 发行版都提供了一个 NFS 服务器的软件包和所依赖的服务的安装。

为了配置好 NFS 服务器,需要在/etc/exportfs 文件中添加一行以指定可访问的客户机及其访问方式。清单 8-32 显示了一个/etc/exportfs 文件的例子。该行的第一个入口指定了在 NFS 服务器中被输出的目录。第二个入口指定了数据被输出到的机器的 IP 地址;rw 意思是可读和可写访问权限,sync 意思是写操作将同步发生或在实时发生并且不会被批处理。在以上的例子中,输出行允许 IP 地址为 192.168.1.101 的客户机将/export/guest1 中的内容挂载到 NFS 服务器上,并带有同步的(sync)可读和可写的访问权限(rw),而且 root 允许被挂载(也就是说,root 没有被压缩)(no root squash)。

清单 8-32　/etc/exportfs 文件的一个例子

```
/export/guest1        192.168.1.101 (rw,sync,no_root_squash)
```

如果用户想要输出到多个客户端,那么应该为每一个客户端都增添一行。每一行可以有不同的挂载点和访问权限。一个机器进行写操作的时候可以在另一个机器上进行读操作。如果它们要同时对相同的文件或目录进行写操作,那么 NFS 的一致性模型就会发挥作用。写操作可以暂时被缓存在客户端,并且在该客户端进行的读操作将会返回新的数据,但是其他客户端的读操作将不会返回最新被写的数据,直到它被写回到服务器上并且其他机器上所有的缓存复制也被刷新之后才会得到最新的数据。

当对/etc/exportfs 文件进行修改后,应该重启 NFS 服务器以至于它可以重新读入该文件。该操作典型的是由 NFS 服务器 init 脚本(通常在/etc/init.d 目录下)完成的。请参考发行版的文档以确定该配置。

以一个在/etc/exportfs 中的合适的入口运行一个 NFS 服务器即为服务器端要做的。现在在客户端,需要配置 DomU 客户机以通过 NFS 正常的挂载和使用数据。

2. NFS 中客户端的安装

在大多数 Linux 系统中,NFS 支持已经放入了内核之中,因此仅仅需要使用标准的 mount 命令来访问在 NFS 服务器上的被输出的文件。(关于 NFS 客户端安装的更多信息,请参考 http://tldp.org/HOWTO/NFS-HOWTO/client.html)。清单8-33 显示了从服务器端使用清单 8-32 中所示的配置挂载被输出文件的命令。我们将假设服务器的 IP 地址是 192.168.1.100。

清单 8 - 33　使用 mount 从 NFS 服务器端挂载文件

```
[root@nfs-client]# mount 192.168.1.100:/export/guest1 /mnt/data
[root@nfs-client]#
```

为了在启动时自动地挂载数据，如清单 8 - 34 所示在/etc/fstab 文件中添加一行。该行的第一个入口表示是从 192.168.1.100:/export/guest1 处挂载，下一个是挂载点（/mnt/data），下一个是文件系统类型（nfs），下一个选项（rw）表示可读/可写，下一个域让 dump 命令知道文件系统是否需要被 dump，最后一个域决定了在启动时文件系统将被挂载的顺序。请参考 fstab 的 man 帮助页以获取更多信息。

清单 8 - 34　fstab 行，用于在启动时自动挂载 NFS 数据

```
192.168.1.100:/export/guest1     /mnt/data     nfs     rw0     0
```

3. 将 NFS 作为一个根文件系统使用

在将 NFS 作为一个普通的文件服务器使用和将 NFS 作为一个根文件系统使用的不同在理论上是非常明显的，但是在将一个 NFS 被挂载分区作为根文件系统使用还是需要特别小心的。首先，需要客户端支持 NFS 根文件系统。默认这是不被支持的，因此可能需要重新手动的编译内核以增加此项支持。

注意：

用于该安装的文档可以在此处找到：www. gentoo. org/doc/en/diskless－howto. xml。另一篇基于 Debian 系统的好的文章如下：www. debian－administration. org/articles/505。

将服务器和客户端都配置好后，需要在服务器机器上生成一个带有根文件系统（也就是安装操作系统所需要的所有的文件）的目录。可以从一个压缩的文件系统镜像中得到并生成它。关于更多的生成方法请参考第 7 章。

下一步，DomU 客户机配置文件中需要有几个选项来说明使 NFS 服务器作为它的根文件系统。这些选项在清单 8 - 35 中给出了演示。

清单 8.35　使用 NFS 的 DomU 配置文件

```
kernel = "/boot/vmlinuz-2.6.16-xen"
ramdisk = "/boot/initrd.img-2.6.16.33-xen"
memory = 128
name = "nfs_guest"
vif = [ " ]
dhcp = "dhcp"
root = /dev/root
nfs_server = 192.168.1.101
nfs_root = /export/guest1_root
```

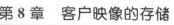

8.2.4　比较网络存储选择

我们已经看过了几种适合使用远程附加磁盘来支持你 DomU 客户机的方法。在每一种方法下，都需要分析评估网络的性能、可靠性、安全性和先前使用文件系统技术的经验。

通常，我们发现当共享文件需要由一个或多个客户端 DomU 和一个服务器 DomU 进行写操作，或者一个或多个 DomU 和 Domain0 进行写操作时，相比于使用 iSCSI 或 AoE 来说，NFS 是一个更安全和更合理的解决方案。但是，将 NFS 作为一个根文件系统使用（即 DomU 的根文件系统）要比使用 iSCSI 或 AoE 的方案更加复杂。

最终，根据对安全方面的考虑，NFS 需要很多相关的网络服务（比如 portmap、mountd 和 rpcd），也因此而需要在服务器机器上开启很多的网络端口。需要想到的是每一个正在运行的网络服务都潜在的开启了一个攻击系统的途径。iSCSI 和 AoE 是单独的一个服务并且不需要这些额外的服务功能。清单 8 - 1 总结了基于网络存储方案的各个选择的优缺点。

表 8 - 1　适合 Xen 客户机的基于网络的文件系统

基于网络的类型	优点	缺点
iSCSI	看起来像标准的 SCSI 磁盘，性能与网络带宽成正比（TCP）	基于网络层的开销
NFS	安装简单，经过了良好的测试	在重负载下易出问题，需要更多的服务和开启更多的端口
AoE	安装简单，低开销	没有安全保证，不能路由（链路层）

注意：
尽管 Windows 已经提供了对 NFS 客户端的支持，但是如果 Windows DomU 客户机需要支持对共享文件的写操作时，SAMBA 也许会是文件服务器的更好的选择。请参考 www.samba.org 以获取更多的信息。

8.2　映像文件

8.3.1　准备压缩存档映像文件

要创建一个存档映像文件（tar image file），需要从一个根文件系统创建磁盘存档映像（tar image）。这可以是任何想要备份或共享的文件系统。在这里的例子中，我们采用运行着的 linux 系统上的根文件系统。清单 8 - 36 给出了如何创建根分区的一个 tar 文件。tar 命令创建一个名为 linux-root.tgz 的 tar 或 gzip 文件,它包含根分区,也就是"/"分区的内容。选项 c 告诉 tar 命令正在创建一个 tar 文件(与释放文件相反的将由选项 x 被指定),选项 z 表示做一个 gzip 压缩,选项 p 告诉 tar 命令保留文件系统的权限,选项 f 告诉 tar 命令想要保存到接下来的文件路径参数。第一个参数是最终的 tar 文件的文件名(因为它必须紧跟在选项 f 之后),在这里文件名就是/linux-root.tar。接下来,我们用-exclude 选项排除了 proc 目录,因为/proc 在启动时由内核自动生成。另外,我们也要排除 tar 文件本身,因为 tar 文件不能包含它本身的备份。最后,最后一个参数是文件系统的根,用"/"符号表示。

注意:

用户也可能碰到或自己用到文件扩展名.tar.gz,它等价于.tgz。若不使用压缩可以不带选项 z。在这个例子中,应该给文件合适的命名。例如,不带压缩的 tar 文件应该被命名为 linux-root.tar。用户还可使用选项 j 而不是选项 z 来采用 bzip2 压缩,它比 gunzip 压缩得更多。要确保给文件合适的命名。用 bzip2 的时候,给文件取名为 linux-root.tbz2(等价于 linux-root.tar.bz2)。也可以在原始 tar 文件创建之后选择压缩工具,例如 gunzip 和 bzip,来手动压缩 tar 文件。压缩能节约空间,但应该记住任何压缩都存在文件损毁的可能。更多详情和更多高级选项请见 tar、gunzip 和bzip2 的 man 手册页。

清单 8 - 36　用 tar 命令创建压缩 tar 文件

```
[root@linux]# tar-czpf /linux-root.tgz--exclude=/proc \
--exclude=/linux-root.tgz /
[root@linux]#
```

记得用 tar 文件时需要将它解压到指定路径,详见第 5 章"下载压缩文件系统映像"一节。

8.3.2　准备磁盘映像文件

这一章的前面提到过,用户也可以让客户机使用一个专用的硬盘分区,一个LV,或是基于网络的存储也是一样,在这些情况下,生成分区、卷或是基于网络的存储都是一样,但建立新的空间是不一样的。如果使用一个分区、卷或是基于网络的存储,如果想要备份映像或与其他人共享的话,可以稍后再从它们中任何一个创建一个映像文件。映像文件肯定是更灵活并且最适于与它人共享,但不是一定能有与正常运行一样好的性能。

通常,一个操作系统安装者对硬盘或物理机器内的磁盘进行分区。分区过程通常包含将磁盘分成逻辑上独立的段,也叫硬盘分区。当分区完成并且适当格式化之后,操作系统可以被安装到一个或多个准备的分区上。创建一个虚拟环境需要相似的过程,例如在一个虚拟磁盘或分区映像文件中安装一个客户操作系统用于 DomU

客户机。现在描述如何制作位于存储在其他物理分区、LV 或基于网络的存储上的文件系统的虚拟磁盘和分区。

在进入创建磁盘和分区映像的细节之前，从过程的概述开始，然后，在这一节和接下来的章节中，将详述每一步骤。为实现创建一个虚拟磁盘映像的初始步骤，用命令 dd。然后用命令 losetup 和 fdisk 在虚拟驱动映像内创建虚拟分区，用命令 kpartx 使它们对系统可用。接下来我们正确的格式化分区。然后再一次用 dd 创建代表虚拟分区的独立文件。我们在磁盘和分区上用命令 dd 的方式是一样的，但在用完命令 dd 之后与映像文件打交道的方式不一样，磁盘映像文件被当作磁盘对待（用 fdisk 命令分区），而分区映像文件被当作分区对待（它们用 mkfs 命令被格式化）。然后，用 mkfs 通过合适的文件系统格式化分区（包括在磁盘映像内的分区和分区映像本身）。（真实的或虚拟的）分区被格式化为合适的文件系统后，它们就准备好了。

要创建一个磁盘映像文件，首先用 dd 分配虚拟空间到一个文件，然后用 fdisk 制作虚拟分区。

1. 用 dd 分配虚拟设备

dd 代表导出数据（dump data），它是用于复制和可转换出入磁盘的工具。当使用文件存储客户机映像时，dd 是个有用的工具。在直接跳到用 dd 创建磁盘文件之前，通过一系列例子强调一下 dd 的基本作用。

使用 dd 最简单的方法是给它一个输入文件（通过带上选项 if=FILE）和一个输出文件（通过带上选项 of=FILE）。例如，清单 8 - 37 中，file1 通过将 echo 命令的输出文件重定向到它而创建。然后 dd 用于复制 file1 的块，也就是输入文件，到 file2，也就是输出文件。

清单 8 - 37　dd 的基本用法

```
[user@dom0]$ echo hello > file1
[user@dom0]$ cat file 1
hello

[user@dom0]$ dd if = file1 of = file2
0 + 1 records in
0 + 1 records out
6 bytes (6 B) copied, 0.000103 seconds, 58.3 kB/s
[user@dom0]$ cat file2
hello
```

在这个例子中，可以完成与标准复制命令相同的事情。然而，dd 比标准复制命令（cp）更强大因为用户能指定更基本的细节例如要复制的块大小和块数目。当创建一个磁盘映像时，这些细节对产生看起来和感觉起来像真实块设备的文件是必要的。

通过建立一个能创建将用作客户机虚拟磁盘映像文件的命令，让用户更近一步地研究 dd。首先，从清单 8 - 37 加入块大小（bs）选项然后看它如何影响 dd 命令。

239

在清单 8-38 中，加入块大小 3 字节。记住 file1 包含 hello 这个字，紧跟着是一个换行符；每个字母是 1 字节，总共是 6 字节。因此，dd 读取两个 3 字节的块（也叫记录），一次一块，直到读完整个输入文件（file1），再写入输出文件（file2）。本例中的块大小是 3 字节，这显然是不符合实际的，但注意到现在我们有两个块（或记录）是从 file1 读出来的，这两个记录被写入 file2。

清单 8-38　使用带块大小选项的 **dd** 命令

```
[user@dom0]$ dd if = file1 of = file2 bs = 3
2 + 0 records in
2 + 0 records out
6 bytes (6 B) copied, 8.8e - 05 seconds, 68.2 kB/s
1024 bytes (1.0 kB) copied, 0.000107 seconds, 9.6 MB/s
[user@dom0]$
```

接下来，在清单 8-38 的 dd 命令中加入 count 选项。Count 选项告诉 dd 有多少块要复制。在清单 8-39 中，我们看到块大小为 3，数目为 1，dd 复制输入文件（file1）的一个块，然后放入输出文件（file2），结果将 file1 的前 3 字节被传入 file2 的前 3 字节。接下来的 file2 就是 3 字节长，包含 file1 的前 3 字节（也就是"hel"）。此例中块大小为 3，数目被设为 1。注意最后的 file2 是 3 字节（file1 的前 3 字节）。

清单 8-39　带块大小和数目选项的 **dd** 命令的例子

```
[user@dom0]$ dd if = file1 of = file2 bs = 3 count = 1
1 + 0 records in
1 + 0 records out
3 bytes (3 B) copied, 6.3e - 05 seconds, 47.6 kB/s
[user@dom0] ls-lh file2
- rw - r - - r - - 1 user group 3 2007 - 03 - 21 00:02 file2
[user@dom0]$ cat file2
hel[user@dom0]$
```

现在加入 seek 选项到清单 8-37 的 dd 命令中。seek 选项告诉 dd 有多少个块要跳过。所以，seek 为 2 表示有输出文件的两个块要跳过，dd 从第三个块开始写。在上一个操作之后 file2 留下 3 字节，所以当它跳过两个块时，它实际上是插入三个空字节的空间。在清单 8-40 中，我们看到 seek 选项的两个块（注意不是字节），dd 读取输入文件（file1）的第一个块并把它放入输出文件（file2）的第三个块。结果 file2 是 9 字节，这里 file2 的最后三字节是 file1 的前三字节。块大小是 3 字节，数目是 1，定位（seek）是 2 块。注意 file2 是 9 字节（file2 的第三块包含 file1 的前 3 字节）。

清单 8-40　带有块大小，数目和定位选项的 **dd** 命令的例子

```
[user@dom0]$ dd if = file1 of = file2 bs = 3 count = 1 seek = 2
1 + 0 records in
```

```
1 + 0 records out
3 bytes (3 B) copied, 5.1e - 05 seconds, 58.8 kB/s
[user@dom0]$ ls-lh file2
- rw - r - - r - - 1 user group 9 2007 - 03 - 21 00:13 file2
[user@dom0]$ cat file2
hel    hel
[user@dom0]$
```

在预分配磁盘映像的例子中,映像文件占据映像文件的所有空间,即使它不是全部用于客户机。现在,将这些都放在一起来制作解析磁盘映像文件(记住对于稀疏映像,可用空间直到被用到才会被占用),如清单 8 - 41 所示。稀疏映像的另一个选择是预分配的磁盘映像(以清单 8 - 42 为例)。稀疏和预分配映像之间的权衡就是空间/性能的权衡:稀疏映像占用较少的空间,分配时需要多一点开销;而预分配映像占用较多空间但没有空间分配开销。另外值得注意的是,创建一个稀疏映像可以瞬间完成,而同其最大值的多少没有关系,而创建预分配映像的时间和大小成比例。有些用户注意到稀疏映像更容易分段,但这里情况可能不同。

在清单 8 - 41 中,输入文件是/dev/zero,这是一个特殊的文件,它提供能从它读取的空字符一样多的字符。此例中的输出文件叫做 guest_disk_sparse.img,这将是示例客户机的磁盘映像文件。块大小被设为 1K(或 1 千字节),这告诉 dd 一次要读/写的字节数。定位(seek)被设为 4096K(或 4096 ∗ 1024＝4194304 块),这告诉 dd 在写入输出文件之前要跳过多少块。注意这是需要查找的块的数量(4096k＝4096 ∗ 1024)而不是开始查找的块的位置。因为块大小设为 1K(也就是 1024 字节),seek 定位是要查找的块数(4096k)与块大小相乘(1024)。要写入的块数目设为 1。所以这条命令的效果是将一个大小为 1K 的单块写入文件 guest_disk.img 的约为4.1 GB 处(4.1 GB 是因为 1K ∗ 4096K ＝ 1 ∗ 1024 ∗ 4096 ∗ 1024 约等于 41 亿字节或4.1 GB)。文件 guest_disk.img 因此可以被用作稀疏磁盘映像文件,这意味着空间是按需分配的。

清单 8 - 41 用 dd 创建稀疏客户磁盘映像文件

```
[user@dom0]$ dd if=/dev/zero of=guest_disk_sparse.img ➡
bs=1k seek=4096k count=1
1+0 records in
1+0 records out
1024 bytes (1.0 kB) copied, 0.000107 seconds, 9.6 MB/s
[user@dom0]$ls -lh guest_disk_sparse.img
-rw-r--r--    1 user users        4.0G Jan 18 03:54 guest_disk_sparse.img
[user@dom0]$du -h guest_disk_sparse.img
12K      guest_disk_sparse.img
[user@dom0]$
```

在清单 8 - 42 中，输入文件也是/dev/zero。输出文件叫 guest_disk_allocated.img，块大小是 1024K，块数目是 4000。注意 seek 选项未指定。我们不需要定位（seek）到虚拟磁盘，我们只需分配空间，本例中是 1024K * 4000，也就是 4 GB。另外，块大小与文件系统的块大小无关。dd 中的块大小只是告诉 dd 一次读/写多少。文件系统块大小和磁盘性能与这里的块大小无关。

清单 8 - 42　用 dd　创建预分配客户映像文件

```
[user@dom0]$ dd if=/dev/zero of=guest_disk_allocated.img bs=1024k count=4000
4000+0 records in
4000+0 records out
4194304000 bytes (4.2 GB) copied, 57.8639 seconds, 72.5 MB/s
[user@dom0]$ls -lh guest_disk_allocated.img
-rw-r--r--    1 user users        4.2G Jan 18 04:54 ➥
guest_disk_allocated.img
[user@dom0]$ du -h guest_disk_allocated.img
4.0G   guest_disk_allocated.img
[user@dom0]$
```

使用 dd 时主要要注意的事情之一是不要使用物理设备或硬盘驱动作为输出，因为其内容会被输入文件覆写。也有有用的情况，但那已经超出本书的范围。

2. 用 losetup 设置和控制虚拟设备

既然知道如何创建空虚拟磁盘，我们需要在其上作虚拟分区。因为这不是真实磁盘，我们需要用一些工具让虚拟磁盘看起来像块设备。命令 losetup 用于安装和控制 loop 设备。我们用 losetup 来让系统把磁盘映像文件用作普通块设备对待，于是下一节可以用 fdisk 在其上作分区。

第一步是找到一个空闲的循环设备。通常默认的是大多数 Linux 发行版只带了小数目的 loopback 设备。对那些第一个例子之后的例子，可以只选择可用的来用。用于检查下一个可用 loop 设备的命令是命令 losetup 的变体，如清单 8 - 43 所示。如果需要更多 loopback 设备，就需要给循环内核模块增加 max_loop 选项（详见第 6 章的"样例问题"一节）。

清单 8 - 43　用 losetup 查找下一个可用环回设备并将其与客户磁盘映像文件联系起来

```
root@dom0 # losetup-f
/dev/loop1
root@dom0 # losetup /dev/loop1 guest_disk_sparse.img
root@dom0 #
```

注意：
回想早期版本的 Xen，使用了基于文件备份映像的客户机被迫使用 loopback 设备。我们推荐增加 loopback 设备数目，这样就不会用完它。如果对于客户机镜像使用的是 file:/（在客户机配置文件中），这会用到 loopback 设备。推荐使用 tap:aio 接口。

3. 用 fdisk 在虚拟磁盘上创建分区

既然虚拟磁盘挂在系统中就像是一个真实磁盘一样，需要在其上创建一个或多个虚拟分区。命令 fdisk 是一个分区表操纵器，用于在像硬盘分区这样的块设备上创建、删除和修改分区。在清单 8 - 44 中展示了如何用 fdisk 在虚拟硬盘分区映像文件上创建分区。我们将第一个分区创建为一个 512 MB 的交换分区，用剩余的作Linux 分区。能安全地忽视 fdisk w（write）命令末尾的警告，因为这只适用于物理分区而不是虚拟分区。回想第 5 章我们用 fdisk 做了类似任务。

注意：

对于使用 fdisk 的详细说明，请见分区文章的 Linux 文档工程（Linux Documen-tation Project）的 fdisk 部分，网址是 http://tldp. org/HOWTO/Partition/fdisk_partitioning. html。也可以用 GParted 或 QtParted 给出分区步骤。更多有关这些工具的信息请见参考文献和扩展阅读一节。

清单 8 - 44　用 fdisk 在客户磁盘映像文件上创建分区

```
root@dom0# fdisk /dev/loop1
Command (m for help): n
Command action
   e   extended
   p   primary partition (1-4)
p
Partition number (1-4): 1
First cylinder (1-522, default 1): 1
Last cylinder or +size or +sizeM or +sizeK (1-522, default ➥
    522): +512M
Command (m for help): n
Command action
   e   extended
   p   primary partition (1-4)
p
Partition number (1-4): 2
First cylinder (64-522, default 64): 64
Last cylinder or +size or +sizeM or +sizeK (64-522, default ➥
    522): 522

Command (m for help): p

Disk /dev/loop1: 4294 MB, 4294968320 bytes
255 heads, 63 sectors/track, 522 cylinders
Units = cylinders of 16065 * 512 = 8225280 bytes

    Device Boot      Start         End      Blocks   Id  System
```

```
/dev/loop1p1                    1        63      506016   83  Linux
/dev/loop1p2                   64       522    3686917+   83  Linux

Command (m for help)：w
The partition table has been altered!

Calling ioctl() to re-read partition table.

WARNING: Re-reading the partition table failed ➡
with error 22: Invalid argument.
The kernel still uses the old table.
The new table will be used at the next reboot.
Syncing disks.
root@dom0#
```

4. 通过 kpartx 使虚拟磁盘分区可用

最后，我们用工具 kpartx 使分区对系统是可用的。命令 kpartx 是用于从分区表创建设备匹配的多路径工具包的一部分。多路径工具需要内核支持才能正确操作。如果发生奇怪的错误，则可能需要加载内核模块来支持它们。需要的内核模块是 dm-multipath。这一模块应该包含在发行版中，如果没有，用户需要为运行内核建立模块。用户应该能通过命令 modprobe 加载模块 dm-multipath，如清单 8 – 45 所示。

清单 8 – 45 使用 modprobe 加载 multipath 内核模块

```
[root@dom0]# modprobe dm – multipath
[root@dom0]#
```

安装完多路径工具包和加载了内核模块之后，可以用 kpartx 探测磁盘映像上的分区。在清单 8 – 46 中，我们用 kpartx 将磁盘映像内的分区作为块设备匹配到系统。在清单 8 – 46 中可以看到命令 ls 的输出，两个分区的设备节点被创建到/dev/mapper 分别为 loop1p1 和 loop1p2。

清单 8 – 46 用 kpartx 将分区和块设备建立联系

```
[root@dom0]# kpartx-av /dev/loop1
add map loop1p1 ：0 3919797 linear /dev/loop1 63
add map loop1p2 ：0 3919860 linear /dev/loop1 3919860
[root@dom0]# ls /dev/mapper
control loop1p1 loop1p2
[root@dom0]#
```

现在磁盘分区已经准备好被格式化了。我们格式化它们就像对普通分区那样做。清单 8 – 47 和清单 8 – 48 展示了如何格式化磁盘映像分区。

清单 8 - 47　用 mkswap 在我们的磁盘映像内格式化交换分区

```
[root@dom0] # mkswap /dev/mapper/loop0p1
Setting up swapspace version 1, size = 518156 kB
no label, UUID = fd4315cb - b064 - 4e70 - bf30 - a38117884e5f
[root@dom0]#
```

清单 8 - 48　用 mkfs. ext3 在磁盘映像内格式化分区

```
[root@dom0]# mkfs.ext3 /dev/mapper/loop1p2
mke2fs 1.39 (29-May-2006)
Filesystem label=
OS type: Linux
Block size=4096 (log=2)
Fragment size=4096 (log=2)

245280 inodes, 489974 blocks
24498 blocks (5.00%) reserved for the super user
First data block=0
Maximum filesystem blocks=503316480
15 block groups
32768 blocks per group, 32768 fragments per group
16352 inodes per group
Superblock backups stored on blocks:
        32768, 98304, 163840, 229376, 294912

Writing inode tables: done
Creating journal (8192 blocks): done
Writing superblocks and filesystem accounting information: done

This filesystem will be automatically checked every 29 mounts or
180 days, whichever comes first.  Use tune2fs -c
➡or -i to override.
[root@dom0]#
```

　　既然已经格式化了分区，可以用 kpartx 分离它们，然后用 losetup 分离磁盘映像文件，如清单 8 - 49 所示。

清单 8 - 49　用 kpartx 和 losetup 分离分区和磁盘映像

```
[root@dom0] # kpartx-d /dev/loop1
[root@dom0] # losetup-d /dev/loop1
```

　　可以把一个磁盘映像文件内的分区用作 LVM 分区：首先建立磁盘映像文件与 loopback 设备的联系，就像这章前面 losetup 一节中所做的一样，然后再用 kpartx 工具。像之前一样，找到第一个可用的 loop 设备（/dev/loop1），并将 guest_disk_ sparse. img 附加到它。

分区匹配完了之后,可以像再普通分区上一样使用它们。在清单 8 - 50 中,我们像这章前面的 LVM 一节一样使用 LVM 命令。

清单 8 - 50　用 LVM 命令在磁盘映像(guest_disk_sparse. img)内创建逻辑卷

```
[root@dom0]#  pvcreate /dev/mapper/loop7p1 /dev/mapper/loop7p2
  Physical volume "/dev/mapper/loop7p1" successfully created
  Physical volume "/dev/mapper/loop7p2" successfully created
[root@dom0]# vgcreate disk_vg /dev/mapper/loop7p1 ➥
/dev/mapper/loop7p2

  Volume group "disk_vg" successfully created
[root@dom0]#  lvcreate -n guest_partition -L 3G disk_vg
  Logical volume "guest_partition" created
[root@dom0]#
```

8.3.3　准备客户分区映像文件

创建一个客户磁盘分区映像文件不同于创建磁盘映像,因为映像文件将被当作一个分区而不是整个磁盘来对待。这使得更容易对单个分区同时使用 dd 和 mkfs 工具。回想 dd 本章对 dd 的详解。清单 8 - 51 展示了 dd 命令,清单 8 - 52 展示了 mkfs 命令。

清单 8 - 51　用 dd 创建一个稀疏客户分区映像文件

```
[user@dom0]$ dd if = /dev/zero of = guest_partition_sparse.img bs = 1k seek = 4096k
count = 1
1 + 0 records in
1 + 0 records out
1024 bytes (1.0 kB) copied, 0.000107 seconds, 9.6 MB/s
[user@dom0]$
```

使用 mkfs 时要注意的是,当正格式化一个不是块特别设备文件时,它会警告并促使你开始执行。在我们的例子中,通过-F 选项强制它将我们的映像文件格式化。

清单 8 - 52　用 mkfs 格式化一个客户映像文件为 ext3 格式

```
[user@dom0]$ mkfs.ext3-F guest_partition_sparse.img
mke2fs 1.39 (29 - May - 2006)
Filesystem label =
OS type：Linux
Block size = 4096 (log = 2)
Fragment size = 4096 (log = 2)
524288 inodes, 1048576 blocks
52428 blocks (5.00 % ) reserved for the super user
First data block = 0
```

```
Maximum filesystem blocks = 1073741824
32 block groups
32768 blocks per group, 32768 fragments per group
16384 inodes per group

Superblock backups stored on blocks:
    32768, 98304, 163840, 229376, 294912, 819200, 884736

Writing inode tables: done
Creating journal (32768 blocks): done
Writing superblocks and filesystem accounting information: done

This filesystem will be automatically checked every 32 mounts or
180 days, whichever comes first. Use tune2fs-c or-i to override.
[user@dom0]$
```

接下来，我们创建磁盘分区映像并用它作为交换区。首先，我们建立一个磁盘文件，就像清单 8 - 51 中做的一样。我们做的交换文件约为 512MB。用户可以基于客户机将会用到的 RAM 的大小修改它（我们从真实服务器上借用的一条好的规则是对于桌面系统用同等数目的交换区和物理 RAM，而对服务器采用两倍于物理 RAM 的交换区）或是基于通过使用快速廉价的磁盘达到的客户机的密度。如前所述，可以基于磁盘空间/性能需要选择稀疏或是预分配映像。

清单 8 - 53　用 dd 创建一个交换分区映像文件

```
[user@dom0]$ dd if = /dev/zero of = swap_partition_sparse.img bs = 1k    seek = 512k
count = 1
1 + 0 records in
1 + 0 records out
1024 bytes (1.0 kB) copied, 0.000149 seconds, 6.9 MB/s
[user@dom0]$
```

现在已经有一个交换分区映像文件了，可以用 mkswap 把它格式化为一个交换分区文件，如清单 8 - 54 所示。

清单 8 - 54　用 mkswap 格式化交换分区文件

```
[user@dom0]$ mkswap swap_partition_sparse.img
Setting up swapspace version 1, size = 536866 kB
```

现在已经知道如何格式化磁盘和分区映像，接下来看看如何挂载它们。

8.3.4　挂载磁盘和分区映像

在制作一个磁盘或分区映像之前，首先需要将它们挂载到拟定文件系统，通常是挂载到 Domain0。第 7 章中，详述了制作客户机映像的方法。我们可以把这些方法应用到这一章前面创建的分区和磁盘映像上。很多制作方法应用到用户手动创建的挂载了的磁盘和分区映像。

1. 磁盘映像

因为磁盘映像文件不是块设备，它们不能用标准的 mount 命令被挂载。我们需要再一次用 lomount 命令（就像第 5 章做的那样）在磁盘映像内挂载特定分区。如清单 8 - 55 所示。当我们在这章早些时候使用 fdisk 时，我们把第一个分区划为交换分区，第二个分区为 ext2 格式，所以我们将要挂载第二个分区。如果我们正与一个我们不知道其分区表结构的磁盘打交道，可以用 fdisk 命令列出分区信息（见清单 8 - 56 为例）。注意我们用 lomount 挂载第二个分区，因为这是我们的 ext2 分区，而第一个分区是交换分区。

清单 8 - 55　在 loopback 设备上挂载客户磁盘映像

```
[root@dom0]# mkdir-p /mnt/guest_image/
[root@dom0]# lomount-t ext2-diskimage guest_disk_sparse.img-partition 2 /mnt/
guest_image
[root@dom0]#
```

清单 8 - 56 展示了磁盘映像文件上的分区信息表。用户可以忽视关于磁柱的警告，因为这是用户正在用的一个文件。（见前面章节提到的用 losetup 建立映像文件和 loopback 设备之间联系，并忽略这一警告。）fdisk 的输出告诉 guest_disk_sparse.img1 和 guest_disk_sparse.img2 是设备，即使它们实际只是嵌入该文件，且不可直接通过名字来用。如果用户需要与这些就像真实分区的分区打交道，可以像前面说到那样用 losetup。

清单 8 - 56　用 fdisk 列出磁盘映像上的分区信息

```
[root@dom0]# fdisk -l guest_disk_sparse.img
You must set cylinders.
You can do this from the extra functions menu.

Disk guest_disk_sparse.img: 0 MB, 0 bytes
255 heads, 63 sectors/track, 0 cylinders
Units = cylinders of 16065 * 512 = 8225280 bytes

Device             Boot Start End    Blocks    Id  System
guest_disk_sparse.img1        1      63       506016    82  Linux swap /
Solaris
guest_disk_sparse.img2        64     522      3686917+  83\Linux
[root@dom0]#
```

2. 分区映像

要临时挂载 guest_partition_sparse.img 到本地系统的一个目录，我们用带 loop 选项的 mount 命令。注意如果将磁盘映像挂载到 /mnt/guest_image 挂载点，需要解挂它（用如清单 8 - 57 所示的 umount 命令）或是创建一个新的挂载点。清单 8 - 58

运行 Xen：虚拟化艺术指南

展示了挂载客户分区映像的命令。

清单 8 - 57　如果已经挂载，用 umount 从 /mnt/guest_image 解挂磁盘映像

```
[root@dom0]# umount /mnt/guest_image/
[root@dom0]#
```

清单 8 - 58　在 loopback 设备上挂载客户分区映像

```
[root@dom0]# mkdir-p /mnt/guest_image/
[root@dom0]# mount-o loop-t ext3 guest_partition_sparse.img    /mnt/guest_image
[root@dom0]#
```

到目前为止，我们已经看了几种不同的 DomU 客户机存储机制。清单 8 - 2 给出了不同类型的摘要，列出一些利弊。

表 8 - 2　DomU 客户机存储机制的优劣比较

DomU 客户机类型	优	劣
实分区 (Real Partition)	高性能，易设置. 是将现有安装转换的一种最直截了当的途径	一旦转换为 Xen，就不能完整地作为普通分区使用
逻辑卷 (Logical Volume)	大小可调，具有快照功能	恢复处理可能会比较棘水，需要很多的初始化配置和设置
基本网络 (Network-based，如 iSCSI，NFS 等)	灵活性强，容许场景迁移	依靠网络互连的速度，可能设置比较棘手，NFS 性能/可靠性顾虑
基本文件镜像 (File-based image)	灵活性强，易于共享，容易备份和存档. 文件能够存储在表中所列的其他任意存储媒介.	与实分区和逻辑卷相比，性能降低

小　结

本章给出了如何配置 Xen DomU 客户机，这些客户机用于一系列系统映像类型，包括逻辑卷、物理磁盘或分区、基于网络的文件存储如 NFS 或磁盘映像文件。我们也给出了如何创建用户自己的基于文件的映像。在第 9 章"设备虚拟化和管理"中，我们关注对分配给 DomU 客户机的设备进行的管理。

参考文献和扩展阅读

"Accessing Data on a Guest Disk Image (lomount and kpartx). Fedora Wiki.

http://fedoraproject. org/wiki/FedoraXenQuickstartFC6 # head-9c5408e750e 8184aece3efe822be0ef6dd1871cd.

"Booting Xen 3. 0 Guests Using NFS. " Debian Administration.

http://www. debian-administration. org/articles/505.

"Converting a VMWare Image to Xen HVM. " Ian Blenke Computer Engineer Blog.

http://ian. blenke. com/vmware/vmdk/xen/hvm/qemu/vmware_to_xen_hvm. html.

"Creating a Customized Master Image for a Xen Virtual Server Manually. " IBM Systems Software Information Center.

http://publib. boulder. ibm. com/infocenter/eserver/v1r2/index. jsp? topic=/ eica7/eica7_creating_custom_image_xen_manually. htm.

"Diskless Nodes with Gentoo. " Gentoo Linux Documentation.

http://www. gentoo. org/doc/en/disklesshowto. xml.

"Extending Xen with Intel Virtualization Technology. " Intel Technology Journal.

http://www. intel. com/technology/itj/2006/v10i3/3-xen/9-references. htm.

Geambasu, Roxana and John P. John. "Study of Virtual Machine Performance over Network File Systems. "

http://www. cs. washington. edu/homes/roxana/acads/projects/vmnfs/net-workvm06. pdf.

"Gnome Partition Editor. " (GParted) Gnome Welcome.

http://gparted. sourceforge. net/.

The iSCSI Enterprise Target.

http://iscsitarget. sourceforge. net/.

"iscsi-target. " Virtual Appliance Marketplace.

http://www. vmware. com/vmtn/appliances/directory/217.

"Linux Partition HOWTO: Partitioning with fdisk. " The Linux Documenta-tion Project.

http://tldp. org/HOWTO/Partition/fdisk_partitioning. html.

"Logical Volume Management. " Wikipedia.

http://en. wikipedia. org/wiki/Logical_volume_management.

"Logical Volume Manager (Linux). " Wikipedia.

http://en. wikipedia. org/wiki/Logical_Volume_Manager_%28Linux%29.

LVM HOWTO. The Linux Documentation Project.

http://tldp. org/HOWTO/LVM−HOWTO/.

"Open-iSCSI：RFC 3270 architecture and implementation."Open-iSCSI project.

http：//www. open-iscsi. org/.

"A Simple Introduction to Working with LVM."Debian Administration.

http：//www. debianadministration. org/articles/410.

"Using LVM－Backed VBDs."Xen Manual.

http：//www. cl. cam. ac. uk/research/srg/netos/xen/readmes/user/user. html ＃SECTION03330000000000000000.

"Using the LVM utility system-config-lvm."Red Hat Documentation.

http：//www. redhat. com/docs/manuals/enterprise/RHEL-5-manual/Deployment_Guide-en-US/s1-system-configlvm. html.

"Using Parted."

http：//www. gnu. org/software/parted/manual/html_chapter/parted_2. html.

"QtParted Homepage."

http：//qtparted. sourceforge. net/.

"Setup to Do Online Resize of VM Using LVM."XenSource Support Forums.

http：//forums. xensource. com/message. jspa? messageID＝8404.

Virtual Machine Deployment Specification. VMCasting.

http：//www. vmcasting. org/.

"VMDKImage：Migrate a VmWare Disk Image to XEN."Xen Wiki.

http：//wiki. xensource. com/xenwiki/VMDKImage.

"Xen 3. 0. x Limitations."Ian Blenke Computer Engineer Blog.

http：//ian. blenke. com/xen/3. 0/limitations/xen_limitations. html.

251

第 9 章

设备虚拟化及其管理

在掌握了最基本的创建客户 domain 之后,另一个逻辑问题是如何让客户机使用主机上的各种设备。在现有两种技术之中必然有一种确定的趋势:现有两种技术中心一种是让客户充分使用呈现给特定物理机器的设备,另一种技术是客户使用可移植设备接口,让底层设备物理细节对客户机隐藏。在这一章中,我们讨论了 Xen 中不同设备虚拟化方法和管理方法。我们针对 Xen 中半虚拟化设备的主要分类,讨论了磁盘、网卡等设备的半虚拟化方法,讨论了在 Xen 中的全设备仿真以及直接将设备分配给某个客户机的方法(role)。最后,还讨论了有关 Xen 中的虚拟化设备的后续工作和 HVM 客户中现有设备的其他选项。

9.1 设备虚拟化

从高层看,虚拟化设备的选择相当于虚拟化 CPU 的选择。只要客户机声明有此设备,完全虚拟化设备或者仿真设备都向声明了的客户机呈现出物理设备的接口。但半虚拟化设备,将提供一个简化的接口给每个客户机。在这种情况下,客户机知道为了简化虚拟化的实现设备被修改了并且客户机需要能访问这些新的接口。

Xen 是以 CPU 的半虚拟化著名的。因此,Xen 的首选方式设备虚拟化的方式是半虚拟化,也是毫不奇怪的。但是,全虚拟化方法或者说仿真设备的方法仍然是可选的,就像 Xen 可以授权客户机去单独访问一个设备一样。

9.1.1 半虚拟化设备

Xen 最通用的设备管理方式给上层提供一个简单的虚拟过的底层物理设备视图。一个有特权级的 domain,也就是 domain 0 或是 driver domain,由它来管理实际设备,并对每类设备通过通用接口导出给客户机。在此过程中,特定设备的复杂细节都会被隐藏。就像非特权 domain 可以使用读写磁盘的命令,但它却不了解底层特定物理设备的具体通信细节。

半虚拟化的最终实现比半虚拟化 CPU 的实现要简单,虚拟化 CPU 需要改动内核,让它提供新的接口并简化指令集。但是,即使是 HVM 的客户虚拟机也可以通过安装一个新的设备驱动程序使得 HVM 理解简化的设备接口,使用半虚拟化的设备。

当特权 domain 通过设备驱动了解底层设备实现细节直接访问设备,非特权 domain 运行一个简化了的设备驱动程序就行了。这个分离的模型对新型客户操作系统来说尤为好。对一个新的操作系统来说,最大的使用障碍是获得最通用设备的驱动程序。这个半虚拟化的设备驱动模型允许客户操作系统对一类设备实现一个驱动程序即可,接着就靠特权 domain 的操作系统中的设备驱动去访问实际的物理设备。这将使操作系统这一级的发展更为便利而且能够让新操作系统使用更多的物理设备。

9.1.2　全虚拟化设备

在全虚拟化中,非特权级 domain 有一个能与底层指定(专用 dedicated)物理设备交互的模型视图。这就不需要非特权级的 domain 去理解简化过的接口。但是,这也导致它不能提供一个设备驱动就能使一类物理设备上的能力。

在全虚拟化系统中,特权 domain 仍然使用大量的物理设备,并且通过提供给每个非特权 domain 一个可执行路径将其提供给非特权 domain。在后面章节中,将讨论 Qemu-dm 如何在 Interl-VT 和 AMD－V 技术支持下提供 HVM 的设备仿真。而且还能提供特定 IO 虚拟化,包括知道如何跟多客户 domain 直接打交道的智能设备,给每个声明有此设备的客户机提供映像。

全虚拟化也有缺点,它比半虚拟化模型更不好移植。如果希望将非特权 domain 从一个物理机器迁移到另一个物理机器——可以是静态迁移也可以是动态迁移。全虚拟化的方式只在两台机器都有这种设备的情况下才可能。而半虚拟化模式下的这种迁移只需客户机都有此类的设备驱动即可。

9.1.3　不虚拟化的设备

Xen 中提供直接将物理设备授权给非特权 domain 的权利。这将被看作设备没有被虚拟化。但是,如果存在不支持虚拟化的设备或者是需要此设备的最高性能,将此设备授权给指定的非特权 domain 也将是唯一选择。当然,这样一来,其他 domain 将不能访问此设备,这会导致和全虚拟化设备相同的迁移问题。

9.2　前端和后端

使用半虚拟化设备 I/O 最基本的体系结构是前,后端模型,如图 9－1 所示,后端驱动运行在特权 domain 上,前端驱动运行在非特权 domain 上,特别地,非特权级 domain 将设备访问请求分发给前端驱动,前端驱动接着再将此请求与特权 domain 上的后端驱动进行通信,特权 domain 将此请求加入请求队列,并最终将此请求发给实际的底层物理硬件。

后端驱动将通用设备的视图呈现给前端驱动。事实上,它将让多个客户 domain

253

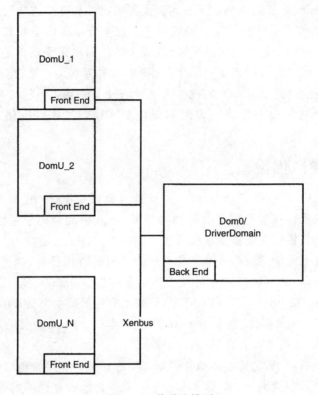

图 9-1 前后端模型

同时使用这个设备。当然,它也有责任保护 domain 间数据的隐私和安全,并且保证设备可公平的访问以及性能隔离。

通常前端/后端对的驱动包括网卡的网络前端/网络后端和块设备的块前端/块后端驱动。SCSI 前端和 SCSI 后端以及 USB 前端和 USB 后端项目也正在进行,但尚未加入 XEN 的主代码库。

前后端通信是通过 xenbus 来完成的,xenbus 使用的是事件通道和生产者/消费者的 ring buffer。xenbus 尽量避免简单的把一个 domain 的页映射到另一个 domain 去的大量的数据拷贝开销,例如,要将一个数据写入磁盘或者往网络上发送数据,这个非特权 domain 的缓冲区将被映射到特权 domain。 至于什么时候初始化 I/O 或者 I/O 什么时候结束是通过事件通道完成。

这些通信通过 xenstore 建立前后端的连接交换基本参数。当前端驱动运行起来之后(comes up),它使用 xenstore 来建立共享内存页帧池和以及前后端之间的事件通道。在这个连接被建立之后,前端后端将请求和响应放入共享内存并将它们通过事件通道通知对方。这种分离的数据传输通知机制是高效的,因为它允许一个通知通过使用多路数据缓冲区来减少不必要的数据拷贝。

Xenstore 既存储也提供了前后端驱动的可见连接。我们在第 3 章"The Xen

Hypervisor"中讨论了讨论了一些 xenstore 的内容。在这一章中,我们着重关注与设备管理相关的参数。

9.2.1　Xenstore 中的后端信息

只有 domain 0 或者 driver domain 有后端驱动,在 xenstore 的域(domain)空间中,有这个域的所有后端驱动清单。在 backend 目录下,有个 vbd 的子目录,这个目录中有所有虚拟块设备或者由 blkback 驱动导出的信息。在 vbd 目录中,有每个 domain 与这个后端驱动连接的前端驱动的入口。每个这样的 domain 都有以它 domainID 命名的子目录,每个子目录下又有一个用词虚拟设备命名的子目录。

在这个 backend/vdb 目录下的子目录结构是 backend/vbd/<domid>/<virtual-device>:

- Backend ——包含此域下所有后端块设备驱动的文件夹。
- Vbd——包括所有虚拟块设备的后端驱动的目录。
- <domid>——包括此 domid 域下的所有虚拟块设备的目录。
- <virtual-device>——包括此 domid 域下指定的虚拟设备的目录。

在 backend/vbd 树下的每个叶文件夹包括设备的属性清单和前后端的链接,此清单的参数如下:

- Frontend-id——运行了前端驱动的 domain ID;同样也会列出这个参数的路径。
- Frontend——到达前端驱动所在 domain 的路径。
- Physical-device——后端驱动的设备编号。
- Sector-size——物理后端设备的扇区或块的大小。
- Sectors——后端设备上的扇区号。
- Info——设备信息标志符。1 表示 cdrom,2 表示可移动存储,4 表示只读设备。
- Domain——前端 domain 的名称。
- Params——设备的其他参数。
- Type——设备类型。
- Dev——提供给用户的前段虚拟设备。
- Node——后端设备接点;从块设备的创建脚本中输出。
- Hotplug-status——连接状态或者错误,从块设备的创建脚本中输出。
- State——通过 xenbus 连接到前端的状态通信。0 表示未知,1 表示正在初始化,2 表示初始化等待,3 表示已经初始化,4 表示连接,5 表示正在关闭,6 表示已经关闭。

类似的,backend 目录中有个 vif 的文件夹,这个文件夹中有连接着这个后端设备的前端驱动所在域的入口。每个入口都有用 domainID 命名的子目录和在此子目录下用 vif number 命名的子目录。

　　Backend/vif 目录的结构是 backend/vif/<domid>/<virtual-device>：

- Backend——包括此域下所有后端网络设备驱动的文件夹。
- Vif——包含 vif 后端驱动的文件夹。
- <domid>——包括此 domid 域下的所有虚拟网络设备的目录。
- <virtual-device>——包括此 domid 域下指定的虚拟设备的目录。

　　在 backend/vif 树下的每个也目录都包含着设备的属性清单和后端驱动和其指定前端驱动的连接信息。诸如 frontend-id，frontend，domain，hotplug-status 和 state 都像 vbd 中说过的一样；mac，bridge，handle 和 script 都是新的参数，这些参数的说明如下：

- Frontend-id　——运行这个前端驱动的 domainID；同样列举了这个参数的路径名。
- frontend——到这个前端 domain 的路径。
- mac——vif 的 Mac 地址。
- bridge——vif 连接的桥设备。
- handler——vif 的句柄。
- script——启动和停止 vif 服务的脚本。
- domain——前段 domain 的名字。
- Hotplug-status——连接状态或者错误，从块设备的创建脚本中输出。
- State——通过 xenbus 连接到前端的状态通信。0 表示未知，1 表示正在初始化，2 表示初始化等待，3 表示已经初始化，4 表示连接，5 表示正在关闭，6 表示已经关闭。

9.2.2　Xenstore 中的前端信息

　　在 xenstore 的域空间中，会建立每个域的前端驱动。Device/vbd 目录包含所有的块设备的前端驱动。每个块设备的前端驱动都被作为 device/vbd 树目录的子目录，将其名字列在 device/vbd 目录中，并且会将它们所包含的属性链接到相关的后端驱动中。以下列举了这些属性：

- Vitual-device——运行这个前端驱动的 domainID；同样列举了这个参数的路径名。
- Device type——设备类型（"disk""cdrom""floppy"）。
- Backend-id——运行这个后端驱动的 domainID。
- Backend——存储后端设备的访问路径（/local /domain path）。
- Ring-ref——块设备请求环形缓冲区的授权表信息。
- Event-channel——块设备请求环形队列所用的事件通道。
- State——通过 xenbus 连接到前端的状态通信。0 表示未知，1 表示正在初始化,2 表示初始化等待,3 表示已经初始化,4 表示连接,5 表示正在关闭,6 表示已经关闭。

　　类似地,device/vif 目录包含所有网络前端驱动的信息。每个网络设备的前端驱动都被作为 device/vif 树目录的子目录,将其名字列在 device/vif 目录中,并且会将它们所包含的属性链接到相关的后端驱动中。以下列举了这些属性:

- backend-id ——运行这个后端驱动的 domainID。
- mac——vif 的 Mac 地址。
- handler——Internet vif 的句柄。
- backend——存储后端设备的访问路径。
- tx-ring-ref——传输环队列中的授权表信息。
- rx-ring-ref——接收环队列中的授权表信息。
- Event-channel——块设备请求环形队列所用的事件通道。
- State——通过 xenbus 连接到前端的状态通信。0 表示未知,1 表示正在初始化,2 表示初始化等待,3 表示已经初始化,4 表示连接,5 表示正在关闭,6 表示已经关闭。

9.3　PCI 设备的授权控制

　　除开 domain 0 以外的域要想直接控制物理设备,这个设备必须先对 domain 0 隐藏并且必须把此控制权显式的授权给指定域。如今,Xen 已经支持隐藏通过 PCI 总线与系统相连的设备。更幸运的是,很多像网卡 SCSI 控制器都是通过 PCI 扩展槽都是通过 PCI 总线连接到主板或者通过集成电路直接安装到主板。

9.3.1　标识 PCI 设备

　　隐藏设备的第一步是要知道设备是如何在系统中标识的,通常设备都是通过 4 位数来表示 domain 的标志符、总线编号、槽编号和设备连接到系统的函数编号。它们的格式是(<domain>:<bus>:<slot>:<function>)。在这里,domain 指的是 PCI 的域的编号而不是 Xen 的域的编号。

　　总线和槽各占两个字符长度,函数占一个字符长度。域编号占 4 个字符长度,而且有时候会将 domain 域编号忽略,默认为 domain 0000。例如:(0000:01:02.3)指明设备在默认域 0000 上,总线为 01,槽是 02,函数编号为 3。需要注意的是,在槽和函数标志之中的标点是句号(英文句号),而不是冒号。

　　在 Linux 系统中有一种比较好的方法是用 LSPCI 工具来验证 PCI 设备的标志符是否正确。LSPCI 列举或显示了系统所有 PCI 总线上的设备。清单 9－1 显示了在 LSPCI 查看系统中以太网接口的使用情况。图中显示了两个以太网控制器,一个被标记为(02:03.0)，另一个被显示为(02:03.1)。除开使用 ISPCI 之外，还可以通过查看/proc/bus/pci 来查看 PCI 设备。

清单 9 - 1　LSPCi 查看系统中以太网接口的使情况

```
[root@dom0]# lspci | grep Ethernet
0000:02:03.0 Ethernet controller: Intel Corp. 82546EB ➡
    Gigabit Ethernet Controller (Copper) (rev 01)
0000:02:03.1 Ethernet controller: Intel Corp. 82546EB ➡
    Gigabit Ethernet Controller (Copper) (rev 01)
[root@dom0]#
```

9.3.2　在启动时对 Domain 0 隐藏 PCI 设备

在标记了设备之后，下一步就是把设备对 domain 0 隐藏。第一种方式是在 Grub 配置文件中在模块入口中加上 pciback.hide 内核参数（如果有多个模块入口，将这个参数加入 domain 0 的内核而不是最初初始化 ram 的内核），domain 0 的 grub 配置文件通常叫 grub.conf 或者 menu.lst。为需要的 PCI 设备加上 pciback.permissive 选项也是必须的。清单 9 - 2 表明怎样从 domain 0 启动的时候就将 PCI 设备隐藏。特别地，在 grub 菜单入口处对 domain0 隐藏了两个 PCI 设备(02:03.0)和 (0000:02:03.1)。注意这些设备在 lspci 看来都是相同的设备，一个通过包括了 domain 标志的 4 个数字来表示，另一个只用了 3 个数字。如果只用了 3 个数字，domain 标志的那个数字被默认为 0000，也就是 domain 0。

清单 9 - 2　将 PCI 设备隐藏

```
title Xen 3.0 / XenLinux 2.6
   kernel /boot/xen-3.0.gz dom0_mem=262144
   module /boot/vmlinuz-2.6-xen0 root=/dev/sda4 ro ➡
console=tty0  pciback.permissive ➡
pciback.hide=(02:03.0)(0000:02:03.1)
```

为了使用这种方法从 domain 0 中隐藏设备，pciback 的支持必须编译到 domain 0 内核去。当设备被成功地隐藏，我们可以从/var/log/dmesg 中看到清单 9 - 3 所示的消息。同样地，可以在 sys/bus/pci/drivers/pciback 中看到隐藏的 PCI 设备。

清单 9 - 3　PCI 设备隐藏信息

```
[user@dom0]$ cat /var/log/dmesg | grep pciback
[    1.154975] pciback 0000:02:03.1: seizing device ➡
    pciback.permissive

[user@dom0]$ ls /sys/bus/pci/drivers/pciback/
0000:02:03:1 new_id    permissive  remove_slot  unbind
bind         new_slot  quirks      slots
[user@dom0]$
```

ative.

运行 Xen：虚拟化艺术指南

9.3.3　在运行时手动绑定/解除 PCI 设备

在启动时使用 pciback.hide 选项，可以使 PCI 设备在启动的时候不被绑定到 domain 0。同时，在运行时解除驱动的绑定同样是可能的，这样可以将设备绑定到 PCI 后端，使用 PCI 后端的 sysfs 目录（/sys/bus/pci/drivers/pciback）。清单 9-4 是一个解除一个网卡驱动的绑定，并将其绑定到 PCI 后端的例子。用户也能使用这个重新将设备绑定到 domain 0。

清单 9-4

```
[root@dom0]# echo -n 0000:02:03.0 > ➥
    /sys/bus/pci/drivers/3c905/unbind
[root@dom0]# echo -n 0000:02:03.0 > ➥
    /sys/bus/pci/drivers/pciback/new_slot
[root@dom0]# echo -n 0000:02:03.0 > ➥
    /sys/bus/pci/drivers/pciback/bindcat
[root@dom0]#
```

9.3.4　授权 PCI 设备给其他 domain

使用 pciback.hide 选项在设备启动时对 domain 0 隐藏了之后，它能给被直接授权给其他 domain。最简单的方法是在其他 domain 的客户配置文件中添加 PCI 属性行，清单 9-5 就显示了将两个 PCI 设备（02:03.0）和（0000:02:03.1）授权给 domain 的配置。

清单 9-5　将两个 PCI 设备授权给 domain 配置

```
pci=['02:03.0','02:03.1']
```

PCI 设备被授权给的 SXP 格式文件如清单 9-6 所列。注意到，十六进制的数前面都加上了 0x 来表示。

清单 9-6　SXP 格式文件

```
(device (pci
    (dev (domain 0x0)(bus 0x2)(slot 0x3)(func 0x0)
    (dev (domain 0x0)(bus 0x2)(slot 0x3)(func 0x1)
)
```

同样，可以在 xm create 中通过命令参数完成这种授权。如清单 9-7 所示，注意多设备时，pci 选项被多次用到。在客户机启动时，可以看到一些的指明前端配置文件的声明，而其他启动信息都会为了显式的简洁而被移除。

清单 9-7　在 xm create 中通过命令参数完成授权

```
[root@dom0]# xm create NetDriverDomain pci=02:03.0 pci=02:03.1
[ 1856.386697] pcifront pci-0: Installing PCI frontend
```

```
[ 1856.386770] pcifront pci－0：Creating PCI Frontend Bus 0000：02
```

在客户机启动之后,依旧可以运行 lspci 命令让客户机查看 PCI 设备的信息,如清单 9－8 所示。

清单 9－8 运行 Lspci 命查看 PCI 设备信息

```
[root@NetDriverDomain]# lspci
00：00.0 Bridge：nVidia Corporation MCP55 Ethernet (rev a2)
[root@NetDriverDomain]#
```

在网卡从 domain 0 迁移到 NetDriverDomain 的这种情况下,依然能应用特殊的网络命令比如 ifconfig 来查看状态,如清单 9－9 所示。我们使用 ifconfig 来检查 eth1 的 MAC 地址是否和它在 domain 0 中的一样。这是将此物理网卡在 domain 0 和 NetDriverDomain 中移动的证据。当然,这要求我们知道这个设备在 Domain 中隐藏值钱的 MAC 地址。

清单 9－9 用 ifconfig 查看状态

```
[root@NetDriverDomain]# ifconfig -a
eth1      Link encap:Ethernet  HWaddr 00:1A:92:97:26:50

          inet addr:128.153.22.182  Bcast:128.153.23.255 ➡
     Mask:255.255.248.0

          UP BROADCAST RUNNING MULTICAST  MTU:1500  Metric:1

          RX packets:53 errors:0 dropped:0 overruns:0 frame:0

          TX packets:2 errors:0 dropped:0 overruns:0 carrier:0

          collisions:0 txqueuelen:1000

          RX bytes:7960 (7.7 KiB)  TX bytes:684 (684.0 b)
```

如果在这个过程中碰到了问题,可以做得一件事就是再次检查 PCi 的前端是否被编译进了被授权的 domain 中。我们可以安全地将 PCI 的前后端驱动编译进同一个内核。

9.4 可信 domain 的专用设备访问

在先前的章节中,我们讨论过 domain 0 可以将 PCI 设备的控制权交给其他 domain。允许这种操作有两个主要原因。Xen(The global)可以将设备的访问路径给指定某个特定 domain。另一个方案是系统中的多个 domain 希望共享一个设备,但是这个需求可能在 domain 0 向可信的 driver domain 移交设备管理权的时候被搁置(offload)。使用可信的 driver domain 好处有很多,因此将在这一章中讨论它,虽然在最近的 Xen 的版本中并未完全支持。

第 9 章　设备虚拟化及其管理

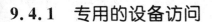

运行 Xen：虚拟化艺术指南

9.4.1　专用的设备访问

在使用了前面所述的的方法将设备的访问控制权限交给某个指定 domain，这个 domain 不必被强制共享设备。这显然不是虚拟化设备。那个直接处理物理设备的 domain 就像它不是在虚拟机上运行一样。这个 domain 需要指定设备的设备驱动，而这个对于不常用的操作系统来说是没有选择余地的。同样，对物理设备细节的了解将会带来移植性的问题。

除开这个问题，授权专用设备访问的 domain 也有明显的优点。第一，它能够让设备访问获得最高的性能。例如，如果网络性能指标是 domain 的一个关键指标，将它授权给一个专用的网卡是一个明智的选择。它可以避免与其他 domain 共享这个设备，这样就能够避免任何设备虚拟化和仿真的开销。第二，支持虚拟化的设备暂时还未面世。对于支持虚拟化的设备来说，直接把设备授权给某个 domain 或许只需要一个选项。

还有一件重要的事情必须明白，一个没有硬件保护的 domain 让它直接访问硬件设备要与其他 domain 协商。例如，一个 domain 能够驱动设备作 DMA 操作，而 DMA 的目的地址属于另一个 domain。这样，直接的物理设备访问必须基于基于可信基。如果不信任 domain 中所有的软件和安全配置，将直接的物理设备的访问权限授给它就是在冒险。

另一个解决这个问题的方法是让硬件支持 IOMMU（Input Output Memory Management Unit），一个 IOMMU 就相当于传统的 MMU，它能将虚拟地址映射成物理地址，这样就能保证其他 domain 有了存储保护。许多硬件厂家包括 Intel，AMD，Sun 和 IBM 都生产 IOMMU 的硬件。使用这种方法最大的缺点就是地址翻译带来的开销将降低性能并增加 CPU 的使用率。

9.4.2　可信的 driver domain

赋予一个 domain 可直接访问物理设备的权限可以通过释放将物理设备与其他 domain 共享实现。而且，将一个设备设成一个 domain 与另一个 domain 共享可以采用像 domain 0 一样运行后端驱动的方法实现。运行这种分离的设备驱动的好处是任何不稳定的设备驱动都能与 driver domain 隔离。如果 driver domain 崩溃了，程序的请求将会丢失，但是 driver domain 可以被重启而且 I/O 的过程可以继续。相反，如果不采用这种方法，通常来说，给定驱动的 bug 率要高于内核操作系统的 bug 率的，因为驱动的 bug 增多，导致 domain 0 的不稳定，将影响系统的稳健，而 Domain 0 是不能简单地被重启的。将设备驱动一直到 driver domain 上，最大的缺点是增大了系统配置的复杂性，也意味着有更多的 domain 和更多的可信基需要管理。

没有硬件的保护，任何对设备的物理访问都将要是可信基的一部分。甚至在有硬件保护的情况下，driver domain 也必须变为可信基的一部分。所有通过 driver domain 发送和接收的数据，以及非特权 domain 使用 driver domain 的服务必须保证是安全的，它的数据是与其他非特权 domain 的数据分开的、受到保护的。验证 driver domain 的安全是相对容易的，如果只运行必须的软件组件。一个 driver domain 必须的只有操作系统，必要的设备驱动和最小支持它工作的软件集。设想将一个普

261

通 domain 变成 driver domain，只需要授权让它访问物理设备并将这些设备通过后端驱动导出给其他 domain，但这种方式并不推荐使用。

9.4.3　使用可信 driver domain 的问题

在 xen 的早期版本中的配置文件中，存在着一种语法，它描述了一个前端驱动，将其连接到非 domain 0 的后端驱动上。清单 9-10 就表示了这种配置文件中的语法，它被用来在 BackendDomain 上建立和使用后端驱动。

清单 9-10　这种配置文件中的语法

```
In the configuration file for backendDomain：

# Setup a network backend
netif = 1
# Setup a block device backend
blkif = 1

In domains using the backend：

# Use a disk exported by backendDomain
disk = [phy：hda1, xvda,w,backendDomain]
# Use a network interface exported by backendDomain
vif = ['backend = backendDomain']
```

如果这种语法并未在系统中运行，另一种机制就会进入 xenstore 的配置文件手动配置。但是，使用这种方法，会有试图传递页面授权的操作。

在一开始，一个好的策略是在 domain 0 中安装后端驱动，前端驱动与后端驱动进行通信，在 xenstore 中查看所有的链接属性。这个过程能够作为新的 driver domain 建立一个连接的实例。在注意到所有的这些链接属性之后，将后端驱动移到新的 driver domain 上去。例如，为了指明后端驱动在 driver domain 而不是 domain 0 上，第一步将建立 domain 0 的块后端驱动，并在 ID 为 X 的 domU 上建立块前端驱动。我们能够注意到在 backend/vbd 和 device/vbd 目录下 domain 0　和 domain X 的属性。

我们接着能够按照前面的流程通过 Domain ID Y 将设备授权给可信的 driver domain.一旦确信后端驱动已经在 domain Y 上安装，我们就可以在 domain X 和 Y 上编辑 Xenstore 的入口。特别是，我们可以利用 XenStore-write 去手工修改与前端连接的 backend 和 backend id 和 backend-id(Xenstore-write＜path to xenstore entry＞＜entry＞＜value＞)。 在 domain X 和 Y 都关机的情况下，这个操作是安全的。

当修改完成，重启可信 driver domain，domain Y 和 domain X，当 domain X 启动起来了，并且来了 3 个前端驱动请求，它将利用 XenStore 建立共享内存帧，和 domain 之间的事件通道，这些都建立之后，就可以和后端进行通信。在前端 domain 启动起来之后，就可以查看 ring-ref，event-channel 和 store 属性。

9.5　Qemu-dm 的设备仿真

　　讨论了半虚拟化的设备模型，它们是前后端模型，后端驱动要么在 domain 上，要么在分离的 driver domain 上。我们同样看见了将设备授权给 driver domain，也看到了授权设备的专用访问路径给 domain。在这一节中，将讨论如何通过 Qemu 仿真提供设备的全虚拟化。在这种模型之下，多个 domain 可同时看见设备的专用访问路径。就像真的看见底层物理设备一样，这对 HVM 来说是尤为重要的。尽管从技术上来说 HVM domain 能够运行特殊的和前端设备驱动，但这并非普遍现象。取而代之的是 HVM domain 期待看见一系列伪真实的虚拟硬件，就像能操作真正的物理设备那样。

　　Qemu 是个开源的机器仿真器，它提供了 CPU 和设备仿真。事实上，Qemu 自己可以被用来做 Xen 相同的虚拟化工作。Xen 在设备仿真方面依赖于 Qemu。特别是在支持 HVM domain 的情况下。Qemu 设备管理器，号称 Qemu-dm，是 domain 0 的一个后端服务程序。Qemu 的 CPU 仿真接口并没有被 xen 使用。为了在 xen 的客户机中用到 Qemu，配置文件必须如下配置运行：device_mode ＝ '/usr/' ＋ arch_libdir ＋ '/xen/bin/qemu-dm'。

　　理论上说，任何被 Qemu 支持的设备都通过 Qemu-dm 暴露给客户机后端驱动。但是，并非所有非 Qemu 支持的所有设备都被 xen 的客户配置文件标记为可用。在现阶段，如下设备很容易被仿真可用。PIIX3 IDE 硬件驱动，Cirrus Logic 视频卡，RTL8139 或 NE 2000 网卡和各类声卡。USB，PAE，ACPI 和 APIC 都能被使能使用。清单 9－11 展示了 HVM 客户机配置文件的设备节 section。

清单 9－11　HVM 客户机配置文件的设备节 section

```
device_model = '/usr/' + arch_libdir + '/xen/bin/qemu-dm'

#nographic=0 # no graphics, only serial (do not enable for Windows guests) ➡
stdvga=0 # stdvga (cirrus logic model, default=0 disabled)
#pae=0    # HVM guest PAE support (default=0 disabled)
#acpi=0   # HVM guest ACPI support (default=0 disabled)
#apic=0   # HVM guest APIC support (default=0 disabled)
#usb=1    # USB support (devices may be specified through the
          # monitor window)
#usbdevice='mouse'   # normal/relative mouse
#usbdevice='tablet'  # tablet/absolute mouse
#------------------------MISC-------------------------------------------------
#serial='pty'        # serial port re-direct to pty device,
                     # allows xm console or minicom to connect

#soundhw='sb16'      # sound card support (sb16, es1370, all;
                     # default none)
```

　　一个常问的问题是在 HVM domain 上使用 windows 是如何运行高端 3D 图形程序的，如游戏。现在，xen 对这个的支持还不是很好，VMGL 还只是个选项；可看 renferences 和 future reading 的文献去了解更多信息。用户能够通过使用 vnc 远程桌面去访问桌面，就像第 6 章讲过的"管理非特权级 domain"，它将不会提供有用的经验，却是一个简单的常识过程。真正的解决方案是用 I/O MMU 硬件和相应的软件支持。现阶段，图像卡期待操作系统能分一块专用物理空间供它使用。但是，当客户操作系统运行在虚拟机制上时，它并非占用一段物理内存，而是经过了 hypervisor 的重映射。I/O MMU 将在适当和安全的时候允许这种重定位。

9.6　将来的方向

　　在这一章中简单描述了 Xen 中设备管理的工作进展和将来的工作。

9.6.1　更多的设备

　　在没有类似于 Qemu 仿真的情况下，如果在硬盘和网络下纠缠够久，用户将惹来麻烦。但是其他设备的扩展性在继续增加。一系列的探究虚拟设备模式的工程正在展开。如果需要支持特殊设备，而且愿意为此承担风险，可以关注 pvSCSI，虚帧缓冲区，高级显示支持，USB 后端/前端，SCSI 后端/前端，虚 SANS 支持和火线支持以及无限带宽。这章的最后也给出了一些链接。

9.6.2　智能设备

　　另一个可能有趣的方向是有虚拟意识的设备，也被称为智能设备。这些设备将意识到多虚拟机的访问并且能够对每个虚拟机都维护正常状态。在某些必要的情况下，这个可能将描述过的后端驱动推到设备的固件。在这种情况下，虚拟机就有物理设备的实际驱动。围绕智能设备存在着一系列开放的问题，包括怎样在两台拥有不同的职能硬件的平台上去迁移。

小　结

　　Xen 使用了分离的设备驱动模型。在这种模型下，后端驱动运行在特权级 domain，并且能直接访问物理设备，而前端驱动运行在非特权 domain，将设备访问请求传给后端驱动。我们讨论了基本结构，也讨论了磁盘和网卡的分离模型，提供了对 domain 0 隐藏 PCI 设备和将它们授权给其他 domain 的指令，我们同样讨论了可信 driver domain 以及面临的挑战，xen 实用 qemu 支持设备的全虚拟化以及怎样支持 HVM 都是我们讨论过的。最后，我们给出 xen 中设备虚拟化可能的方向。

参考文献和扩展阅读

Fraser，Keir，et al. "Safe Hardware Access with the Xen Virtual Machine Monitor." Proceedings of the 1st

Workshop on Operating System and Architectural Support for the on Demand IT InfraStructure (OASIS).

October 2004. Boston，MA.

http://www.cl.cam.ac.uk/research/srg/netos/papers/2004-oasis-ngio.pdf.

Virtual Frame buffer：http://www.xensource.com/files/summit_3/Xenpvfb.pdf

http://wiki.xensource.com/xenwiki/VirtualFramebuffer

VMGL（Xen-GL）：http://www.cs.toronto.edu/~andreslc/xen-gl/

http://xensource.com/files/xensummit_4/vmgl_Cavilla.pdf

Blink（advanced display multiplexing for virtualized applications）：

http://www.xensource.com/files/summit_3/GormHansenVirtFB.pdf

http://lists.xensource.com/archives/html/xen-devel/2005-12/msg00234.html

FibreChannel，VSANS：

http://www.xensource.com/files/summit_3/Emulex_NPIV.pdf

Infiniband：

http://www.xensource.com/files/summit_3/xs0106_virtualizing_infiniband.pdf

SCSI：

http://www.xensource.com/files/summit_3/xen-scsi-slides.pdf

第 **10** 章

网络配置

为 Xen 客户机选择网络配置是管理 Xen 系统的一个重要方面,Xen 在网络配置方面具有极大的灵活性。用户能够在同一台机器上的客户机之间或者 Xen 客户机与因特网之间建立通信。客户机可以作为同一物理机器上本地网段的不同主机,或者被放在路由器之后或者藏在 NAT 网关之后。客户机甚至可以被限制为不允许访问任何网络。本地虚拟网段能够被创建,这样客户之间可以进行私有通信而无须使用物理网络。driver domain 可以作为防火墙来使用,能够对网络上的客户机访问施加不同级别的限制,这样能够提高整个系统的安全性。本章将详细描述 Xen 的网络选项,假定已经具备了一定的网络知识,我们的目标是提供适于初学者的描述和指导。

10.1　网络虚拟化回顾

Xen 的基本功能之一是在多个 Xen 客户之间共享网络接口,就像多客户共享物理 CPU 那样。从逻辑上讲,每个 DomU 都有虚拟网卡,Xen 将每个 DomU 的虚拟网卡中的数据保以多路复用的形式发送到每个物理网卡上。一般地,Xen 还会将从物理网卡上接收到的数据包以多路分解的形式传送给每个运行的 DomU 的虚拟网卡。这些工作能够以 3 种主要模式来运行:桥接、路由和网络地址翻译(NAT)。

另一方面,虚拟网卡并不要求物理网卡工作。当创建整个虚拟网段给客户 domain 使用的时候,并不导致实际的网络传输,客户 domain 甚至能够使用多个网卡:其中一些为实际物理网卡,而另一些则仅仅允许对虚拟网段进行访问。

虚拟网络另一个基本因素是决定网络拓扑结构。例如,所有的虚拟客户机能够直接在物理网络上出现。而另一种可选方案是,一个 domain 作为网桥、路由器、NAT 网关或其他 domain 的防火墙。管理员可以在 Xen 系统内部随意搭建复杂、多层次的虚拟拓扑结构。尽管如此,在实际中最好不要在不必要的情况下增加任何复杂性。

管理员还必须决定如何为虚拟网卡分配 IP 地址,而这很大程度上取决于所要搭建的网络拓扑结构。就像在现实世界中,在设计完虚拟网络的拓扑结构之后,每个网段都应当有子网掩码和网络标识符来指导 IP 地址的分配和路由。与外部网络相连的网络接口可以从外部 DHCP 服务器获得 IP 地址。虚拟网段中的网卡可以手动分配 IP 地址，甚至可以在附属于虚拟网段中的虚拟机上运行 DHCP 服务器。与真实世界中的情况一样，虚拟网络配置与拓扑结构对系统性能与安全性会造成很大影响。在本章，首先来看网络配置的各个选项，包括如何使用脚本来配置选项，Xen 的配置文件，以及标准的网络工具如 ifconfig、brtcl、ip 等，我们将在稍后的第 11 章"确保 Xen 系统的安全性"中讨论与网络安全相关的工具如防火墙和 iptables。

10.2　设计虚拟网络的拓扑结构

可以使用 Xen 来创建多种虚拟网络拓扑结构，在开始配置每个客户机之前，很重要的一点是对所需的网络拓扑结构进行设计，本节建议按照以下步骤来设计网络拓扑结构。

（1）查看机器的物理设备。第一步是知道整个系统中物理网卡的数量和类型，笔记本电脑通常都有以太网卡和无线网卡，服务器有多个以太网卡，建议在客户机间共享网卡前首先确保所有 domain 0 中的网卡能够正常工作。

（2）决定每个物理设备的共享模型。决定每个物理网卡是以桥接，路由，还是 NAT 网关的形式与客户 domain 共享，这个决定将会受到系统中所运行客户域的功能及需求的影响。如果不确定如何选择，建议采用简单的桥接配置，这样每个客户 domain 都能通过简单的共享单一物理网卡直接呈现在物理网段上。

除开共享模式，一个设备能被授权只给一个客户 domain 访问，这样能够提供更好的安全性，隔离性和流量给指定客户 domain。如果多物理网卡和一些 domain 需要高性能或高可用 I/O，可将网卡绑定给某个客户机使用。

（3）决定是否创建纯虚拟（purely virtual network）网段。在一个网段中的所有机器具有相同的子网地址并共享相同的物理介质，这样的网段被称为子网。一个虚拟网段的流量对外部物理网段来说是不可见的。同样，对于网段上没有虚拟接口网段的客户 VM 来说也是不可见的。因此，它将提供一个更自然的方法来隔离客户 domain 之间的通信，建议每个虚拟网段的创建都具有一定的功能性目的，为了访问同一份内部数据而创建一个网段。该网段一旦被创建，由管理员来决定是否每台客户机都需要访问这份数据。如果需要，一个虚拟网卡就在这个网段上被创建。可以选择创建的接口不出现在虚拟网段上，因为经常有类似于 Web 服务器或数据服务器这样的攻击，当接口不出现的时候，可以使袭击者更难获得这些共享数据，图 10－1 是一个虚拟网络设计的例子。

（4）对每个客户决定虚拟网卡的接口号以及它们是否连上物理网络或者虚拟网络。最终，在决定完 driver domain 的物理接口和虚拟网络的共享模式之后，我们能够记录每个 domian 需要多少个网口，每个接口的角色是什么，在 Xen 3.0 中，可以配置客户 domain 最多支持 3 个网络接口，而不需要物理网卡的支持。

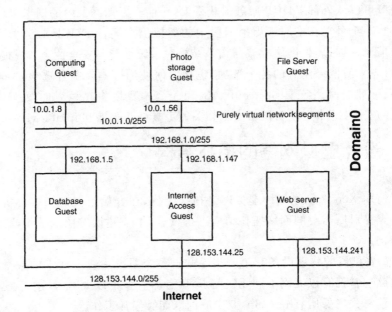

图 10 - 1 虚拟网络设计

(5)决定每个接口的物理地址和 IP 地址。数据根据报文头中的 IP 和 MAC 地址被投递给主机,因此,每个网络接口,不管是虚拟的还是物理的都需要自己的 MAC 和 IP 地址。

MAC 地址必须是独一无二的(至少在本网段中),有两种分配 MAC 地址给虚拟网卡的方法,分别是由 Xen 生成或用户指定,当手工分配 MAC 地址给虚拟网口的时候,我们需要知道在一个网络中的每个网口都有一个与众不同的 MAC 地址,如果没有分配,Xen 将自动生成一个。

IP 地址和子网掩码以及默认网关一样能够通过 DHCP 或手工指定,如果客户 domain 可以被 Internet 直接路由,我们要保证有足够的全局 IP 地址可以供这些虚拟网口使用。如果客户 domain 在同一虚拟网络中,它们的虚拟接口必须配置相同子网的 IP。

(6)记录虚拟网络拓扑。在完成了以上步骤之后,需要能够画出表明系统中的客户 domain 的连接关系和客户机与外界之间的连接的网络示意图,物理管理者根据这张图可以记录和设计物理网络。作为 Xen 的系统管理者,可能有个同样复杂的内部网络——包括不同的子网,一系列的外部访问服务,一系列的内部访问服务,防火墙等。在图上记录设计有助于帮用户维护系统,随时添加客户机。

10.3 桥接,路由和网络地址转换

Xen 提供了客户 domain 通过物理设备访问网络的 3 种方式——桥接,路由和网络地址转换（NAT）。在桥接模式下，客户 domain 的虚拟网口（vif）是对外部以太网可见的；在路由模式下 vif 是不可见的，但 IP 地址是可见的；在 NAT 模式下，vif 是不可见的 IP 地址也是不可见的。

　　桥接是基于与上层协议独立的 MAC 地址在多网口之间进行流量分配，路由在基于 IP 地址的高层在 Internet 上传送包，而 NAT 网关在一个全局的可路由 IP 和本地 IP 地址之间进行地址转换，这种转换可以通过使用大范围的全局可见端口进行，NAT 网关将客户 IP 和端口重映射到 domain 0 上，这些概念与读者平时读到的概念差不多，图 10 - 2 是三种模式的比较。

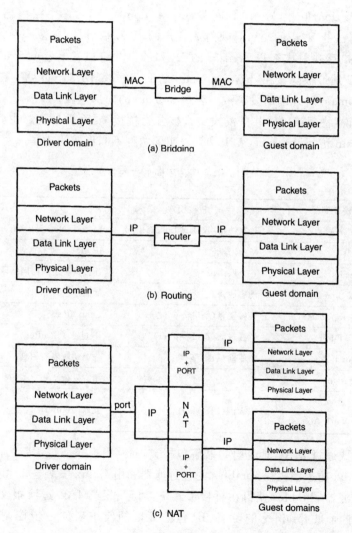

10 - 2　三种模式的比较

　　在桥接模式下，brctl 工具被用来创建 driver domain 的软件桥接口，一个物理网络接口被连接到桥上。Xen 的客户 domain 的后端 vif 能够在 domain 创建时使用客户 domain 的配置文件连接到软件桥接口上。当桥接口接收到物理接口的报文，它将根据 MAC 地址将报文分发，在桥模式下，客户 domain 对以太网来说是透明的。

当 driver domain 被配置成路由模式，将使用 Linux 的 iptables 机制，所有的报文通过物理网卡接收，被 driver domain 的网络 IP 层处理，driver domain 查找 IP 表的入口，并且根据它们目的 IP 地址继续将包发给客户 domain。在路由模式下，driver domain 同时连接到不同的两个网段，客户 domain 的内部网段和全局的 Internet 中的某个网段。

当 driver domain 作为 NAT 网关，driver domain 仍然像个路由器在工作。但是，它会将自己的 IP 中的端口号映射成客户的 IP 和端口号，它像一个代理在工作，将网关的端口重映射成客户 domain 的 IP 和端口并将包发给 guest domain。客户 domain 的 IP 地址被隐藏在 driver domain 之下，对外部网络不可见。在 NAT 模式下，driver domain 对外部网段隐藏了客户 domain 的内部网段。

通常来说，物理接口的共享模式要么被分为桥接，要么被分为路由，或者直接允许客户 domain 访问 Internet，表 10-1 表明了两种不同形式的共享。

表 10-1　两种不同形式的共享

参数对照	桥接模式	路由模式
ISO 层(ISO Layer)	数据链路层(Data Link Layer)	网络层(Network Layer)
标识(Identifier)	MAC 地址	IP 地址
IP 段(IP segments)	一个网络段	连接两个不同的网络段
IP 分配(IP assignment)	动态或静态	静态
设置工具集(Setup tools)	桥接工具(Bridge-utils)	Linux IP 表
数据过滤(Data Filter)	桥接过滤(Bridge-filter)	IP 过滤(IP filter)
隔离性能(Isolation Properties)	与驱动域良好隔离	与驱动域隔离困难
配置(Configuration)	容易	稍有复杂
感知网络访问 (Perceived Network Access)	以太网(Ethernet)	互联网(Internet)

桥接模式通过 MAC 地址打包和解包报文，而路由模式通过 IP 地址打包和解压报文，当 Linux 防火墙提供 iptables 的包过滤器和由 Linux 安装包 bridge-utils 提供的以太网过滤器 ebtables 使得在桥接形式下，可以根据 MAC 过滤报文。在桥接模式下，我们能通过 iptables 的配置、IP 包防火墙的使用来进一步控制和保证网络安全。

在 Xen 中，默认配置是桥接，因为在这种体系结构下更直接，配置更容易应用。

在路由模式下，来自客户 domain 的报文直接通过 driver domain 进行路由并发送到以太网,这种情况下很难将数据包与 driver domain 或其他客户 domain 相隔离。但在桥接模式下,由物理网络接口向 driver domain 接口发送通知。软件桥像开关一样工作,连接着 domain 虚网口的物理网口,一台机器中多个软件桥可以构建,Xen 中 domain 的虚接口也是灵活的,可以像配置的那样连接到桥,这种方式可以更容易地实现隔离和安全。

为每一个 domain 指定一个物理接口也是可以的,这样能够让客户机直接去访问物理设备,这种情况下,driver domain 并不参与客户网络的处理。客户域对网络进行互斥访问。物理接口在 driver domain 上所引入的网络开销被降低为 0,同时,客户 domain 利用了物理接口的最大网络带宽。正常情况下,客户 domain 与其他 domain 共享同一网卡。但如果某个客户 domain 网络负载较重,那么最好为它单独分配一块网卡,与其他域的网络流量相隔离,这样可以确保网络服务质量。同理,如果运行一些特殊服务比如 DNS 服务器或 Web 服务器,那么通常都会为这样的客户域单独分配一块网卡。这样,客户 domain 可以像一台物理机器一样来运行,对网络也就有了足够的控制能力。要了解更多细节或实例可以查看第 9 章"设备虚拟化与管理"。

在提供高可用性或高性能网络方面,Xen 所提供的另一个解决方案是在同一个客户机中联合使用两块网卡。在这种方式下,Xen 客户机的网络性能被大大提升,即使其中一块网卡出现故障,客户机的联网能力依然正常。当两块网卡同时工作时,客户网络的吞吐量能够得到提升。在客户机中绑定两个网络接口需要 Xen 的虚拟网络驱动提供支持,Xen 的开发人员仍然在进行此项工作,据称,下一版本的 Xen 将包含此功能。因此,跟踪 Xen 的 devel 邮件清单了解 Xen 绑定多网卡是件值得关注的事。

10.4　前后端网卡驱动和命名

在第 9 章,讨论了设备 I/O 的前/后端模型。客户域的每个虚拟网卡接口都有一对典型的虚拟接口(vifs),后端 vif 在 driver domain 上作为客户 domain 的代理,能够将客户接受的数据包分发给客户 domain 也能将客户的数据包发送到网络中。前端 vif 在客户 domain 上并作为典型的网络设备对客户可见,前端 vif 通常为 veth 类型或虚拟以太网类型而非 eth,它是一种典型的物理以太网接口。后端 vif 在 driver domain 上,通过共享缓冲区环给前端传递数据或接收数据,图 10-3 说明了在客户 domain 上前、后端的关系。

当数据包被发送到客户 domain 时。driver domain 的桥或路由器开始接收报文,它直接将报文传递给正确的客户 domain 的后端 vif,然后那个后端 vif 将此报文放入对应前端 vif 的接收缓冲区,在客户 domain 内部的前端缓冲区按正常程序处理接收到的报文并将其发给应用程序。当客户 domain 需要将报文发送到 Internet 上

运行 Xen：虚拟化艺术指南

面去时，报文首先被发送给前端 vif 的发送缓冲区，接着后端 vif 将报文从发送缓冲区放入 driver domain 的桥或路由器中，最终桥或路由器将它们发送到 Internet 上。

前端接口在客户 domain 中作为 veth <＃>存在，相当于普通物理机器中的网络接口，后端 vif 在 driver domain 中，以 vif <id，＃>格式标记，这个 id 代表了客户 domain 的 ID 和 vif 号＃，这些构成了客户 domain 内部 vif 的一个应答序，这个编号从 0 开始，通过句号分隔。例如，vif 1.0 代表 domainID 为 1 的客户机的 0 号网口。

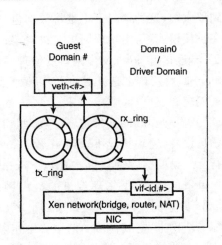

图 10 - 3　客户 domin 上前、后端的关系

272

在 Xen 中，每个 domain 都有 domainID，特权 domain 的 domainID 是 0，不管什么时候 dom U 启动，Xen 将分配一个独一无二的 dom id，欲了解 domid 的更多细节，可查本书第 6 章。

在 domain 0 中，后端 vif0.0 表示 Xen 的回环设备，它的功能与客户 domain 的 vif 不同。因为客户 domain 的前端 vif 把客户 domain 的报文发给 driver domain（常是 domain 0）的后端代理，Xen 的回环设备 vif0.0 在客户 domain 到 domain 0 的路径上执行一次数据备份，这份备份是需要的，因为 domain 0 接收缓冲区中的每一个数据包都将在客户域的内存页中占据一段非固定的时间，用户进程何时能读到数据并释放套接字缓冲区根本无法得到保证。

10.5　Xen 网络配置概述

在设计完虚拟网络拓扑结构之后，就该着手在 Xen 中实现计划了，在本节，将简要地描述一下这一配置过程，在后续的章节中，还将对每种共享模型进行详细讲述。

10.5.1　大体步骤

第一步是将每个物理设备分配给 driver domain 去管理。现在，在这章中不管什么时候提到 driver domain，它就是指管理物理设备的那个 domain。最简单而且经过最充分测试的就是使用 domain 0，我们也建议将 domain0 作为 driver domain。第 9 章详细描述了如何将设备分配给客户 domain 或 driver domain。那是 driver domain 通常是指 domain 0，但是如果可能，将一些控制放在其他 domain 上也是极有好处的。

第二步是实现选定的共享模式，不管是桥接，路由，NAT 或者是自己声明的模式。对于防火墙来说，首先按前面章节提到过的设计创建好的网络拓扑结构，防火墙的配置信息在 11 章中有详细说明。

为了实现选定的共享模式，以下几步配置需要完成：

（1）配置 Xend 建立共享虚拟网络模型并在 domain 0 运行 Xend。这是通过修改 Xend 配置文档使之选择适合的网络配置脚本来实现的，当 Xend 运行时，它将通过特殊的配置和脚本配置文档。

（2）在客户配置文档中配置网络参数，这些参数将在在客户机启动的时候应用，在客户配置文档中，必须编辑网口选项去设定客户 domain 网口的 MAC 地址，IP 地址和所有相关的网络参数，当客户 domain 启动的时候，domain 中 vifs 的前端后端对就被创建。

（3）在客户 domain 内部配置网络接口，包括手动设置 IP 地址，默认网关，DNS 服务或是 DCHP 服务。客户 domain 的前端网络接口必须与（2）中配置的后端接口一致，这项工作也能通过 Linux 的图形化网络配置工具完成。

（4）测试，保证虚拟网络被正确建立 ifconfig、ping、ip 和 Etheal/wireshark 能够帮助验证或症断建立虚拟网络拓扑结构建造过程中的安装信息，并且保证桥接或路由能够正确地收发信息。

10.5.2　Xend 配置文件

Xen 默认情况下提供了两种脚本，网络脚本和虚拟网络接口脚本，网络脚本用于在 Xend 运行时构建 driver domain 上的虚拟网络。Vif 脚本被用来在客户 domain 启动时引入客户虚拟 domain 的网络接口，这两个默认脚本都存在/etc/xen/scripts。针对 xen 的 3 种不同网络模型，它们的默认脚本分别为 network-bridge、vif-bridge、network-route、vif-route、network-net 和 vif-nate。

网络脚本定义和建立了网络环境或者网络模式，vif 脚本定义和创建/销毁虚拟网络接口的行为。当 xend 在 domain 0 上启动时，它将调用在 xend 配置文件中指定的脚步来建立符合的虚拟网络。桥接形式是 xend 配置文件中的默认配置，当 domain 0 启动一个新的 domain，它将运行通过 xend 配置文件指定的 vif 脚本来启动在相应的 driver domain 上的客户 domain 的虚拟网口。在 xend 配置文件中指定 network-script 和 vif-script 的格式如下：

{network-script scriptname}

{vif-scriptname scriptname}

就像第 6 章中所描述的那样，Xend 配置文件中的语法是基于简化的 XML-persistent(SXP)格式的，脚本名称就是 Xend 启动时 xen 使用的脚本的文件名。作为普通配置文件的语法，用 # 起头的是注释，脚本的名字可以是 network-bridge、network-route、network-nat 和 vif-bridge、vif-route、vif-nat。

在 xend 的配置文件中，已经预定义了桥接的选项，路由的选项和 NAT 选项。当需要使用某种模式时，只需删除对应模式命令行前的 # 并重启 xend。但必须保证

273

对应的 network-script 和 vif-script 没有被注释而其他网络选项被注释来避免冲突。

每个脚本都能引入多个参数，当脚本使用参数时，脚本的名字和参数必须用单引号引住，参数衍生属性和其赋值需要用等号连接，不同的传入参数通过空格分隔，格式如下：

(network-script 'network-name arg_derivative_1＝value argument_derivative_2＝value')

下面是一个例子：

(network-script 'network-bridge netdev＝eth1 vifnum＝1')

netdev 参数指明了 domain 0 上的硬件网络设备，vifnum 表明 vif 的数字应该是多少。在这个例子中，采用了脚本与物理网口绑定 eth 的方法建立桥接，并且 domain 0 的第二个回环设备 vif0.1 将被绑定到桥接器上。

脚本不需要在默认路径/etc/xen/scripts 上，它能被放在选项中指定的任何位置。

下一行是指定目录的示例：

(network-script '/opt/scripts/network-bridge')

更多的细节将在本章的后续小节中提到。

10.5.3　客户 domain 的配置文件

Xend 建立了虚拟网络并且提供了客户 domain 可用的虚拟接口，一个客户 domain 的网络接口依据客户的配置文件而建立。配置文件同时决定了客户 domain 有多少个虚拟接口、哪些虚拟接口接到桥接器上、每个虚接口的 MAC 地址和 IP 地址以及获得 MAC 地址和虚拟地址的方式。在客户 domain 配置文件中，-vif、nics、dhcp、netmask 和 gateway 可以指定配置客户 domain 的网络接口。当客户域的配置文件中没有 vif 或 nice 网络指令时，客户域中除了回环设备没有网络接口，就像一台没有接网卡的机器。

1.　Vif

Vif 指令用于指定每个虚接口的 IP 和 MAC 地址，表明此客户 domain 有多少个 vif。vif 配置了客户 domain 的网络接口并提供了丰富的与后端 vif 相关的选项，vif 文件中有关于 mac，ip，vifnamen 和 type 的可用选项，这此可用选项可将参数传给客户 domain 的网络接口，完成重命名，绑定桥接器等功能。

Vif 的选项都在方括号[]内，每个客户 domain 的接口都被单引号引用，并由逗号(英语符合)分隔，如果有多个 vif 在同一个 domain 中，可以写成如下形式：vif＝['…'，'…'，'…'，]。对于每个接口来说，选项可以以 mac＝xxxx，ip＝xxxx，或者 bridge＝xenbr♯等形式存在。它们都在单引号内由逗号分离，如果有多个 vif 被分配，而没有指定名字，这些 vifname 将按顺序号分配名字。

下面是两个 vif 的例子

vif＝［''］

这个客户 domain 只有一个 vif,所有的 vif 的配置都在方括号内,此网络没有声明任何指定属性。当 mac 没有直接指定时,Xen 会自动生成一个 MAC 地址给这个 vif,如果选项 ip 没有被使用,DHCP 服务会默认给这个 vif 分配动态 IP,如果选项 vifname 没被指定,它将默认使用 eth0,如果指定的 vif 没有出现在配置文件中,此客户 domain 就没有网络接口。所以一个空的 vif 声明客户 domain 有一个网络接口。

Vif＝［'mac＝xxxx,ip＝xxxx,或者 bridge＝xenbr0'］

这个客户 domain 只有一个 vif,在这里,4 个 vif 选项通过逗号分隔,被单引号引用,xenbr 0 通过桥接网络脚本安装,bridge＝xenbr 0 将客户 domain 的 vif 连上桥接器。

2. Nics

Nics 指令是一个被废弃的指令,该指令用于声明客户域所拥有的接口数量。Nics 显式的声明了客户域中网络接口的数量以及客户域启动时所安装的网络接口的数量。这个指令之所以被废弃,是因为 vif 指令也能用于声明一个客户域所能拥有的网络接口数量。Xen 3.0 对每个客户 domain 最多只支持 3 个 vif,如果 nics 的值与 vif 指定的值不一致,客户 domain 将有更多的网络接口将被创建。一旦我们为客户域配置过一次 nics 值,而后来又需要修改 nics 值或删除这个指令,我们仍然需要回到这个客户 domain,并且在客户 domain 内部手工删除这个指令,因此使用这个指令的时候必须小心,因为它很容易误解并导致错误。在之前的 Xen 版本中该选项被使用,可以在 Xen 手册 1.0 版本中查到。我们建议不要再使用这个指令以免引起不必要的麻烦。Nics 的值是个整数,当前它的值被限制为不大于 3,以下是 nics 的使用实例:

```
nics = 1
NOTE:
Dhcp
    Dhcp   P354
```

10.6　桥模式细节

在本节,将以上一节中的概述为基础,给出 Xen 中配置桥网络的详细实例。前文已经说过,网桥是一种链路层设备。它处理包含源、目的 MAC 地址的数据包,并根据 MAC 地址将数据包转发给目的主机。

Xen 桥虚拟网络的工作原理与硬件网桥设备极为相似。客户域直接运行于与驱动域物理连接的外部以太网段。图 10-4 展示了桥模式中 Xen 客户机的网络拓扑。

Xen 网络脚本使用 bridge-util 工具在 Linux 内核中安装桥软件。

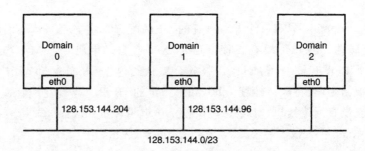

图 10 - 4　在桥模式中，客户域对于驱动域所连接的以太网来说是透明的

276

在 Xen 桥模式中，每一个客户域都有一个由 Xen 定义的后端网络接口，该接口与驱动域中的桥相连，而通用的前端网络接口则安装于客户域内部。当 Xen 启动的时候，network-bridge 网络脚本会将虚拟桥接口 xenbr0 启动。默认情况下，实际的物理接口 eth0 被更名为 peth0，并连接到该虚拟桥接口。域 0 的回环设备 veth0 也会被启动，它被更名为 ech0，其后端虚拟接口 vif0.0 被连接到桥接口。域 0 的虚拟接口对 eth0 与 vif0.0，两者则以回环方式进行连接。

10.6.3　桥连接配置实例

桥连接是 Xen 在默认情况下为所有客户域所建立的网络体系结构。在 Xen 的配置文件/etc/xen/xend-config.sxp 中，与虚拟网络相关的默认指令如清单 10 - 1 所列。从表中可以发现 network-bridge 与 vif-bridge 是唯一没有被注释的两行。

清单 10 - 1　Xend 默认桥连接模式配置

```
(network - script network - bridge)
(vif - script vif - bridge)
# (network - script network - route)
# (vif - script vif - route)
# (network - script network - nat)
# (vif - script vif - nat)
```

网络脚本 network-bridge 在/etc/xen/scripts 目录中。该脚本能够配置网络环境并使用 bridge-util 工具配置 xenbr0 软件桥。vif 脚本也位于该目录下并做为网络脚本使用，它能够在客户域启动时为客户域配置后端 vif。

在运行 xm 命令创建客户域之前，应当首先配置客户域的配置文件。清单 10 - 2 展示了客户机配置文件中与虚拟网络安装相关的指令实例。

清单 10 - 2　一个客户域默认桥连接模式配置

```
vif = ['mac = 00:16:3e:45:e7:12, bridge = xenbr0']
```

　　当客户域启动的时候,它的虚拟接口被分配了一个用户定义的 MAC 地址并被连接到 xenbr0 桥。这条指令已经指明,在客户域的域内有一个虚拟网络接口,并且它的后端 vif 将与 xenbr0 桥连接。

　　当 Xen 启动的时候,使用命令 ifconfig – a,可以查看在域 0 中,驱动域内的网络接口。清单 10 – 3 显示了完整的输出,我们将就这张表进行详细的叙述。清单 10 – 2 以相同的顺序列出了清单 10 – 3 中所列出的所有接口,并对这些接口存在的目的给出了简要的描述。

清单 10 – 3　驱动域桥接口

```
[user@Dom0]# ifconfig -a
eth0      Link encap:Ethernet  HWaddr 00:11:25:F6:15:22
          inet addr:128.153.144.204  Bcast:128.153.145.255   ➡
          Mask:255.255.254.0
          inet6 addr: fe80::211:25ff:fef6:1522/64 Scope:Link
          UP BROADCAST RUNNING MULTICAST  MTU:1500  Metric:1
          RX packets:66 errors:0 dropped:0 overruns:0 frame:0
          TX packets:30 errors:0 dropped:0 overruns:0 carrier:0

xenbr0    Link encap:Ethernet  HWaddr FE:FF:FF:FF:FF:FF
          inet6 addr: fe80::200:ff:fe00:0/64 Scope:Link
          UP BROADCAST RUNNING NOARP  MTU:1500  Metric:1
          RX packets:97 errors:0 dropped:0 overruns:0 frame:0
          TX packets:0 errors:0 dropped:0 overruns:0 carrier:0
          collisions:0 txqueuelen:0
          RX bytes:16999 (16.6 KiB)  TX bytes:0 (0.0 b)
[user@Dom0]#
          collisions:0 txqueuelen:0
          RX bytes:10366 (10.1 KiB)  TX bytes:7878 (7.6 KiB)

lo        Link encap:Local Loopback
          inet addr:127.0.0.1  Mask:255.0.0.0
          inet6 addr: ::1/128 Scope:Host
          UP LOOPBACK RUNNING  MTU:16436  Metric:1
          RX packets:1448 errors:0 dropped:0 overruns:0 frame:0
          TX packets:1448 errors:0 dropped:0 overruns:0 carrier:0
          collisions:0 txqueuelen:0
          RX bytes:2314108 (2.2 MiB)  TX bytes:2314108 (2.2 MiB)

peth0     Link encap:Ethernet  HWaddr FE:FF:FF:FF:FF:FF
          inet6 addr: fe80::fcff:ffff:feff:ffff/64 Scope:Link
          UP BROADCAST RUNNING NOARP  MTU:1500  Metric:1
          RX packets:85 errors:0 dropped:0 overruns:0 frame:0
          TX packets:30 errors:0 dropped:0 overruns:0 carrier:0
          collisions:0 txqueuelen:1000
```

```
          RX bytes:11675 (11.4 KiB)  TX bytes:8046 (7.8 KiB)
          Interrupt:16

sit0      Link encap:IPv6-in-IPv4
          NOARP  MTU:1480  Metric:1
          RX packets:0 errors:0 dropped:0 overruns:0 frame:0
          TX packets:0 errors:0 dropped:0 overruns:0 carrier:0
          collisions:0 txqueuelen:0
          RX bytes:0 (0.0 b)  TX bytes:0 (0.0 b)

veth1     Link encap:Ethernet  HWaddr 00:00:00:00:00:00
          BROADCAST MULTICAST  MTU:1500  Metric:1
          RX packets:0 errors:0 dropped:0 overruns:0 frame:0
          TX packets:0 errors:0 dropped:0 overruns:0 carrier:0
          collisions:0 txqueuelen:0
          RX bytes:0 (0.0 b)  TX bytes:0 (0.0 b)

veth2     Link encap:Ethernet  HWaddr 00:00:00:00:00:00
          BROADCAST MULTICAST  MTU:1500  Metric:1
          RX packets:0 errors:0 dropped:0 overruns:0 frame:0
          TX packets:0 errors:0 dropped:0 overruns:0 carrier:0
          collisions:0 txqueuelen:0
          RX bytes:0 (0.0 b)  TX bytes:0 (0.0 b)

veth3     Link encap:Ethernet  HWaddr 00:00:00:00:00:00
          BROADCAST MULTICAST  MTU:1500  Metric:1
          RX packets:0 errors:0 dropped:0 overruns:0 frame:0
          TX packets:0 errors:0 dropped:0 overruns:0 carrier:0
          collisions:0 txqueuelen:0
          RX bytes:0 (0.0 b)  TX bytes:0 (0.0 b)

vif0.0    Link encap:Ethernet  HWaddr FE:FF:FF:FF:FF:FF
          inet6 addr: fe80::fcff:ffff:feff:ffff/64 Scope:Link
          UP BROADCAST RUNNING NOARP  MTU:1500  Metric:1
          RX packets:30 errors:0 dropped:0 overruns:0 frame:0
          TX packets:66 errors:0 dropped:0 overruns:0 carrier:0
          collisions:0 txqueuelen:0
          RX bytes:7878 (7.6 KiB)  TX bytes:10366 (10.1 KiB)

vif0.1    Link encap:Ethernet  HWaddr FE:FF:FF:FF:FF:FF
          BROADCAST MULTICAST  MTU:1500  Metric:1
          RX packets:0 errors:0 dropped:0 overruns:0 frame:0
          TX packets:0 errors:0 dropped:0 overruns:0 carrier:0
          collisions:0 txqueuelen:0
          RX bytes:0 (0.0 b)  TX bytes:0 (0.0 b)

vif0.2    Link encap:Ethernet  HWaddr FE:FF:FF:FF:FF:FF
```

```
                BROADCAST MULTICAST  MTU:1500  Metric:1
                RX packets:0 errors:0 dropped:0 overruns:0 frame:0
                TX packets:0 errors:0 dropped:0 overruns:0 carrier:0
                collisions:0 txqueuelen:0
                RX bytes:0 (0.0 b)  TX bytes:0 (0.0 b)

    vif0.3      Link encap:Ethernet  HWaddr FE:FF:FF:FF:FF:FF
                BROADCAST MULTICAST  MTU:1500  Metric:1
                RX packets:0 errors:0 dropped:0 overruns:0 frame:0
                TX packets:0 errors:0 dropped:0 overruns:0 carrier:0
                collisions:0 txqueuelen:0
                RX bytes:0 (0.0 b)  TX bytes:0 (0.0 b)

    vif1.0      Link encap:Ethernet  HWaddr FE:FF:FF:FF:FF:FF
                inet6 addr: fe80::fcff:ffff:feff:ffff/64 Scope:Link
                UP BROADCAST RUNNING NOARP  MTU:1500  Metric:1
                RX packets:41 errors:0 dropped:0 overruns:0 frame:0
                TX packets:50 errors:0 dropped:0 overruns:0 carrier:0
                collisions:0 txqueuelen:0
                RX bytes:5604 (5.4 KiB)  TX bytes:7725 (7.5 KiB)
```

表 10 - 2　域 0 网络接口

接口名	目　的
eth0	ID 为 0(在域 0 中)的驱动域的前端网络接口
lo	域 0 中的回环接口
peth0	物理网络接口
sit0	IPv4 中 IPv6 通道的代理接口
veth1～veth3	域 0 中 3 个未使用的前端网络接口
vif0. 0	域 0 的后端网络接口
vif0. 1～vif0. 3	域 0 中对应的未使用的后端网络接口
vif1. 0	ID 为 1 的客户域的后端网络接口
xenbr0	桥网络接口

　　veth0 与 vif0.0 为域 0 的网络接口对，它们的域 ID 号为 0。Veth0 被更名为 eth0。Xenbr0 接口为在驱动域中安装的软件桥接口。Vif1.0 为正在运行的客户域后端网络端口。这个客户域的域 ID 号为 1，并且在本例中它仅有唯一的网络接口。

　　可以看到，peth0，xbenbr0，vif0.0 与 vif1.0 共享相同的 MAC 地址 FE:FF:FF:FF:FF:FF，该地址为以太网广播地址。这表明物理接口，域 0 的回环设备，与客户域的后端接口都在向桥接口 xenbr0 进行广播。当物理网络接口收到数据包的时候，它会将所有数据包全部直接发送给桥接口 xenbr0。软件桥根据数据包的 MAC 地址来决定使用哪个域的后端接口来转发那些数据包。因此,peth0 不需要具有 IP 地址,仅仅有 MAC 就足够了。物理接口的初始 IP 已经被赋给了 eth0——驱动域的虚拟前端接口。Xenbr0 根据 MAC 地址 00:11:25:F6:15:22 或 00:16:3e:45:e7:12 决定将数据包提交给 eth0 或 vif1.0,客户域中相应的前端接口 eth0,安装在客户域内部。从驱动域的角度看,客户域中的 eth0 为 vif1.0。图 10-5 为桥模式的虚拟设备视图。

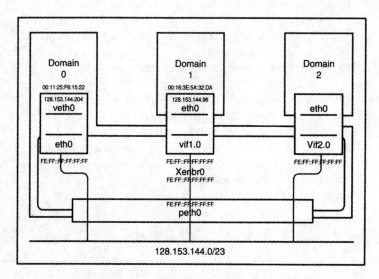

图 10-5 在桥连接模式中,驱动域和客户域都在 Linux 桥中打了勾,桥负责根据数据包 MAC 地址将数据包提交给各个域

在客户域内部,网络接口看上去与典型机器上的网络接口完全一样,如清单 10-4所示。

清单 10-4 客户域网络接口

```
lo      Link encap:Local Loopback
        inet addr:127.0.0.1  Mask:255.0.0.0
        inet6 addr: ::1/128 Scope:Host
        UP LOOPBACK RUNNING  MTU:16436  Metric:1
        RX packets:1217 errors:0 dropped:0 overruns:0 frame:0
        TX packets:1217 errors:0 dropped:0 overruns:0 carrier:0
        collisions:0 txqueuelen:0
        RX bytes:1820052 (1.7 MiB)  TX bytes:1820052 (1.7 MiB)

sit0    Link encap:IPv6-in-IPv4
        NOARP  MTU:1480  Metric:1
        RX packets:0 errors:0 dropped:0 overruns:0 frame:0
        TX packets:0 errors:0 dropped:0 overruns:0 carrier:0
        collisions:0 txqueuelen:0
```

```
            RX bytes:0 (0.0 b)   TX bytes:0 (0.0 b)
[user@DomU]#
[user@DomU]# ifconfig -a
eth0    Link encap:Ethernet   HWaddr 00:16:3E:5A:32:DA
        inet addr:128.153.144.96  Bcast:128.153.145.255
        Mask:255.255.254.0
        inet6 addr: fe80::216:3eff:fe5a:32da/64 Scope:Link
        UP BROADCAST RUNNING MULTICAST  MTU:1500  Metric:1\
        RX packets:209 errors:0 dropped:0 overruns:0 frame:0
        TX packets:41 errors:0 dropped:0 overruns:0 carrier:0
        collisions:0 txqueuelen:1000
        RX bytes:33822 (33.0 KiB)  TX bytes:6178 (6.0 KiB)
```

在客户域中,无论 Xen 网络处于桥连接模式或路由模式,网络接口看上去都与非虚拟化机器中的网络接口完全一样。

10.6.2 测试结果

首先,需要确认客户域连接到了因特网,因此使用 ping 命令来 ping 一个外部网络地址。Ping 命令向目的 IP 地址发送 ICMP 请求并接收 ICMP 回答。Ping 是最常用的检查两台机器是否网络互通的命令。清单 10-5 显示了 ping 的结果。

清单 10-5   客户域 ping www.google.com

```
[user@DomU]# ping www.google.com
PING www.l.google.com (64.233.161.147) 56(84) bytes of data.
64 bytes from od-in-f147.google.com (64.233.161.147):
            icmp_seq=1 ttl=243 time=16.9 ms
64 bytes from od-in-f147.google.com (64.233.161.147):
            icmp_seq=2 ttl=243 time=17.0 ms
64 bytes from od-in-f147.google.com (64.233.161.147):
            icmp_seq=3 ttl=243 time=21.1 ms

--- www.l.google.com ping statistics ---
3 packets transmitted, 3 received, 0% packet loss, time 2000ms
rtt min/avg/max/mdev = 16.920/18.381/21.155/1.965 ms
[user@DomU]#
```

从清单 10-5 中,我们可以看出 Google 对客户域的每一个 ICMP 都进行了响应。TTL 代表生存时间,它对每个数据包经历的跳数进行设定。在这个实例中,它从 255 减少到 243,这意味着它在到达客户机之前经过了 12 个路由器或主机。

我们为驱动域配置 IP 地址 128.153.144.204,并使用相同子网中的一台远程主机 128.153.144.195 来跟踪客户域 128.153.144.96 的路由路径。窗口中的 tracert 命令显示了数据包在到达目的地址前所经过的机器。清单 10-6 显示了结果。

清单 10-6   相同子网中的一台远程主机的路由跟踪

```
[@windows]# tracert 128.153.144.96
Tracing route to 128.153.144.96 over a maxium of 30 hops
1    3ms     1ms    1ms    128.153.144.96
Trace complete
[user@local]#
```

在相同的子网中,虚拟主机与一台外部主机之间仅有一跳。换句话说,尽管客户域在虚拟机器内运行,但 tracert 的输出看上去就像是在一台物理主机而不是虚拟主机上。在这个实例中,域 0 的 IP 地址为 128.153.144.201,但没有根据表明域 0 被包含在了 tracert 中。

然后,我们在桥连接虚拟网络中启动两个客户域。当我们使用一个客户域去 ping 另一个客户域时,使用网络协议分析器 Ethereal 或 Wireshark 来对物理接口 peth0 与桥接口 xenbr0 来进行数据包跟踪(Ethreal 或 Wireshark 是功能非常强大的网络工具,它们能够抓取网络接口上的数据包以进行错误诊断,网络协议与软件分析)。一个客户域地址为 128.153.144.96,另一个客户域地址为 128.153.144.97。

图 10-6 为 Ethreal 抓取的桥接口 xenbr0 中的数据包片断,图 10-7 为物理接口 peth0 中的数据包片断。我们从图 10-6 和图 10-7 中能够发现桥接口将 ICMP 数据包从一个客户域发送到目的域。我们发现 ICMP 包已经通过 Xen 桥从一个客户域传输到了另一个客户域,但是没有发现物理接口中存在任何 ICMP 包,这一点就证明了软件桥没有像集线器一样广播所有的数据包,而是以交换机方式进行工作,将数据包传送给每个特定的域。

Xensourc_06:54:94	Broadcast	ARP	Who has 128.153.144.97? Tell 128.153.144.96
Xensourc_19:3e:a9	Xensourc_06:54:94	ARP	128.153.144.97 is at 00:16:3e:19:3e:a9
128.153.144.96	128.153.144.97	ICMP	Echo (ping) request
128.153.144.97	128.153.144.96	ICMP	Echo (ping) reply
Cisco_35:4f:dc	Broadcast	ARP	Who has 128.153.144.11? Tell 128.153.144.1
128.153.144.96	128.153.144.97	ICMP	Echo (ping) request
128.153.144.97	128.153.144.96	ICMP	Echo (ping) reply
128.153.144.96	128.153.144.97	ICMP	Echo (ping) request
128.153.144.97	128.153.144.96	ICMP	Echo (ping) reply
128.153.144.96	128.153.144.97	ICMP	Echo (ping) request
128.153.144.97	128.153.144.96	ICMP	Echo (ping) reply
Cisco_16:9d:b7	CDP/VTP/DTP/PAgP/U	DTP	Dynamic Trunking Protocol
128.153.144.96	128.153.144.97	ICMP	Echo (ping) request
128.153.144.97	128.153.144.96	ICMP	Echo (ping) reply
128.153.144.1	224.0.0.10	EIGRP	Hello
Cisco_df:e6:55	Cisco_df:e6:55	LOOP	Reply
Cisco_35:4f:dc	Broadcast	ARP	Who has 128.153.144.11? Tell 128.153.144.1
Xensourc_19:3e:a9	Xensourc_06:54:94	ARP	Who has 128.153.144.96? Tell 128.153.144.97
Xensourc_06:54:94	Xensourc_19:3e:a9	ARP	128.153.144.96 is at 00:16:3e:06:54:94

图 10-6 软件桥将 ICMP 数据包从一个客户域传送到另一个客户域

Cisco_df:e6:55	Spanning-tree-(for	STP	Conf. Root = 8189/00:d0:00:98:a4:8f Cost = 23
Cisco_df:e6:55	Spanning-tree-(for	STP	Conf. Root = 8189/00:d0:00:98:a4:8f Cost = 23
128.153.144.1	224.0.0.10	EIGRP	Hello
Cisco_df:e6:55	Spanning-tree-(for	STP	Conf. Root = 8189/00:d0:00:98:a4:8f Cost = 23
Xensourc_06:54:94	Broadcast	ARP	Who has 128.153.144.97? Tell 128.153.144.96
Cisco_df:e6:55	Spanning-tree-(for	STP	Conf. Root = 8189/00:d0:00:98:a4:8f Cost = 23

图 10-7 物理网络设备没有将数据包从一个客户域传送到同一台主机中的另一个客户域

最后,可以使用 brctl 命令显示桥信息以检查客户域是否在桥连接虚拟网络上

打了勾。brctl 命令结果显示于清单 10 - 7 中，该命令由 bridge-utils 工具包提供。

清单 10 - 7　驱动域桥状态

```
[user@Dom0]# brctl show
bridge name       bridge id            STP enabled      interfaces
xenbr0            8000.feffffffffff    no               vif1.0
                                                        peth0
                                                        vif0.0
```

桥的名字是 xenbr0，它的 MAC 地址为 FE:FF:FF:FF:FF:FF. 客户域的后端接口 vif1.0，驱动域接口 vif0.0，以及物理接口 peth0 都与桥 xenbr0 进行连接。Xenbr0 接口负责根据 MAC 地址将数据包传输到适当的地址。

10.7　路由模式细节

在本节，我们仍然以前面章节中的概述为基础，给出在 Xen 中配置路由模式的实例。已经讲过，路由器是网络层设备，网络层位于链路层之上。它处理包含源 IP 地址和目的 IP 地址的 IP 数据包，将数据包转发并路由到与目的主机接近的网段上。

Xen 路由模式的工作原理与硬件路由器极为相似，客户域通过驱动域与以太网进行路由连接。通过驱动域的 iptables 启用 ip_forwarding 功能，它可以像路由器一样工作，将客户域的数据包从一个网段传输到外部网段。图 10 - 8 展示了 Xen 路由模式的网络拓扑。

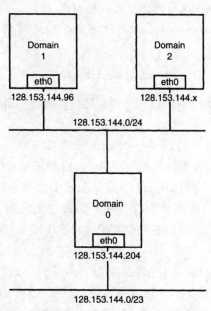

图 10 - 8　客户域与以太网通过驱动域进行路由连接，驱动域作为客户域的网关进行工作

运行 Xen：虚拟化艺术指南

在路由模式中,客户域将驱动域设置为自身的网关。当客户域视图发送数据包到因特网的时候,数据包首先被发送到软件路由器。然后驱动域将这些数据包路由到因特网。另一方面,当客户域的后端 vif 从软件路由器收到数据包的时候,它将数据包放入前端接口中的接收缓冲区。紧接着客户域从它的接收缓冲区中接收数据包,就好像客户域有一个物理网络接口。驱动域中的物理网络接口就像连接外部网段的路由器端口,处于不同网段客户域的后端 vifs 就像路由器的其他端口。

10.7.1　路由模式配置实例

首先,在 Xend 配置文件中,应当对 network-bridge 和 vif-bridge 进行注释并取消对 network-route 与 vif-route 的注释。网络指令 network-script 与 vif-script 如清单 10 - 8 所示。注意 network-route 与 vif-route 是唯一没有注释的两行。

清单 10 - 8　Xend 路由模式配置

```
# (network - script network - bridge)
# (vif - script vif - bridge)
(network - script network - route)
(vif - script vif - route)
# (network - script network - nat)
# (vif - script vif - nat)
```

另外,在脚本/etc/xen/scripts/network-route 中应当加入几行,如清单 10 - 9 所示。在更新的 Xen 版本中,这个问题已经被修复。

清单 10 - 9　修复 Xend network-route 脚本(如果有必要)

```
echo 1 > /proc/sys/net/ipv4/ip_forward
echo 1 > /proc/sys/net/ipv4/conf/eth0/proxy_arp
```

第一行是脚本的默认行,在 iptables 中设置 ip_forwarding 使驱动域能够像路由器一样工作。

第二被添加用于修复默认的 network-route 脚本。当 proxy_arp 被设置的时候,路由器以客户域的 ARP 代理角色进行工作,当目的地址在其他网段时为客户域回应 ARP 请求。注意第二行的 eth0 是当前驱动域中的工作网络接口,如果正在使用不同的接口进行路由用户应当改变这一项。如果使用没第二行的默认 network-route 脚本,当客户域 ping 一台正在运行的主机 IP 是,它将不会收到任何 ICMP 相应。

使用网络分析工具 Ethereal 来跟踪 ICMP 请求包可以清楚的发现问题。例如,被 ping 的远程物理主机是 128.153.144.148,它的 MAC 地址为 00:04:76:35:0a:72;客户域为 128.153.144.112,它的 MAC 地址为 00:16:3e:06:54:94。首先,我们对客户域的虚拟接口 vif1.0 进行跟踪。图 10 - 9 显示了路由模式下在客户域 vif 上抓取的 Ethreal 跟踪片断。

图 10-9　客户域虚拟接口发送 ICMP 请求但未收到响应

跟踪结果告诉我们它发送 ICMP 请求但未收到相应。在跟踪结果中，有一个 ARP 会话，ARP 是地址解析协议，该协议用于将 IP 地址映射未 MAC 地址。客户域向后端虚拟接口询问远程主机的 MAC 地址但却收到了客户域后端虚拟接口的 MAC 地址。

同时，我们对驱动域的 eth0 接口进行了跟踪，查看 ICMP 请求包到底发生了什么，如图 10-10 所示。

图 10-10　目的主机没有获得请求域的 MAC 地址

我们可以发现请求到达了目的主机，但当目的主机发送 ARP 请求询问客户域的 MAC 地址时，它没有收到任何响应。这意味着客户域没有用自身 MAC 地址响应目的主机。

最后，在发现并通过在图 10-9 所清单中添加第二行来解决该问题后，可以发现客户域从目的主机收到了 ICMP 响应。在 ICMP 请求和响应过程中，存在 ARP 会话。这次是路由器请求客户域的 MAC 地址。通过修复 ARP 问题，客户域现在能够和因特网通信。图 10-11 展示了客户域的数据包跟踪情况。

图 10-11　客户域从目的主机成功收到了 ICMP 响应

在启动客户域之前，仍然需要配置一下配置文件，该文件比桥连接模式的配置文件稍显复杂。清单 10.10 显示了与网络接口配置相关命令的配置。

运行 Xen：虚拟化艺术指南

清单 10‑10　一个客户域路由模式的配置

```
vif = [ 'ip = 128.153.144.96' ]
NETMASK = "255.255.255.0"
GATEWAY = "128.153.144.204"
```

IP 地址被定义了两次，vif 与 ip 指令为客户域 IP。Netmask 与驱动域子网掩码相同，gateway 被设置为驱动域的 IP 地址。然后，所有到达物理接口的数据包将根据路由表被转发到驱动域。另一方面，所有客户域中的出向数据包将被转发到网关——驱动域，驱动域将查询自身的路由表，将数据包传输到相应的客户域或因特网。

我们仍然需要在客户域启动后在客户域中设置 netmask 与 gateway，在客户域中，与配置客户域配置文件一样配置网络接口，清单 10‑11 显示了运行 ifconfig 命令所获得的客户域中的网络接口。

286

清单 10‑11　客户域网络接口

```
[user@DomU]# ifconfig -a
eth0      Link encap:Ethernet  HWaddr 00:16:3E:5A:32:DA
          inet addr:128.153.144.96  Bcast:128.153.145.255  ➥
          Mask:255.255.255.0
          inet6 addr: fe80::216:3eff:fe5a:32da/64 Scope:Link
          UP BROADCAST RUNNING MULTICAST  MTU:1500  Metric:1
          RX packets:33 errors:0 dropped:0 overruns:0 frame:0
          TX packets:59 errors:0 dropped:0 overruns:0 carrier:0
          collisions:0 txqueuelen:1000
          RX bytes:6160 (6.0 KiB)  TX bytes:7650 (7.4 KiB)

lo        Link encap:Local Loopback
          inet addr:127.0.0.1  Mask:255.0.0.0
          inet6 addr: ::1/128 Scope:Host
          UP LOOPBACK RUNNING  MTU:16436  Metric:1
          RX packets:1409 errors:0 dropped:0 overruns:0 frame:0
          TX packets:1409 errors:0 dropped:0 overruns:0 carrier:0
          collisions:0 txqueuelen:0
          RX bytes:1966840 (1.8 MiB)  TX bytes:1966840 (1.8 MiB)

sit0      Link encap:IPv6-in-IPv4
          NOARP  MTU:1480  Metric:1
          RX packets:0 errors:0 dropped:0 overruns:0 frame:0
          TX packets:0 errors:0 dropped:0 overruns:0 carrier:0
          collisions:0 txqueuelen:0
          RX bytes:0 (0.0 b)  TX bytes:0 (0.0 b)
```

就像在桥模式中的实例所看到的，客户域网络接口与通常的物理主机看上去完全一样。

　　使用 ifconfig 命令, 我们还能够检查路由模式下驱动域的网络接口, 如清单 10 - 12所示。

清单 10 - 12　驱动域路由接口

```
[user@Dom0]# ifconfig -a
eth0       Link encap:Ethernet   HWaddr 00:11:25:F6:15:22
           inet addr:128.153.144.204  Bcast:128.153.145.255
           Mask:255.255.254.0
           inet6 addr: fe80::211:25ff:fef6:1522/64 Scope:Link
           UP BROADCAST RUNNING MULTICAST  MTU:1500  Metric:1
           RX packets:425 errors:0 dropped:0 overruns:0 frame:0
           TX packets:321 errors:0 dropped:0 overruns:0 carrier:0
           collisions:4 txqueuelen:1000
           RX bytes:175116 (171.0 KiB)  TX bytes:79088 (77.2 KiB)
           Interrupt:16

lo         Link encap:Local Loopback

           inet addr:127.0.0.1  Mask:255.0.0.0
           inet6 addr: ::1/128 Scope:Host
           UP LOOPBACK RUNNING  MTU:16436  Metric:1
           RX packets:1248 errors:0 dropped:0 overruns:0 frame:0
           TX packets:1248 errors:0 dropped:0 overruns:0 carrier:0
           collisions:0 txqueuelen:0
           RX bytes:2164056 (2.0 MiB)  TX bytes:2164056 (2.0 MiB)

sit0       Link encap:IPv6-in-IPv4
           NOARP  MTU:1480  Metric:1
           RX packets:0 errors:0 dropped:0 overruns:0 frame:0
           TX packets:0 errors:0 dropped:0 overruns:0 carrier:0
           collisions:0 txqueuelen:0
           RX bytes:0 (0.0 b)  TX bytes:0 (0.0 b)

veth0      Link encap:Ethernet   HWaddr 00:00:00:00:00:00
           BROADCAST MULTICAST  MTU:1500  Metric:1
           RX packets:0 errors:0 dropped:0 overruns:0 frame:0
           TX packets:0 errors:0 dropped:0 overruns:0 carrier:0
           collisions:0 txqueuelen:0
           RX bytes:0 (0.0 b)  TX bytes:0 (0.0 b)

veth1      Link encap:Ethernet   HWaddr 00:00:00:00:00:00
           BROADCAST MULTICAST  MTU:1500  Metric:1
           RX packets:0 errors:0 dropped:0 overruns:0 frame:0
           TX packets:0 errors:0 dropped:0 overruns:0 carrier:0
           collisions:0 txqueuelen:0
           RX bytes:0 (0.0 b)  TX bytes:0 (0.0 b)
```

```
veth2     Link encap:Ethernet  HWaddr 00:00:00:00:00:00
          BROADCAST MULTICAST  MTU:1500  Metric:1
          RX packets:0 errors:0 dropped:0 overruns:0 frame:0
          TX packets:0 errors:0 dropped:0 overruns:0 carrier:0
          collisions:0 txqueuelen:0
          RX bytes:0 (0.0 b)  TX bytes:0 (0.0 b)

veth3     Link encap:Ethernet  HWaddr 00:00:00:00:00:00
          BROADCAST MULTICAST  MTU:1500  Metric:1
          RX packets:0 errors:0 dropped:0 overruns:0 frame:0
          TX packets:0 errors:0 dropped:0 overruns:0 carrier:0
          collisions:0 txqueuelen:0
          RX bytes:0 (0.0 b)  TX bytes:0 (0.0 b)

vif0.0    Link encap:Ethernet  HWaddr FE:FF:FF:FF:FF:FF
          BROADCAST MULTICAST  MTU:1500  Metric:1
          RX packets:0 errors:0 dropped:0 overruns:0 frame:0
          TX packets:0 errors:0 dropped:0 overruns:0 carrier:0
          collisions:0 txqueuelen:0
          RX bytes:0 (0.0 b)  TX bytes:0 (0.0 b)

vif0.1    Link encap:Ethernet  HWaddr FE:FF:FF:FF:FF:FF
          BROADCAST MULTICAST  MTU:1500  Metric:1
          RX packets:0 errors:0 dropped:0 overruns:0 frame:0
          TX packets:0 errors:0 dropped:0 overruns:0 carrier:0
          collisions:0 txqueuelen:0
          RX bytes:0 (0.0 b)  TX bytes:0 (0.0 b)

vif0.2    Link encap:Ethernet  HWaddr FE:FF:FF:FF:FF:FF
          BROADCAST MULTICAST  MTU:1500  Metric:1
          RX packets:0 errors:0 dropped:0 overruns:0 frame:0
          TX packets:0 errors:0 dropped:0 overruns:0 carrier:0
          collisions:0 txqueuelen:0
          RX bytes:0 (0.0 b)  TX bytes:0 (0.0 b)

vif0.3    Link encap:Ethernet  HWaddr FE:FF:FF:FF:FF:FF
          BROADCAST MULTICAST  MTU:1500  Metric:1
          RX packets:0 errors:0 dropped:0 overruns:0 frame:0
          TX packets:0 errors:0 dropped:0 overruns:0 carrier:0
          collisions:0 txqueuelen:0
          RX bytes:0 (0.0 b)  TX bytes:0 (0.0 b)

vif1.0    Link encap:Ethernet  HWaddr FE:FF:FF:FF:FF:FF
          inetaddr:128.153.144.204  Bcast:128.153.144.204
          Mask:255.255.255.255
          inet6 addr: fe80::fcff:ffff:feff:ffff/64 Scope:Link
          UP BROADCAST RUNNING MULTICAST  MTU:1500  Metric:1
```

```
RX packets:86 errors:0 dropped:0 overruns:0 frame:0
TX packets:56 errors:0 dropped:0 overruns:0 carrier:0
collisions:0 txqueuelen:0
RX bytes:8726 (8.5 KiB)  TX bytes:8491 (8.2 KiB)
```

回忆在桥模式中,eth0 是驱动域前端接口 veth0 的别名,peth0 是物理网络接口,客户域后端 vif 没有 IP 地址。尽管如此,从清单 10 - 10 中可以发现在路由模式下,eth0 是物理接口,veth0 与 vif0.0 接口对没有被使用,没有创建 xenbr0 桥接口。驱动域拥有 eth0 并以路由器方式工作,将数据包传送到客户域。客户域的虚拟后端接口与驱动域具有相同的 IP 地址,它的广播 IP 与它的 IP 地址相同,而非多播 IP 地址。通过这种设置,数据包被直接从客户域转发到驱动域。图 10 - 12 展示了 Xen 路由模式的虚拟设备视图。

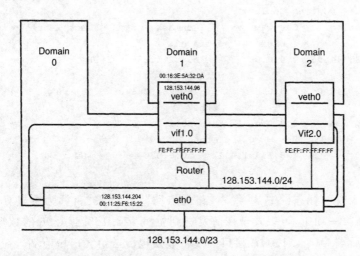

图 10 - 12 在路由模式中,驱动域以路由器方式工作,所有客户域在 Linux 路由器中打了勾,
路由器负责根据 IP 地址传输数据包到各个域。驱动域与路由器共享物理接口

10.7.2 测试结果

首先,很容易通过 ping 命令 ping 外部 IP 地址来检验客户域成功连接到了以太网(www.google.com 的 IP 地址之一),如清单 10 - 13 所示。

清单 10 - 13 客户域 ping Google

```
[user@DomU]# ping 64.233.161.104
PING 64.233.161.104 (64.233.161.104) 56(84) bytes of data.
64 bytes from 64.233.161.104:icmp_seq = 1 ttl = 242 time = 17.4 ms
64 bytes from 64.233.161.104:icmp_seq = 2 ttl = 242 time = 26.1 ms
64 bytes from 64.233.161.104:icmp_seq = 3 ttl = 242 time = 37.8 ms

- - - 64.233.161.104 ping statistics- - -
```

3 packets transmitted, 3 received, 0 % packet loss, time 2000ms

rtt min/avg/max/mdev = 17.457/27.153/37.897/8.377 ms

可以发现客户域从 64.233.161.104 成功收到了响应。TTL 从 255 减到了 242，这意味着它比桥模式多经过了一个主机。TTL 的下降是因为它还必须经过驱动域并询问驱动域以传输数据包到客户域。而在桥模式下，客户域直接与以太网相连。

然后，需要确认 Xen 是否如客户域中配置文件所配置的那样进行工作。我们通过检查路由表项来进行这项工作，使用清单 10－14 所列的 route 命令。选项-n 以数字而非主机名的形式显示了所有 IP 地址。

清单 10－14　驱动域路由表项

```
[user@Dom0]# route -n
Kernel IP routing table
Destination      Gateway          Genmask          Flags Metric ➡
                 Ref     Use Iface
128.153.144.96   0.0.0.0          255.255.255.255 UH    0      ➡
                 0       0   vif1.0
128.153.144.0    0.0.0.0          255.255.255.0   U     0      ➡
                 0       0   eth0
169.254.0.0      0.0.0.0          255.255.0.0     U     0      ➡
                 0       0   eth0
0.0.0.0          128.153.144.1    0.0.0.0         UG    0      ➡
                 0       0   eth0
```

在路由表中的标志栏中，U 代表"路由启动"，H 代表"目标为主机"，G 代表"使用网关"。在第一项中，可以发现任何发送到主机 128.153.144.96 的数据包都将发送到客户域后端接口 vif1.0，该接口继续将数据包传送给客户域前端。在第二项中，可以发现，所有发送到 128.153.144.0 子网中主机的数据包，都将会发送到驱动域的 eth0 接口。最后一项表明，发送到其他 IP 地址的数据包都将通过驱动域的网关 128.153.144.1 被转发到外部。因此当一个数据包到达的时候，域 0 首先查找路由表发现可用的接口。如果数据包匹配首条规则，它就将数据包发送到客户域，否则查看第二条规则；如果不是客户域数据包，它将到达声明 eth0 的项，因为这种情况下目的地址在外部。在第三项中，当接口试图从未声明的 DHCP 服务器获得 IP 地址的时候，私有"本地连接"块 169.254.0.0 被使用。（更多细节请参考 IANA RFC 3330）

类似的信息可以通过使用 ip 命令，以不同的格式获得，如清单 10－15 所示。该表显示了与 IP 网络相关的大量信息，而该网络即为主机所直接相连的网络。第一行告诉路由器将选择 IP 地址 128.153.144.204 作为客户域 128.153.144.96 中出向数据包的源地址，该客户域相应的接口未 vif1.0。其余则与清单 10－14 中的输出相似。

290

清单 10-15　驱动域 IP 路由项

```
[user@Dom0]# ip route show
128.153.144.96  dev vif1.0   scope link   src 128.153.144.204
128.153.144.0/24 dev eth0    proto kernel  scope link
                  src 128.153.144.204
169.254.0.0/16 dev eth0   scope link
default via 128.153.144.1 dev eth0
```

最后，我们使用与驱动域在同一子网中的远程物理主机来 ping 客户域，并查看客户域是否通过驱动域进行路由。清单 10-16 显示了 ping 的结果。

清单 10-16　对远程主机的路由跟踪

```
[user@windows]# tracert 128.153.144.96
Tracing route to 128.153.144.96 over a maximum of 30 hops
1    836ms          1ms      1ms     128.153.144.204
2    428            1ms      1ms    128.153.144.96
Trace complete
```

与桥实例相比多了一跳。因特网数据包经过驱动域 128.153.144.204，然后到达客户域。

10.8　关于网络地址转换模型的细节

在这一部分，我们接着前一部分给出的高层次轮廓，将给出一个比较低层次的关于在 Xen 中配置 NAT 的例子。就像我们所讨论的，NAT 网关的工作机制类似于路由模式。更进一步，它将不同的端口映射到内部的各 IP 地址和端口。

在 Xen 的虚拟 NAT 模式中，就像每个客户 domains 隐藏在 driver domain 之后一样，虚拟 NAT 网关隐藏在物理 NAT 网关之后。在虚拟 NAT 网关后面，每个客户 domain 都在一个私有网络中，并且有自己的 IP 地址。但是，客户 domain 对于外面的因特网来说是透明的，它们当然也不能通过客户 domain 的私有 IP 地址和它们直接通信。从那子网来的包都要以 driver domain 的 IP 各端口为中转。

图 10-13 就表示了 Xen 的地址转换模式的拓扑结构。地址转换网关将每一个特定端口的包的地址转换为内部客户 domain 的地址和应用程序端口。例如，一台 ip 地址为 10.0.0.11 客户机在端口 6789 创建了一个 TCP 连接，地址转换网关会将从这台客户机所发出去的包做一些处理，让这些包看起来就像从 IP 地址为 128.153.145.111 端口为 9876 的 domain 0 发出去的一样。同时地址转换网关会监视着进来的所有包，如果哪一个包的目的端口是 6789，则地址转换网关会将它分发至 10.0.0.11 的客户机。这种处理机制就使多个客户机通过共享一个 IP 地址来与因特网进行通信成为可能。同时它也有益于保证内部网络的安全，没有在地址转换模式下建立的连接将会被放弃，因为地址转换模式没有转换这个连接所需要的记录。

291

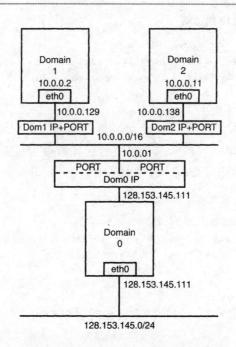

图 10 - 13   Xen 的地址转换模式的拓扑结构

用一个 domain 来提供一种特定的服务现在越来越流行。我们也可以用地址转换模式来映射某一个服务端口,例如 FTP(21 端口),HTTP(80 端口)等,到某一台特定的 domain,让外部连接与一台提供某种特定服务的 domain 通信。这样就可以在不同的 domian 下同时跑不同的服务,而且这些从外部来看是透明的,同时这些不同的 domain 仍然共享着同一个 IP 地址,但是这样很明显已经提高了单个特定服务的处理能力。

10.8.1   NAT 配置的一些例子

为了建立地址转换模式,须在 Xen 的配置文件中找到一些帮助文档,如 net-work-script 和 vif-script,这些文档对网桥和路由的建立提供帮助,通过清单 10 - 17 我们可以看到,同时还有一些有指导性的文档,例如 network-nat 和 vif-nat 脚本。并且我们也注意到 netork-nat 和 vif-nat 这两个文档并不被建议使用。

清单 10 - 17   network-script 和 vif-script

```
# (network - script network - bridge)
# (vif - script vif - bridge)
# (network - script network - route)
# (vif - script vif - route)
(network - script network - nat)
(vif - script vif - nat)
```

　　Xen 的地址转换脚本在默认下用的 IP 段是 10.0.x.x/16。在清单 10-18 列出了一个配置 guest domain 的例子。

清单 10-18　配置 guest domain

```
vif = ['ip = 10.0.0.2', ]
NETMASK = "255.0.0.0"
GATEWAY = "10.0.0.1"
```

　　我们配置地址转换模式和使用路由模式的区别是：我们使用的是一个私有的网络地址而不是全局分配的 IP 地址。一个 IP 段为 0.x.x.x/24(掩码为 255.0.0.0)的 guest domain，它的 ip 段是私有的，外部的因特网并不能直接与它通信。必须在 vif 和 ip 这两行给 guest domain 指派同样的 ip。在清单 10-18 中，ip 默认为 10.0.0.2 网关默认为 10.0.0.1。

　　下一步，通过 xm create 命令建立一个客户 domain。在客户机内部，用与在客户机的配置文件下一样的 IP 配置网络接口。现在在客户 domain 下的网络接口应该如清单 10-19 所示。

清单 10-19

```
[user@DomU]# ifconfig-a
eth0      Link encap:Ethernet HWaddr 00:16:3E:5A:32:DA
          inet addr:10.0.0.2 Bcast:10.255.255.255 Mask:255.0.0.0
          inet6 addr: fe80::216:3eff:fe5a:32da/64 Scope:Link
          UP BROADCAST RUNNING MULTICAST MTU:1500 Metric:1
          RX packets:103 errors:0 dropped:0 overruns:0 frame:0
          TX packets:138 errors:0 dropped:0 overruns:0 carrier:0
          collisions:0 txqueuelen:1000
          RX bytes:13546 (13.2 KiB) TX bytes:13968 (13.6 KiB)

lo        Link encap:Local Loopback
          inet addr:127.0.0.1 Mask:255.0.0.0
          inet6 addr: ::1/128 Scope:Host
          UP LOOPBACK RUNNING MTU:16436 Metric:1
          RX packets:1272 errors:0 dropped:0 overruns:0 frame:0
          TX packets:1272 errors:0 dropped:0 overruns:0 carrier:0
          collisions:0 txqueuelen:0
          RX bytes:2953456 (2.8 MiB) TX bytes:2953456 (2.8 MiB)

sit0      Link encap:IPv6-in-IPv4
          NOARP MTU:1480 Metric:1
          RX packets:0 errors:0 dropped:0 overruns:0 frame:0
          TX packets:0 errors:0 dropped:0 overruns:0 carrier:0
          collisions:0 txqueuelen:0
```

```
                RX bytes:0 (0.0 b) TX bytes:0 (0.0 b)
[user@DomU]#
```

Guest domain 获得了一个 10.0.0.2 的内部 IP 地址，并且将它广播至整个子网 10.0.0.0。在 driver domain 下的网络接口如清单 10-20 所示。

清单 10-20

```
[user@dom0]# ifconfig -a
eth0    Link encap:Ethernet  HWaddr 00:11:25:F6:15:22
        inet addr:128.153.145.111  Bcast:128.153.145.255
        Mask:255.255.255.0
        inet6 addr: fe80::211:25ff:fef6:1522/64 Scope:Link
        UP BROADCAST RUNNING MULTICAST  MTU:1500  Metric:1
        RX packets:3948 errors:0 dropped:0 overruns:0 frame:0
        TX packets:692 errors:0 dropped:0 overruns:0 carrier:0
        collisions:39 txqueuelen:1000
        RX bytes:702026 (685.5 KiB)  TX bytes:228383
        (223.0 KiB)
        Interrupt:16

lo      Link encap:Local Loopback
        inet addr:127.0.0.1  Mask:255.0.0.0
        inet6 addr: ::1/128 Scope:Host
        UP LOOPBACK RUNNING  MTU:16436  Metric:1
        RX packets:81415 errors:0 dropped:0 overruns:0 frame:0
        TX packets:81415 errors:0 dropped:0 overruns:0 carrier:0
        collisions:0 txqueuelen:0
        RX bytes:756832064 (721.7 MiB)  TX bytes:756832064
        (721.7 MiB)

sit0    Link encap:IPv6-in-IPv4
        NOARP MTU:1480 Metric:1
        RX packets:0 errors:0 dropped:0 overruns:0 frame:0
        TX packets:0 errors:0 dropped:0 overruns:0 carrier:0
        collisions:0 txqueuelen:0
        RX bytes:0 (0.0 b) TX bytes:0 (0.0 b)

veth0   Link encap:Ethernet HWaddr 00:00:00:00:00:00
        BROADCAST MULTICAST MTU:1500 Metric:1
        RX packets:0 errors:0 dropped:0 overruns:0 frame:0
        TX packets:0 errors:0 dropped:0 overruns:0 carrier:0
        collisions:0 txqueuelen:0
        RX bytes:0 (0.0 b) TX bytes:0 (0.0 b)

veth1   Link encap:Ethernet HWaddr 00:00:00:00:00:00
        BROADCAST MULTICAST MTU:1500 Metric:1
        RX packets:0 errors:0 dropped:0 overruns:0 frame:0
```

TX packets:0 errors:0 dropped:0 overruns:0 carrier:0

collisions:0 txqueuelen:0

RX bytes:0 (0.0 b) TX bytes:0 (0.0 b)

veth2　　　Link encap:Ethernet HWaddr 00:00:00:00:00:00

　　　　　　BROADCAST MULTICAST MTU:1500 Metric:1

　　　　　　RX packets:0 errors:0 dropped:0 overruns:0 frame:0

　　　　　　TX packets:0 errors:0 dropped:0 overruns:0 carrier:0

　　　　　　collisions:0 txqueuelen:0

　　　　　　RX bytes:0 (0.0 b) TX bytes:0 (0.0 b)

veth3　　　Link encap:Ethernet HWaddr 00:00:00:00:00:00

　　　　　　BROADCAST MULTICAST MTU:1500 Metric:1

　　　　　　RX packets:0 errors:0 dropped:0 overruns:0 frame:0

　　　　　　TX packets:0 errors:0 dropped:0 overruns:0 carrier:0

　　　　　　collisions:0 txqueuelen:0

　　　　　　RX bytes:0 (0.0 b) TX bytes:0 (0.0 b)

vif0.0　　　Link encap:Ethernet HWaddr FE:FF:FF:FF:FF:FF

　　　　　　BROADCAST MULTICAST MTU:1500 Metric:1

　　　　　　RX packets:0 errors:0 dropped:0 overruns:0 frame:0

　　　　　　TX packets:0 errors:0 dropped:0 overruns:0 carrier:0

　　　　　　collisions:0 txqueuelen:0

　　　　　　RX bytes:0 (0.0 b) TX bytes:0 (0.0 b)

vif0.1　　　Link encap:Ethernet HWaddr FE:FF:FF:FF:FF:FF

　　　　　　BROADCAST MULTICAST MTU:1500 Metric:1

　　　　　　RX packets:0 errors:0 dropped:0 overruns:0 frame:0

　　　　　　TX packets:0 errors:0 dropped:0 overruns:0 carrier:0

　　　　　　collisions:0 txqueuelen:0

　　　　　　RX bytes:0 (0.0 b) TX bytes:0 (0.0 b)

vif0.2　　　Link encap:Ethernet HWaddr FE:FF:FF:FF:FF:FF

　　　　　　BROADCAST MULTICAST MTU:1500 Metric:1

　　　　　　RX packets:0 errors:0 dropped:0 overruns:0 frame:0

　　　　　　TX packets:0 errors:0 dropped:0 overruns:0 carrier:0

　　　　　　collisions:0 txqueuelen:0

　　　　　　RX bytes:0 (0.0 b) TX bytes:0 (0.0 b)

vif0.3　　　Link encap:Ethernet HWaddr FE:FF:FF:FF:FF:FF

　　　　　　BROADCAST MULTICAST MTU:1500 Metric:1

　　　　　　RX packets:0 errors:0 dropped:0 overruns:0 frame:0

　　　　　　TX packets:0 errors:0 dropped:0 overruns:0 carrier:0

　　　　　　collisions:0 txqueuelen:0

　　　　　　RX bytes:0 (0.0 b) TX bytes:0 (0.0 b)

vif1.0　　　Link encap:Ethernet HWaddr FE:FF:FF:FF:FF:FF

inet addr:10.0.0.129 Bcast:0.0.0.0 Mask:255.255.255.255

inet6 addr: fe80::fcff:ffff:feff:ffff/64 Scope:Link

UP BROADCAST RUNNING MULTICAST MTU:1500 Metric:1

RX packets:128 errors:0 dropped:0 overruns:0 frame:0

TX packets:93 errors:0 dropped:0 overruns:0 carrier:0

collisions:0 txqueuelen:0

RX bytes:0 (0.0 b) TX bytes:0 (0.0 b)

〔user@dom0〕#

在地址转换模式中与在路由模式中的网络接口是类似的，但是它们的 IP 地址是不一样的。Eth0 是物理接口并且拥有 driver domain 的全球 IP，但是 guest domain 的后端接口 vif1.0 获得的是一个虚拟 IP 地址：10.0.0.129。Guest domain 的掩码是 255.255.255.255，这意味着这个子网只有一个 IP 段，它的 IP 是 10.0.0.2。后端接口 vif 的 ip 是前端 vif 的 ip 加上 127。这意味着前端 IP 的范围为 1～127，而后端的是 128～254。图 10 - 14 所示为一个 Xen 的地址转换模式的抽象驱动视图。

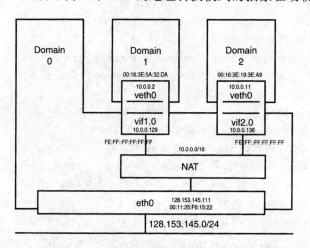

图 10 - 14　Xen 的地址转换模式的抽象驱动视图

10.8.2　测试结果

测试 Xen 在地址转换模式下工作是否比在网桥或路由模式下更为复杂。在同一个虚拟地址转换网段上建立两个 guest domain。当一个 domain ping 另外一个 domian 的时候，通过使用网络协议分析工具来监控不同端口。第一个是对 driver domain 的物理端口的监控，如图 10 - 15 所示，另外一个是对目标 guest domain 的 vif 的监控，如图 10 - 16 所示。

我们可以看到，没有 ICMP 的包在目标 guest 的接口出现的同时也在物理接口上出现，这点和路由模式是一致的。Guest domain 的后端 vifs 所在的网段和物理接口显示的网段是不一致的。

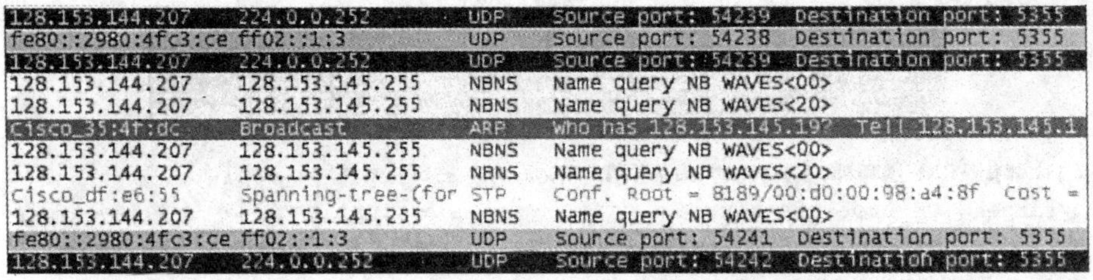

图 10 - 15　对 driver domain 的物理端口的监控

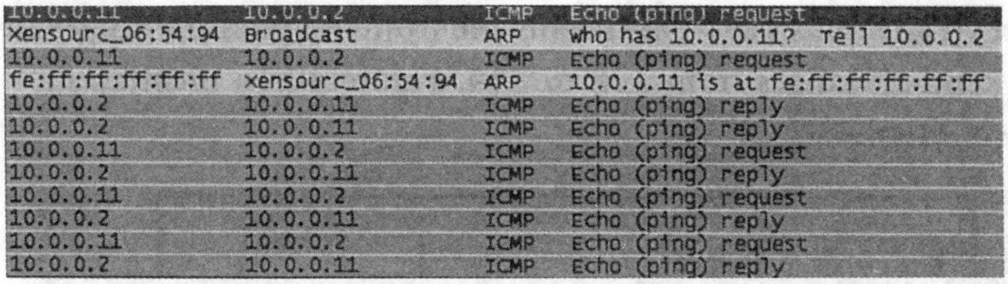

图 10 - 16　对目标 guest domain 的 vif 监控

下一步,在 IP 段为 10.0.0.11 的 guest 上 ping 一个远端机器(IP 为 128.153.144.103)。并且对 guest domain 的后端端口,driver domain 的物理端口,还有远端机器的物理端口做一个跟踪。

我们通过对 guest domain 的后端端口的监控可以知道内部私有 ip 地址为 10.0.0.11 的 guest domain 试图发送 ICMP 请求到全球 IP128.153.144.103,并且包被发送至地址转换网关的内部私有 IP10.0.0.1。但是在 driver domain 的物理端口上,driver domain 的全球 IP128.153.145.111 代替了 guest domain 的私有 IP。

通过 ip route 命令可以看到,在 driver domain 中路由入口是什么,如清单 10 - 21 所示。在 guest domain 的后端 vif10.0.0.129 和它的前端 vif10.0.0.2 存在着一个通信。

清单 10 - 21

```
[user@Dom0]#ip route show
10.0.0.2 dev vif1.0  scope link   src 10.0.0.129
10.0.0.11 dev vif2.0  scope link   src 10.0.0.138
128.153.145.0/24 dev eth0  proto kernel  scope link  src ➡
128.153.145.111
169.254.0.0/16 dev eth0  scope link
default via 128.153.145.1 dev eth0
```

在 network-nat script 中,通过 iptables 命令来对 iptable 进行配置,如清单 10 - 22 所示。这个命令建立了一个地址转换清单,如清单 10 - 23 所示。

清单 10 - 22　iptables 命令对 iptable 进行配置

```
iptables-t nat-A POSTROUTING-o eth0-j MASQUERADE
```

清单 10 – 23　建立一个地址转换清单

```
[user@Dom0]# iptables -L -t nat
Chain PREROUTING (policy ACCEPT)
target     prot opt source              destination

Chain POSTROUTING (policy ACCEPT)
target prot opt source                  destination
MASQUERADE  all  -- anywhere            anywhere

Chain OUTPUT (policy ACCEPT)
Target     prot opt source              destination
[user@Dom0]#
```

在清单 10 – 23 中的 Chain POSTROUTING 和 MASQUERADE 意味着所有包在离开防火墙的时候它们的私有 IP 地址将被替换成 eth0 的外部地址。

类似地，如果想将一个特定的服务绑定在一个 guest domain 上，例如，地址为 10.0.0.2 的 guest domain 将要处理所有的 Web service 的连接来平衡工作负载，这样我们在 10.0.0.2 的 guest 上建立一个 Web 服务器，同时使用 iptables 的命令使所有到端口 80 的请求转发至本地 IP 为 10.0.0.2 的 domain 上，如清单 10 – 24 所示。这条命令将所有的对 10.0.0.2 请求 Web 服务的包转发到 10.0.0.2 上，它通过对目标地址由地址转换网关中的路由表中的地址(128.153.145.111)转换成 10.0.0.2 来实现。也可以通过清单 10 – 23 所示的命令来验证这个这个改变是否已经有效。在第 11 章中将会讨论更多关于 iptables 命令的细节。

清单 10 – 24　使用 iptables 的命令使所有到端口 80 的请求转发至本地 IP 为 10.0.0.2 的 domain 上

```
[root@Dom0]# iptables -t nat -A PREROUTING -p tcp --dport 80 ➡
                    -i eth0 -j DNAT -t 10.0.0.2
```

10.9　配置纯虚拟化的网段

网桥、路由器、地址转换模式都可以使 guest domain 能与全球互联网通信。但是，有时候我们只想将 guest domain 局限在只与某台物理机器通信。这能通过纯虚拟化网段来实现，也称作 host-only 网络。它将 guest domain 与外部网路隔离开，增强了内部虚拟网络的安全性，并且使得我们可以直接在内部网络跑测试而不用占用物理网络的带宽。例如，我们可以在一个虚拟机上打包一个病毒，并且在 guest domain 之间模拟因特网来分析病毒的繁殖特点和方式。在这个例子中，通过使用纯虚拟化的网段就能避免病毒传播到外网。

目前有两种纯虚拟化的网段，一个是 dummy0 接口，另外一个是 dummy 网桥。

一个是为了建立一个伪网络接口和纯虚拟网络。Guest domain 的特定网络接口可以绑定到这个纯虚拟网络中。只有 domian(包括 driver domain 和 guest domain)才能彼此通信。另外一种纯虚拟网络建立一种虚拟 dummy 的网桥,只有 guest domain 的 vifs 能与它连接。在这样情景下,guest domain 只能与彼此通信。

10.9.1　配置 dummy0

Dummy 是一个虚拟化的接口,但是它拥有与现实物理网络接口一样的功能特性。在 driver domain 中建立 dummy0,除了物理网络接口有物理设备与它连接而 dummy0 没有,在本质上说物理网络接口与 dummy0 并没有区别。通过 dummy0,我们建立了一个完全独立于外部因特网的虚拟网络,但是它允许 driver domain 与 guest domain 在内部通信。图 10-20 显示了建立一个 Xen 的 dummy0 接口的虚拟设备视图。

要建立一个 dummy0 的接口,需要以下步骤:

(1) 在 driver domain 中建立一个 dummy0 接口。建立 dummy0 接口的方法可能会由于 Linux 发行版本的不同而有所变化。但是配置参数大同小异。在这我们以 Fedora/CentOS 作为例子。建立一个新的接口文件:ifcfg-dummy0,如清单 10-25 所示配置这个文件。

清单 10-25　建立一个新的接口文件:ifcfg-dummy0

```
DEVICE = dummy0
BOOTPROTO = none
ONBOOT = yes
USERCTL = no
IPV6INIT = no
PEERDNS = yes
TYPE = Ethernet
NETMASK = 255.255.255.0
IPADDR = 10.1.1.1
ARP = yes
```

在清单 10-25 中,它指定了这个新接口的名字为 dummy0,还有其他一些网络特性,例如 IP 地址为 10.1.1.1,掩码为 255.255.25.0。

对于其他发行版本,我们给出一些提示:

① 在 OpenSUSE 中,将文件/etc/rc.config 的 SETUPDUMMYDEV 的值设为 yes。

② 在 Ubauntu/Debian 中,在文件/etc/network/interfaces 中添加一个接口。

③ 在 Gentoo 中,在编译内核之前,在选项 Networking support->Network device support->Dummy net driver support 中选择[m]。

299

清单 10-26 显示我们必须要在文件/etc/modprobe.conf 加上两行，因为 driver domain 在启动时要加载 dummy0 模块。

清单 10-26　dummy0 模块入口

```
alias dummy0 dummy
options dummy numdummies = 1
```

（2）在 dummy0 的基础上建立一个内部网桥。建立一个虚拟网桥模式并将 dummy0 连接到网桥 xenbr0。在 Xen 的配置文件中，如清单 10-27 所示，在 network-script 中将 network device 设置为 dummy0。这样它将会和虚拟网桥 xenbr0 绑定。

清单 10-27　将 dummy0 连接到网桥 xenbro

```
(network - script 'network - bridge netdev = dummy0')
```

（3）建立 dummy0 与 guest domain 的虚拟接口的连接。在配置 guest domain 的配置文件的时候，通过 vif 这一行的配置将 guest domain 的虚拟接口与网桥建立连接。在 guest 配置文件中对 vif 参数的修改如清单 10-28 所示。

清单 10-28　对 vif 参数的修改

```
vif = ['bridge = xenbr0',]
```

10.9.2　测试 dummy0

这个内部的虚拟网络之所以和外部因特网是独立的原始没有物理网络接口与它进行连接。而 driver domain 与 guest domain 之间是可 ping 通的，并且如清单 10-29 所示，能在 driver domain 中看到它的接口。

清单 10-29　在 driver domain 中查看接口信息

```
dummy0      Link encap:Ethernet HWaddr 16:31:10:26:BD:EF
            inet addr:10.1.1.1 Bcast:10.1.1.255 Mask:255.255.255.0
            inet6 addr: fe80::1431:10ff:fe26:bdef/64 Scope:Link
            UP BROADCAST RUNNING MULTICAST MTU:1500 Metric:1
            RX packets:0 errors:0 dropped:0 overruns:0 frame:0
            TX packets:29 errors:0 dropped:0 overruns:0 carrier:0
            collisions:0 txqueuelen:0
            RX bytes:0 (0.0 b) TX bytes:7738 (7.5 KiB)
```

现在很清楚可以看到，dummy0 的接口 IP 地址就如清单 10-25 所设定的那样，为 10.1.1.1。

10.9.3　配置 dummy 网桥

在另外一种虚拟网段中 driver domain 与 guest domain 断开了连接。Guest domain 被挂在 dummy 网桥的接口上。图 10 - 21 显示了建立 Xen 的 dummy 网桥的虚拟设备视图。为了使 guest domain 只能与彼此互相通信,我们需要建立一个虚拟网桥,而且只有 guest domain 的虚拟接口能连接到这个网桥。Guest domain 在这个虚

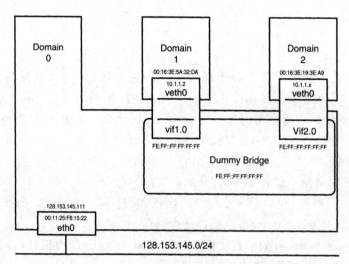

图 10 - 21　建立 Xen 的 dummy 网桥的虚拟设备视图

拟网络中与 driver domain 和因特网断开了连接。为了建立 dummy 网桥,需要遵循以下步骤:

(1) 通过 bridge-utils 包提供的 brctl 命令建立一个虚拟网桥。我们可以将清单 10 - 30 所示的命令放到脚本中执行,也可以直接用命令行是实现。

清单 10 - 30　在 driver domain 中查看接口信息

```
brctl addbr xenbr1
brctl stp xenbr1 off
brctl setfd xenbr1 0
ip link set xenbr1 up
```

Brctl 的子参数 addbr 建立了一个名字为 xebbrl 的逻辑网桥。Stp 参数断开了 xebbrl 与其他网桥的连接,setfd 将网桥的监听状态的时间设置为 0,ip link 启动了 dummy 网桥。这些设置不是长久的,它将在重启后消失。如果想一直保存这些设置,那么最好把这些命令写入一个脚本然后每次机器启动的时候运行这个脚本。用户可以通过 man 页面获取更多有关 brctl 和 ip 命令的信息。

(2) 在 driver domain 中列出所有网络接口,可以在其中看到所建立的 xenbr1

网桥,如清单 10 - 31 所示。

清单 10 - 31　查看建立的 xenbr1 网桥

```
xenbr1      Link encap:Ethernet HWaddr 00:00:00:00:00:00
            inet6 addr: fe80::200:ff:fe00:0/64 Scope:Link
            UP BROADCAST RUNNING MULTICAST MTU:1500 Metric:1
            RX packets:0 errors:0 dropped:0 overruns:0 frame:0
            TX packets:12 errors:0 dropped:0 overruns:0 carrier:0
            collisions:0 txqueuelen:0
            RX bytes:0 (0.0 b) TX bytes:3656 (3.5 KiB)
```

至此,我们已经见过在 3 种不同情形下的网桥接口:一个是在网桥模式下由 xend 建立的,一个是在 dummy0 下建立的,还有一个是手动建立 dummy 网桥。Network-bridge 这个脚本通常将物理设备 peth0,driver domain 的后端虚拟接口 vif0.0 连接到网桥。因此在 Xen 中,在默认网桥模式下,因特网,driver domain 与 guest domain 三者之间是能够互相通信的。但由于 dummy0 与因特网没有连接,与 dummy0 连接的网桥使得通信只能在 driver domain 与 guest domain 之间进行。更进一步,如果手动建立一个网桥,它只是一个纯粹的网桥,只有 guest domain 的接口能与它连接,这样使得只有 guest domain 之间能产生通信。

（3）在 guest domain 的配置文件中,将 guest domain 的虚拟接口连接到 driver domain 下的 dummy 网桥,如清单 10 - 32 所示。

清单 10 - 32　将 guest domain 的虚拟接口连接到 driver domain 下的 dummy 网桥

```
vif = ['mac = 00:16:3e:45:e7:12, bridge = xenbr1']
```

与默认配置的不同点在于将网桥选项由默认的 xenbr0 改为 xenbr1。

10.9.4　测试 Dummy 网桥

在 guest domain 启动之后,在 driver domain 下所看到的 dummy 网桥的接口如清单 10 - 33 所示。这些输出结果是通过 ifconfig 命令实现的。

清单 10 - 33　查看 dummy 网桥的接口信息

```
xenbr1      Link encap:Ethernet HWaddr FE:FF:FF:FF:FF:FF
            inet6 addr: fe80::200:ff:fe00:0/64 Scope:Link
            UP BROADCAST RUNNING NOARP MTU:1500 Metric:1
            RX packets:29 errors:0 dropped:0 overruns:0 frame:0
            TX packets:0 errors:0 dropped:0 overruns:0 carrier:0
            collisions:0 txqueuelen:0
            RX bytes:7332 (7.1 KiB) TX bytes:0 (0.0 b)
```

Dummy 网桥的 MAC 地址由 00:00:00:00:00:00 改变为 FE:FF:FF:FF:FF:

FF. 这意味着 dummy 网桥已经工作。FE：FF：FF：FF：FF：FF 在本地域内是一个单独的合法 MAC 地址。可以在本地的 MAC 地址信息表中找到它。

我们建立两个 guest domain 来测试 dummy 网桥是否工作。在两个 guest domain 的配置文件中将 vifs 连接到 dummy 网桥 xenbr1。在 guest domain 内部，我们将私有 IP 地址设置为 10.1.2.3 和 10.1.2.4. 当 guest domain 启动的时候，在 driver domain 下所看到的 guest domain 的后端 vifs 如清单 10‐34 所示。这些输出是通过命令 ifconfig 来实现的。

清单 10‐34 查看 guest domain 的后端 vifs

```
vif1.0      Link encap：Ethernet HWaddr FE：FF：FF：FF：FF：FF
            inet6 addr：fe80：：fcff：ffff：feff：ffff/64 Scope：Link
            UP BROADCAST RUNNING NOARP MTU：1500 Metric：1
            RX packets：149 errors：0 dropped：0 overruns：0 frame：0
            TX packets：102 errors：0 dropped：0 overruns：0 carrier：0
            collisions：0 txqueuelen：0
            RX bytes：8880 (8.6 KiB) TX bytes：9371 (9.1 KiB)
vif2.0      Link encap：Ethernet HWaddr FE：FF：FF：FF：FF：FF
            inet6 addr：fe80：：fcff：ffff：feff：ffff/64 Scope：Link
            UP BROADCAST RUNNING NOARP MTU：1500 Metric：1
            RX packets：102 errors：0 dropped：0 overruns：0 frame：0
            TX packets：46 errors：0 dropped：0 overruns：0 carrier：0
            collisions：0 txqueuelen：0
            RX bytes：7943 (7.7 KiB) TX bytes：2208 (2.1 KiB)
```

当其中每一个 guest domain ping 另外一个 guest domain 的 IP 时，都会产生回应。当 guest domain ping driver domain 的 IP 128.153.133.205 时，都没有产生回应。

同样的，在 driver domain 中 ping 向 guest domain 的 IP(10.1.2.3 或者 10.1.2.4)，都没有产生回应。

10.10 将 MAC 地址分配到虚拟网络接口中

不管一个虚拟网络接口是否映射到一个物理接口，在配置虚拟网络接口中一个不可缺少的环节是给虚拟网络接口配置一个 MAC 地址。在底层网络传输的正确寻址需要一个唯一的 MAC 地址。物理网卡在它们出厂的时候厂商就已经给它们设定了一个唯一的 MAC 地址。而每一个虚拟网络接口也必须有一个唯一的 MAC 地址（至少在本地网络是唯一的）。在 Xen 中，有两种方法可以给 guest domain 中的虚拟网络接口分配 MAC 地址，一种是自己生成，一种是手工指定。

10.10.1　MAC 地址

　　MAC 地址的作用是识别连接到以太网中的各网络端口。通常来说，MAC 地址是由 NIC 厂商写入网卡的 rom 中并且它是全球唯一的。尽管如此，按照实际需要，它只需在所连接的本地网段中唯一即可。通过使用 MAC 地址，网络包可以在本地网段中从一个端口传输至另外一个端口。如果两台在同一个局域网的机器拥有相同的 MAC 地址，则由于不同的机器所发送的包目的地只有一台机器，因此会导致冲突。

　　一个 MAC 地址是 48 位，通常表示为 6 个八进制码，由冒号来将它们分割。前 3 个八进制码表示生产网卡的厂商代号，这个前缀由 IEEE 组织认证，剩下的 3 个八进制码则由厂商自己设定。而虚拟网络接口显然没有生产厂商。尽管如此，Xen 还是给每一个 guest domain 分配一个类似于 00：16：3E：XX：XX：XX 的 MAC 地址（类似地，VMWare 给任一个 guest 镜像分配一个类似于 00：05：69：XX：XX：XX 的 MAC 地址）。通过看 MAC 地址的前缀是否为 00：16E 可以知道它是 Xen guest domain 的虚拟 NIC 还是物理的 NIC。

　　分配 MAC 地址时有两个位很重要。它们是第一个字节的最后一位和倒数第二位，B7 和 B8，如图 10 - 22 所示。当 B7 设为 0 的时候，代表这是厂商设置的一个 MAC 地址。如果 B8 设为 1，则表示这是一个多播 MAC 地址。例如，FF：FF：FF：FF：FF：FF 表示这是一个广播 MAC 地址，所有在以太网中的机器都能收到这个消息，而 FE：FF：FF：FF：FF：FF 则表示这是一个单播地址，这在 Xen 的网络中会用到。因此一个用户指定的 MAC 地址至少应该是单播 MAC 地址。如果想更多了解 MAC 地址的分配，可以参考 IEEE 802-2001 标准。

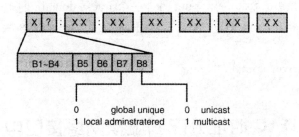

图 10 - 22　分配 MAC 地址的两个位

10.10.2　通过指定或自动生成 guest domain 的 MAC 地址

　　Xen 允许用户给一个 guest domain 指定一个 MAC 地址。通常一个用户如果需要更改机器的 MAC 地址，则需要某种特定的工具去擦除厂商在网卡上写上的 MAC 地址然后再自己写上一个新的 MAC 地址。虚拟化使得用户可以任意给 guest domain 分配 MAC 地址而不用和硬件打交道。尽管如此，还是要保证我们所分配的

MAC 地址在本地网上没有与其他物理设备或 guest domain 的 MAC 地址有冲突,否则会造成 guest domain 收到所有的包,或者只收到发送给自己的一部分包,甚至一个包也收不到。除非对所做的了解很清楚,通常还是建议让 Xen 来给 guest domain 分配 MAC 地址。有一个特殊情况是如果在同一个网段上的两个不同的 Xen 系统给它们的各自的一个 guest domain 分配了同一个 MAC 地址,尽管这样的事情发生的几率很少。用户如果须自己设置 MAC 地址,则需要在 guest domain 的配置文件中设置。在 vif 这一行,将 user-defined MAC 改为 mac 选项。

下面就是一个例子。

```
vif = ['mac = xx:xx:xx:xx:xx:xx',]
```

这个 guest domain 只有一个 vif,它的 MAC 地址为 xx：xx：xx：xx：xx：xx。当 guest domain 启动的时候,我们可以在 guest domain 中的前端 vif 看到这个 MAC 地址。如果在 guest domain 启动的时候没有在 guest domain 的配置文件中设置 MAC 地址,则 Xen 会自动给虚拟接口分配类似于 00:16:3E:xx:xx:xx 的 MAC 地址。通过 Xen 的自动生成 MAC 地址机制可以避免在同一台机器中的不同 guest 分配同一个 MAC 地址。例如,当我们忘记修改从其他 guest 复制过来的配置文件时候,就会产生相同的 MAC 地址。如果实在不知应该给一个 guest domain 的网络接口分配什么 MAC 地址时,让 Xen 来自动分配也许是个不错的选择。

10.11　分配 IP 地址

不像 MAC 地址,IP 地址的分配取决于 guest domain 所在的网络拓扑结构。IP 地址的作用在于在因特网中寻找一个到达目的地的路径。在启动 guest domain 之前,需要考虑如下问题:guest domian 是否是通过外部的动态 IP 分配服务器来获取它的 IP 地址,是否需要手动设置它的 IP 地址,或者说 guest domain 是否是通过在 domian0 中的内部动态 IP 分配服务器来获取它的 IP 地址?

就像在网桥模式中一样,guest domain 与 driver domain 在网络层以下的数据链路层打交道,因此,一个在网桥模式下的 guest domain 如何获取它的 IP 地址取决于在 guest domain 内部的设置。driver domain 只是在数据链路这一层简单地向外界传送包。

在路由模式下,driver domain 负责转发网络层上的包至 guest domian。driver domain 和 guest domain 共享同一个网段,因此,这更像是一个虚假的网桥。我们最好还是手动设置 guest domain 的 IP 地址。如果需要在路由模式下给 guest domain 动态分配 IP 地址,则需要用到一个称作 dhcrelay 的工具,它是 Dynamic Host Configuration 协议下的代理,它也许能为 guest domain 从外部的动态分配获取 IP 提供帮助。如果想获得更多信息,可以在 man 中查阅 dhcrelay。

在 NAT 模式下，guest domain 能利用 IP 段是私有的和对外界透明这一优势。因此，要从外界动态分配 IP 给 guest domain 是不可行的。尽管如此，我们可以在 driver domain 里给 guest domain 动态分配 IP。在网桥或者路由模式下，如果外部已经有动态分配服务器，不建议在内部再建立一个动态分配机制。否则，内部的动态分配机制会与外部的冲突，并且由内部还是外部给 guest domain 分配取决于哪一个首先相应，这样有导致产生不可预知的错误和隐患。

下一步，我们需要知道 guest domain 需要哪一种 IP 地址。IP 地址根据它的作用分为三大类：全球唯一 IP，私有 IP，广播 IP。全球 IP 在全球是唯一的并且在因特网上能够与它通信。私有 IP 只能在内部网络使用，在因特网上不能与它通信。广播 IP 用来广播至同一个子网下的多台机器，因此它不能分配给 guest domain。私有 IP 一共分为 3 种：

(1) A 类：10.0.0.0～10.255.255.255

(2) B 类：192.168.0.0～192.168.255.255

(3) C 类：172.16.0.0～172.31.255.255

10.0.0.0 这个地址空间，或者简单称为 10/8，是一个单独的 A 类私有网络。172.16/12 包括 16 个连续的 B 类网络；192.168/16 包含 256 个连续的 C 类网络。如果想知道更多细节，则可查阅 IETF/RFC1918 标准，它的连接可以在附录中找到。

通过知道 guest domain 如何获得 IP 以及获得哪一种 IP，我们可以更进一步配置 guest domain 的 vif 并且通过三种方式给它分配一个适当的 IP 地址：一种是外部动态分配服务器，一种是内部动态分配服务器，一种是手动分配。

10.11.1　Guest domain 通过外部动态分配服务器获得 IP 地址

大部分 ISPs 会提供动态分配服务，这个服务会自动通过 UDP 方式将 IP 地址发送至启动中的主机。当 Xen 在网桥模式下工作的时候，guest domain 对于外部以太网是透明的，它能通过与内部动态分配打交道来给前端 vif 分配单独 ip，网络掩码和网关。

配置的步骤如下：

(1) 在 guest domain 的配置文件中新添加 dhcp＝"dhcp"这一行，注意在 vif 这一行并不指定 IP 地址。

(2) 确保动态服务客户端在 guest domain 中已经运行，并且将它配置为自动获得网络接口的 IP。

10.11.2　手动设置 guest domain 的 IP 地址

我们也可以通过手动的方式给 guest domain 指定一个静态的 IP 地址。在 Xen 的路由模式下，guest domain 的网关须指定为 driver domain 的 IP 地址，因此它需要手动的 IP 设定。在网桥模式下，也可以给 guest domain 手动指定静态 IP 地址，因此每一次 guest domain 启动的时候都获得相同的静态 IP 地址,在这里假设这个静态的 IP 地址没有外部因特网的机器所使用。

当 Xen 在路由模式下,在配置 guest domain 的静态 IP 时也得分两步骤:配置前端和后端 vif。前端 vif 在 guest domain 的配置文件里配置,后端 vif 在 guest domain 内部配置。

(1)在 guest domain 的配置文件中,将 dhcp="dhcp"这一行去掉,加上两行,netmask="x. x. x. x"和 gateway="x. x. x. x",并在 vif 那一行加上相应的 IP 选项 ip=x. x. x. x。

如果 Xen 是在网桥模式下工作,则可以直接跳至第二步。

(2)在 guest domain 的内部配置相同的 IP,掩码和网关,并且屏蔽掉动态分配客户端服务。

每一种 Linux 发行版的网络端口都有各自不同的配置文件:

在 Fedora 中,网络配置文件是/etc/sysconfig/netword-scripts/ifcfg-eth#。

在 Ubuntu 中,是/etc/netword/interfaces。

在 openSUSE 中,是/etc/{hosts,networks,route. conf}。

在 Solaris 中,是/etc/{host,defaultgateway,defaultrouter}。

10. 11. 3 Guest Domain 通过内部动态分配服务器获取 IP 地址

如果没有外部动态分配服务器,在网桥模式下可以建立一个内部动态分配服务器给 guest domain 分配 IP,它采取与外部动态分配机制类似的工作机制。但是,在 NAT 模式下,使用内部动态分配给 guest domain 分配 IP 会稍微复杂一些。

首先,需要在 driver domain 中建立一个动态分配服务器。动态分配服务器需要在 driver domain 中正确配置并且能在 driver domain 所在的网络段中分配 IP。当 NAT 脚本运行的时候,它会自动设置动态分配服务器使得它能够分配 10.0.0.0 到 10.0.255.255 的私有 IP 段。

其次,需要修改 guest domain 的配置文件。我们需要在有 vif 的每一行去掉有关 ip,掩码,网关的内容,加上 dhcp="dhcp"。当 guest domain 启动的时候,driver domain 的动态分配机制会给 guest domain 的后端 vif 分配地址为 10.0. x. 1 的 IP。

最后,在运行着的 guest domain 中,我们需要给前端接口手动指定静态 IP。如果内部动态分配服务器给后端 vif 分配的 IP 为 xx. xx. xx. xx,则可以推算出前端 vif 的 IP 为"xx. xx. xx. (xx+127)。掩码或默认为 255.255.0.0,网关总是默认为 10. 0.0.1。

在这一章中已经简单介绍了如何在 Xen 建立一个虚拟的网桥,路由和 NAT,与如何配置 guest domain 的网络。下一步,将要处理多端口的情景。显然这些配置将更为复杂。一个经典的应用是给 guest domain 设置防火墙,我们将在 11 章来阐述。

10.12　在一个 Domain 中处理多个网络接口

当一台机器含有多个网络端口时,每一个端口必须有各自不同的网段,不管是公共网段还是私有网段,有线的还是无线的,因特网还是企业内部网等,都有各自的作用。当一个 driver domain 有多个物理端口时,必须根据具体情况建立合适的虚拟网络。当一个 guest domain 需要多个虚拟的接口时,需要为 guest domain 建立合适数目的虚拟接口并配置好各虚拟接口使它们与虚拟网络正确连接。

10.12.1　在 driver domain 中处理多个网络接口

在 driver domain 中,虚拟网络是通过脚本来建立,通过 Xend 的配置文件/etc/xen/xend-config. sxp 来配置。Xen 提供 network-bridge 和 vif-bridge; network-route 和 vif-route; network-nat 和 vif-nat 这些脚本。这些用来给一个单独的虚拟接口建立相应的虚拟网络。当需要建立多个虚拟网络时,我们可以通过自己编写的脚本来调用/etc/xen/scripts 这个默认脚本,也可以通过自己的脚本来建立一个定制化的网络。

脚本的格式如清单 10 - 35 所示。

清单 10 - 35　脚本的格式

```
network-bridge (start|stop|status) [vifnum=VAL] [bridge=VAL]
                 [netdev=VAL] [antiproof=VAL]
network-route (start|stop|status) [netdev=VAL] [antispoof=VAL]
network-nat (start|stop|status) [netdev=VAL] [antispoof=VAL] ➡
              [dhcp=VAL]

options:
vifnum      The number of Virtual interface in Dom0 to use
bridge      The bridge to use (default xenbr${vifnum}),      ➡
            specially for bridge virtual network
netdev      The interface to add to the bridge/route/NAT     ➡
            (default eth${vifnum}).
antispoof   Whether to use iptables to prevent spoofing      ➡
            default no).
phcp        Whether to alter the local DHCP configuration     ➡
            (default no)
VAL         the corresponding value for each options,
            either number or interface name or yes/no
```

一个名字为 my-own-script 的用户自定义脚本,可以像清单 10 - 36 这样来编写,并且将它放至目录/etc/xen/scripts.

清单 10 - 36

```
#! /bin/sh
```

```
dir = $ (dirname "$ 0")
"$ dir/network - bridge" start vifnum = 0 netdev = eth0 bridge = xenbr0
"$ dir/network - bridge" start vifnum = 1 netdev = eth1 bridge = xenbr1
```

这是一个 shell 脚本，被放在目录/etc/xen/scripts 下。dir＝$（dirname "$0"）这一行用来获取网络脚本的相关目录。因此 xend 可以找到 network-bridge 这个默认脚本并且运行它，给每一个物理端口搭建一个网桥。

在 Xend 的配置文件中，将脚本 my-won-script 放至 network-script 这一行中。当需要在脚本中引入变量时，需要给这些变量加上单引号，例如'network-nat dhcp＝yes'。如果脚本不在/etc/xen/scripts 路径下，则需要在 network 这一行加上绝对路径，例如'/root/home/my-own-script'。在前一种情形下，xend 给每一个虚拟的网络建立相应一个相应的网桥，并且将网桥连接到一个物理接口上。Eth0 虚拟网桥的接口是 xenbr0，eth1 的虚拟网桥接口是 xenbr1.

当我们需要自己写脚本建立定制化的网络时，需要知道 vif 是工作在数据链路层上还是在网络层上。如果是工作在数据链路层，需要在 guest domain 的 vif 上使用 vif-birdge 脚本，如果在网络层上，需要使用 vif-route 或者 vif-nat 脚本。

10.12.2　在 guest domain 中处理多个网络接口

在 guest domain 中，可以通过两种方式建立网络接口：一种是在启动 guest domain 之前修改配置文件，或者在 guest domain 在运行的时候通过使用 xm 命令动态添加网络接口。

1. 在 guest domain 中配置多个 vif

当完成对 guest domain 的配置文件中的 vif 那一行配置后，Xen 会在 guest domain 启动的时候提供多个网络端口。每一对单引号表示一个在 guest domain 中的网络接口，并且这些单引号被逗号隔开。我们在这些单引号内设置网络接口的 MAC 地址，IP 地址，网络种类等。

如下有两个例子：

vif＝['', '',]

这是配置一个 vif 的两个 vif 的最简单的方法。Vif 的 MAC 地址通过 Xen 来生成，IP 地址则由 guest domain 自己生成。

这个配置配置了 guest domain 的两个端口。其中一个是 eth0，给它分配了静态 ip 地址，一个用户定义 mac 地址，并将它连接至虚拟网络 xenbr0。另外一个是 eth1，给它分配了一个用户定义 mac 地址，并将它连接至虚拟网络 xenbr1。

2. 通过 xm 命令来配置正在运行中的 guest domain

Xm 是一个管理 Xen 的 guest domain 的命令。它提供子命令来给运行中的 guest domain 动态建立一个新的网络接口。Xm 可以列出有关 guest domain 的网络设备的信息，建立一个新的网络设备，或者移除一个网络设备。这些子命令能动态的建立或移出 guest domain 的网络设备，而 guest domain 的配置文件是以静态地方式建立 guest domain 的网络接口。表 10-3 列出了 xm 有关网络的一些子命令。

表 10-3　xm 有关网络的一些子命令

子命令	选项	描述
network-list <Domain/Domain_id>		列出由域名标识或域名（两者指定其一）指定的一个客户机域内的所有网络接口
	-L -long	接口以 XML 格式列出
network-attach <Domain>		用 Xen 生成的 MAC 地址在客户机域建立一个新的 vif 设备
	mac=<mac>	为新的网络接口分配一个 MAC 地址
	ip=<ip>	为新的网络接口分配一个 IP 地址
	Bridge=<Bridge>	将网络接口连接到桥
	vifname=<name>	为新的 vif 设备定义一个别名
	script=<script>	应用 vif-bridge、vif-network 或 vif-nat 语句建立 vif 设备
Network-detach Domain dev_id		从客户机域移除指定的网络接口. dev_id 表示 vif 设备在客户机域的序列号；该子命令被拆解

　　xm network-list 命令告诉我们所有 guest domain 的 vif 参数，这在诊断网络设备错误原因时很有作用，如清单 10-37 所示。

清单 10-37　xm network-list 命令

```
［root@Dom0］＃xm network－list——l DomU
(0
    ((backend-id 0)
        (mac 00:16:3e:5a:32:da)
        (handle 0)
        (state 4)
        (backend /local/domain/0/backend/vif/2/0)
        (tx-ring-ref 521)
        (rx-ring-ref 522)
        (event-channel 9)
        (request-rx-copy 0)
        (feature-rx-notify 1)
        (feature-sg 1)
        (feature-gso-tcpv4 1)
```

　　）

　　　　）

　　xm network-list 显示了存储在 XenStore 空间内的一个 guest domain 的所有虚拟设备的信息。这些信息都在圆括号里面。在最外面的圆括号的里面是虚拟网络设备节点号 0。紧接着虚拟网络设备节点号所呈现的是所有有关信息，例如 MAC 地址是 00：16：3e：5a：32：da，它的后端 vif 名字是 vif2.0 等。清单 10 - 4 解释了每一项所代表的含义。

　　Xm network-attach 这个命令可以在 guest domain 运行的时候动态加载前端和后端虚拟端口至特定的 guest domain，而不需要在 guest domain 启动前来配置。我们可以看到在 guest domain 里面出现了一个新的以太网端口，同时在 driver domain 里面也出现相应的 vif，如清单 10 - 38 所示。

清单 10 - 38　在 driver domain 中的 vif

```
[root@Dom0]♯ xm network - attach DomU - - script = vif - bridge
[root@Dom0]♯ ifconfig
vif1.1    Link encap：Ethernet HWaddr FE：FF：FF：FF：FF：FF
          inet6 addr： fe80：：fcff：ffff：feff：ffff/64 Scope：Link
          UP BROADCAST RUNNING NOARP MTU：1500 Metric：1
          RX packets：0 errors：0 dropped：0 overruns：0 frame：0
          TX packets：45 errors：0 dropped：442 overruns：0 carrier：0
          collisions：0 txqueuelen：0
          RX bytes：0 (0.0 b) TX bytes：6107 (5.9 KiB)
[root@Dom0]♯
```

　　在 guest domain 中，也可以看到一个新的网络接口。由于 xm network-detach 命令的失效，可以注意到第四个 vif 没有创建成功，并且没有任何提示，这是因为最多只允许有 3 个 vif，如清单 10 - 39 所示。如果想清除掉 vif 的动态建立则需要关掉 guest domain。这样这些动态设置也会消失。当下一次重启的时候，必须重新配置。

清单 10 - 39

```
[root@Dom0]# xm network-attach DomU
[root@Dom0]# xm network-attach DomU
[root@Dom0]# xm network-attach DomU
[root@Dom0]# xm network-attach DomU
[root@Dom0]# xm network-list U
Idx BE    MAC Addr.       handle state evt-ch tx-/rx-ring-ref ➡
BE-path
0  0  00:16:3e:5a:32:da   0      4     9      521  /522       ➡
/local/domain/0/backend/vif/2/0
1  0  00:16:3e:1e:cc:a7   1      4     10     1035 /1036      ➡
/local/domain/0/backend/vif/2/1
```

```
2   0   00:16:3e:27:59:9c   2    4     11    1549 /1550   ➡
/local/domain/0/backend/vif/2/2
3   0   00:16:3e:5a:32:dd   3    6     -1    -1   /1      ➡
/local/domain/0/backend/vif/2/3
[root@Dom0]#
```

我们可以通过 vif 的 evt-ch 和 tx-/rx-ring-ref 这几个值来判断第 4 个 vif 创建失败。清单 10-4 列出了 XenStore 的 domian 的前端 vif 设备的有关信息。

表 10-4　XenStore 的 domian 的前端 vif 设备的有关信息

信息项	描述
idx	客户机域中 vif 设备的索引号
BE	后端域(BackEnd Domain)
MAC_Addr	分派给 vif 设备的 MAC 地址
handle	vif 设备号
state	由 Xen 总线(XenBus)到后端(BackEnd)的通信状态. 如下: 0＝未知,1＝正在初始化,2＝初始化或等待,3＝已被初始化,4＝已连接,5＝正在关闭,6＝已关闭
evt-ch	用于两个 ring 队列的事件通道缩写
tx-/rx-ring-ref	供发送/接收 ring 队列参考的授权表
BE-path	vif 设备在 XenStore 中的后端目录路径

10.13　Vnet-Domain 虚拟网络

　　VPN 是一个重要的网络架构,它在公共网络内提供秘密的通信。来自不同地方的物理机器连接在一起,它们被虚拟化到同一个私有网络中,并且彼此能够以加密的形式通信。现在 Xen 也开始尝试给不同 driver domain 下的 guest domain 提供类似的功能特性。虚拟网络将不同网络段中的 guest domain 连接起来使其看起来就好像在同一个网络段中。

　　Vnet 不仅增强了因特网中不同 domian 下的 guest domain 的通信的安全性,而且还支撑着 Xen 的整个网络。它提供了一个网络幻象,即在不同 domian 下的 guest domain 在同一个本地私有虚拟网中,将整个虚拟网络分割开来。Vnet 建立了一个自适应的 inter-VM 虚拟网络。这种机制让它能在网格计算,分布式或并行式应用程序有所建树。

　　Vnet 是以网桥虚拟网络为基础的。在 vnet 中 domian 之间的虚拟以太网的传输是通过在公共网络中传输的包来实现的。Vnet 是 Xen 的一个可选组件。在默认条件下,它并不包含在 Xen 的包。但是当这本书开始写的时候,已经非常有必要下载 Xen 的源代码并编译这个组件。在通常情况下,vnet 会带来一些问题。到目前为止,除了 Xen 的用户手册有一些关于 vnet 的内容,其他的关于它的文档还很少。现在看起来 vnet 还是不够完善并且需要更多测试。在下一部分,我们根据 Xen 的用户手册给出一个如何安装和运行 vnet 的简单例子。

10.13.1　安装 vnet

我们可以用两种方法来安装 vnet:把它当作 Linux 内核模块或者当作用户态下的 driver domain 中的一个 daemon。

安装 vnet 所需要的步骤如下:

(1) 在 xen.org 这个网页下载最新的 Xen 的源代码。

(2) 在 Xen 源代码中找到 tools/vnet 这个目录。更详细的指示可以参阅 00INSTALL 这个文本文件下找到。

在编译和安装 vnet 之前,需要保证 Xen 的内核已经包含了一些加密算法,例如 MD,SHA,DES 等等,还有 IPsec 和 VLAN 这些选项。

IPsec 是 IETF 为了保证因特网传输协议的安全性而创建的一个协议。可以在 www.ietf.org/rfc/rfc2401.txt 中查阅 IETF rfc2401 获得更多有关它的信息。VLAN 就是 IEE802.1Q 中定义的虚拟网络,可以在 www.ieee802.org/1/pages/802.1Q.html 中获得更多信息。

(3) 通过 make 和 make install 命令,vnet_module.ko 这个模块会在 tools/vnet/vnet-module/这个目录下创建,或者 varpd 这个用户态的 daemon 会在 tools/vnet/vnetd 下创建。

10.13.2　运行 vnet

当在 Xen 中安装完 vnet 之后,可以通过/usr/sbin 下的 vn 命令手动安装模块,也可以通过 etc/xen/scripts 下的 network-vnet 这个脚本由 xend 来安装 vnet 模块。一些 vnet 的配置文件模板被复制到/etc/xen:vnet97.sxp,vnet98.sxp 和 vnet99.sxp 这些目录下。对通信的加密是可选的。在 vnet 的配置文件中,可以配置加密也可以启用它。

运行 vnet 的步骤是加载 vnet 模块,配置 vnet,然后建立 vnet。在下面将要详细讨论这些步骤。

1. 加载 vnet 模块

为了加载 vnet 模块,需要在 xend 启动之前手动运行 vn insmod 这个命令。用户也可以通过 xend 加载这个模块。做法是修改 Xend 的配置文件/etc/xen/xend-config.sxp,将 network-bridge 脚本注释掉,加上新的一行 vnet 的脚本,如清单 10-40 所示。

313

清单 10 - 40　加上新的一行 vnet 脚本

```
#(network - script network - bridge)
(network - script network - vnet)
```

network-vnet 这个脚本会调用另外一个叫做 vnet-insert 的脚本，这个脚本会安装模块并且调用 network-bridge 这个脚本。

2. 配置 vnet

我们首先需要在 . sxp 文件中配置 vnet，它包含着如清单 10 - 41 所示的一些格式。

清单 10 - 41　配置 vnet 格式

```
(vnet     id     <vnetid>)
         (bridge<bridge>)
         (vnetif<vnet_interface>)
         (security<level>))
```

在表 10 - 5 中看到每一项的配置信息。

表 10 - 5　配置信息

子选项	参数	描述
id	vnetid	vnetid 是指虚拟网络(vnet)的标识 vnetid 是一个 128 位的标识：(ffff：ffff：ffff：ffff：ffff：ffff：ffff：ffff) 或者是一个较短的标识：(0：0：0：0：0：0：0：ffff)；这里 0 表示不容许，1 表示保留
bridge	<bridge>	定义虚拟网络(vnet)桥接名称
v		网络将成一个桥接模式的网络，虚拟机包含在 vif 桥接的虚拟网络中
vnetif	<vnet_interface>	定义虚拟网络的 vif 名称，该项为可选项，透过网络翻译 vnet 包
security	<level>	包加密等级： None：透过 vnet 的包无加密； Auth：要求认证； Conf：认证和包加密

清单 10 - 42　展示了一个 vnet 配置文件。

清单 10 - 42　一个 vnet 配置文件

```
(vnet (id 2007) (bridge vb2007) (security none))
```

这个例子定义 vnet 的 ID 为 2007，网桥名字为 vb2007，它的认证和包都不需要加密。

运行 Xen：虚拟化艺术指南

3. 创建 vnet

xm 命令提供了一些子命令在创建 vnet。xm vnet-create vnet2007. sxp 这个命令根据 vnet2007. sxp 这个配置文件创建了 vnet。表 10－6 列出了其他的一些有关 vnet 的 xm 子命令。

表 10－6   其他的一些有关 vnet 的 xm 子命令

子命令	可选项	描述
vnet-create	＜xend_config＞	设置 vnet
vnet-delete	＜vnet_id＞	删除指定的正在运行的 vnet
vnet-list		显示所有使用的 vnet 的信息

如果想获得更多有关 vnet 的信息，可以查阅 tools/vnet/doc 这个文档，也可以通过 www. cl. cam. ac. uk/research/srg/netos/xen/readme/user/user. htl 查阅 Xen 的用户手册。

315

小   结

从这一章可以看到，有许多方法可以为 guest domain 构建虚拟网络：可以将它们连接至因特网，或者将它们运行在 Nat 网桥后端，或者使它们在完全独立的虚拟网络总通信。通过在 Xen 中构建虚拟网络，guest domain 可以与其他 domian 或者因特网上的机器通信。在 11 章更深入地讨论如何有效保证这些通信的安全性以及在部署 Xen 的时候所需要的一些安全措施。

参考文献和扩展阅读

"An Attempt to Explain Xen Networking. " Xen Users Mailing List. http:// lists. xensource. com/archives/html/xenusers/2006-02/msg00030. html.

"Dynamic Host Configuration Protocol. " Wikipedia.

http://en. wikipedia. org/wiki/Dynamic_Host_Configuration_Protocol.

IEEE Standard 802－2001. http://standards. ieee. org/getieee802/download/ 802－2001. pdf.

"IP Address. " Wikipedia.

http://en. wikipedia. org/wiki/IP_address.

Linux Command：brctl.

http://www. linuxcommand. org/man_pages/brctl8. html.

Linux Command：iptables.

http://www. linuxcommand. org/man_pages/iptables8. html.

Linux Command：route.

http://www. linuxcommand. org/man_pages/route8. html.

"MAC Address. " Wikipedia.

http://en. wikipedia. org/wiki/MAC_address.

MAC Address Vendor Search.

http://standards. ieee. org/regauth/oui/index. shtml.

Matthews，Jeanna N. et al. "Data Protection and Rapid Recovery from Attack with a Virtual Private File Server. "

http://people. clarkson. edu/～jnm/publications/cnis2005. pdf.

"Network Address Translation. " Wikipedia. http://en. wikipedia. org/wiki/Network_address_translation.

"Network Configuration. " Xen Users' Manual Xen v3. 0.

http://www. cl. cam. ac. uk/research/srg/netos/xen/readmes/user/user. html.

"network-route and vif-route Setup Help. " Xen Users Mailing List. http://lists. xensource. com/archives/html/xenusers/2006 – 03/msg00725. html.

"OSI and TCP/IP Layering Differences. " TCP/IP Model. Wikipedia.

http://en. wikipediaorg/wiki/TCP/IP_model ♯ Layers_in_the_TCP. 2FIP_model.

RFC1918：Address Allocation for Private Internets.

http://www. ietf. org/rfc/rfc1918. txt.

"Using Multiple Network Cards in XEN 3. 0. " Debian Administration. http://www. debianadministration. org/articles/470.

"Virtual Private Network. " Wikipedia.

http://en. wikipedia. org/wiki/VPN.

"Xen Networking. " Xen Wiki.

http://wiki. xensource. com/xenwiki/XenNetworking.

第**11**章

安全的 Xen 系统

当管理一台物理机器,一个重要的任务就是保证整个系统的安全。这可通过很多形式去做:包括应用最新补丁,关闭不必要的端口,验证不常用或者值得怀疑的行为。这些活动在虚拟机运行的时候同样重要,除此以外,在 Xen 系统上运行虚拟机在安全方面引入了新的机会和挑战。作为操作系统之下的可信层,Xen 能够提供额外的工作作为监视和保证系统安全。另一方面,因 Xen 是虚拟机下的可信层,任何 domain 或 Xen 本身安全性都可能引发所有客户虚拟机的问题。在本章中,我们覆盖了 Xen 本身的安全性和使用,增加运行在 Xen 之上非特权 domain 的安全性。

11.1 安全系统的结构

对于增强安全性来说,Xen 系统有很多选择,可以通过选择 Xen 系统的结构来增加安全性,在这一章中,我们描述了一些选择包括分离特殊的功能到指定虚拟机和创建虚拟网段。

11.1.1 特殊目的的虚拟机

特定虚拟机有很多方法来增加安全性,如通过限制资源或者限制可访问资源的授权等。在 driverdomain 上运行设备驱动或者创建一个特殊的 domain 专用于 www 服务都是创建特殊用途 domain,隔离任务增加安全性的例子。

系统管理员能够根据特定虚拟机的用途去配置软件的安全级别和数据安全级别。例如,公用 web 服务将与不重要文件和公司金融数据公用同一个网络,公用 Web 服务必须在自己的虚拟机上与只有公司内部才能共享的敏感数据隔离。这两个安全级别因为数据的不同而不同,这些规则在虚拟机上同样适用。

这并不是说所有的应用程序或者服务都必须有它们自己的虚拟机,但是必须针对它们的安全级别进行分类。对每个服务创建一个虚拟机可能造成潜在的资源紧张和浪费。为了展现这种根据安全级别划分任务视图,我们接着先前的例子进行说明。假定一个公司希望添加一个垃圾文件过滤器,这个过滤器过滤服务器通过 www 服务器很容易实现,面向服务器从 Internet 上发送接收信息因此可以与全世界共享。而在这个公司的网络共享规则之后将提供一个受限的中心存储区,这个主意降隔离安全威胁的人物,并给其最小的访问权。

11.1.2　创建虚拟网段

分离的网络访问可以极大的降低对管理服务的威胁。接着前面的例子介绍,外部面向 Internet 的公用服务虚机同样不应该与可信的内部虚机在同一网段,Xen 提供了这种能力,就像第 10 章中介绍的那样。我们给出了一个虚机的网络服务作为公网网段的全局路由的 IP 地址作为接口,并且创建一个虚拟网段给内部虚机使用。我们可以给内外网都装上防火墙或者 NAT VM 。

Xen 同样有让虚机完全与公网隔离的能力。例如,可以将共享文件的虚拟机放在第二个虚拟网段,这个网段没有防火墙或者 NAT 支持。任何内部虚机请求访问 Internet 和内部共享文件需要两个虚拟网络接口。一个在隔离的文件共享网络上,另一个在内部防火墙网段上。相似的,内部访问的虚拟机,像数据挖掘的虚拟机或工薪计算的虚拟机必须被分配在隔离的虚拟机网段。Xen 提供了这种强网络隔离的支持。

11.2　特权 Domain 的安全性

如果特权 Domain,Domain 0 的安全性得不到保障,那么非特权 domain domain U 的安全就更没有保障了。因此,domain 0 的安全性对系统有着特别的意义。通过移除 domain0 的非必要软件和特性,更容易实现系统安全。因为 domain 0 更小,就越容易保证系统安全。从 domain 0 移除的每个特征都可能被用于作为攻击系统的入口。

11.2.1　移除软件和服务

限制系统中的软件安装和运行是保证系统安全的一个重要概念。将不必要的软件和服务从系统中移除,包括从 domain 0 中移除所有不必要的客户管理服务到客户虚机中去会让系统更稳定可靠。因为,所有在 domain0 中运行的服务都可能是攻击的入口。

安装软件清单都能够被胁迫,从核心操作系统到用户空间的程序、系统服务、网络服务、保存了数据的配置文件等。大发布版本的操作系统,比如红帽安装了大量的软件去提供更好的鲁棒性和丰富软件特性的用户终端。标准版 Fedora 6 安装有多达 2365 个可执行文件。只有极少的人能够跟踪这些程序,更少的管理者能够对最新的安全警告进行反映并监控系统防止被修改,这就是为什么要限制涉及最核心概念的组件。如果更少的组件被涉及,就更容易发现问题,维护系统,更少的组件安装使得可以袭击系统地手段进一步减少。

因此,我们建议使用最小内核安装并对今后的每个安装包都进行检查看是否真正需要。

11.2.2　限制远程访问

将软件从网络服务中移除是非常重要的,因为它们是袭击者最主要的入手点,将匿名 ftp 之类的服务和万维网服务移入非特权 domain。万一有入侵者,将只会损害一个 VM。当然,控制了 domain U,并利用这个 domainU 去攻击其他 domain 的攻击手段也是我们必须防范的。类似地,监控外部网络访问这些 domain 也是重要的,通过一些简单的计划可以用来备份。一个完善的 VM 能够快速保存并且打上帮助阻止进一步攻击的补丁。

任何现有的 Domain 0 的开放网络端口必须被作为可能被袭击的入口对待,甚至需要只能通过控制台访问 domain 0。但是,必须规范这个给必要的或者方便地实现当前环境的管理。在一些情况中,控制台访问可能是不允许的。当然,个性化的客户 domain 仍然可以被远程访问,甚至在 domain 0 的远程管理被禁止的情况下。

验证端口开放的一个强大工具是 netstat,netstat 是一个命令输入行软件,它能显示现有网络连接状态,这些信息从 UNIX 类型的端口去收集 TCP 和 UDP 的端口,netstat 有很多选项,从静态显示端口到动态显示现有已打开 socket 的路由表都可以做到。在这讨论的仅验证与安全有关的开放端口,我们的目的是罗列现有开放的端口,让我们知道现有状态,需要了解更多关于 netstat 选项信息时,可以手动查看 netstat 帮助页。

现在使用 netstat 作为例子来罗列这些开放端口,因为 netstat 可以一次给我们显示太多的信息,必须加上些要求来限制,先从 TCP 连接开始,如清单 11 - 1 所示,它只是简单输入 netstat - t,在这里-t 表明是现有活跃 TCP 连接。

清单 11 - 1　输入 **netstat-t**

```
[root@dom0]# netstat -t
Active Internet connections (w/o servers)
Proto Recv-Q Send-Q Local Address         Foreign Address       ➡
        State
tcp       0      0 172.16.2.34:60295                             ➡
        65-116-55-163.dia.stati:ssh ESTABLISHED                  ➡
tcp       0      0 ::ffff:172.16.2.34:ssh
    mobile-yapibzla:4824          ESTABLISHED
[root@dom0]#
```

从输出可以看见,两个 TCP 连接正处于 FSTABLISHED 的状态。内部连接和外部连接都是 SSII 链接,第一个连接显示的机器 172.16.2.34 与外部 IP65.116.55.163 通过 SSH 相连。每个连接的端口号显示在 IP 地址之后(IP 地址:端口号)。在本地机器上短周期端口 60295 被使用。并且和外部机器的 22 号 SSHprot 相连。就像这里显示的一样,netstat 将经常用端口替代端口号。这样可以便于管理,第二个连接是个接入的 SSH 连接,这个连接是从叫"mobile-yapibzla"的外部端口 4824 连接到本地机器 172.16.2.34 的。

　　清单 11-1 显示了现有 TCP 的连接,但我们希望看见等待连接的开放端口,这个将是另一种情况,如在本地主机上打开一个网页,但是此时并没有连上去,netstat 允许添加一个选项去查看现有正在建立的 socket。运行命令 netstat - ta,结果如清单 11-2 所示。

清单 11-2　运行结果

```
tcp       0      0 *:815                          *:*         ➡
                         LISTEN
tcp       0      0 *:sunrpc                       *:*         ➡
                         LISTEN
tcp       0      0 localhost.localdomain:ipp      *:*         ➡
                         LISTEN
tcp       0      0 localhost.localdomain:smtp     *:*         ➡
                         LISTEN
tcp       0      0 172.16.2.17:60295                          ➡
               65-116-55-163.dia.stati:ssh ESTABLISHED
tcp       0      0 *:ssh                          *:*         ➡
                         LISTEN
tcp       0      0 localhost.localdomain:ipp      *:*         ➡
                         LISTEN
tcp       0      0 ::ffff:172.16.2.17:ssh                     ➡
          mobile-yapibzla:4824        ESTABLISHED
[root@dom0]#

[root@dom0]# netstat -ta
Active Internet connections (servers and established)
Proto Recv-Q Send-Q Local Address          Foreign Address ➡
               State
```

320

　　这个输出输出了与之前相同的 SSH 会话连接,但也包括了侦听(listen)状态的连接,它们就是等待即将到来的连接。

　　侦听状态的端口中,本地地址列中显示了哪个链接被许可,一些端口只对本地主机允许,就如被标记为 localhost,localdomain 的那样,如清单 11-2 中所示。Smtp 和 ipp 行都是这种,其余的连接对任何地址都可以,那些被标记为 *.

　　清单 11-3 显示了三种端口。端口 815,sunrpc 端口 111 和 SSH 端口 22。这些服务在可能情况下可以被看成可移除或可回收给 VM 的,例如,为了关闭 SSH 端口,需要杀死 sshd 进程并将它从启动配置中移除,以阻止它在下次启动时被重新启动。

运
行
Xen
：
虚
拟
化
艺
术
指
南

清单 11 - 3

```
[root@dom0]# netstat -tua
Active Internet connections (servers and established)
Proto Recv-Q Send-Q Local Address           Foreign Address ➡
          State
tcp       0       0 *:815                   *:*             ➡
              LISTEN
tcp       0       0 *:sunrpc                *:*             ➡
              LISTEN
tcp       0       0 localhost.localdomain:ipp   *:*         ➡
              LISTEN
tcp       0       0 localhost.localdomain:smtp  *:*         ➡
              LISTEN
tcp       0       0 172.16.2.17:60295           ➡
      65-116-55-163.dia.stati:ssh ESTABLISHED
tcp       0       0 *:ssh                   *:*             ➡
              LISTEN
tcp       0       0 localhost.localdomain:ipp   *:*         ➡
              LISTEN
udp       0       0 *:filenet-tms           *:*
udp       0       0 *:809                   *:*
udp       0       0 *:812                   *:*
udp       0       0 *:bootpc                *:*
udp       0       0 *:mdns                  *:*
udp       0       0 *:sunrpc                *:*
udp       0       0 *:ipp                   *:*
udp       0       0 172.16.2.17:ntp         *:*
udp       0       0 localhost.localdomain:ntp   *:*
udp       0       0 *:ntp                   *:*
udp       0       0 *:filenet-rpc           *:*
udp       0       0 *:mdns                  *:*
udp       0       0 fe80::fcff:ffff:fef:ntp *:*
udp       0       0 fe80::20c:29ff:fe0a:ntp *:*
udp       0       0 localhost.localdomain:ntp   *:*
udp       0       0 *:ntp                   *:*
[root@dom0]#
```

　　但是，TCP 仅仅是事情的一半，UDP 连接可以通过将命令行中 t 替换成 u 查看。将 TCP 和 UDP 同时显示。简单地将 t 和 u 都放在命令选项中即可，a 可用来打印所有的连接状态。因为命令 netstat － tua 会显示 tcp 和 udp 所有 socket 连接。

　　从这个例子中，我们看见先前见过的 TCP 端口。但是，还有相当一部分 UDP 端口，包括 NTP 和 MDNS。这些服务都可以考虑从 Domain 0 中移除。

　　IANA（Internet Assigned Numbers Autority）维系着著名的端口号，可以通过查

询去了解这些通用的开放端口，端口号的网址是 www. iana. org/assignments/port-numbers。

11.2.3　限制本地用户

我们强烈建议限制用户访问 domain 0，只有机器的系统的管理者可以登录 domain 0。多用户系统中，像 Linux，同样有多个本地用户的使用。限制本地用户访问任何有破坏性的非特权 domain。

这依赖于系统的安全策略，它可能直接取消 root 用户的登录权限，在登录后使用 su 能够允许管理员使用 root 账号，在取消 root 用户用户登录之后而通过 sudo 的方式可执行 root 权限的命令。

11.2.4　将设备驱动移入 driver domain

操作系统中最敏感的块是设备驱动，设备驱动程序不是内核开发组的开发人员编写的，是由设备厂商或者对设备第三方运行感兴趣的针对特定操作系统编写的，因此，设备驱动的质量无法保证。设备驱动程序相对于内核代码来说没有经过充分的测试，因为使用特定驱动的用户数远远小于使用操作系统的用户。因此，设备驱动程序中往往会有更多的 bug，毋庸置疑，它们运行在内核同一特权级的代码上。

将设备驱动移到分离的 driver domain 是构建安全系统的重要部分，就像第 9 章提到的，Driver domain 控制着物理设备的访问和运行。设备驱动代码这将有效隔离不稳定或敏感的驱动，考虑到运行在 domain0 上的尚未解锁的驱动，可能在等待锁得释放的时候会导致 domain 0 的永久停机，而造成整个系统停止响应。如果运行在 driver domain 的设备驱动失效，driver domain 可以暂停，然后重启，它可能引入巨大的 I/O 开销，但是它不会影响没有这个设备的虚机的运行。

11.3　防火墙和网络监视器

Xen 的网络结构不仅给我们提供了极大的可扩展性，也允许通过简便的方式监测所有虚机的活动。这为 domain 0 访问物理网络接口生成网络流量检查点提供了可能。这允许我们监测网络流量，使用 snort 网络监测器，并且能够在 Linux 下使用网络过滤器 iptables，下面说明了如何使用 iptable 去限制网络流量，接下来是 snort。

11.3.1　运行 iptable 防火墙

网络连接是系统受袭击的主要的入口点之一。不让网络暴露在外，应是每个系统管理员的基本理念。但是，物理上不通过网线（无线）连接事实上是做不到的。因此，防火墙如 Linux 下的 iptable，solaris 和 BSD 的 ipfilter 就被广泛使用了。这些

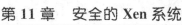

防火墙的规则能够被应用到特权 domain 和非特权 domain。

11.3.2　iptable 的回顾

网络过滤器 iptable 是允许软件控制网络包的一个框架（frametable），iptable 项目既使用了内核元素也使用了用户空间的元素。内核元素允许接受、改变和拒绝网络包。用户空间的元素提供了简单的转换接受，拒绝和修改规则的能力。

Iptable 是一个简单的表格结构，它其中存放了简单，易理解的规则。每个规则都规定了接受或者否定特种网络报文。规则被按序应用。第一个与规则匹配的动作将被实施。一个常用的应用是列举在最后一个规则将所有停止所有的应用之前的网络流量，在最后的规则之前停掉所有的操作是重要的，因为所有的包都能与这条匹配，其他任何配置行都能被有效地忽略掉。

Iptable 工程有更高的目的，那就是提供一个具有稳健性的框架，这个框架允许复杂的网络控制，这种控制通过从质量控制的服务策略去控制网络地址翻译路由。在这一章中的目标要更加简单，从简单的否定每个规则接着加上一些基本的管理异常（exceptions）。如果需要知道更多的 IP table，建议阅读本章最后罗列的一些书。

11.3.3　iptables 的配置

因为 iptable 由内核块和用户块两部分构成，获得 iptables 或许会引起轻微的混乱，幸运的是，很多发布版本都已经装好 iptables，包括 Fedora，CentOS，SUSE，Gentoo。但是，它们也要求已经构建好内核必要的模块来整合用户空间的工具。

在 UNIX 下，包括 Solaris 和 BSD 家族，更普遍的是用 IPFilter 或者 ipf。可以通过查看各自文档了解更多细节。

如果发布版本的 domain 0 没有安装 iptables 或者没有可用的包管理系统，有两个简单的部件需要安装。

内核配置中要求的，至少 CONFIG_NETFILTER 选项要么被构建，要么被做为模块安装。如果被作为模块安装，要确认已经加入了启动模块清单。内核中的其他选项也可以取决于自己的需要添加，特别是网络地址转换和基于 IP 的过滤器。

在设置完内核部分之后，包括 iptables 本身的用户空间程序，可以在 www.net-filter.org 上找到，在解压了包括最新版的工具包后，查看 INSTALL 目录最顶级的文件，这个文件将详细给出指令和释放完成之后需要的特殊操作，它同样包含了常见问题和解决方案。使用两个简单的 make 命令就能装好这个工具，如清单 11 - 4 所示。

清单 11 - 4　两个简单的 make 命令

```
[root@dom0]# make KERNEL_DIR = /path/to/your/kernel/sources
[output omitted]
[root@dom0]# make install KERNEL_DIR = /path/to/your/kernel/sources
```

至此,iptables 的程序已经安装好,下一步是计划如何针对网络安排合适的规则。就像从第 10 章学到的那样,一个良好的网络设计能节约大量的时间和简化问题。图 11－1 显示了一个简单的网络。知道从哪去限制网络访问可以使了解和使用 iptables 更简便。

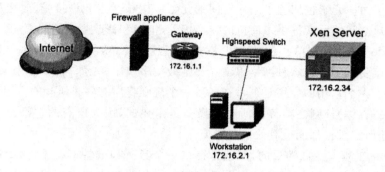

图 11－1　一个简单的网络

最后一个配置就是 iptables 在系统启动时用来保存自身规则的文件将根据发布版本的不同而指定,并且可以查看 domain0 选项的文档。红帽和 Fedora 中标准的存放位置在/etc/sysconfig/iptables. 而 OpenSUSE 的默认位置在/etc/sysconfig/SuSEfirewall .

11.3.4　一个 iptable 的例子

首先,我们要创建一个简单的允许 SSH 连接的规则给 Domain 0,记住,我们将在所有规则的最后添加"拒绝所有操作"以便从"接受"规则的一开始就评估。例如,我们告诉 Domain 0 的主机是 172.16.2.34,允许客户端计算机 172.16.2.1 与 Domain 0 相连,SSH 使用 22 号端口和 TCP 协议。更多端口和传输层协议可以通过 Internet 了解,我们通过清单 11－5 中的命令来添加我们允许的规则。

清单 11－5　添加允许的规则

```
[root@dom0]# iptables -A INPUT -s 172.16.2.1 -d 172.16.2.34➡
    -p tcp -dport 22 -j ACCEPT
```

下面对这条命令进行分解来更详细地理解它。

（1）第一个参数, -A INPUT,是告诉 iptables 需要 append 一个规则到 INPUT 链中。通常默认有三条链:INPUT,OUTPUT 和 FORWORD。链本身不会比收集规则更多,链也会根据其目的进行评估。INPUT 链涉及当包被防火墙地址定位时;OUTPUT 当被防火墙追踪源地址时,最后,FORWORD 链被评估,当目的地址的机器没有运行 Iptables 而只有一个

（2）第二个参数,-s 172.16.2.1,是源目的地。这个规则匹配仅仅来自 172.16.2.1 的 IP 地址。如果尝试链接我们的 IP 地址不是该地址,那么它将转移到下一个

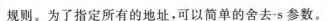

规则。为了指定所有的地址,可以简单的舍去-s 参数。

(3) 第三个参数,-d 172.16.2.34,是我们的 Domain0 IP 地址。这是到来的包为了匹配规则不得不传递的地址。同样,为了指定所有的地址,可以舍去-d 参数。这在拒绝来自一个已知的坏的主机的所有的包时是非常有效的,无论它们会去往何处。

(4) 第四个参数,-p tcp,是协议。iptables 可以为 TCP,UDP,ICMP,或者所有的协议指定一个规则。

(5) 第五个参数,-dport 22,是到来的连接欲交互的 Domain0 上的目的端口。在 SSH 的情况下,它是 22。在一个普通的 Web 服务器的情况下是 80。在 Xen 中,重定位请求是通过端口 8002 完成的。

(6) 最后一个参数,-j ACCEPT,是到一个可接受状态的跳转。因此这个包传递所有剩下的规则并继续向前。参数-j 是到一个行为的跳转;在本例中,我们介绍该包。不同的情况也许需要不同的行为。iptables 可以使用的其他的行为是 LOG,它将包的信息发送给计算机中的 syslog 守护进程,然后继续处理包;DROP,简单的销毁包并转移到下一个处理的包;还有 REJECT,它类似于 DROP,除了它将一个错误的包发送回主机,以通知发送者该包被阻塞了。REJECT 有一个优点,即可以发送包没有被收到但是有一个需要更多网络资源的问题的信息。有一个恶意的攻击者可以滥用该特点以发送已知的 REJECT 包,导致 iptables 使用 REJECT 信息来填充网络。另一对行为是 DNAT 和 SNAT,两者都重写一个包的 IP 地址。SNAT 重写发送包的地址,而 DNAT 重写包的目的地址。一个最终的允许使用的行为规则是 MASQUERADE,它通过使用 iptables 主机的地址来做源网络地址翻译。

综上所述,运行一个在 172.16.2.1 的计算机使用 SSH 协议以连接在 172.16.2.34 的 Domain0 的规则显示在清单 11 - 5 中。现在我们知道了如何添加规则,需要知道如何将会犯下错误或对网络进行改变的协议删除。有两种方式来删除一个单独的规则。第一种方式是使用-D 参数计算在清单中的规则的数量,如清单 11 - 6 所示。

在清单 11 - 6 中的命令的例子删除了在 INPUT 链中的第三个规则。在一些复杂的规则集合中,计数可能是非常耗时间的。

清单 11 - 6　通过数字删除 iptables 规则

```
[root@dom0]# iptables-D INPUT 3
```

删除一个规则的第二个方法是反映(mirror)将会被用于创建它的命令;只是用-D 标记替代-A 标记即可。在复杂的规则集合中它能够帮用户节省时间,因为对于规则在哪并不重要,重要的是规则是否匹配。为了在一个清单 11 - 5 所示的 SSH 规则例子中使用它,我们将复制该规则但是将添加标记改变为删除标记。如清单 11 - 7 所示。

清单 11 - 7　根据类型删除一个 iptables 规则

```
[root@dom0]# iptables-D INPUT-s 172.16.2.1-d 172.16.2.34 \
    -p tcp-dport 22-j ACCEPT
```

为了在它们当前的状态下查看所有的规则,或者查看该规则是否真的被删除了,可以调用带-L 命令的 iptables,如清单 11 - 8 所示。

清单 11 - 8　列出 iptables 规则

```
[root@dom0]# iptables-L
[output omitted]
```

但是可能最终目的是删除所有的规则并开始一个新的规则,iptables 有一个 flush 命令,如清单 11 - 9 所示。

清单 11 - 9　删除所有的 iptables 规则

```
[root@dom0]# iptables- - flush
```

这个 flush 的命令必须谨慎地用,因为它将移除所有规则。

有了这些 iptables 的背景知识,我们知道如何创建一组简单的命令来构建 domain 0 的防火墙。如清单 11-10 所示,我们可以说 Domain 0 的 IP 是 172.16.2.34。每个在子网中 172.16. * . * 的成员都是友好的,我们都可以接受它的连接。除此以外的连接都被认为是有敌意的。

清单 11 - 10　简单的 iptables 规则

```
[root@dom0]# iptables- - flush
[root@dom0]# iptables-A INPUT-s 172.16.0.0/12-d 172.16.2.34 \
    - p tcp-dport 22-j ACCEPT
[root@dom0]# iptables-A INPUT-s 172.16.0.0/12-d 172.16.2.34 \
    - p tcp-dport 8002-j ACCEPT
[root@dom0]# iptables-A INPUT-d 172.16.2.34-j REJECT
```

这给我们提供了本地 SSH 访问和本地 Xen 重分配的方法。其他任何一个尝试连接的都被拒绝,这个例子允许 Xen 从可信 LAN 172.16.0.0 /12 迁移,但是如果你不允许 Xen 迁移,这个特性将被禁用,这条规则也可以从 iptables 中移除。

任何管理员开始管理时,都要对所有请求开放的端口使用一条默认拒绝所有规则的策略。为了允许 Xen 的重定位,可使用 8002 端口作为 TCP 连接。可以采用的另一个不同的办法是,禁用 8002 端口进行了通信,这将阻止 Xen 的迁移。但是,限制连接端口的地址区间是实践证明的最好方法。

即使有基于发送方的 IP 地址访问的拒绝策略,这仍留下了从源端使用 IP spoofing 来攻击的方法,而且,没有机制能够提醒正在被攻击。

IP spoofing 是袭击者欺骗网络报文的源地址,袭击者将有不同的原因会做这个,如 Denial of Service(DoS)。为了限制用户对 IP spoofing 的怀疑,网络管理者能够采取简单的 N 步:首先在私有网络的周边设置网络路由器规则,这些路由规则将拒绝访问源于其他私有网络源地址的资源。另一个动作就是移除不会访问到的原地址的认证。一个从远端 shel 协议中移动到安全协议的例子就是 SSH 协议。

即使所有的这些都被采用了,安全性仍有可能得不到保证。通过一个系统监测静态 anomalies 和已知被袭击方法的模式匹配能提醒我们什么时候被袭击了什么时候正被尝试袭击,为了做到这个,我们需要入侵检测系统。而 Linux、Solaries、BSD 都有一个很好的轻量级的入侵检测工具叫 Snort。

11.3.5　Snort

Snort 是个强大的,开源的高配的 Linux、UNIX,微软网络入侵检测系统。Snort 有如下特点:

(1) 实时报文监测。

(2) 监控网络流量和探测诸如缓冲区溢出和 stealth scans 的攻击。

(3) 集成了 iptables 提供在线指令探测。

Snort,像 iptables 一样,是个大型的令人印象深刻的产品。在这一章中,我们只介绍了一小部分的功能。Snort 在工业界被广泛应用,并且很容易获得支持。

1.　Snort 的获得

Snort 可以很容易从 www.snort.org 下载并且获得支持,如果 Snort 没有从包管理器中找到,从源码中获得也不是一件费事的事,首先,需要下载和安装 pcap 库,如清单 11-11 所示,pcap 库可以从 www.tcpdump.org 中找到。

清单 11-11　下载和安装 pcap 库

```
[root@dom0]# wget http://www.tcpdump.org/release/libpcap-0.9.5.tar.gz
[output omitted]
[root@dom0]# tar-xpzf libpcap-0.9.5.tar.gz[root@dom0]# cd libpcap-0.9.5
[root@
dom0]#./configure
[output omitted]
[root@dom0]# make
[output omitted]
[root@dom0]# make install
```

装好 pcap 之后,就可以通过标准的 config、make 和 make install　安装,如清单 11-12 所示。

清单 11-12　通过标准的 config、make 和 make install　安装

```
[root@dom0]# wget http://www.snort.org/dl/current/snort-2.6.1.3.tar.gz
```

```
[output omitted]
[root@dom0]# tar-xpzf snort－2.6.1.3.tar.gz
[root@dom0]# cd snort－2.6.1.3
[root@dom0]#./configure
[output omitted]
[root@dom0]# make
[output omitted]
[root@dom0]# make install
```

2. Snort 和网络入侵检测模式

Snort 有很多配置选项，有一些选项并不需要关注，幸运的是，设置初步的指令检测系统是非常简单的。

表明 snort 行为被设置的配置文件，在标准安装下，其主配置文件将在/etc/snort 目录中的在/etc/snort/snort. conf。snort. conf 有许多配置选项，在 www. snort. org 上会有比较详细的文档解释每一个配置项。

默认情况下，snort 使用预先配置好的规则集 snort. conf。用户能够将自己的规则写入配置文件，很多书和资料都对这个有详细的介绍。

为了清晰地看见 snort 的动作，我们可以输入 snort － dl　/var/log/snort 这将告诉 snort 运行和显示/var/log/snort 目录下的日志，经过几秒之后，我们可以按 CTRL＋c 退出 snort，静态地观看这些数据。

在清单 11－13 中，snort 分析了 54 个报文，0 个报警，当有 snort 的规则被触犯时就会报警，这个日志以 tcpdump 的二进制形式存在，这项工作以惊人的速度在进行，使得 snort 能同时监控网络流量。如果网络行为都在默认规则之内，则没有警报会被发生。snort 的网页 www. snort. org 包含了更多如何设定规则集和更多优秀的文档。

清单 11－13　snort 分析

```
[root@dom0]# snort -dl /var/log/snort
Running in packet logging mode
Log directory = /var/log/snort

        --== Initializing Snort ===--
Initializing Output Plugins!
Var 'any_ADDRESS' defined, value len = 15 chars,    ➥
     value = 0.0.0.0/0.0.0.0
Var 'lo_ADDRESS' defined, value len = 19 chars,     ➥
     value = 127.0.0.0/255.0.0.0

Verifying Preprocessor Configurations!
* * *
* * * interface device lookup found: peth0
* * *
```

```
Initializing Network Interface peth0
OpenPcap() device peth0 network lookup:
      peth0: no IPv4 address assigned
Decoding Ethernet on interface peth0

      - -== Initialization Complete ==- -

" -    - * > Snort! < * -
o" )~ Version 2.6.1.1 (Build 30)
''''   By Martin Roesch & The Snort Team:
          http://www.snort.org/team.html
          (C) Copyright 1998 - 2006 Sourcefire Inc., et al.
Not Using PCAP_FRAMES

(...........)

* * * Caught Int - Signal

=========================================
Snort received 111 packets
     Analyzed: 54(48.649 % )
     Dropped: 0(0.000 % )
     Outstanding: 57(51.351 % )

=========================================
Breakdown by protocol:
    TCP :  8          (14.815 % )
    UDP:   20         (37.037 % )
   ICMP:   8          (14.815 % )
    ARP:   11         (20.370 % )
  EAPOL:   0          (0.000 % )
   IPv6:   0          (0.000 % )
ETHLOOP:   0          (0.000 % )
    IPX:   0          (0.000 % )
   FRAG:   0          (0.000 % )
  OTHER:   7          (12.963 % )
DISCARD:   0          (0.000 % )
=========================================
Action Stats:
ALERTS: 0
LOGGED: 54
PASSED: 0
=========================================
Snort exiting
[root@dom0]#
```

11.4　通过 SHype 的代理访问控制和 Xen 的安全模块

　　在这个点上,首先将注意力集中在构建 Xen 系统结构的安全上,使之阻止和监控外部袭击。在 Xen 系统内部的执行安全也是个重要的问题,当在同一台物理机上放置多个 VM 带来很多好处的时候,同样也引入了虚拟机之间不可预期的的干扰,特别是对于相互不可信任的入口来说,此问题更为严重。

　　尽管因为有 Xen 的隔离,非特权 domain 不能直接访问其他非特权 domain,但是大量 VM 聚集在一起私下包含其他 VM 的一些信息是可能的。例如,两个 VM 共享一段虚拟网段,它们能够相互监测对方的网络流量。同样地,VM 观察其他磁盘活动的模式,它甚至能被分配存储页或其他 VM 的磁盘块。一个没有性能隔离的 VM 很容易通过占领可用的物理资源遭受 DoS 的袭击。

　　一个可用的解决方案是不在同一台物理机器上运行不同安全级的 VM。但是,这通常不是可行的或是令人失望的。例如,考虑在一个大型的虚拟宿主环境中为了负载均衡或准备硬件而对虚拟机进行迁移。这些虚拟机属于不同的公司,包括一些之有竞争关系的公司,从未想到过系统会在同一个环境中部署。在这种环境中,政府的工作或军事应用需要在同一台物理机器上运行安全的应用程序和商业程序。在这种环境下,在同一物理机器上的不同 VMs 具有安全的代理访问控制能力是必须的。

　　在这一章中,我们描述了 Xen 如何支持 VMs 间的代理访问控制的。

11.4.1　SHype

　　Xen 中的第一个安全模块创建去允许代理(强制) 访问控制(MAC),这是 IBM 研究中心开发的,被称为 Secure Hypervisor Access Control Module 或者,更普遍的被叫为 SHype/ACM 。SHype 扩展到 Xen,并允许 VM 和它们的资源被标记。一旦被打上标签,就能制定策略声明哪个 VM 和资源能够在指定的时间内运行或者被访问。

　　IBM 研究中心的目的 SHype 的目的是将它作为安全的 hypervisor 或者 VM 管理者,IBM 使用过去多年使用虚拟机的经验来开发 SHype 来支持像 Xen 这样的非 IBM 的 hypervisor。SHype 工作涵盖了基于角色的访问,强制访问控制和计算平台的支持等大范围的安全措施。

　　基于角色的访问控制是基于用户角色或者计算机的授权方式的访问控制,而不是将访问控制权直接授权给单一用户,所以,一个人可能有管理员的权限,时在卖家用户组,这个权利来源于组管理,被直接分给用户。

　　这个与 MAC 的区别在于,在 MAC 系统中安全策略直接授权或取消权限定基于被标记的敏感事物。两个事物有两种不同的标签,并且管理者有一个事物的访问权限而其他的只能根据其标签来获得访问路径,尽管管理者有所有全部的权限,如果标签不匹配，仍会被拒绝。

现在只有 MAC 被引入了 Xen 的稳定源码，和对虚 TPM 的进一步支持。

11.4.2　把 SHype 加入 Xen

把 SHype 加入 Xen3.2 需要从 Xen 的网站 www.xen.org 下载最新的源码并且按清单 11-14 解压缩。

清单 11-14　解压缩

```
[root@dom0]# wget http://bits.xensource.com/oss-xen/release/ \
3.2.0/src.tgz/xen-3.2.0-src.tgz
[output omitted]
[root@dom0]# tar-xpzf xen-3.2.0-src.tgz
[root@dom0]# cd xen-3.2.0-src
```

下一步是编辑顶层的配置文件。因为 Xen 是个巨大而复杂的工程，所有的 MAC 函数都被集成到了 Xen 的访问控制模块。找到 Xen 顶层目录下的源码文件 Config.mk。打开这个文件，打到强制访问开关的那些行，像清单 11-15 那样把 n 改成 y，y 必须被小写，以便 build 程序能够识别。

清单 11-15　编辑顶层的配置文件

```
ACM_SECURITY ? = y
XSM_ENABLE ? = y
```

改动的 config.mk 中的两行如清单 11-15 所示，现在可以编译，安装/重安装 Xen。如果已经装好了 Xen 并让它已经在系统中工作，说明其目标 Xen 和目标工具都已经构建完成。但是为了消除构建目标 Xen 和 domain 0 内核不匹配的错误，我们允许让 Xen 完整地构建一个系统。清单 11-16 显示了构建完整系统的命令。

清单 11-16

```
[root@dom0]# make world
[output omitted]
[root@dom0]# make install
```

现在可以构建一个包含 SHype 扩展的 Xen 了，为了检验设置和 build 是成功的，可以使用在 xensec-ezpolice 中使用 which 命令，像清单 11-17 所示，如果程序没有找到，检查 config.mk 文件是否正确设置并查看 Xen 在 build 过程中有何错误。

清单 11-17　使用 which 命令

```
[root@dom0]# which xensec_ezpolicy
/usr/sbin/xensec_ezpolicy
[root@dom0]#
```

331

下一步需要配置策略，装上了这个可以使用安全策略的工具而不使用对我们来说，一点好处都没有。

11.4.3　配置 SHype 策略

策略是通过简单的 XML 文件配置。在开始着手配置这个文件前，我们设计功能策略时就考虑安全配置。使用主机提供 3 个客户的例子，竞争 A、竞争 B 和非竞争者，A 和 B 都有技术资料，并在同一个市场上与对方竞争，A 或者 B 所拥有的虚拟机能够扰乱另一个竞争者的虚拟机。为了阻止这些技术资料在敌人间的流通，我们不允许这两台 VM 在同一台物理机器上运行，这个组件就是 Chinese Wall，非竞争者是一个完全不同的市场而且对 A 和 B 的市场一点兴趣都没有，但是正是因为一点兴趣都没有就意味着没有必要合作，这种关系可以被表达为简单类型增型策略。

在目标变得清晰的时候，可以通过使用一个指定的 python 程序与 Xen 绑定的 xensec - ezpolice 构建 xml 策略文件，这个 python 程序使用了 wxGTK python 扩展，在默认发布版中，它可能不会被安装，但能够很容易地被包管理器找到。

当程序开始启动时，我们开始表现最简单的、允许直接创建组织的接口，我们开始并创建 3 个组织，A、B 和 Non，如图 11 - 2 所示。

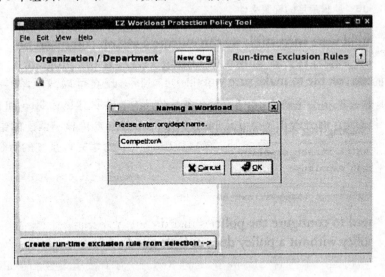

图 11 - 2　创建 3 个组织

所有的组织都被自动设成简单类型增强策略。为了加入 Chinese Wall，选择两个问题 VM，A 和 B 并创建运行时执行规则，它会询问规则名称如图 11 - 3 所示。这个名字可以便于管理者对多种策略进行管理，我们可以从图 11 - 4 中看到新运行执行规则被加入右半窗口。

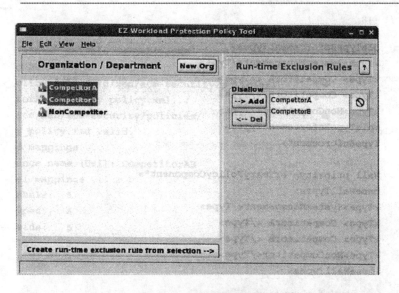

图 11-3　询问规则名称

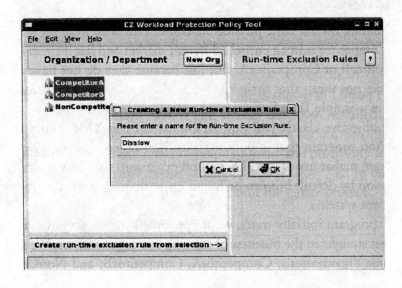

图 11-4　规则被加入

　　设置完了安全策略,我们选择将其保存为 Xen ACM 安全策略,并将其命名为竞争者 AB,这保留在文件系统的默认位置/etc/xen/acm-security/policies。如果这个目录不存在,将会接到错误提醒,简单地创建目录并再次保存布置文件本身将被命名为 Competitor-AB-Security-Policy. xml 。文件名的第一个部分将是我们输入的 xensec-ezpolicy。第二个部分是驻留在此的文件夹,声明另一条不同的方法,用户能在“security\policies”目录下找到 CompetitorAB-Security-Policy. xml 。

　　现在可与创建 xml 文件,让我们看看如清单 11-18 所示的第二部分。

清单 11 - 18

```
<?xml version="1.0" encoding="UTF-8"?>
<!-- Auto-generated by ezPolicy            -->
<SecurityPolicyDefinition xmlns="http://www.ibm.com" xmlns:xsi="http://www.
w3.org/2001/XMLSchema-instance" xsi:schemaLocation="http://www.ibm.com ../
     ../security_policy.xsd ">
    <PolicyHeader>
        <PolicyName>/example.xml</PolicyName>
        <Date>Tue Feb 16 19:02:49 2007</Date>
    </PolicyHeader>

<SimpleTypeEnforcement>
    <SimpleTypeEnforcementTypes>
        <Type>SystemManagement</Type>
        <Type> CompetitorA </Type>
        <Type> CompetitorB </Type>
        <Type>NonCompetitor</Type>
</SimpleTypeEnforcementTypes>
</SimpleTypeEnforcement>
    <ChineseWall priority = "PrimaryPolicyComponent">
        <ChineseWallTypes>
        <Type>SystemManagement</Type>
        <Type> CompetitorA </Type>
        <Type> CompetitorB </Type>
        <Type>NonCompetitor</Type>
    </ChineseWallTypes>
    <ConflictSets>
        <Conflict name = "Disallow">
            <Type> CompetitorA </Type>
            <Type> CompetitorB </Type>
        </Conflict>
    </ConflictSets>
</ChineseWall>
```

　　用户可以注意到在 XML 中创建策略的工具是 system management　这是可信赖的 domain——Domain 0,同样注意到所有的参与者都作为 Chinese Wall 的元素列出,在 XML 的下一个块中可以找到定义可能存在冲突的类型,这个冲突集中地禁止这些的元素在同一台物理机器上运行 xm create 命令,因此执行第二台 VM 的 xm create 就会失败,当第一台 VM 在运行时返回错误"Error:(1. 操作系统不允许)",迁移的 VM 不被标记或者说同样被标记为冲突类型也会被拒绝,所以,如果 A 正在运行,而 B 试图迁移,Xen 会拒绝。

　　现在我们创建了 XML,我们需要将 XML 重新加载到二进制文件中以便在启动时就可以运行，为了达到这个目标，我们使用另一个与 Xen 绑定的工具 xensec-xml2bin 如清单 11 - 19 所示。如何使用这个工具如清单 11 - 19 所示。

清单 11 - 19　使用另一个与 Xen 绑定的工具 xensec-xml2bin

```
[root@dom0]# xensec_xml2bin CompetitorAB
arg=CompetitorAB
Validating policy file /etc/xen/acm-security/policies/      ➡
    CompetitorAB-security_policy.xml...
XML Schema /etc/xen/acm-security/policies/      ➡
    security_policy.xsd valid.
Creating ssid mappings ...
Policy Reference name (Url): CompetitorAB
Creating label mappings ...
Max chwall labels:    5
Max chwall-types:     4
Max chwall-ssids:     5
Max ste labels:       9
Max ste-types:        4
Max ste-ssids:        9
[root@dom0]#
```

这将生成二进制代码文件，ComptitorAB. bin 在/etc/xen/acm-se /policies。我们需要在启动时就把这个文件强制加载，为了达到这个目标，我们复制一个 Com. bin 到 Xen 的启动文件夹，如清单 11 - 20 所示。

清单 11 - 20　复制一个 Com. bin 到 Xen 的启动文件夹

```
[root@dom0]# cp /etc/xen/acm-security/policies/CompetitorAB.bin      ➡
    /boot/CompetitorAB.bin
```

现在需要告诉 Xen 在启动时读取这个文件，这只需在 grub. conf 中加上如清单 11 - 21 所示的命令。我们需要将另外一个模型命令添加至 Xen 菜单项，如 Module / boot /CompetitorAB. bin。

清单 11 - 21　在 grub. conf 中加上命令

```
title Kernel-2.6.18.2-34-xen
 root (hd0,4)
 kernel /boot/xen.gz
 module /boot/vmlinuz-2.6.18.2-34-xen root=/dev/sda5      ➡
    vga=0x317 resume=/dev/sda2 splash=silent showopts
 module /boot/initrd-2.6.18.2-34-xen
 module /boot/CompetitorAB.bin
```

在完成这些之后，Xen 需要重启加载新编译过的有了 MAC 的 Xen。当 domain 0 重启的时候，需要一些简单的检查来保证我们要求的这些改变会发生效应，第一件是，我们需用在 xm 命令后加上-lable 来显示正在运行的 VM 是否有 ACM 如清单 11 - 22 所示。

清单 11 - 22　在 xm 命令后加上 -lable

```
[root@dom0]# xm list --label
Name            ID Mem(MiB) VCPUs State    Time(s) Label
Domain-0        0    464      2   r-----    264.0          ➥ACM:example:System-
Management
[root@dom0]#
```

在通常输出的最后一列给出了 lable，如果 Xen 中没有 MAC 的扩展，这个域的默认值是 INACTIVE。如果是正确的，Domain 0 的 lable 就会像 XML 文件中规定的那样是 SystemManagement。

第二种方法是保证 Xen 在启动的时候就使用 MAC 扩展，并且策略文件也会检查 Xen 启动的时候的消息输出。如清单 11 - 23 所示，这可以简单地通过 xm 命令中的 dmesg 标志查看。

清单 11 - 23　通过 xm 命令中的 dmesg 标志查看

```
(XEN) Brought up 2 CPUs
(XEN) Machine check exception polling timer started.
(XEN) acm_set_policy_reference：Activating policy CompetitorAB
(XEN) acm_init：Enforcing CHINESE WALL AND SIMPLE TYPE ENFORCEMENT boot policy.
(XEN) ***LOADING DOMAIN 0 ***
```

下一步，我们需要标记资源和 vm 启动时的信息，所有的访问控制都通过 lable 完成，vm 的名字或其他标记都不起作用。只有 domain 0 可以 lable 资源和机器，这就是为什么访问 domain0 的资源也必须受限，系统默认拒绝启动一个没有标记的 domain。如果使用 xm 命令，可以看到如清单 11 - 24 的结果。

清单 11 - 24　运行结果

```
kernel：/boot/vmlinuz-2.6.16.smp.NoPAE.x86.i686.Xen.domU
initrd：/boot/initrd-2.6.16.smp.NoPAE.x86.i686.Xen.domU.img
  CompetitorA：DENIED
  --> Domain not labeled
Checking resources：(skipped)
Error：Security Configuration prevents domain from starting
[root@dom0]# xm create CompetitorA
Using config file "/etc/xen/CompetitorA".
Going to boot Example Linux release 1.0 (2.6.16.smp.NoPAE.x86.i686.Xen.domU)
```

为了 lable 机器，我们使用 xm 命令，vm 的配置文件必须有 kernel 这一行，否则 xm 将会报错，kernel 这一行语法如下：xm addlable {lable} dom {config file}，如清单 11 - 25 所示，这个例子中配置文件刚好与 lable 同名。

清单 11 - 25 标记 VM

```
[root@dom0]# xm addlabel CompetitorA dom CompetitorA
[root@dom0]# xm addlabel CompetitorB dom CompetitorB
[root@dom0]# xm addlabel NonCompetitor dom NonCompetitor
```

这行命令加入之后，如清单 11 - 26 所示，在配置文件的最低部可加上一行标记它，并指明使用什么策略运行。

清单 11 - 26 配置文件内的标记

```
access_control = ['policy = CompetitorAB,label = CompetitorA']
```

在机器运行前，我们还需要有多于一个的 lable，那些都是资源，清单 11 - 27 显示了如何标记资源。

清单 11 - 27 标记 VM 资源

```
[root@dom0]# xm addlabel CompetitorA res file：
    /svr/xen/CompetitorA/Webserver_disk.img
[root@dom0]# xm addlabel CompetitorB res file：
    /svr/xen/CompetitorB /Webserver_disk.img
[root@dom0]# xm addlabel NonCompetitor res file：
    /svr/xen/NonCompetitor/Webserver_disk.img
```

现在所有的 domain 和它们的资源都有了自己的标签。我们可以重新运行 VM。保证策略被执行，我们一次启动上述 3 个 VM。A 启动了，B 被拒绝，非竞争者 Non 启动起来了，结论如清单 11 - 28 所示。

清单 11 - 28 启动 3 个 VM 运行结果

```
[root@dom0]# xm create CompetitorA
Using config file "./CompetitorA".
Going to boot Example Linux release 1.0.5 (2.6.16.smp.NoPAE.x86.i686.Xen.domU)
    kernel：/boot/vmlinuz-2.6.16.smp.NoPAE.x86.i686.Xen.domU
    initrd：/boot/initrd-2.6.16.smp.NoPAE.x86.i686.Xen.domU.img
Started domain CompetitorA
[1] + Done

[root@dom0]# xm create CompetitorB
Using config file "./CompetitorB".
Going to boot Example Linux release 1.0.5 (2.6.16.smp.NoPAE.x86.i686.Xen.domU)
    kernel：/boot/vmlinuz-2.6.16.smp.NoPAE.x86.i686.Xen.domU
    initrd：/boot/initrd-2.6.16.smp.NoPAE.x86.i686.Xen.domU.img
Error：(1, 'Operation not permitted')

[root@dom0]# xm create NonCompetitor
Using config file "./NonCompetitor".
```

运行 Xen:虚拟化艺术指南

```
Going to boot Example Linux release 1.0.5 (2.6.16.smp.NoPAE.x86.i686.Xen.domU)
    kernel：/boot/vmlinuz-2.6.16.smp.NoPAE.x86.i686.Xen.domU
    initrd：/boot/initrd-2.6.16.smp.NoPAE.x86.i686.Xen.domU.img
Started domain NonCompetitor
[root@dom0]#
```

事实上,这就是我们期待的结果,当 A 运行时,B 不能运行,而 A,B 的运行与 Non 无关。

11.4.4　Xen 的安全模块 XSM

除开 SHype/XSM,Xen 更通用的安全模块已经被国家信息保障研究实验室中的国家安全机构实现,这与 seLinux 的研究小组的职责是类似的,而事实上,XSM 的实现是从 Linux 安全模块衍化来的。

XSM 是一个可下载、可自配置的安全模块。在 XSM 语言中,SHype/ACM 的工作是安全的。XSM 的框架允许特定安全模块代码从 Xen 的 hypervisor 中移除通用安全接口来设定自身需要的安全策略。

另一个 XSM 和 SHype/ACM 显著不同的是强调是否分解(decomposing)Domain 0。像这章中先前提到的那样,保证 Xen 系统安全的关键是使得 Domain 0 越来越不容易攻破为好。XSM 的工作就利用了这个,它甚至可以系统地识别 systematically 所有授权给 Domain 0 的特权,并且允许这些特权级授予给其他 domain。就像我们看见设备驱动被移动 driver Domain 上一样,XSM 允许权利分散,例如,可以将创建新 domain 或者配置物理硬件的权力交给非 domain 0 的特权 domain。

在现阶段,3 个 XSM 的模块被实现:默认的伪装(dummy)模块,基于 IBM 工作的 SHype/ACM 模块和 NSA 实现的 Flask 模块。Flask 模块看上去与使用 SELinux 的模块类似,包括了多层次和多级别的安全(MLS/MCS)。就像基于角色的访问控制和强制类型(RBAC/TE)一样,在多层次的安全性中,多层次被分为顶级机密,分类机密和公开。在顶级机密中,可能需要特定工程和工作函数做进一步的分解访问。例如,在商业环境中,有一种由其他公司签名不希望被泄露的协议,这个协议规定了访问授权给更高安全级别上的需要知道的基本信息。基于角色的访问控制给用户分配角色或者分配特定的认证,当用户的角色在组织分配下改变的时候,老的访问权利就会被轻易地取消,新的访问权利也可以被很容易地添加上。类型强制访问定义了低层次的对象类型,可访问集就是指的这些对象,而且在访问这些对象时对其进行验证。类型强制访问策略直接指定访问路径,而其他策略都是在它的基础上构建。

Xen 和 SELinux 在安全方面做了强强联合,如果有兴趣安装 Xen 的安全配件。SELinux 的文档可在 www.nsa.org.gov/selinux 上查到。

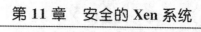

11.5 Dom U 的安全

考虑完外部袭击和来自于其他 Dom U 的袭击之外,我们开始关注非特权级 Do-main 的安全性。

通常情况下,如果非特权级 domain 是物理单独的计算机的话,它的安全应该被考虑。软件和操作系统的及时升级以及有正在运行的安全提醒是管理者必须关注的。管理者还必须有足够睿智对现有驻留在系统中的非特 domain 的操作系统进行安全分级的能力,就像 SELinux 对 Linux,chroot 环境或 jails 运行不一定安全的应用程序来说一样。当选择一个特定服务运行时,创建一个便于通知的方式是重要的。例如,用户需要选择一个透明的邮件代理的方案,这是个历史性的安全问题。依据 VM 上包含的数据,更极端的衡量方式将会被应用,这将极大地降低整个机器的性能。这个例子可采用 Blowfish 或 AES 的加密算法加密整个二级存储,这能在 Linux 中轻易地通过设备加密装置实现。另一个极端的权衡方式是在 Linux 内核中使用交替的安全衡量策略,比如 stack randomation 的这些地方启用安全策略,更多的客户机安全策略不是本书关注的重点,具体内容可以查看安全方面的书。

11.5.1 只在需要的时候运行 VM

Xen 能提供管理者可用的其他选项,这些选项对实际物理机器来说是不可能实现的,这些功能只在需要的时候才会运行。一般而言,在工作当天打开服务器并在当天关闭且在第二天工作时重新启动是不常见的。在有了 Xen 之后,进程能够通过脚本 scipted 允许管理者在没有进程访问的时候将这些敏感的服务关闭。

11.5.2 VM 映像的备份

运行 VM 的好处之一是能够方便地复制驻留在 domain 0 中的非特权 domain 的设备或文件,保持现有的备份在系统出问题(compromise)之后的限时返回是有好处的。

VM 折衷(compromise)和备份被存起来之后必须记住的一个问题是打上备份的补丁以便阻止以后发生同样的错误。如果进攻是自动的,像蠕虫病毒或者其他快速移动的方法,利用 Xen 的网络能力能够帮助实现在线备份和在线打补丁而不需要暴露 VM 去再次注入。

另一个有意思的安全方面是在使用备份重新保存 VM 时能够研究具体的安全威胁。整个客户机的映像能够被存为最近的有争议的 forensic 分析,用户能故意不给 VM 打补丁并且继续让它受侵害。这个能帮助用户研究不同方法去阻止入侵和繁殖。

11.5.3　VM 备份和 restore 的威胁

备份一个虚机映像能引入许多新的挑战和安全问题。因备份的 VM 不会被完全打补丁。例如，回滚到一个早期的 VM 映像，最后一个检查点被打上的补丁就没法保存，通常来说，在很少用到的 VM 上如果有特殊需要暂时保存补丁用做特殊目的是可以的，但通常来说，Vm 的补丁是不保存的。

这将导致计算机在网络上呈现短期的状态在不断的变化，然后实在稍长时间内消失，这将使得维护网络周边安全比较困难。

例如，当老的虚拟机的重新被恢复时，很难完全消除以前带上的病毒；另外，也可能重新给网络引入敏感的事物。网络上存在着大量而短期的机器也会造成跟踪受限机器困难。

另一个与回滚相关的问题是一些被删除的文件被无意保存了，如果 VM 回滚到先前一个良好的检查点的情况下，这样就会 crash 或者引发其他一些问题，同样地，回滚一个 VM 能够允许重新使用加密一次的密钥，这也可以被攻击者关注。

通过休眠然后再重启 VM 可能会造成网络资源的冲突，这可能因为 VM 需要占用资源，比方说，从 DHCP 处获得 IP 地址，接着休眠，一段时间过后，DHCP 停用和释放了并授权另一个机器作为 DHCP，这样 VM 在重启时就可能造成 IP 冲突。

定位这些挑战需要新的管理策略，比如包括一个主导 VM 在活跃状态下让管理者直接管理物理机器或者要求用户在隔离的虚拟网段上才能启动时未经认证 VM。特殊的 MAC 地址分配策略将用来区分物理机器上的虚拟机并通过命名对话来标记 VM 的拥有者。

小　结

在这一章中，我们看到了如何保护我们的特权 domain 0 来防范外界来的袭击和来自自身的袭击。我们研究了在不同虚拟机上的任务分离和组织虚拟网络连接、使用授权最少的特权策略来帮助我们做出安全方面的决定。我们还探究了非特权 domain 的安全问题：如何使用传统的方法来配置物理机其。附件 B 中完整地罗列了 Xm 的命令，包括 Xen 上安全方面的命令。

参考文献和扩展阅读

Garfinkel, Tal and Mendel Rosenblum. "When Virtual Is Harder Than Real: Security Challenges in Virtual Machine Based Computing Environments." Stanford University Department of Computer Science.

http://www.stanford.edu/~talg/papers/HOTOS05/virtual-harder-hotos05.pdf.

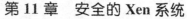

iptables Project Home Page. Netfilter Web site. http://www. netfilter. org/ projects/iptables/index. html.

"Linux Firewalls Using iptables. " Linux Home Networking.

http://www. linuxhomenetworking. com/wiki/index. php/Quick_HOWTO_:_ Ch14_:_Linux_Firewalls_Using_iptables.

"Red Hat Virtualization. " Red Hat Documentation. http://www. redaht. com/docs/manuals/enterprise/RHEL-5-

manual/Virtualization-en-US/index. html.

Sailer, Reiner et al. "Building a MAC-based Security Architecture for the Xen Opensource Hypervisor. " Paper on

mandatory access control in Xen.

　　http://www. acsac. org/2005/abstracts/171. html.

Secure Hypervisor (sHype) Home Page.

http://www. research. ibm. com/secure_systems_department/projects/hypervisor/index. html.

"Security Enhanced Linux. " National Security Agency-Central Security Service Web site.

http://www. nsa. gov/selinux.

"The su Command. "

http://www. bellevuelinux. org/su. html.

Xen Users' Manual. http://www. cl. cam. ac. uk/research/srg/netos/xen/readmes/user/user. html.

Deitel, Harvey M. "An introduction to operating systems," revisited first edition (1984). Addison Wesley, 673.

Rash, Michael. "Linux Firewalls: Attack Detection and Response with iptables, psad, and fwsnort. " No StarchPress. 2007.

第 **12** 章

管理客户机资源

现在应该对创建和管理客户机映像感到轻松了,包括应用不同类型的映像和分配不同的设备与资源给客户机。在这一章里,我们会涉及一些关于客户机资源管理的更深入的内容。首先会展示一些用于获取信息的工具,这对于了解当前状态下客户机之间的资源共享情况很有用。接着会转移到客户机内存管理、VCPU 管理(包括 VCPU 调度)上来,最后会以 I/O 调度结束。我们会对 Xen 隔离特性进行讨论,并对如何处理一个客户机中严重的资源消耗问题从而使其他客户机仍能保持稳定予以重点关注。

12.1 获取客户机与 Hypervisor 信息

在第 6 章"管理非特权域"中,我们介绍了 xm list 指令,它是一个用于获取正在运行的客户域状态的简单命令。许多相似的工具都是可用的,用来获取客户机和 hypervisor 的细节信息,比如 xm info,xm dmesg,xm log,xm top 和 xm uptime。这些工具可以用于在许多任务中,比如调试异常行为、更深入的理解机罩下所发生状况、核查系统的安全性、观察最近发生的管理行为所产生的影响等。

12.1.1 xm info

xm info 这一工具提供了一种用于获取全系统和硬件信息的便捷方法,如物理 CPU 的个数、主机名、hypervisor 的版本等。通常这些信息无法从客户机、Domain 0 或其他地方获得,因为它们只能看到虚拟化的设备,而无法看到物理硬件。这些信息对于性能分析来说是至关重要的。在清单 12 - 1 中,我们以运行 xm info 命令的一个示例开始介绍。

清单 12 - 1 中的行主要由三部分组成:通用系统信息、硬件规格说明和 Xen 特有信息。我们对每段依次进行阐释。

清单 12 - 1　xm info 示例

```
[root@dom0]# xm info
host                    : xenserver
release                 : 2.6.16.33-xen0
```

```
version              : #7 SMP Wed Jan 24 14:29:29 EST 2007
machine              : i686
nr_cpus              : 4
nr_nodes             : 1
sockets_per_node     : 2
cores_per_socket     : 1
threads_per_core     : 2
cpu_mhz              : 2800
hw_caps              : bfebfbff:20000000:00000000:
    00000180:0000641d:00000000:00000001
total_memory         : 3071
free_memory          : 0
xen_major            : 3
xen_minor            : 0
xen_extra            : .4-1
xen_caps             : xen-3.0-x86_32
xen_pagesize         : 4096
platform_params      : virt_start=0xfc000000
xen_changeset        : unavailable
cc_compiler          : gcc version 4.1.2 20060928
    (prerelease) (Ubuntu 4.1.1-13ubuntu5
cc_compile_by        : root
cc_compile_domain    :
cc_compile_date      : Tue Jan 23 10:43:24 EST 2007
xend_config_format   : 3
[root@dom0]#
```

清单的前 4 个属性来自 uname 函数，并与特权用户域的内核密切相关。

（1）host——系统主机名。这与路由器分配给计算机的 DNS 主机名并没有什么联系，但本地主机名经常由命令提示语句显示出来。Xen 并不检查本地主机名与 DNS 主机名是否一样。

（2）release——Domain 0 内核的版本发布号。

（3）version——Domain 0 内核的编译日期。

（4）machine——Domain 0 内核所适用的平台。在 x86 体系结构的情况下，如 i686 和 i386，这个属性并不一定是准确的硬件平台名称，但一定与基本硬件兼容。

接下来的 9 个属性都是硬件规格说明。

（1）nr_cpus——系统中出现的逻辑 CPU 数。一个系统中的逻辑 CPU 数是可以在所有物理 CPU 上同时运行的线程数的最大值。物理 CUP 指的是主板上的真实处理器。采用超线程和多核技术，多线程可以运行在每个 CPU 上。

（2）nr_nodes——NUMA 单元数量。NUMA（Non-Uniform Memory Access）是非均质存储访问的意思，也是一种使某个具体的处理器与内存的某个特殊部分相联系的方法。而这部分内存的特殊之处在于它在物理上靠近那个处理器以达到快速存取的目的，并实现了一些其他的有趣特性。如果计算机的主板不支持 NUMA，这个字段的值就被设置成 1，如同清单 12 - 1 中显示的那样；如果 NUMA 被支持，此字段的值就会大于 1。NUMA 单元数并不会影响逻辑 CPU 的总数，它所影响的只是分配到逻辑 CPU 的任务数。

（3）sockets_per_node——每个 NUMA 单元所拥有的 CPU sockets 数量。socket 是指处理器所在的物理位置。只有那些已经被用来指明处理器的 sockets 才会被作为有效 socket 进行识别和计数。

（4）cores_per_socket——每个 CPU socket 所拥有的 CPU 内核数。现在多核处理器是十分常见的。在共享高速缓存时每个核的作用就像一个单独的 CPU 一样。因此每个单独的核的作用如同一个独立的逻辑 CPU。

（5）threads_per_core——无论单核还是多核，处理器都可以具有超线程技术。根据技术的本质，每个独立的核都可以具有超线程的能力，因此每个核都可以看作是两个独立的核或两个逻辑 CPU。

（6）cpu_mhz——每个处理器的最大时钟速度。

（7）hw_caps——代表了硬件的性能，同时作为一个 1 比特的向量代表了通常在/proc/cpuinfo 下可用的 CPU 标志。这些标志告知操作系统诸如物理地址扩展（PAE）之类的功能是否可用。清单 12 - 2 展示了这台机器通过 cpuinfo 获得的相应标志，这些标志比 1 比特的向量具有更好的可读性。如果需要弄清机器是否支持诸如 PAE 之类的功能，用户可以查看这个文件。

清单 12 - 2 /proc/cpuinfo 中的 CPU 标志

```
[root@dom0]# grep flags /proc/cpuinfo
flags           : fpu tsc msr pae mce cx8 apic mtrr mca cmov ➥
    pat pse36 clflush dts acpi mmx fxsr sse sse2 ss ht tm ➥
    pbe lm constant_tsc pni monitor ds_cpl cid cx16 xtpr lahf_lm
[root@dom0]#
```

（8）total_memory——可用 RAM 总量，包括正在使用的 RMA 和闲置的 RAM。

（9）free_memory——客户机或 Xen hypervisor 未使用的 RAM 数量。如果客户机请求更多内存，那么这部分内存是可以被申请使用的。

其他的属性就是 Xen 所特有的了。

（1）xen_major——Xen 发行版本号的第一个数字。这个数字代表了 Xen 发展的主要转折点。在本书中只使用 Xen 3，它是对 Xen 2 的重大改进。

（2）xen_minor——Xen 发行版本号中的中间数字。在保持由 xen_major 所代表的 Xen 产品方向的前提下，这个数字代表了针对 Xen 主要 bug 的修正和所添加的特性。

（3）xen_extra——Xen 发行版本号中的第三个也是最后一个数字。它代表了一些小的变化，例如对一些 bug 的修正。这个额外数字越大，相对于早期版本来说这个版本也应该越稳定。

（4）xen_caps——包含了 Xen hypervisor 的版本信息,现在的版本信息应该是 2.0 或 3.0。它也明确指出了 Xen hypervisor 基于何种平台,x86 平台或如 ppc 等其他平台,且它是为 32 位系统还是为 64 位系统构建的。最后,"p"表明 hypervisor 可以进行物理地址扩展,即 PAE 是可用的。之所以被称为 xen_caps,是因为 Xen 内核版本详细说明了一些 Xen 的性能信息。

（5）xen_pagesize——从块设备中读取的数据块的大小,例如从硬盘驱动器读取数据到以字节为单位的主内存中。对于 64 位和 32 位的机器来说它们页的大小分别为 65536 字节和 4096 字节,这个值也是不同的,在其他情况下此数值很少改变。

（6）platform_params——Xen hypervisor 在虚拟内存的顶端保留了一部分空间。这个参数展示了 hypervisor 移交给客户机的内存的地址。这个地址之上是由 hypervisor"统治"的。这个分界点的值取决于可用虚拟内存的数量,系统为 64 位系统还是 32 位系统以及 PAE 是否可用也会对其产生影响。

（7）xen_changeset——mercurial 修正号。只有在用户从 Xen mercurial 版本控制服务器下载源代码并将它编译为 Xen 时,这个数字才有用。

（8）cc_compiler——如果用户打算编译新的模块或新的客户机内核时,hypervisor 编译器版本信息就非常重要了。模块和内核的编译器版本应该相同。如果一个模块没有被正确编译,当用户尝试用 insmod 装载它时将会得到如清单 12-3 的相似信息。

清单 12-3　模块装载错误

```
[root@dom0]# insmod ./ath/ath_pci.ko
insmod: error inserting './ath/ath_pci.ko':-1 Invalid module format
dom0# modinfo ./ath/ath_pci.ko
filename:      ./ath/ath_pci.ko
author:        Errno Consulting, Sam Leffler
description:   Support for Atheros 802.11 wireless LAN cards.
version:       0.9.2
license:       Dual BSD/GPL
vermagic:      2.6.18-1.2798.fc6 SMP mod_unload 586 REGPARM 4KSTACKS gcc-3.4
<entry continues, but is irrelevant for what we're discussing>
[root@dom0]#
```

在清单 12-3 中当试图装载模块时接收到了错误,从第一个命令来看它不具有很好的描述性。然而将清单 12-3(2.6.18-1.2798.fc6 and gcc 3.4)vermagic(version magic 的截取形式)一行中的内核和编译器的版本与之前在清单 12-1(2.6.16.33-xen0 and gcc 4.1.2)中给出的内核和编译器版本进行一下比较可知,vermagic 是模块被编译后的内核和编译器版本信息。我们可以看到内核版本的第一个和中间数字(2.6)是匹配的,但一个是2.6.18,另一个是2.6.16。还有,一个是用 gcc 3.4 编译的,而另一个是用 gcc 4.1.2 编译的。在这种情况下,问题出在错误的 gcc 版本上。我们可以通过更换 gcc 的版本来解决这一问题。

(1) cc_compile_by——编译内核的用户。

(2) cc_compile_domain——一个识别标记,可能是编译内核的用户的 DNS 主机名。如果编译了自己的内核,那么在这里可能什么都看不到。

(3) cc_compile_date——内核编译时的日期和时间。

(4) xend_config_format——这个值用于 xm info 命令并硬编码(hard coded)在源代码中。它经常用于代表当前 Xen 版本中的一些特性和格式。最后一个属性实际上是 Xend 特有的。

12.1.2 xm dmesg

Xen hypervisor 独立于任何客户机内核而打印出自己的系统信息。在 Xen 服务器开始启动且 Domain0 启动之前,消息以(XEN)为前缀被打印出来。这表示它们是来自 hypervisor 的消息。xm dmesg 命令就是用来展示这些 hypervisor 特有的消息的,而 Linux 的 dmesg 命令用于显示 Domain0 的内核信息和 hypervisor 的消息。

简便起见,我们只查看 Xen dmesg 示例输出的开头和结尾部分,如清单 12 - 4 所示。

清单 12 - 4　xm dmesg 示例

```
[root@dom0]# xm dmesg
```

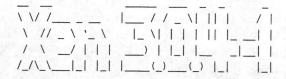

```
http://www.cl.cam.ac.uk/netos/xen
University of Cambridge Computer Laboratory

Xen version 3.0.4-1 (root@) (gcc version 4.1.2 20060928      ➡
    (prerelease) (Ubuntu 4.1.1-13ubuntu5)) Tue Jan 23 10:43:24 EST 2007
Latest ChangeSet: unavailable

(XEN) Command line: /xen-3.0.gz console=vga
(XEN) Physical RAM map:
(XEN)   0000000000000000 - 000000000009d400 (usable)
(XEN)   000000000009d400 - 00000000000a0000 (reserved)

<dmesg output removed here>
```

```
(XEN)    ENTRY ADDRESS: c0100000
(XEN) Dom0 has maximum 4 VCPUs

(XEN) Scrubbing Free RAM: .done.
(XEN) Xen trace buffers: disabled
(XEN) Std. Loglevel: Errors and warnings
(XEN) Guest Loglevel: Nothing(Rate-limited: Errors and warnings)
(XEN) Xen is relinquishing VGA console.
(XEN) *** Serial input -> DOM0
(type 'CTRL-a' three times to switch input to Xen).
[root@dom0]#
```

采用 - clear 选项,可以清空 hypervisor 的消息缓冲区,如清单 12 - 5 所示。

清单 12 - 5　清空 xm dmesg 记录

```
[root@dom0]# xm dmesg--clear
[root@dom0]# xm dmesg

[root@dom0]#
```

缓冲区已经被清空,所以在第二次运行 xm dmesg 命令时没有显示任何内容。并没有很多理由来做这项工作,因为消息缓冲区是环形的,所以它将永远不会耗尽内存而只会覆盖旧的数据。

12.1.3　xm log

在 Xen 中存在一些不同的纪录结构用于向 3 个文件报告:xend. log, xend-debug. log 和 xen-hotplug. log,这 3 个文件默认都位于/var/log/xen/目录下。纪录文件名和位置可以通过/etc/xen/xend-config. sxp 文件或它们各自的脚本进行改变。清单 12 - 6 展示了如何改变纪录文件的位置,xend. log 的旧有位置已经变更并被指定了一个新位置。

清单 12 - 6　Xend 记录的配置

```
#(logfile /var/log/xen/xend.log)
(logfile /xendlog/xend.log)
```

正如 xend. log 所期望的,我们可以设置记录的级别。如果浏览 Xen 记录的话,就会注意到大多数信息都是 DEBUG 信息。这并不总是必须的,在某些情况下用户甚至不需要这么零乱的信息。为了改变 debug 的级别,必须编辑 xend-config. sxp 中的一行,如清单 12 - 7 所示。可能的纪录级别随严重性递增的顺序依次为 DEBUG、INFO、WARNING、ERROR 和 CRITICAL。

只有当管理员在客户机执行了如启动、暂停或关闭客户机的命令时,发送给 xend. log 的消息才会被打印。DEBUG 级别的消息数量并不会影响 Xen 系统的性能。

DEBUG 消息包含了当前操作状态的信息和传递给命令的参数。

INFO 大多数情况下记录的是管理员已经执行了哪些命令、哪些虚拟设备已经被创建或被销毁等。

WARNING 消息指明一些非常规的事件已经发生,并很可能是出了某些问题。

某些情况违背初衷时 ERROR 消息被打印,如客户机启动失败,或 Xen 没有按用户的要求运行等情况。

CRITICAL 消息意味着整个 Xen 系统可能已经崩溃,而不仅仅是单一的客户机或操作。用户应该永远不会看到 CRITICAL 记录消息。

除非用户在开发客户机镜像并测试它是否被成功创建,在其他情况下 WARNING 纪录级别应该已经足够了。另一方面,如果不确定需要哪种纪录,grep 命令可以从纪录中分析出想要的唯一消息级别。

清单 12 - 7　记录级别配置信息

```
#(loglevel DEBUG)
(loglevel INFO)
```

应用纪录文件的目的如下:

(1) xend.log——xm 和与 Xend 相互作用的程序的活动记录,这也是 xm log 将打印的文件。

(2) xend-debug.log——当脚本或程序遇到 bug 或代码本身有错误,相应的输出会打印在 xend-debug.log 中。在试图解决问题时如果 xend.log 没有提供足够信息,那么就可以查看这个文件。

(3) xend-hotplug.log——连接或访问诸如虚拟文件系统、虚拟网桥、硬件驱动等设备时的错误纪录。这个纪录文件的默认位置与其他两个文件相同,都在/var/log/xen 目录下。然而用户可以通过修改/etc/xen/scripts/xen-hotplug-common.sh 中的一行来改变纪录的存放位置。这一行看起来像 exec 2>>/var/log/xen/xen-hotplug.log,应该将该行中的目录路径改为所需要的路径来打印记录。

12.1.4　xm top

如同 Linux 中的 top 命令,xm top 命令运行一个交互式的基于命令行(ncurses)的程序,并在一个格式化的表里通过统计数据展示所有运行的客户机使用资源的情况。xm top 实际上执行的是 xentop 程序,但一般来讲 xm 命令更加方便,因为只要记住一条指令就可以了。对于在给定点及时呈现出系统的行为画面,或对于观察某些特定活动对 Xen 系统的影响,xentop 是非常有用的。图 12 -1 展示了 xentop 的一个典型实例的样子。

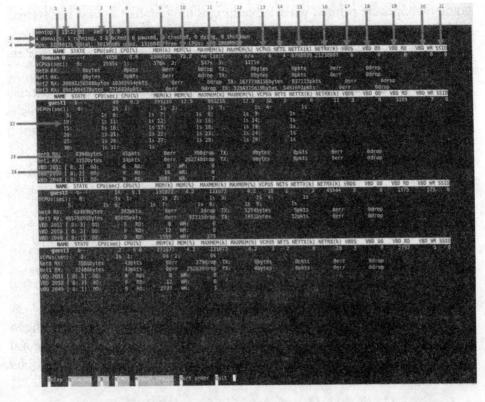

图 12 - 1　xentop 命令显示的 Domain0 和 2 个客户机虚拟机运行时的统计数据截屏

xentop 展示的是所有运行的 Xen 客户机动态的、变化的统计信息清单。除了一些难以获取的信息外,如 CPU 占用百分比和每个域的内存使用百分比,它包括了其他大部分信息。图 12-1 的截屏中标注了一些不同的数字标号,下面的清单对这些数字进行了说明:

1——当前墙上挂钟(wall clock)时间。

2 ——Xen 的运行版本。

3——域的总数,后接每个域处于何种状态的记录。对于状态含义的描述,读者可以参考第 6 章中对 xm list 的讨论。

4——物理内存总数,包括正在使用的和空闲的内存。

5——以字母顺序排列的每个域的名字。

6——状态信息,xm list 中也会打印。

7——在 CPU 上运行的时间,xm list 中也会打印。

8——以总的 CPU 潜能(potential)百分比的形式呈现的系统当前 CPU 使用量。因此,如果有两个 CPU,每一个应该被看作是总潜能的 50%。

9——分配给域的内存数量,将在本章后半部分介绍。

10——分配给客户机域的内存占总系统内存的百分比。

11——一个域可以拥有的最大内存数，将在本章后半部分介绍。

12——以占系统总内存百分比的形式表示的一个域可以拥有的最大内存数。

13——不论客户机域活跃与否，其所拥有的 VCPU 数量。

14——客户机域所拥有的网络设备数。

15——通过域拥有的任何接口留给域的以千比特表示的网络通信量。

16——通过域拥有的任何接口进入域的以千比特表示的网络通信量。

17——发送给域的 VBD 数量。

18——块设备的 OO（Out of）请求数。存在很多内核线程用于满足读和写对 VBD 的需求。有时调度器通知内核线程有请求需要满足，但在请求队列中没有找到任何请求，因此内核线程缺少请求。当 OO 请求计数器过高时，表明物理块设备无法继续满足客户机 I/O 的请求。当 OO 请求计数器过低时，表明物理块设备足够用于当前 I/O 工作量。

19——任何块设备的读请求数。

20——任何块设备的写操作数。

21——与标签和安全问题一起使用，在第 11 章"保护 Xen 系统"中已阐述过。SSID 是服务设置标识符的意思。

22——客户机拥有的 VCPU，即使其没有被使用；以秒计算的每个 VCPU 在逻辑 CPU 上的执行时间。

23——客户机知道的网络接口数和 RX 与 TX 的统计数据。

24——展示的客户机拥有的虚拟块设备和读写统计数据。

在应用中可以通过命令行参数和热键操控大多数数据。例如 Q 键可以用于退出应用程序。热键命令被显示在图 12-1 中 xentop 基于命令行（ncurses）窗口的底部左侧。

下面的清单描述了 xentop 运行后用来与之进行交互的键。许多这些命令也可以在 xentop 运行时通过命令行传递给它。

D——设置程序询问升级信息之前的秒数。

N——从前一个清单第 23 项所展示的内容切换（toggle）网络接口统计数据。这也可以在命令行中通过—network 选项进行设置。

B——切换用于显示哪个虚拟块设备附属于哪个客户机域的行数据。这也可以在命令行中通过-x 或-vbds 选项进行设置。

V——切换用于显示哪个 VCPU 附属于哪个客户机域的行数据。这也可以在命令行中通过-vcpus 选项进行设置。

R——从之前清单的第 22 项所展示的内容切换 VCPU 统计数据。

S——信息初始是以名字的字母顺序排序的，但利用这个命令可以转变为通过每一列排序。

Q——退出程序。

Arrows——通过客户机表单进行滚动。当用户有很多运行的客户机域时,就可以应用滚动功能了。

应用 xm top 的最典型原因是查看客户机最常用的一些资源情况,如网络带宽、处理器时间或主内存等。另一个普遍的用途是检查 DomU 配置信息在生效前后的不同结果。

12.1.5　xm uptime

Linux 中传统的 uptime 命令会显示当前机器从最后一次启动到现在所运行的时间。对于 Xen 机器的 Domain0,xm uptime 显示的是所有客户机被创建后到现在各自所运行的时间。清单 12-8 展示了一个例子。这与 xm list 命令中显示的 CPU 时间不同,uptime 与客户机在任何 CPU 上已运行的时间是独立的。

清单 12-8　xm uptime 示例

```
[root@dom0]# xm uptime
Name                            ID Uptime
Domain-0                         0 21 days,  3:08:08
generic-guest                   19 6 days,  5:43:32
redhat-guest                    27 1:16:57
ubuntu-guest                     1 21 days,  0:50:45
gentoo-guest                     4 21 days,  0:38:12
[root@dom0]#
```

12.2　分配客户机内存

内存是一种必须被所有客户机共享的资源之一。Xen 在虚拟内存地址空间的开始部分为 hypervisor 保留了一部分内存。(也许记得在这章的开始部分通过 platform_params 域读到过此内容)虚拟内存的剩余部分分配给了 Domain0 和 DomUs。这部分描述了可用于共享内存的一些限制和控制措施。

对 Xen 来说,像大多数现代操作系统一样,物理内存的共享是通过抽象虚拟内存来实现的。这种方法通过使分离的客户机或进程无法获知彼此内存的名字而提供了一种安全性,更不用说在没有 hypervisor 或操作系统的支持下访问彼此的内存了。通过页在磁盘上的存取,程序员产生了一种可用内存数多于实际物理内存的假象,这同样提供了一种便利。当然,到目前为止这种假象只能是保持。如果主机中的进程同时请求的内存数量比存在的物理内存数量多,整个系统的性能将会变慢,为磁盘的速度,而不是 DRAM 的访问速度了。

为了阻止这种性能问题的发生,同时为了保护正常运转的客户机不受疯狂消耗内存的客户机的影响,Xen 对每个客户机设置了内存使用量的限制。在创建阶段,每个客户机都被分派了一部分与其他客户机在逻辑上分离的内存空间。默认分配的内存数量是 256MB，但用户可以通过一个客户机配置参数 memory＝来指定不同的数量。

作为一种安全的预防措施，限制每个客户机可以拥有的内存数量是比较适当的。在默认情况下初始化时分配给客户机的内存数量就是这个限制值，同时这个限制值可以在配置文件中通过 maxmem＝设定。创建完客户机以后，其所允许的最大内存数可以通过 xm mem-max 命令改变，但改变后的最大值超过了初始时的最大值是不允许的，因为在 Linux 中内存的热插拔还没有被实现。然而，减小这个最大值或者在减小后增大内存到开始的最大值都是可以的。需要注意的是配置文件中的参数是 maxmem，而命令行中 xm 后的子命令是 mem-max。

Domain0 通过 xend-config. sxp 文件具有设置内存量最小值的能力。包含这个参数的行看起来像（dom0-min-men 256）。当前对于非特权客户机还没有工具来设置内存最小值，但它们存在一个默认的最小值为 1MB。一定要小心不要使客户机的内存分配过低，因为这样可能使客户机变得不稳定。例如在 Linux 客户机，这种情况可以触发内存溢出（OOM）删除程序。OOM 删除程序会销毁一些进程从而适应可用内存的限制。OOM 删除程序会尝试采用危害最小的方法来释放更多的内存。挑选被销毁进程的普遍指导方针是挑选完成最少工作的进程、占用内存量最大的进程、尽可能少的进程数量和一些其他因素。然而，使进程被内核自动销毁并不是令人愉快的经历。

Xen 提供的内存管理策略是一种针对具有不正确行为的客户机的非常好的保护方法。在这种情况下，具有不正确行为的客户机与客户机域的扰乱内存有关。在这一章的后面和附录 EXen 性能评价中，我们会讨论针对其他系统资源而具有不正确行为的客户机。

因为一个客户机在默认情况下不会自动请求更多内存，所以一个具有不正确行为的客户机永远都不能从另一个客户机窃取内存，虽然这种情况在使用自己的自动内存管理器时可能会不一样。因此，如果一个已经占用部分内存的客户机进程失去控制，就放弃对这个系统的操作（inoperable），所有其他客户机的性能将不会降低。然而如果 Domain0 是那个具有不正确行为的客户机，那么所有的客户机都将会受到影响，因为其他客户机的 vbd 与 vif 驱动程序依赖于和 Domain0 中后端驱动的通信。出于这个原因的考虑，使 Domain0 仅作为 Xen 的管理部分而在它上面不去执行除此之外的任何服务，通常都是个好主意。我们将在第 11 章更详细的介绍。

12.2.1　影子页表

影子页表内存是另一种可管理的内存。一个页是从诸如硬件设备等块设备处复制至主内存区的一个数据块，而页表记录了当前哪个页在主内存区中。客户域维护它们自己的页表，而 hypervisor 把这些客户机的页表转换成真实页表，从而对文件进行适当的改变。这对于向 Xen 移植操作系统来说变得更容易了，因为对客户机内核所做的修改变少了。

影子内存的默认值是 8MB，但可以通过创建配置文件中的 shadow_memory＝操作进行设置。一个客户机所拥有的主内存区越大，它潜在存取的页数也就越多。因此，一些 Xen 的开发者（在/etc/xen/xmexample）建议每 MB 主内存区配备 2KB 影子内存，每个 VCPU 配备几 MB 的影子内存。通常在没有明确证明是合理的情况下，我们不建议修改影子内存的数量。

注意：

影子页表会使性能得到重大改进，出于这个原因，Intel 和 AMD 等硬件制造商正在研究把它固化在芯片上的方法。想要了解更多细节，可以查看这两个网址：

http://softwarecommunity. intel. com/articles/eng/1640. htmhttp://www. amd. com/us－en/assets/content_type/white_papers_and_tech_docs/34434. pdf。

12.2.2　气球驱动程序

Linux 支持硬件和逻辑内存的热插拔交换（hotswapping），但是所采用的技术相当复杂，并且在 Xen 设计之初无法利用这一技术。然而 Xen 的气球驱动程序对于热插拔内存提供了一种特别而简单的替代方法。气球驱动程序不再改变通过客户机内核寻址的主内存区数量，而是把内存页交给客户机操作系统。这就意味着气球驱动程序将在客户机消耗内存并允许 hypervisor 在其他地方分配内存。而客户机内核仍然认为气球驱动程序拥有那部分被分配的内存，却并不知道这些内存可能正在被另一个客户机使用。如果客户机需要更多的内存，气球驱动程序将会向 hypervisor 请求内存，然后再把它交给内核，这就随之产生了一个结果。客户机以内存数量的最大值 maxmem 初始化，并被允许使用此数量的内存。

当 Domain0 中的用户改变分配给客户机的内存数量时，新的内存请求将被写入一个存储于 XenStore 文件系统的属性中。这个属性是 target，它代表了 Domain0 最后要求客户机拥有的内存数量，而并不是客户机已经具有的内存数。客户机等待 target 属性的改变，一旦改变，它将通过向 hypervisor 发送 hypercall 来请求给定数量的内存。

在客户机中当用户改变分配给客户机的内存时，便向 hypervisor 发送了一个 hypercall 来提出请求而并未通知 Domain0。这意味着客户机气球驱动程序只从 XenStore 读取数据，而并不向其写入数据。产生的结果是 Domain0 并不知道这一变化，也不知道客户机使用的真实内存数量。

注意：

关于 Xen 气球驱动程序工作的更多信息，可以阅读 2006 年渥太华 Linux 讨论会的议项论文"Resizing Memory with Balloons and Hotplug"。这篇文章也可以通过以下网址找到：www. linuxsymposium. org/2006/hotplug_slides. pdf。

从用户角度来说,用客户机方面的内容与气球驱动程序进行交互也可以通过 proc 接口实现。一个单独的文件打印下载当前内存的统计信息,并接受来自用户的输入数据,当内存请求时这些数据可以通过 echo 命令产生。清单 12 – 9 从用户的角度展示了面向气球驱动程序的 proc 接口。

清单 12 – 9　气球驱动程序的状态

```
Xen hard limit:              ??? kB
[user@domU]$
[user@domU]$ cat /proc/xen/balloon
Current allocation:          64512 kB
Requested target:            64512 kB
Low – mem balloon:           5376 kB
High – mem balloon:          0 kB
Driver pages:                1268 kB
```

下面的清单描述了包含在清单 12 – 9 中的每一行的信息。

(1) Current allocation——与已经分配给域的内存数量有关,域应该知道这个数量。

(2) Requested target——客户机已向 Domain0 请求的内存数,但并不是必须拥有。

除非与内核设备驱动程序开发密切相关,否则不应该考虑 low-mem balloon、high-mem balloon 和 driver 页。

(1) Low-mem balloon——客户机内核可以直接映射到其内核空间的那部分内存。这部分比 high-mem 存取速度快。Low-mem balloon 的值是 low-mem 集合可扩展的数量。high-mem balloon 的值也是这个道理。Low-mem 和 high-mem 的值一起组成了增加给客户机的内存数量,这也是已经分配的内存数量。

(2) Driver pages——保留给运行于客户机的内核设备驱动程序的页数量计数。设备驱动程序被允许从分配给客户机的内存中保留部分内存。

(3) Xen hard limit——当客户机拥有的内存小于所允许的最大内存值时的问题标记。如果客户机请求多于允许最大值的内存数,xen hard limit 将显示这个限制值。

如果用户渴望一种内存管理的自动策略,这种策略也可以不费很多麻烦而写出来。所需要的是一些组件,一个具有自动内存管理功能的脚本也要安装到每个客户机中。这个脚本将通过命令观察客户机内存的使用情况,如释放内存的命令、为气球驱动程序的 proc 接口请求更多或更少内存的命令等。从客户机操作系统回送气球驱动程序的内存数量的示例将在这部分的后面展示。

基于硬件的虚拟主机(HVMs)不用像半虚拟化客户机一样运行相同的驱动程序。如果没有气球驱动程序的话,HVM 客户机将仅限于其被创建之初时被分配的内存。幸运的是气球驱动程序已经被修改可以在 HVM 客户机中工作,这种情况下内存管理将像半虚拟化客户机中一样工作。

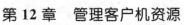

注意：

有关客户机中半虚拟化内存和硬件虚拟化内存更细节的讨论，可以阅读 Intel 技术杂志中的文章"Extending Xen＊ with Intel Virtualization Technology"。这篇文章可以在以下网址找到：http://download. intel. com/technology/itj/2006/v10i3/v10－i3－art03. pdf.

12.2.3 改进交换空间的稳定性

甚至对于非虚拟化的计算机，一种良好的安全预防措施就是在任何客户机中都设置一个利用大量内存的交换分区。一个交换空间就是在所有或绝大多数可用主内存区都被占用的情况下作为一种防止故障危害的手段。内存页被移动到交换空间临时储存，所以在主内存区就为将要存储的新信息腾出了空间。如果一个客户机耗尽了内存，而且它没有交换设备，那么它很可能会被冻结且无法恢复。结果是这个出故障的客户机会花费很多的 CPU 时间。虽然这不会影响其他客户机，因为 Xen 的CPU 调度器其后会掩蔽这个客户机，但是留下一个行为异常的客户机处于一直运行的状态会浪费很多能量并会使处理器发热。当这种情况发生时，再向域提供更多的内存也不会恢复到正常状态，因为这个失败的客户机已经没有足够的空闲 CPU 周期来为内存热插拔运行气球驱动程序了。然而上述保护方法也会付出代价。实际上，从内存到交换区的存取非常的慢。这种低效率称为系统颠簸（thrashing），在这种情况下 CPU 持续的换出页面并向主内存区读入新的数据，而不是处理数据。需要认清的是，如果两个客户机处于同一个硬件驱动器之上，那么一个客户机的系统颠簸就可以通过降低 I/O 速度来影响另一个客户机。

12.2.4 管理客户机内存的分配

到目前为止已经阐述了 Xen 内存的特征。现在来展示两个允许内存膨胀（ballooning）的 xm 命令。

1. xm mem-set

负责向客户机分配和释放内存的命令是 xm-mem-set。首先创建一个拥有内存数量大于当前空闲内存数的客户机，我们会展示这样做的结果。接着会展示一个实例，其基本情况是在创建域时没有设置 mem-max 值，然后将运行的客户机内存值设置的很高。我们也会展示在创建客户机时 Domain0 所发生的情况。最后我们展示的是当有足够的空闲内存可以满足请求时，通过气球驱动程序工作的内存请求是怎样的。

当没有足够的空闲内存来满足客户机创建时的内存需求时，Domain0 将会交出它在最小内存限制值之上的任何额外内存来满足请求。所以 Domain0 释放它自己的内存来满足其他的客户机。如果这种交换内存不能满足整个请求，那么客户机将会被分配给比请求数少的内存然后仍被创建。

运
行
Xen
:
虚
拟
化
艺
术
指
南

清单 12－10 首先显示的是分配给 Domain0 的内存数，然后显示了 1GB 内存情况下创建一个客户机时的内存分配情况。

清单 12－10 客户机创建前后的内存分配情况

```
[root@dom0]# xm list
Name                       ID Mem(MiB) VCPUs State  Time(s)
Domain-0                   0    8092     4   r-----  158.5
[root@dom0]# xm create /etc/xen/domU.cfg mem=1024
[root@dom0]# xm list
Name                       ID Mem(MiB) VCPUs State  Time(s)
Domain-0                   0    7077     4   r-----  160.9
generic-guest              1    1024     1  -b----    0.2
[root@dom0]#
```

我们以 1GB 的空闲内存开始来展示拥有足够的内存满足 100MB 的内存需求。清单 12－11 用 xm info 命令反映了这一事实。

清单 12－11 显示内存分配的一个例子

```
[root@dom0]# xm info | grep free
free_memory            :1024
[root@dom0]#
```

当我们以清单 12－10 的方法来创建客户机时，我们并没有显式的设置 mem-max 值。因此，它的默认值就是开始时的任意内存分配值。客户机再请求任何更多内存时都会被拒绝，并且 Xen 的硬件限制警告会被触发。初始内存数量是 64MB。再请求内存数将会被记录，但硬件限制警告会被触发，任何内存都不会被给与。我们所说的硬件限制警告是 Xen 的硬件限制行所显示的 64512KB。如果警告没有被触发，再请求的数量将仍然显示 3 个问号："???"。

清单 12－12 展示了一个 maxmem 未被设置时试图增加客户机内存分配的例子。需要注意的是，我们从 DomU 和 Domain0 运行命令。xm list 命令只能从 Domain0 运行，可以打印/proc/xen/balloon 的内容来展示我们试图改变的客户机内部情况。

清单 12－12 未设置 maxmem 值时增加内存分配

```
[root@dom0]# xm list generic-guest
Name                ID   Mem VCPUs    State   Time(s)
generic-guest        4    64    1     r-----   65.2
<Here we switch to the guest console>
[user@domU]$ cat /proc/xen/balloon
Current allocation:     64512 kB
Requested target:       64512 kB
Low-mem balloon:         5376 kB
High-mem balloon:           0 kB
Driver pages:            1268 kB
```

```
Xen hard limit:            ??? kB
<Back to Domain0>
[root@dom0]# xm mem-set generic-guest 100
<Here we switch to the guest console>
[root@dom0]# xm mem-set generic-guest 100
<Here we switch to the guest console>
[user@domU]$ cat /proc/xen/balloon
Current allocation:     64512 kB
Requested target:      102400 kB
Low-mem balloon:         5376 kB
High-mem balloon:           0 kB
Driver pages:            1272 kB
Xen hard limit:         64512 kB
<Back to Domain0>
[root@dom0]# xm list generic-guest
Name                    ID   Mem VCPUs      State    Time(s)
generic-guest            4    64     1      r-----      78.3
[root@dom0]#
```

现在我们在清单 12 – 13 中展示配置变量 maxmem 被设置时一个域的运行情况会像什么样。域开始运行时 maxmem＝256。

清单 12 – 13　maxmem 被设置后增加内存值

```
Low-mem balloon:       198144 kB
High-mem balloon:           0 kB
Driver pages:            1024 kB
Xen hard limit:            ??? kB
[root@dom0]# xm mem-set generic-guest 256
[user@domU]$ cat /proc/xen/balloon
Current allocation:    262144 kB
Requested target:      262144 kB
Low-mem balloon:         1536 kB
High-mem balloon:           0 kB
Driver pages:            1024 kB
Xen hard limit:            ??? kB
[root@dom0]# xm list generic-guest
Name                    ID   Mem VCPUs      State    Time(s)
generic-guest            2   256     1      r-----     387.0
[root@dom0]#

[root@dom0]# xm list generic-guest
Name                    ID   Mem VCPUs      State    Time(s)
generic-guest            5    64     1      r-----     191.4
[user@domU]$ cat /proc/xen/balloon
Current allocation:     65536 kB
Requested target:       65536 kB
```

给与客户机的额外内存是从 low-mem balloon 值中扣除的。如果最大内存值足够大以至于可以满足 high-mem 的需要，给与的内存值仍然会被扣除。

2. xm mem-max

Xen 中的 mem-max 命令当前在某种程度上是被限制的。虽然在运行时可以增加或减小域的最大内存参数，但如果增加的值大于创建时设置的值，那么增加量是不被允许的。这就是之前所讨论的不能热交换（hotswap）内存的问题。

因此在清单 12-14 展示了一个把 mem-max 设置成较小值的例子，它也是清单 12-13 的延续。

清单 12-14　xm mem-max 示例

```
[root@dom0]# xm mem – max generic – guest 256
[user@domU]$ cat /proc/xen/balloon
Current allocation：        262144 kB
Requested target：          262144 kB
Low – mem balloon：           1536 kB
High – mem balloon：             0 kB
Driver pages：               1024 kB
Xen hard limit：            262144 kB
[user@domU]$
```

12.3　管理客户机虚拟 CPU

评论系统性能最重要的因素之一就是 CPU 的利用情况。这包括给与进程应用处理器的优先级和调度进程的优先级。在这一部分我们会阐释 Xen 的一个很有趣的特性，它可以决定哪个 CPU 的客户机可以运转，甚至可以给与一个客户机整个 CPU 的使用权来使其与其他客户机隔离得更远。在下一部分，我们将阐述客户机的调度问题。

12.3.1　比较虚拟、逻辑和物理处理器

Xen 中的处理器是虚拟化的，所以它们可以被许多客户机共享，并且可以将上至 32 个虚拟 CPU（VCPUs）分配给任何单个客户机。单个客户机中允许拥有的 VCPU 数量不受物理 CPU 的数量限制，而是存在一个硬限制 32。这个硬限制与一个实现细节有关，特别地，在 32 位机器中长整形所存储的位数。对于 64 位的内核也保持着同样的限制。

真实的物理处理器模型与虚拟客户机用其虚拟处理器所感知的内容并没有区别。而区别在于一个虚拟处理器可能不具有真实处理器的所有核，但是虚拟处理器仍然以相同的指令集运行。如果一个虚拟处理器可以假装成一个不同的物理处理

器，这将被称为仿真而不是虚拟化。

除了虚拟 CPU，还存在逻辑 CPU。逻辑 CPU 代表了在任何特殊事例中同时被执行的线程总数。逻辑 CPU 的总数取决于在任意单一时间点所能调度和运行的 VCPU 总数。如果 VCPU 的数量多于逻辑 CPU，VCPU 将会等待其他的 VCPU 放弃对逻辑 CPU 的控制。在 Xen 主机中对逻辑 CPU 的计数，可以通过 xm info 所显示的行中的标签 nr_cpus、nr_nodes、sockets_per_node、cores_per_socket 和 threads_per_core 来完成。对于这些 xm info 域的描述可以参考本章前面的"xm info"部分。

逻辑 CPU 的计数方法同样也很重要。以"xm info"部分所解释的计数法为基础，逻辑 CPU 被划分成一棵树。如果是 NUMA 主机的话，这棵树就以 NUMA 单元开始，接着是套接字或物理 CPU，然后是每个处理器的内核数，最后是每个核心所能执行的线程数。图 12-2 展示了一个 NUMA 主机可能的计数方案，图 12-3 展示了 UMA 主机的方案。

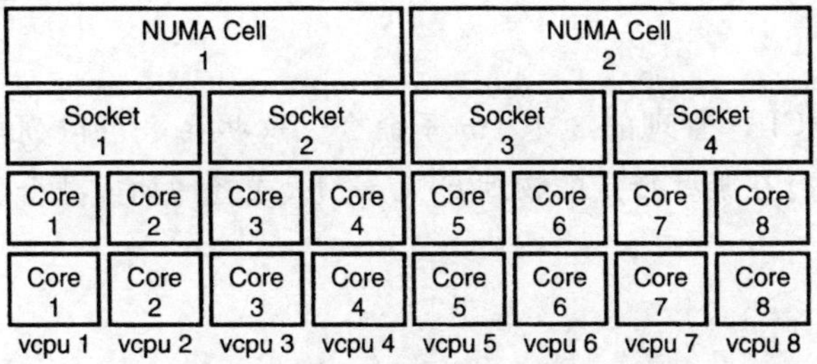

图 12-2　双处理器、单核、超线程 NUMA
主机的逻辑 CPU 计数

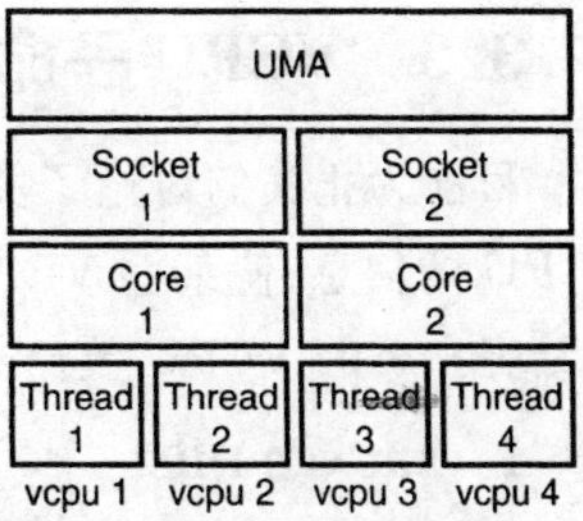

图 12-3　双处理器、单核、超线程
UMA 主机的逻辑 CPU 计数

分配给域的虚拟 CPU 起初并没有与任何特定的 CPU 绑定。以将在本章后面阐述的 CPU 调度器为基础，VCPU 在哪个 CPU 上运行是自由的。然而在适当的位置存在着一种工具可以激活/释放 VCPU，也可以把它们限制在一个特定的处理器上，这个工具称做 pinning。

给与一个客户机而不是逻辑 CPU 的 VCPU 数量可以在创建时利用 vcpus＝参数设置。如果这个数值小于 1 或大于 32，就会出现一个警告。虽然 VCPU 的热插拔特性被实现并起着作用，但还是不能使增加的 VCPU 数量超过客户机创建时所指定的数量。因此，只能以客户机初始时的 VCPU 最大值为界线来增加或减少 VCPU。一个客户机所拥有的 VCPU 数等于给与足够逻辑 CPU 情况下能够同时执行的线程数。

对于 CPU 应用 Xen 所提供的客户机之间的充足隔离性，取决于 VCPU 调度器而非 VCPU 管理器。VCPU 调度器将在下一部分阐述。

12.3.2 HVM VCPU 管理

一个 HVM 客户机在没有 hypervisor 的帮助下可以在 CPU 上运行绝大部分指令。然而，一些特定的指令仍然要求被 hypervisor 截获，包括一些中断和缺页异常。直接运行更多的指令而不通过 hypervisor，就有可能提升速度。产生的结果是，HVM 客户机不支持 VCPU 的热交换。HVM 客户机在创建时被分配了一定数量的 VCPU，这一数量便与客户机绑定在一起。

注意：

关于客户机中泛虚拟化和硬件虚拟化 VCPU 区别的更多细节讨论，可以阅读 Intel Technology Journal 中的"Extending Xen ＊ with Intel Virtualization Technology"一文。这篇文章可以在以下网址中找到：http://download.intel.com/technology/itj/2006/v10i3/v10-i3-art03.pdf.

12.3.3 VCPU 子命令

目前为止我们讨论了关于 VCPU 管理的 3 个 xm 子命令。这些命令可以列出 VCPU 的信息、使某些 VCPU 运行在某些特定的物理 CPU 之上，或者增加或减少分配给客户机的 VCPU 数。

1. xm vcpu-list

xm vcpu-list 显示出哪个客户机拥有哪些 VCPU、每个 VCPU 运行于哪个 CPU 之上。每个 VCPU 的状态也会被显示出来。

清单 12-15 中显示了一个具有 10 个 VCPU 的 generic-guest。generic-guest 的 VCPU 以 CPU 的装载情况为基础分配给 CPU。当 Xen 系统的处理装载过程改变时，这种分配方式也可能会改变。

清单 12-15 客户机的 VCPU 及虚拟 CPU 的分配清单

```
generic-guest        12    5      1    -b-       0.1 any cpu
generic-guest        12    6      3    -b-       0.2 any cpu
generic-guest        12    7      1    -b-       0.3 any cpu
generic-guest        12    8      2    -b-       0.1 any cpu
generic-guest        12    9      0    -b-       0.2 any cpu
[root@dom0]#
[root@dom0]#xm vcpu-list
Name                 ID   VCPU   CPU State   Time(s) CPU Affinity
Domain-0             0    0      2    -b-     772.6 any cpu
Domain-0             0    1      1    -b-     347.4 any cpu
Domain-0             0    2      3    -b-     243.2 any cpu
Domain-0             0    3.     1    r--     135.4 any cpu
apache-serv          5    0      3    -b-     273.0 any cpu
```

fedora-img	4	0	2	-b-	192.7	any cpu
mirror	3	0	1	-b-	704.0	any cpu
generic-guest	12	0	0	-b-	8.2	any cpu
generic-guest	12	1	0	-b-	2.7	any cpu
generic-guest	12	2	3	-b-	0.2	any cpu
generic-guest	12	3	3	-b-	0.1	any cpu
generic-guest	12	4	2	-b-	0.1	any cpu

2. xm vcpu-set

当 VCPU 被激活或释放时,它是由客户机中的热插拔技术处理的,如 xm mem-set 命令。这是一种 Xen 客户机内核必须支持的能力,而 Xen 应用的内核中默认拥有这一能力。

清单 12 - 16 是一个关于 Domain0 命令的例子,这一命令用于改变分配给客户机的 VCPU 数量和打印客户机操作系统中的相应系统消息。首先将 generic-guest 中的 VCPU 数量改变为一个,这意味着此客户机不必再处理 SMP 问题。返回的消息为“Disabling SMP…”,标记了内核的变化。当我们为这个域再增加 7 个 VCPU 时,一条消息被打印出来显示 CPU 正在被初始化。初始化完成后,VCPU 就像一般 CPU 一样被使用。

清单 12 - 16　利用 xm vcpu-set 的示例

```
[root@dom0]# xm vcpu - set generic - guest 1
[user@domU]$ Disabling SMP...
[root@dom0]# xm vcpu - set generic - guest 8
[user@domU]$ Initializing CPU#3
Initializing CPU#2
Initializing CPU#5
Initializing CPU#7
Initializing CPU#1
Initializing CPU#6
Initializing CPU#4
[root@dom0]# xm vcpu - set generic - guest 20
[root@dom0]#
```

如果我们试图分配给一个客户机多于其被创建初始化时的 VCPU 数,最小数量的 VCPU 将会分配给域,这就意味着分配了 VCPU 参数中的较小值或系统中逻辑 CPU 的数量。如清单 12 - 16 所示,并不会打印出错误信息。

3. xm vcpu-pin

xm vcpu-pin 在虚拟 CPU 和物理 CPU 间架起了连接的桥梁。虚拟 CPU 可以被固定在物理 CPU 上,以至于在这个特定的 VCPU 上运行的所有操作都可以在那个特定的物理 CPU 上运行。清单 12 - 17 显示了与清单 12 - 15 中 vcpu-pin 命令设置相同时的执行情况。第一个参数是拥有 VCPU 的域 ID。第二个参数是虚拟 CPU 数。第三个参数是被 VCPU 所绑定的物理 CPU 数量，或者为"所有"，从而允许 VCPU 可以运行于任何物理处理器之上。

清单 12 - 17　xm vcpu-pin 示例

```
[root@dom0]# xm vcpu-pin 0 1 3
[root@dom0]# xm vcpu-list 0
Name                ID   VCPU   CPU State   Time(s) CPU Affinity
Domain-0            0    0      2    -b-     772.7 any cpu
Domain-0            0    1      3    -b-     347.5 3
Domain-0            0    2      3    -b-     243.4 any cpu
Domain-0            0    3      1    -b-     135.1 any cpu
[root@dom0]#
```

12.3.4　何时手工管理 VCPU

如果用户有一些特定的应用程序集想要运行在一些客户机上，协调/限制 CPU 利用情况将是一个非常妙的主意。用户可以通过给与客户机一个或更少的 VCPU 数量来把它限制为非 CPU 密集型的客户机，或者给与其更多的 VCPU 使其成为 CPU 密集型客户机。不论用户的决定如何，下面的建议都应该被考虑。

如果用户计划使很多客户机运行，我们建议保持 VCPU 的默认设置。VCPU 绑定能够带来好处的唯一地方是限制某个 CPU 只为 Domain0 运行。每一个客户机在某种程度上都依赖于 Domain0 提供的服务，并且根据客户机所作的工作类型，有足够的客户机可以对 Domain0 提出有意义的请求，尤其是重负载的 I/O。因此把 Domain0 分配到它自己的 CPU 之上对于系统的整体性能来说是有利的。

分配给一个客户机的 VCPU 数量多于计算机中的逻辑 CPU 数量，通常不是一个好主意。额外的 VCPU 将不能与其他 CPU 同时运行，并因为增加了额外的开销而对性能有不利的影响。

学习怎样管理 VCPU 的使用和加载，可以查看接下来的调度部分。

12.4　协调 Hypervisor 调度器

为了理解 hypervisor 调度器是如何工作的，我们首先解释一下普通操作系统的进程调度器都做些什么。这可以让我们对两者进行比较。在任何操作系统的内核中都能找到的进程调度器的工作就是通过"正在运行"的进程进行一次循环，或者在对称多处理器上进行多于一次的循环，并执行 CPU 的指令。调度器的策略决定了下一个将要运行的是哪个进程和运行多长的时间。在 Xen 中，分配给客户机的 VCPU 默认并没有与任何特定的 CPU 绑定，因此会采用它们自己的进程调度器来在 VCPU 上执行进程。Xen hypervisor 中的 VCPU 调度器决定来自哪个客户机的哪个 VCPU 将运行在哪个真实 CPU 之上以及运行多长时间。

在 Xen 2.0 中,一些不同的调度器是可用的,但其中被移植到 Xen 3.0 中的一些调度器被可信调度器所取代。可信调度器是默认的调度器,而最早期限优先(sEDF)调度器则被拒绝并计划被移除。我们只讨论可信调度器,因为它被计划为未来所采用的唯一调度器。

可信调度器的主要目标是在所有的逻辑 CPU 之上平衡 VCPU 的工作,这被称为负载平衡(load balancing),并限制一个行为异常或 CPU 密集型的客户机在任何其他客户机上的系统还原备份(performance hit),这被称为性能隔离(performance isolation)。幸运的是,可信调度器达到了比以前的调度器更好的性能,同时与以前的调度器相比,它为设置操作维持了一个更简单的接口。

12.4.1　Weight 和 Cap

在创建阶段,每个客户机都被分配了两个数字,weight 和 cap。weight 反映了一个客户机相比于其他客户机所拥有的时间量,实质上创建了一个比率。拥有 512 weight 的客户机具有的 CPU 时间是拥有 256 weight 的客户机的两倍。如果 Xen 系统中只有这两个客户机,那么拥有 512 weight 的客户机将具有 2/3 的 CPU 时间(512/(512+256)),而拥有 256 weight 的客户机将具有 1/3 的 CPU 时间(256/(512+256))。weight 的值必须在 1~65535 之间,默认值为 256。

cap 本质上代表了一个域可以利用的以百分比形式表示的 CPU 时间上限。这个值是一个百分数,50 代表一半 CPU(50%),100 代表一个 CPU(100%),而 200 代表两个 CPU(200%)。cap 的默认值被设置为 0,意味着没有限制。如果 cap 允许客户机使用多于系统中存在的 CPU 数,那么客户机实质上是不受限制的。

weight 和 cap 都是用户所需要的用来改变调度器性能的值。然而当改变这些值时与前一部分讨论过的 VCPU 绑定(pinning)结合在一起,就可能会引发更多的 CPU 利用限制。如果一个客户机和一个特定的 CPU 绑定在一起,那么这个客户机的 weight 只会在那个单一的 CPU 上分配给它时间。假设其他客户机没有绑定的 VCPU,调度器就会平衡所有的客户机,从而绑定的客户机将会在它选中的 CPU 上给与更多的时间。

一个客户机的 weight 和 cap 决定了这个客户机可以利用的 CPU 量。利用这些值 VCPU 被划入队列中,每个 CPU 一个带有优先级的队列。优先级为"over"或"under",这取决于 VCPU 是否应用了其被分配的 CPU 时间。它们被给与了执行中用来消耗的信用量,它代表了分配给 VCPU 的时间。一旦一个 VCPU 开始执行,它就会损失信用量。当 VCPU 消耗信用量后,它的优先级将最终到达"under",并被放入低于具有"over"优先级的 VCPU 队列中。

出于大多数目的的考虑,信用调度器可以采用其默认的设置。只有在特殊情况下,用户准确地知道自己将运行什么,才会被授权修改 VCPU 的 cap 和 weight 值。

12.4.2　保护客户机不受异常客户机的影响

相比以前的调度器,信用调度器提供了客户机之间的大多数隔离性。信用调度器的默认行为是在物理 CPU 之上装载平衡 VCPU。在每个客户机采用默认的 cap 和 weight 值的情况下,如果某个客户机在启动时过度应用 CPU 循环,那么它将无法与其他客户进行交互。例如有 8 个客户机,其中一个客户机异常活跃,那么这个客户机将会占用绝大部分 CPU 的处理能力,直到另一个想要占用更多 CPU 处理能力的客户机出现。如果所有的 8 个客户机都试图工作于它们的最大能力值,它们中的每一个将会分别得到 1/8 的 CPU 时间。

如果用户改变了 cap 和 weight 的设置,这种保护措施将被破坏。这些设置能够增加或减少所提供的保护。如果一个客户机被给与的 weight 值较小,这个客户机对其他客户机的影响将会变小,但受其他客户机应用的 CPU 的影响将会变大。如果 weight 值变大,相反的情况则是正确的。如果 cap 值从 0 改变为另一个值,这个客户机将会受它所允许使用的 CPU 量的限制。这显然会增加保护性,但信用调度器已经对负载均衡很擅长了。

12.4.3　应用信用调度器命令

xm sched-credit 命令接受 3 个选项来访问信用调度器。第一个选项是显示一个单一客户机的调度信息。第二个选项是改变客户机的 weight 值。第三个选项是改变 cap 值。

清单 12-18 展示了一个客户机的默认值。-d 选项选择要查看的客户机域,如果没有更多的操作,那么默认的行为是打印出客户机的调度器值。如果所有的域都是默认设置,那么每个客户机对于其可以利用的 CPU 量将没有限制,同时当没有足够的 CPU 来满足所有的客户机时,每个客户机都会与其他的客户机平等的共享 CPU。

清单 12-18　展示 xm sched-credit 默认设置的示例

```
[root@dom0]# xm sched-credit-d generic-guest
{'cap': 0, 'weight': 256}
[root@dom0]#
```

在清单 12-19 中,我们利用-w 选项将 weight 值变为 500。记住,这个值在没有和其他域的 weight 值进行对比的情况下不会意味任何东西。在任意情况下,现在 generic-guest 比以前拥有了更多 CPU 时间。

清单 12-19　利用 xm sched-credit 设置 weight 值的示例

```
[root@dom0]# xm sched-credit-d generic-guest-w 500
[root@dom0]# xm sched-credit-d generic-guest
```

```
{'cap': 0, 'weight': 500}
[root@dom0]#
```

一个客户机的 cap 值可以通过清单 12 - 20 中的命令改变。利用-c 选项这个客户机被赋予一个 CPU 50% 的最大使用率。

清单 12 - 20　设置 xm sched-credit CPU 使用率(Cap)的示例

```
[root@dom0]# xm sched - credit-d generic - guest-c 50
[root@dom0]# xm sched - credit-d generic - guest
{'cap': 50, 'weight': 500}
[root@dom0]#
```

在创建客户机期间通过创建配置文件也可以设置 weight 和 cap 值。清单 12 - 21 展示了必须被设置的参数的例子。

清单 12 - 21　在客户机配置文件中设置 Cap 和 Weight

```
cpu_cap = 1000
cpu_weight = 459
```

12.5　选择客户机 I/O 调度器

在 Linux 中也存在针对 I/O 操作的调度器。这些调度器不是 Xen 特有的，但事实是多个客户机潜在的共享块设备，从而使这个参数变得更加重要。在 Xen 中有 4 个 I/O 调度器：noop，deadline、anticipatory 和 complete fair queuing。我们会解释每个调度器背后的思想及其能力。

12.5.1　Noop 调度器

这个调度器是个简单的执行工具，因为它只执行合并请求这一操作。Request merging 是找到重复的请求并对这些请求只服务一次的过程。

虽然这个调度器很简单，但它仍然有它的作用。一些高端 I/O 控制器都有内建于它们的调度表。在这种情况下实行最少策略的 noop 调度器也许会提供最好的性能。noop 的另一个好处是向一个存储设备提出请求时所减小的开销。然而，如果没有硬件调度器内建于存储设备，那么每分钟被服务的 I/O 请求数将比利用其他调度器少的多。

12.5.2　Deadline 调度器

这个调度器增加了一个队列，所以它可以对 I/O 请求进行排序。它对每个请求执行请求合并、一路 elevator(one-way elevator)和最后期限等。elevator 是一种对请求进行升序或降序排序的算法。之所以应用术语 elevator，是因为要解决的问题与高效的移动电梯很相似。

在 Linux 中写操作会立即返回，而且程序不会阻塞它们，所以可以通过使读操作的最后期限短于写操作来满足写操作的要求。如果使用读或写来进行存储，这将是一个很重要的不同。

12.5.3　Anticipatory 调度器(as)

anticipatory 算法与 deadline 相似，它执行请求合并、一路 elevator(one-way elevator)和最后期限等。主要区别是当一个请求到期时 anticipatory 调度器就会决定满足这个请求。当这种情况发生时，调度器会等待一段时间来观察是否有来自周围的其他请求会被接收。如果没有，它就会返回平时的清单并向 deadline 调度器一样工作。

如果出于某些原因有许多单一的请求散布在驱动器中，这个调度器很可能工作的非常糟糕。但总体来说它被认为比 deadline 和 noop 都要快。建议这种调度器用于较小系统中低 I/O 能力的设备上。

12.5.4　Complete Fair Queuing 调度器(cfq)

除非 Linux 的发行版本改变了内核中提供的调度器，否则这将是默认的 I/O 调度器。它的目标是达到公平的共享 I/O 带宽。首先，每个进程都有其自己的 I/O 队列，每个队列根据自己的优先级会得到相应的 I/O 时间片。这些特定进程的队列可以进行请求合并和 elevator 方法排序。I/O 优先级是由 Linux 进程调度器决定的。然后 I/O 请求被投配到更少的队列中，每个请求与每个 I/O 优先级相对应。这些 I/O 优先级队列并不是针对特定进程的。在这个时候，合并和 elevator 方法排序可以在优先级队列中进行。如果一个进程在其时间片中还留有时间，它将被允许空转来等待更近的 I/O 请求。这本质上与 anticipatory 调度器是相同的。

这个调度器为最广范围的应用程序提供了最好的性能。对于具有很多处理器和存储设备的中型到大型服务器来说它也被认为是最好的。如果不确定要使用哪个调度器或者你并不担心达到最佳的 I/O 性能，那么 cfg 是个安全的赌注。

12.5.5　应用 I/O 调度器

想要查出在用哪个"elevator"或 I/O 调度器，可以试一下清单 12-22 中的命令。如果太多的系统消息被打印并且缓冲区的头部也被写满，那么第一个命令就可能无法工作。然而，dmesg 命令会告诉用户默认的 I/O 调度器是什么。第二个命令并非必须要告诉用户所有设备的默认 I/O 调度器是什么，但它确实会告诉用户针对特殊设备的 I/O 调度器。第二个命令中的 hda 可以被替换为任何连接到系统并被系统识别的设备。

清单 12 – 22　显示 I/O 调度器信息

```
[root@linux]# dmesg | grep "io scheduler"
io scheduler noop registered
io scheduler anticipatory registered
io scheduler deadline registered
io scheduler cfq registered (default)
[root@linux]# cat /sys/block/hda/queue/scheduler
noop anticipatory deadline [cfq]
[root@linux]#
```

想要改变默认的调度器,需要做的一切就是在客户机内核命令行中增加一个参数,Domain0 和 DomU 均可。但是,如果为一个客户机而改变它,通常不能直接访问内核的命令行。所以对于 Domain0 而言,一个利用 GRUB 配置而改变调度器为 anticipatory 的示例被展示在清单 12 – 23 中。4 个选项分别是 noop, as, deadline 和 cfq。

清单 12 – 23　在客户机内核命令行中改变 I/O 调度器

```
title Fedora w/ Xen 4.0.4 – 1
        kernel /xen.gz root_mem = 512M
        module /vmlinuz-2.6.16.33-xen ro root = /dev/hda1 elevator = as
        module /initrd-2.6.16.33-xen
```

对于一个客户机域,elevator＝as 将被加入到它的配置文件中。

用户也可以在运行期间改变默认的调度器,这会使测试更加方便。清单 12 – 24 展示了如何操作。应用调度器文件中显示的名字,可以改变为任何一个调度器。

清单 12 – 24　在运行时改变 I/O 调度器

```
[root@linux]# echo "anticipatory" >/sys/block/hda/queue/scheduler
[rool@linux]# cat /sys/block/hda/queue/scheduler
noop [anticipatory] deadline cfq
[root@linux]#
```

注意目录中的 hda。如果以这种方式改变调度器,将只能改变特殊 I/O 设备的调度器。如果通过内核命令行,可以改变所有能被探测到的 I/O 设备的默认调度器。

这是改变 I/O 调度器的一种相对简单的方法。建议你做一些测试来模仿将要让你的系统执行的一系列操作,并针对每一个 I/O 调度器比较这些测试结果。对于什么应用程序和任务采用哪个调度器最好,并没有准确的指示;每个用户的状况都是特别的。因此,大量的测试是得到最优 I/O 性能的唯一方法。

小　结

　　现在应该对哪些资源可以分配给客户机、这些资源怎样被管理和分配比较清楚了。我们展示了如何在物理设备上获得信息，如内存、处理器和每个客户机的虚拟等价物等。另外，我们展示了限制或改变利用这些资源的方法，如绑定 VCPU 到物理 CPU 上和对客户机内存进行动态的气球操纵（ballooning）等。利用这些知识，更进一步的配置和调试工作是可行的。附录 B"xm　命令"包括了这一章中用到的 xm 命令的参考内容。

　　在第 13 章"客户机的保存、恢复和动态迁移"中，我们会探讨 Xen 中的 3 个可用的有趣特性。这些特性允许正在运行的客户机的状态被存储在一个物理主机中，并可以在另一台物理主机上恢复成为同样运行着的客户机。更进一步，动态迁移允许在不停止客户机运行的情况下将其从一台物理主机移动到另一台物理主机。

参考文献和扩展阅读

存档 Xen 开发者邮件清单。

http://sourceforge. net/mailarchive/forum. php? forum_name＝xen－devel.

Chisnall, David. Xen Hypervisor 权威指导。Amazon. com.

http://www. amazon. com/Definitive－Hypervisor－Prentice－Software－Development/dp/013234971X.

"Credit-Based CPU Scheduler. " Xen Wiki.

http：//wiki. xensource. com/xenwiki/CreditScheduler.

"Extending Xen　with Intel? Virtualization Technology. " Intel 技术期刊。

http://download. intel. com/technology/itj/2006/v10i3/v10－i3－art03. pdf.

Love, Robert. " Kernel Korner-I/O Schedulers. " Linux 期刊。

http://www. linuxjournal. com/article/6931.

Matthews, Jeanna N. et al. "Quantifying the Performance Isolation Properties of Virtualization Systems. " Clarkson 大学。

http://people. clarkson. edu/～jnm/publications/isolation _ ExpCS _ FINAL-SUBMISSION. pdf.

Pratt, Stephen. "Workload Dependent Performance Evaluation of the Linux 2. 6 I/O Schedulers. "

渥太华 Linux 讨论会学报 2004 年卷 2。

http://www. linuxsymposium. org/proceedings/LinuxSymposium2004 _ V2. pdf.

Schopp，J. H. et al. "Resizing Memory with Balloons and Hotplug." 渥太华 Linux 讨论会学报 2006 年卷 2。

http://www. linuxsymposium. org/2006/linuxsymposium_procv2. pdf.

Shakshober，D. John. "Choosing an I/O Scheduler for Red Hat? Enterprise Linux? 4 and the 2.6 Kernel." Red Hat 杂志。

http://www. redhat. com/magazine/008jun05/features/schedulers/.

Xen2.0 和 3.0 用户手册。剑桥大学。

http://www. cl. cam. ac. uk/research/srg/netos/xen/documentation. html.

XEN：Benchmarks

http://www. bullopensource. org/xen/benchs. html.

第 **13** 章

客户机的保存、恢复和动态迁移

本章将开始探索 Xen 的一种能力，它可以轻易地在磁盘中插入客户机域检查点从而在以后快速恢复。接下来探索 Xen 怎样使客户机域的迁移变成一种简单而强大的管理任务。我们会讨论客户机的静态冷迁移、静态暖迁移、动态迁移和实现它们的先决条件与所得到的好处。

13.1 描绘虚拟机状态

任何迁移的核心在于完全描绘出一个客户机的状态。当一个客户虚拟主机被完全关闭时，这是没有意义的。一个不活跃的 Xen 客户机完全是由它的文件系统映像、配置文件和操作系统内核定义的。很明显，一个客户机可以通过复制这些文件而被克隆甚至移动到另一个物理主机。用这种方法可以完成对客户机的备份。

另一方面，一个运行中的活跃客户机是一个更加复杂的事物。当一个客户机正在运行时，保存它的状态包括创建内存、设备 I/O 状态、开放网络连接和虚拟 CPU 寄存器内容的快照。Xen 可以把这些状态信息保存到硬盘或通过网络进行转移，这就使 VM 的备份和迁移成为可能。

这种保存运行客户机状态的思想与许多个人计算机尤其是便携式计算机上的休眠特性很相似。在休眠中，一个系统的状态成为检查点并被存于磁盘中，所以系统可以停止硬件驱动器的磁头，关闭电源，并在下一次启动时恢复它从前的状态。当从一个地方到另一个地方或在计算机没有使用的情况下为了节省电源，便携式计算机用户有时就依靠这个特性来暂时挂起机器的状态。对于类似于 Xen 的虚拟机来说，相似的功能可以用于检查点状态，从而在客户机失效时便于进行回滚操作；或者在物理主机关闭时保存运行于其上的客户机状态。

Xen 提供了域保存和恢复功能来处理客户机 VM 的挂起和检查点文件，这是通过 xm save 和 xm restore 命令进行操作的。当一个客户机被保存到磁盘上时，它即被挂起，并且它的资源也被释放。在休眠的情况下，曾经处于运行状态的网络连接并不会被保存。

利用 xm migrate 命令，Xen 支持静态暖迁移（正常迁移），这种情况下一个运行的客户机被暂时挂起，然后被重新安置于另一个物理主机上；而动态迁移则是客户机可以无缝地从一个主机重新安置于另一个主机,并不会使运行的网络连接中断,而且几乎不会有用户可感知的延时。当一个物理主机停止运转但还要维护它时,动态迁移尤其有用。在这种情况下客户机可以被重新安置在一个新的物理主机中,从而在不中断服务的情况下继续进行维护。对于装载平衡的客户机和它们的资源消耗问题来说,迁移客户机的能力是很有用的。

　　在这一章中,我们会详细讨论 xm save、xm restore 和 xm migrate 的用法。

13.2　基本客户机域的保存和恢复

　　Xen 使挂起客户机域、保存客户机域的状态至文件和通过其域的保存和恢复功能在以后恢复域的状态成为可能。图 13-1 说明了将一个客户机的状态保存至磁盘的过程。就像休眠一样,当一个域的状态被保存到磁盘,它就被挂起了,从这个客户机来去的网络连接都被中断(取决于 TCP 超时时间)。

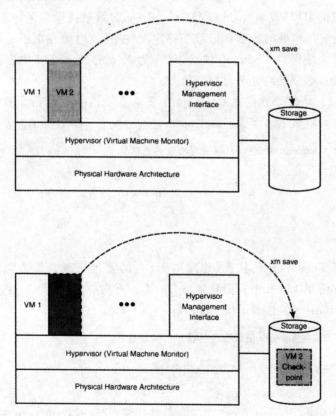

图13-1　Xen 提供了一种易用的功能使客户机休眠并记录检查点文件,并在以后的时间点恢复

13.2.1　xm save

保存一个客户机 VM 状态的第一步是挂起客户机 VM，把它的状态信息转储至磁盘。客户机 VM 将不会继续运行，直到它再次被恢复，这与休眠非常相似。

清单 13-1 展示了这个命令的语法。

清单 13-1　应用 xm save

```
xm save domain filename
```

当执行 xm save 时，管理员要提供一个文件名参数来明确指定串行化的客户机 VM 状态被写入何处。这个文件通俗一点来说被称为检查点文件（checkpoint file）。这并不会消除任何之前保存的检查点。用户可以任意多的保存你想要的截然不同的检查点。因此对于一个特殊的客户机域，对其不同的运行状态进行搜集存档是可能的。

客户机域的 ID 号或域名可以作为 domain 的参数被提供。运行这个命令以后，Xen 挂起特定客户机域的状态并记录于特定文件中，这时域在主机上不再运行。因此用这种方式无法保存 Domain0 的状态，因为 Xen 的 Domain0 作为管理员和 Xen 之间的控制接口必须始终处于可操作状态。

如清单 13-2 所示，我们在 Domain0 中展示了 xm list 的输出。输出的结果说明正在运行的客户机域的名字为 TestGuest，并被分配了 64MB 的 RAM。

清单 13-2　Domain0 中运行的域（设置检查点之前）

```
[root@dom0]# xm list
Name                    ID Mem(MiB) VCPUs State    Time(s)
Domain-0                 0     511     2   r-----   1306.0
TestGuest                1      63     1   -b----      4.5
[root@dom0]#
```

为了保存 TestGuest 的状态，相应的 ID 号需要被记录并作为参数传递给 xm save 命令。在清单 13-2 中我们看到与 TestGuest 对应的 ID 为 1，并看到应用检查点文件名 TestGuest 的挂起示例。checkpt 显示于清单 13-3 中。

清单 13-3　应用 xm save 记录客户机状态的检查点

```
[root@dom0]# xm save 1 TestGuest.checkpt
[root@dom0]#
```

需要注意的是，用 TestGuest 作为参数并代替 1 传递给 xm save 也会正常工作。我们知道当归属于 Domain0 的 TestGuest 不再被列出时，TestGuest 已经成功地完成保存了。如清单 13-4 所示，可以通过调用 xm list 进行检查。xm list 命令不会立即返回，它会在检查点设置完成后返回。

清单 13-4　Domain0 中运行的域（设置检查点之后）

```
[root@dom0]# xm list
Name                         ID Mem(MiB) VCPUs State   Time(s)
Domain-0                      0     511      2 r-----  1411.8
[root@dom0]#
```

可以看到我们的检查点文件现在存在于当前工作目录，并且可以通过运行 ls - la 命令确定它的大小，如清单 13-5 所示。ls - lah 命令可以更加人性化的查看文件的大小。

清单 13-5　检查点文件

```
[root@dom0]# ls-la
- rwxr - xr - x 1 root root 67266796 Feb 6 03:54 TestGuest.checkpt
[root@dom0]#
```

既然 TestGuest 已经被挂起，不能再继续运行，并且已经被保存在一个状态文件中，那么就可以说我们已经成功应用了 Xen 的域保存功能。需要注意的是如果没有足够的磁盘空间来保存检查点文件，那么客户机仍然会运行，而 xm save 命令执行将会失败，并返回一条一般的错误消息。

一个检查点包括了客户机整个内存状态的内容。因此，保存客户机状态所需要的时间与分配给此客户机的内存数量是成比例的。检查点文件的大小也大概与分配给客户机 VM 的内存数一样，但增加了一些额外的磁盘空间用来存储其他的状态信息。

清单 13-6 展示了带有 3 个样例客户机的系统运行 xm list 命令后的输出。一个被分配了 64MB 的 RAM，另一个被分配了 128MB，最后一个被分配了 256MB。清单 13-1 展示了检查点文件的大小和保存每个客户机所花费的时间。对于所有的这 3 种情况，检查点文件比分配给客户机的内存数稍微大了一些。同样清楚的是，完成保存所花费的时间随着分配内存数量的增加而增长。保存客户机状态所花费的实际时间随基本文件系统和用于存储检查点文件的硬件速度而改变。

清单 13-6　运行于 Domain0 之上的带有不同内存分配量的域

```
[root@dom0_Host1]# xm list
Name                         ID Mem(MiB) VCPUs State   Time(s)
Domain-0                      0     511      2 r-----  1306.0
Guest64MB                     7      63      1 -b----     3.1
Guest128MB                    8     127      1 -b----     2.8
Guest256MB                    9     255      1 -b----     2.1
[root@dom0_Host1]#
```

表 13 - 1　检查点文件大小和时间比例

Actual Guest RAM Allocation(MB)	File Size On Disk(MB)	Time to Save Guest(sec)
65.5	67.1	0.859
130.8	134.5	2.426
261.9	268.7	4.802

13.2.2　xm restore

从状态文件恢复一个客户机域是通过 xm restore 命令启动的。清单 13 - 7 展示了这个命令的语法。

清单 13 - 7　应用 xm restore

```
xm restore filename
```

执行这个命令后，Xen 将恢复位于特定 filename 处的客户机状态。一个客户机域的数字域 ID 并不是通过保存和恢复功能来保存的，所以不需要考虑避免 ID 冲突——当从检查点文件恢复客户机时，一个独一无二的 ID 将自动被分配。

在 Domain0 中，我们现在在当前工作目录中拥有一个域的状态文件，它是通过执行 ls 命令得到的，如清单 13 - 8 所示。

清单 13 - 8　检查点文件

```
[root@dom0]# xm list
Name                    ID Mem(MiB) VCPUs State   Time(s)
Domain-0                 0    511      2 r-----  1702.2
[root@dom0]#
```

需要注意的是，通过执行 xm list 命令可知，当前没有客户机域存在于 Domain0 中，如清单 13 - 9 所示。

清单 13 - 9　Domain0 中运行的域（恢复工作完成之前）

```
[root@dom0]# xm list
Name                    ID Mem(MiB) VCPUs State   Time(s)
Domain-0                 0    511      2 r-----  1702.2
[root@dom0]#
```

为了从我们的检查点文件恢复域，我们将检查点文件名作为参数执行 xm restore 命令，如清单 13 - 10 所示。

清单 13 - 10　利用 xm restore 恢复客户机状态

```
[root@dom0]# xm restore TestGuest.checkpt
[root@dom0]#
```

我们知道,当我们能够观察到 TestGuest 存在于 Domain0 中时,恢复工作就完成了。可以通过执行 xm list 命令进行查看,如清单 13 - 11 所示。直到恢复工作完成时 xm restore 命令才会返回。一旦 TestGuest 从状态文件中恢复,它将从被挂起时的断点继续运行,虽然此时网络连接可能已经超时。

清单 13 - 11　Domain0 中运行的域(恢复工作完成之后)

```
[root@dom0]# xm list
Name                        ID Mem(MiB) VCPUs State    Time(s)
Domain-0                     0     511    2 r-----    1795.9
TestGuest                    2      63    1 -b----       0.4
[root@dom0]#
```

Xen 的域保存和恢复功能具有一些潜在的应用场合。例如,从检查点恢复的能力可以潜在的应用于开发一个快速崩溃恢复程序,其中客户机被恢复到一个默认的状态,这比重启要快的多。相似的,调试或测试对系统的改变时它也非常有用。通过允许管理员快速保存可恢复的检查点,当失败时可以还原到所保存的状态。但通过提供一个映像无法简单的执行快速安装,因为检查点文件并不包括客户机文件系统的内容;相反,如果在特定执行状态下想要在客户机中进行安装,那么快速安装和零设置安装需要一个客户机的文件系统映像和一个随意的检查点文件。

13.2.3　可能的保存错误和恢复错误

清单 13 - 12 展示了在用户指定的路径位置没有足够的磁盘空间时,存储客户机的检查点文件出现的错误。应该释放一些空间或指定一个不同的路径来存储检查点文件以解决此问题。如果指定的检查点文件名与一个已经存在的文件的名字相同,那么 xm save 将会覆盖那个已存在的文件而没有任何警告信息。

清单 13 - 12　Error:xm_save failed

```
[root@dom0]# xm save TestGuest TestGuest.checkpt
Error:/usr/lib64/xen/bin/xc_save 46 82 0 0 0 failed
Usage:xc save <Domain> <CheckpointFile>
Save a domain state to restore later.
[root@dom0]#
```

清单 13 - 13 中所示的错误消息会在一些环境中发生。当包含在所指定的检查点文件中的域已经运行时,这个消息通常会出现。如果指定的检查点文件被破坏或无效,或者在主机系统中没有足够的 RAM 来恢复用户所指定的检查点文件所包含的客户机时,这个消息也可能会出现。

清单 13 - 13　Error:Restore failed

```
[root@dom0]# xm restore TestGuest.checkpt
Error:Restore failed
Usage:xm restore <CheckpointFile>
```

Restore a domain from a saved state.
[root@dom0]#

清单13-14显示了不同类型的恢复错误。当检查点文件不可访问时将会出现这些错误。造成不可访问的原因可能是你所指定的检查点文件并不存在、由于权限而无法访问或由于设备错误而无法读取数据。

清单13-14 当 xm restore 无法读取文件时的错误消息

[root@dom0]# xm restore TestGuest.checkpt
Error: xm restore: Unable to read file /root/TestGuest.checkpt
[root@dom0]#

13.3 客户机迁移类型

通过网络将一个客户机操作系统从一台物理主机较容易的移动到另一台物理主机的能力对于一些管理任务来说是很有用的,如负载平衡或处理定期的维护任务。Xen 提供了完整的重定位或迁移功能,图13-2提供了说明支持。对于准备、传输和从一个主机到另一个主机恢复客户机的过程管理,它提供了帮助。

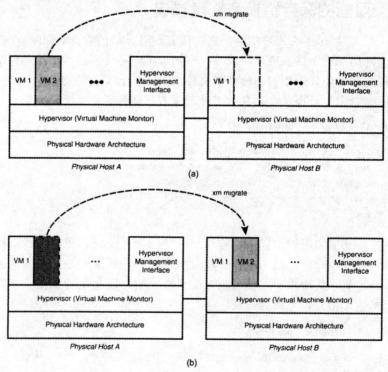

图13-2 出于各种管理目的客户机会在不同的 Xen 服务器之间重定位(迁移)

出于比较的目的,我们通过介绍静态冷迁移的概念来开始关于客户机重定位的讨论。在静态冷迁移中,管理员需要手动复制所有的用于限定客户机到不同主机上的文件,并在新的位置执行 xm create 开始新的客户机的创建。然后我们会讨论 Xen 的完整的迁移功能,它会自动操作两个通过网络进行客户机重定位的范例——静态暖迁移和动态迁移。对于静态暖迁移(也被叫做规则迁移),客户机被挂起在源主机上,所有相关的状态信息都被转移到了目的主机上,在其状态和内存被安全重定位后这个客户机就可以被恢复了。这个过程实际上与在客户机记录检查点,手动复制检查点文件到另一个主机,并在新主机上恢复客户机是一样的。静态暖迁移不会保存运行中的网络连接,但会暴露给客户停机时间;但对于动态迁移,一个被传输的客户机不会被挂起,它的服务和连接不会被保存但会一直继续而不被中断。

13.3.1　静态冷迁移

静态冷迁移是由手工完成的,并不需要 Xen 的完整迁移功能的帮助。对这个手动过程的理解会对更好的理解和评价 xm migrate 命令有所帮助。

通过确定一个停止的客户机的配置文件存在于两个主机之中,而且它的文件系统对两个主机是可用的,我们就可以在这两个主机之间对此客户机进行重定位了。有两种方法可以实现这一目标。当两个主机共享潜在的存储设备(网络与存储设备相连接)时,就可以实现第一种方法。第二种方法包括从源主机手动复制配置文件和文件系统到目的主机硬件的过程。对于后一种方法,手动复制可能会花费大量的时间,因为一个客户机的文件系统可能会很大。传输一个客户机的文件系统和配置文件可以通过手工方法进行,例如通过使用光学介质或 FTP/SFTP 等。一个更简单的方法是把客户机的文件系统存储到与网络相连的存储设备中,从而没有必要使源主机和目的主机都获得客户机的文件系统。

一个正在运行的客户机也可以利用这种方法被重定位,但必须首先被挂起到一个检查点文件中。一个客户机域可以利用 xm save 命令记录检查点。一旦被挂起,这个客户机就可以通过确定它的文件系统、检查点文件、配置文件在目的主机上都可用而被重定位。当两个物理主机共享相同的潜在存储设备时,这与用 xm migrate 执行的下一个重定位类型——静态暖迁移等价。

如果两个物理主机没有共享存储着所有需要文件的存储系统,静态暖迁移也可以通过手动拷贝的方法进行。一旦 3 个部分在所渴望的目的主机上可用,客户机就可以应用 xm restore 命令重新变成活跃状态。一个提醒就是在两个不同的主机上针对同一个客户机域同时执行 xm create,会产生很严重的分歧。虽然配置文件和操作系统内核不会被破坏,但多客户机直接操纵同一个存储装置将很可能导致文件系统崩溃。

13.3.2　静态暖(规则)迁移

　　一个客户机域的静态暖迁移或规则迁移是一个综合的过程,包括在初始主机上暂停其客户机的所有进程、从初始主机将客户机的内存和进程转移到目的主机和在目的主机恢复客户机的执行。静态暖迁移能够使一个域从一个物理主机迁移到另一个物理主机中,在这个过程中只是暂时的暂停客户机的运行,而不需要关机和重启。图 13－3 对其进行了说明。在两个主机之间进行规则客户机域的迁移时,对于负载平衡、新旧硬件间的转移或停止物理主机而进行维护、同时在其他主机上采用此客户机等要求,Xen 提供了一种快速、简单而完整的方法。

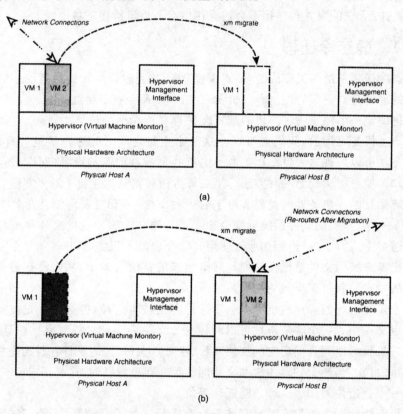

图 13－3　对于静态暖迁移来说,在迁移之前源主机的客户机会被暂时挂起,在其内存信息被转移后将可以在目的主机上恢复

　　迁移要求客户机内存中的内容被转移、I/O 事务暂时停止、CPU 状态被转移和网络连接在目的主机上被重新路由并恢复等。Xen 当前不支持在不同主机之间进行自动的客户机文件系统的镜像操作,也不支持客户机文件系统的自动转移,因为在迁移期间复制整个根文件系统经常是太麻烦而无法在短时间内完成。所以,如果 Xen 用户想要应用 Xen 的完整迁移支持,当前需要配置客户机通过网络共享来访问它们

的文件系统,这对源和目的主机都是可用的。对于规则迁移,一个被挂起的客户机域是容易处理其内存页的转移的,但如果允许客户机继续运行,那么内存页会不断的改变。挂起客户机也会满足使 I/O 停止的需要。

13.3.3　动态迁移

把一个客户机域从一个物理主机迁移到另一个物理主机,仅这一能力已经是很有意义了。但通过暂时挂起然后恢复客户机的迁移方法并不适用于所有的应用。这个迁移的过程可以引起停机,而这对于系统用户来说是可以察觉的。这种停机可以是几秒或几分钟,这取决于网络基础设施和分配给客户机的内存数。静态暖迁移或规则迁移不适用于在迁移的过程中不停止客户机上的服务的情况。但在那种情况中,维护迁移客户机的当前状态、操作和网络连接的能力是需要的。

Xen 的第三种形式的重定位即动态迁移,能够使一个域处于运行状态且在不终止其服务或连接的情况下进行迁移,图 13 - 4 对其进行了说明。一个客户机的动态迁移就是无缝地把它的执行移动到一个新的物理主机上的过程,包括从源主机中重定向和在新位置建立网络连接。

动态迁移比规则迁移复杂得多,主要是因为客户机被复制时它的状态是不断改变的。这就要求一个反复复制状态信息的过程,检查在迁移的过程中哪些状态改变了,然后复制已改变的状态。

使属于一个活跃客户机的内存在另一个不同的主机系统中也可用是有困难的,因为正在执行的进程和从磁盘换进换出的内存页在不断地改变着内存的内容,而且不断地使所尝试的拷贝过期。类似于一个客户机的规则迁移,Xen 的动态迁移也必须转移和储存 CPU 寄存器的状态、暂停 I/O 事务并在目的主机上重新路由和恢复网络连接;然而对于动态迁移,这些事件在某种程度上必须在足够小的时间段内发生,以至于对客户机的服务不会产生可感知的停顿。另外,类似规则迁移,一个客户机的文件系统必须对源和目的主机都是可用的。

Xen 的动态迁移的执行包括应用一个标准迭代多路算法来连续的转移虚拟机客户机的内存。源 VM 和目的 VM 经过初步协商确定接收方主机的资源充足后,客户机内存最初的传递便以传递每个页到目的主机的方式开始了。对于每个连续的迭代过程,只有那些在这期间变脏的客户机内存页才会被传递。直到剩余的脏客户机内存页数量足够少以至于这些页能够很快地被传递或者每一路传递的脏内存页没有减少,这个进程才会被执行。那时,系统实际上已经停止了,并且传送给新主机的最终状态和控制信息已经完成了。在大多数情况下,这最后一步可以非常快地完成,以至于不会出现客户可感知的延时,也不用对运行的网络连接进行保存。

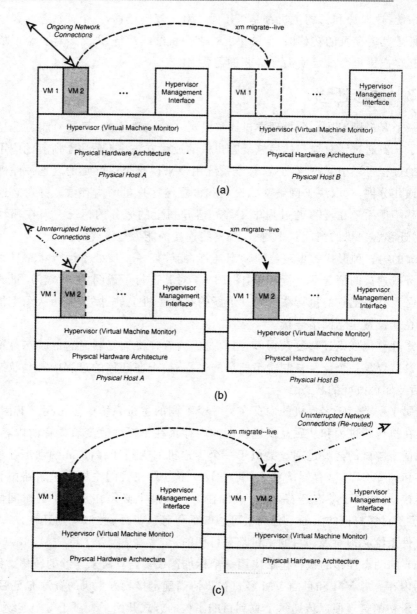

图 13－4　对于动态迁移来说，在重定位期间客户机域继续在运行且仍然可用，客户的服务连接也没有被中断

13.4　为 xm migrate 做准备

为了支持规则迁移和动态迁移，Xen 的配置文件必须包括以下内容：

（1）两个或更多用来监听重定位请求的带有 xend 并经过配置的物理主机。

（2）主机是同一 lay-2 网络的成员。

（3）对于源和目的主机的客户机都可用的存储服务器，它提供了对客户机根文件和所有其他文件系统的网络访问。

（4）源和目的主机客户机的配置文件。

（5）目的主机中拥有足够的资源来支持将要到达的客户机。

（6）源和目的主机所运行的 Xen 具有相同的版本。

在下面的部分我们会对其中的每一步进行详细的阐述。

13.4.1　配置 xend

为了使重定位（迁移）支持在主机之间应用，我们必须首先编辑它们的 xend 配置文件。对于每个主机的/etc/xen/xend-config.sxp（或者/etc/xen/xend.conf），如果有必要（需要注意的是这些行可能不是直接在一起的），则可以从下面每一行的开头移除注释字符（"#"），如清单 13 - 15 所示。

381

清单 13 - 15　/etc/xen/xend-config.sxp 示例　建立重定位支持之前

```
#(xend-relocation-server no)
#(xend-relocation-port 8002)
#(xend-relocation-address '')
#(xend-relocation-hosts-allow '')
```

在 xend-relocation-server 一行中，要确保值被设置为 yes。这允许 xend 监听来自其他主机的重定位请求，这样才能接收被重定位的客户机。这些行现在如清单 13 - 16 所示。

清单 13 - 16　/etc/xen/xend-config.sxp 示例　建立重定位支持之后

```
(xend-relocation-server yes)
(xend-relocation-port 8002)
(xend-relocation-address '')
(xend-relocation-hosts-allow '')
```

第二行和第三行为将要到来的迁移请求指定 xend 应该监听的端口和地址。用户可以改变 xend-relocation-port 或者使用其默认值，端口 8002。使 xend-relocation-address 区域的单引号之间为空白，这样配置可以使 xend 监听所有的地址和接口。第四行可以把对特殊主机的迁移访问限定在某些主机上。将这个区域设置为空白，则允许所有对 xend 一直在监听的重定位端口和地址具有网络访问权的主机进行迁移的协商。将这些区域设置为空白能够满足测试的需要，但对于产生式系统并不能提供一种理想的安全级别。一个更好的思想是指定一些主机并允许其与特定主机进行迁移的协商，和/或创建一个单独的、安全的网络用于客户机迁移。当然为了更加安全，一个好主意是两个都进行配置。

非常必要的一点是,重定位服务只对信任的系统可访问,对于动态迁移来说只有通过信任网络才可以进行。通过信任网络进行迁移是非常重要的,因为在迁移时,从源主机到目的主机转移的客户机内存的内容是以行且未加密的形式传递的。内存中可能包含一些敏感的数据,可以被处于同一共享网络的能够扫描迁移运输的主机所拦截。另外在主机上允许不加限制的访问重定位服务,将允许攻击者向主机发送一个欺骗性的客户机域数据,并可能劫持或损坏系统和网络资源。无论何时只要可能,源主机和目的主机上的 xend-relocation-address 都应该被设置成一个连接于独立管理网络的接口地址,这样迁移就可以在一个不存在不信任主机(互联网)的环境中进行了。理想情况下,为了得到最好的结果,传输介质应该是高速的。拥有一个隔离的网络用于迁移且只在这个网络上监听重定位请求,这么做就可以在物理上阻止不信任的主机访问重定位端口或探测迁移客户机的内存内容,这自然地增加了 Xen 配置的安全性。请阅读第 11 章"保护 Xen 系统",来获得使 Xen 配置更加安全的提示。

为了使 xend 的重定位服务只监听一个地址,就要在 xend 配置中明确指定此地址。例如,地址 10.10.3.21 与一个网络接口绑定并对 Domain0 是可用的,清单 13 - 17 中显示的设置使 xend 的重定位服务只监听发送给 10.10.3.21 的重定位请求。如果不受欢迎的主机在与特定地址建立连接时,由于防火墙规则或由于被绑定在一个与独立管理网络相连的网络接口之上,而使其被阻塞,那么这种配置特性将帮助加强主机重定位服务的安全。

清单 13 - 17　xend 绑定一个重定位地址的示例

```
(xend - relocation - address '10.10.3.21')
```

指定一个受限制的并被允许与重定位服务相连接的主机集合需要一种格式,而这种格式就是一个正则表达式清单,这个清单由空格分开并指定了被接受的主机。例如,清单 13 - 18 中的例子将使一个特殊主机只监听来自自己和自身网络域主机的迁移请求。主机 IP 地址也可以在这一行被列出。通过附加的良好的防火墙设置,或设置 xend-relocation-hosts-allow,也可以达到仅使某些特定的主机访问重定位服务的目的。在这个区域中任何与正则表达式清单中的项相匹配的主机都将被允许与本地主机协商迁移。

清单 13 - 18　限制所允许的源主机的示例

```
(xend - relocation - hosts - allow '^localhost $ ^. * 。our - network。mil $ ')
```

对于样例配置,我们想让主机 Domain0_Host1(10.0.0.1)和 Domain0_Host1(10.0.0.2)只接受它们自己和彼此的请求,但不幸的是,主机在只用于重定位的独立网络上没有单独的真实或虚拟的网络接口。需要记住的是这种客户机设置比使用独立网络和接口进行客户机重定位要不安全的多。示例 Domain0_Host1 的 xend 配置文件显示,xend 被配置为只接受来自它自己的主机和 Domain0_Host2 的迁移请求,如清单 13 - 19 所示。

清单 13 - 19　Domain0_Host1 的 xend 配置文件示例

```
# dom0_Host1 (10.0.0.1)
# Xend Configuration File
#


# = Basic Configuration =
(xend-unix-server yes)
(xend-unix-path /var/lib/xend/xend-socket)


# =*= Relocation Configuration =*=
(xend-relocation-server yes)   # Enable guest domain relocation
(xend-relocation-port 8002)                                        ➟
    # Port xend listens on for relocation requests
(xend-relocation-address '')
    # Interface to listen for reloc requests [ALL]                 ➟
(xend-relocation-hosts-allow '^localhost$                          ➟
    ^localhost\\.localdomain$ 10.0.0.2')
    # Hosts that are allowed to                                    ➟
    send guests to this host [only 10.0.0.2!]


# = Network Configuration =
(network-script network-bridge)
(vif-script vif-bridge)

# = Resource Configuration =
(dom0-min-mem 256)
(dom0-cpus 0)
```

同样地，针对 Domain0_Host2 的 xend 配置文件示例，xend 被配置为只接受来自它自己的主机和 Domain0_Host1 的请求，如清单 13 - 20 所示。

清单 13 - 20　Domain0_Host2 的 xend 配置文件示例

```
# dom0_Host2 (10.0.0.2)
# Xend Configuration File
#

# = Basic Configuration =
(xend-unix-server yes)
(xend-unix-path /var/lib/xend/xend-socket)


# =*= Relocation Configuration =*=
(xend-relocation-server yes)   # Enable guest domain relocation
```

```
(xend-relocation-port 8002)                              ➥
        # Port xend listens on for relocation requests
(xend-relocation-address '')                             ➥
        # Interface to listen for reloc requests [ALL]
(xend-relocation-hosts-allow '^localhost$               ➥
        ^localhost\\.localdomain$ 10.0.0.1')
        # Hosts that are allowed to                      ➥
        send guests to this host [only 10.0.0.1!]


# = Network Configuration =
(network-script network-bridge)
(vif-script vif-bridge)


# = Resource Configuration =
(dom0-min-mem 256)
(dom0-cpus 0)
```

13.4.2　网络上源与目的的接近度

　　为了使客户机迁移成为可能，源和目的主机需要是同一 layer-2 网络和 IP 子网的成员。这是因为 Xen 对于一个客户机的服务在迁移前后需要维持其相同的环境，包括相同的 IP 和 MAC 地址。一个客户机的 IP 和 MAC 地址是随客户机一起被传送的，以至于一旦其迁移完成后，它的网络服务对其他主机仍然可访问。

　　数据包重定向到新主机通常是通过地址解析协议（ARP）完成的，这一协议与连网硬件关系非常紧密。如果源主机和目的主机位于不同的子网，那么连接必须以一种更复杂的方法重定向到远程目的主机——例如，通过在 Domain0 上应用隧道技术（tunneling）、"移动-IP"、动态 DNS 或者在应用层重定向。这些被提议的方法除了增加管理复杂性外，它们还会引起一些令人不快的结果，如增加开销、执行周期，如果采用隧道技术的话甚至会增加带宽使用量。由于诸如此类的结果，在这些方法执行期间，Xen 不会向不在同一 layer-2 网络和 IP 子网的主机之间提供完整的能力，来进行客户机的迁移。像 Domain0 中 IP 隧道等解决方法在需要时必须手工配置。在许多情况下，地理上隔离源主机和目的主机的需要与能够从源位置转移所有依赖性的需要相符；所以隧道技术是不可行的，因为在其隧道的末端，它依赖于源位置来维护资源。

13.4.3　网络可访问的存储

　　回忆一下，支持 Xen 客户机的迁移，要求客户机的根文件系统位于某种能够相互共享的存储设备中。Xen 在 Domain0 级别上还没有提供自动产生本地存储卷映像的功能，虽然目前探索这种可能性的工作正在进行中。因此对于每个被迁移客户机来说,有必要使其文件系统映射到网络共享设备中,因为对于一个客户机来说,在最初主机上可用的本地设备随着迁移的进行,在目的主机上这些本地设备将变成不可用。

有一些方法可以使一个客户机的文件网络可访问,包括 NFS,iSCSI,AoE,GNBD 和许多其他方法。如 iSCSI,ATA-over-Ethernet 和 GNBD 等服务通过网络共享访问块设备卷,而像 NFS 等服务共享访问文件系统的一部分。可以查阅第 8 章"存储客户机映像"来了解关于配置适当网络存储设备的更多细节,比如这一部分中所讲到的设备。

13.4.4　客户机域的配置

我们配置了客户机的虚拟块设备、对映射到 ATA-over-Ethernet(AoE)共享卷的根文件系统进行了存储。在所设定的前提下可以使用对自己的需要最方便的任何网络存储设备。首先我们在所有的主机上都设置 AoE 启动程序(客户)。然后在 AoE 共享设备上创建一个 LVM 卷组和卷标,作为客户机 root 和交换逻辑分区的实例。我们在客户机配置文件中定义了一个虚拟磁盘并指向共享块设备,它也使用 pygrub 作为引导加载程序。

源和目的 Xen 主机中需要迁移的客户机都需要一个配置文件,主机也是一样的,因为源主机和目的主机对于客户机虚拟块设备将具有同等的访问能力。我们把这个例子中的客户机叫做 TestGuset,清单 13 - 21 展示了/etc/xen/TestGuset 的配置文件,这对源主机和目的主机来说是相同的。如果需要应用一个网络块存储设备服务,但 LVM 没有被启用,那么可以配置 disk 一行,使其直接指向与 Domain0 中适当的网络块设备(位于/dev/tree)相对应的设备。

清单 13 - 21　/etc/xen/TestGuset 示例　两端 Domain0 主机同时具有 LVM 和 ATA -over-Ethernet

```
name = "TestGuest"
memory = "64"
disk = [ 'phy:/dev/VolumeGroup0/TestGuest-volume,xvda,w' ]
vif = [ 'mac=00:16:3e:55:9d:b0, bridge=xenbr0' ]
nographic=1
uuid = "cc0029f5-10a1-e6d0-3c92-19b0ea021f21"
bootloader="/usr/bin/pygrub"
vcpus=1
on_reboot   = 'restart'
on_crash    = 'restart'
```

清单 13 - 21 展示的配置文件为网络存储服务而工作,而这些服务会输出整个块设备;然而,因为 NFS 会输出一个文件系统但却不是以行的形式访问块设备,所以配置拥有 NFS 共享的根文件系统稍微有些不同。主要的不同是客户机配置文件将不会定义一个指向共享块设备的虚拟块设备,取而代之的是配置一个 NFS 服务器来存

储客户机的根文件系统。一个在 TestGuset 中的 NFS root 会在两端主机上根据/
etc/xen/TestGuset 的配置文件进行设置,如清单 13 - 22 所示。

清单 13 - 22　/etc/xen/TestGuset 示例　两端 Domain0 主机都具有 NFS

```
name = "TestGuest"
memory = "64"
vif = [ 'mac=00:16:3e:55:9d:b0, bridge=xenbr0' ]
nographic = 1
uuid = "cc0029f5-10a1-e6d0-3c92-19b0ea021f21"
bootloader = "/usr/bin/pygrub"
vcpus = 1
root = "/dev/nfs"
nfs_server = '10.0.0.40'                  # Address of our NFS server
nfs_root = '/XenGuestRoots/TestGuest'
       # Path on server of TestGuest's root
on_reboot    = 'restart'
on_crash    = 'restart'
```

13. 4. 5　对版本和物理资源的要求

除了源主机和目的主机需要运行 Xen 的相同版本以允许迁移外,目的主机也必
须具有足够的可用资源来支持将要到达的客户机。目的主机必须能够访问没有分配
给 Domain0 或其他域的内存来处理即将到达的客户机,最小内存需求量与分配给源
主机客户机的内存量相等,并加上一个额外的 8MB 内存用于暂时存储。

13. 5　了解 xm migrate

Xen 的内部重定位功能支持静态暖迁移和动态迁移。通过 xm migrate 命令可
以使这种功能可用。

13. 5. 1　xm migrate

这个命令最少要带有两个参数,分别是将要被迁移的客户机域 ID 和迁移至目的
主机的 ID。如果目的主机中存在具有相同域 ID 的域,迁移仍然会发生,只是在目的
主机中客户机会被分配一个不同的域 ID。清单 13 - 23 展示了这个命令的语法。

清单 13 - 23　应用 xm migrate

```
xm migrate domain_id destination_host [ - l| - - live] [ - r| - - resource rate]
```

xm migrate 支持两个参数选项:-live 和-resource。-live 参数指定将要执行的迁
移方式是动态迁移。如果-live 没有被使用,规则迁移将是被执行的迁移类型。为了
减少网络的饱和度,选项-resource 和一个被指定的 M/s 的 rate 将会被用来明确指

定迁移期间的数据传输速度。当使用专门为执行迁移而设置的私有网络时,-re-source 参数通常是不必要的,在可能保证最佳吞吐量的情况下也最好避免使用这个参数;然而,如果一个单一网络甚或一个主机上的单一网络接口对迁移和通常的客户机网络通信是共享的,那么提供这个参数来减小网络的饱和度,从而使来去客户机的连接不会被动态的影响,也许是一个明智的做法。

通过 xm migrate 命令使 Xen 的重定位功能接口化,从而使客户机重定位成为一个简单的任务。我们会应用 xm migrate 命令来执行规则迁移和动态迁移。

13.5.2 对静态暖迁移应用 xm migrate

下一步为了用示例客户机从当前的 Domain0_Host1 到目的客户机 Domain0_Host2(10.0.0.2)执行一次静态暖迁移,我们在 Domain0_Host1 的一个控制台运行 xm migrate 命令,如清单 13 - 26 所示。

清单 13 - 26 利用 xm migrate 执行静态暖迁移

```
[root@dom0_Host1]# xm migrate 1 10.0.0.2
[root@dom0_Host1]#
```

迁移完成后,TestGuest 将在 Domain0_Host2 上运行。在 Domain0_Host2 的一个终端上运行 xm list,可以检查到这一过程成功结束且客户机已经存在于 Domain0_Host2 中。如清单 13 - 27 所示。

清单 13 - 27 运行在 Domain0_Host2 上的域

```
[root@dom0_Host2]# xm list
Name                      ID Mem(MiB) VCPUs State   Time(s)
Domain-0                  0     511    2 r-----   710.1
TestGuest                 4      63    1 -b----    16.2
[root@dom0_Host2]#
```

为了证明迁移后具有相同 IP 地址和主机名的客户机仍可访问,我们从网络中的一般工作站重复执行 ping 命令,如清单 13 - 28 所示。

清单 13 - 28 静态暖迁移后用相同 IP 地址证明远程可访问性

```
[root@Other_Workstation]# ping TestGuest
PING TestGuest (10.0.0.5) 56(84) bytes of data.
64 bytes from TestGuest 10.0.0.5: icmp_seq = 1 ttl = 64 time = 2.99 ms
64 bytes from TestGuest 10.0.0.5: icmp_seq = 2 ttl = 64 time = 2.27 ms
64 bytes from TestGuest 10.0.0.5: icmp_seq = 3 ttl = 64 time = 2.53 ms
64 bytes from TestGuest 10.0.0.5: icmp_seq = 4 ttl = 64 time = 2.43 ms
[root@Other_Workstation]#
```

处于网络中的这个域就像迁移之前一样仍可访问。

13.5.3　对动态迁移应用 xm migrate

现在示范怎样执行一个客户机域的动态迁移。首先让我们来检查存在于 Domain0_Host1 中的客户机域 TestGuest。通过执行 xm list 来做到这一点，如清单 13－29 所示。

清单 13－29　运行在 Domain0_Host1 上的域

```
[root@dom0_Host1]# xm list
Name                    ID Mem(MiB) VCPUs State   Time(s)
Domain-0                 0    511       2 r-----   7170.6
TestGuest                1     63       1 -b----     15.1
[root@dom0_Host1]#
```

这里我们会看到 TestGuest 存在于 Domain0_Host1 之上。客户机域 TestGuest 是我们将要再一次迁移的域，只是这一次我们将执行动态迁移。为了准备这次示范，之前在样例客户机上安装了 Apache HTTP Web 服务器，并且它公布了一个包括大文件的目录。为了证明动态迁移期间和之后客户机的连接的持久性，我们从网络中的一个独立工作站上开始下载一个大文件，如图 13－5 所示。在执行动态迁移之后观察下载的状况，从而确定在整个过程中连接到客户机的服务一直是没有被中断的。我们也会展示一个包括持续 ping 命令的测试，用来说明在迁移期间当通过网络访问客户机时暂时增加的等待时间。

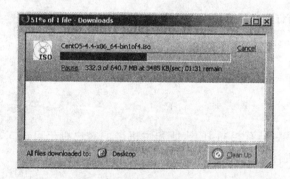

图 13－5　在网络中另一台电脑与我们的客户机域的连接
已经建立，客户机开始向我们提供一个大文件

下一步我们请求从当前主 Domain0_Host1 动态迁移示例客户机到目的主机 Domain0_Host2(10.0.0.2)，这一过程通过 xm 接口进行。我们在源主机 Domain0_Host1 上通过执行 xm migrate 来做到这一点，如清单 13－30 所示。

清单 13－30　利用 xm migrate － live 执行动态迁移

```
[root@dom0_Host1]# xm migrate--live 1 10.0.0.2
[root@dom0_Host1]#
```

迁移完成之后，TestGuest 将完全存在于 Domain0_Host2 之上。在 Domain0_
Host2 的一个终端上运行 xm list 会检查到这一过程成功结束且客户机当前已经存
在于 Domain0_Host2 中。如清单 13-31 所示。

清单 13-31　运行在 Domain0_Host2 上的域

```
[root@dom0_Host2]# xm list
Name                             ID Mem(MiB) VCPUs State    Time(s)
Domain-0                          0     511     2   r-----   4314.2
TestGuest                         6      63     1   -b----     17.4
[root@dom0_Host2]#
```

为了确定动态迁移对示例客户机的连接不会产生任何破坏，我们观察在客户工
作站上的下载情况，如图 13-6 所示。

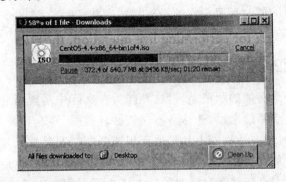

图 13-6　迁移期间与之后我们的客户机域的连接仍然没有中断

迁移期间虽然下载文件时的速度在不断减小，但连接并没有断开。从用户角度
来说，客户机域被传送到 Domain0_Host2 期间和之后，它仍然是完全可访问的。

这个示例中在动态迁移期间，在一个独立的工作站上运行 ping 命令来说明等待
时间的增加。在 TestGuest(10.0.0.5)从 Domain0_Host1 动态迁移至 Domain0_
Host2 之前、期间和之后，设置这个测试来持续执行 ping 命令。清单 13-32 展示了
ping 命令的结果。

清单 13-32　动态迁移期间客户机的等待时间

```
[root@Other_Workstation ~]# ping TestGuest
PING TestGuest (10.0.0.5) 56(84) bytes of data.
64 bytes from TestGuest (10.0.0.5): icmp_seq = 1 ttl = 64 time = 2.29 ms
64 bytes from TestGuest (10.0.0.5): icmp_seq = 2 ttl = 64 time = 1.06 ms
64 bytes from TestGuest (10.0.0.5): icmp_seq = 3 ttl = 64 time = 1.07 ms
64 bytes from TestGuest (10.0.0.5): icmp_seq = 4 ttl = 64 time = 1.05 ms
64 bytes from TestGuest (10.0.0.5): icmp_seq = 5 ttl = 64 time = 5.77 ms
64 bytes from TestGuest (10.0.0.5): icmp_seq = 7 ttl = 64 time = 6.13 ms
64 bytes from TestGuest (10.0.0.5): icmp_seq = 8 ttl = 64 time = 4.06 ms
```

```
64 bytes from TestGuest (10.0.0.5): icmp_seq = 9 ttl = 64 time = 1.08 ms
64 bytes from TestGuest (10.0.0.5): icmp_seq = 10 ttl = 64 time = 1.09 ms
64 bytes from TestGuest (10.0.0.5): icmp_seq = 11 ttl = 64 time = 1.08 ms
64 bytes from TestGuest (10.0.0.5): icmp_seq = 12 ttl = 64 time = 1.11 ms
[root@Other_Workstation ~]#
```

　　利用 Xen 的方法进行动态迁移,客户机域通常的不可达时间只有 50ms。由于此域的网络连接会短暂的处于静止状态,从连接到这个域的客户计算机的角度来说,客户机域不应该有明显的停机时间。不应该发生中断活跃连接的情况,因为客户机域不可用的时间类似于网络等待时间中暂时浪涌(surge)的影响。即使迁移一个计算机游戏服务器,长期的等待时间对用户来说经常会明显影响应用性能,这个实际存在的等待时间通常不会被注意(从一个著名的示例就可以明白这一点,动态迁移 Quake 游戏服务器的同时玩家仍然处于连接状态并参与着游戏)。无法被感知是产生动态迁移工作这一假象的主要原因。

13.5.4　可能的迁移错误

　　迁移虽然是一个有趣的示范品,但这种能力在实际中需要时它就变得更加重要了。实际上对于生产系统来说,迁移是不应该被轻视的一项内容。当计划迁移额外的客户机到主机时,考虑计算能力和其他可用资源的情况是非常重要的。一个很容易犯的错误就是在负载平衡时使所有的主机都处于饱和状态,然后过一段时间又试图从一个重负载的主机迁移客户机到另一个缺少可用资源而无法满足要求的主机。应该记住的关键是,如果由于资源的限制主机无法正常支持一个特殊的客户机,那么对于迁移这个客户机来说,此目的主机并不是可行的。因此一些针对迁移的基础设施和应对迁移中意外情况的计划要纳入考虑之列。

　　系统处于极度负载状态且性能明显降低到无法接受的程度,这种情况可能是由从一个繁忙的主机迁移客户机到另一个繁忙的主机造成的。所以明智的做法是在同一主机中拥有额外的客户机,并尽量把不同类型负载的客户机混合在一起以使对主机中的相同资源的竞争最小化。

　　当采取下面的措施时就可能遇到清单 13 - 33 中的问题:

　　(1) 目的主机没有足够的内存来完成迁移而使客户机域处于无法运行的僵死状态。

　　(2) 在源客户机中 xm migrate 命令被过早终止。

清单 13 - 33　"Zombie-migrating"客户机清单

```
[root@dom0_Host1]# xm list
Name                            ID Mem(MiB) VCPUs State    Time(s)
Domain-0                         0      191     2 r-----   49980.3
Zombie-migrating-TestGuest      14      256     1 ---s-d    1421.6
[root@dom0_Host1]#
```

　　不幸的是,在写作本书的时候如果遇到这种情况,僵死的客户机是无法被销毁的,主机需要重启来解决这一问题。对于僵死的内存消耗的一个可能的变通方法是应用 xm mem-set 减小分配给它的内存数至所允许的最小值(1MB)。

小　结

　　在这一章中,我们探讨了 Xen 针对客户机域检查点和迁移的完整功能,它可以使这些任务对系统管理而言琐碎但有用。Xen 通过简单易用的 xm save 和 xm restore 命令保存和恢复客户机域的状态。设置客户机检查点的能力使以下情形成为可能:暂停并在以后恢复客户机的执行、用于比重启更快的崩溃恢复机制的回滚客户机状态、自然状态下在主机之间转移客户机等。

　　Xen 对迁移的完整支持使在截然不同的物理主机之间重定位客户机比手动重定位客户机映像的方法更直观。迁移用 xm migrate 命令执行,并用-live 选项进行动态迁移操作。动态迁移对于崩溃避免、负载均衡和在不中断重要的虚拟机操作的情况下进行停机维护尤其有用。

参考文献和扩展阅读

Clark, Christopher et al. "Live Migration of Virtual Machines."
http://www.cl.cam.ac.uk/research/srg/netos/papers/2005 — migration — ns-di — pre.pdf.
Virijevich, Paul. "Live Migration of Xen Domains."
http://www.linux.com/articles/55773.
Xen Users' Manual, Xen v3.0.
http://www.cl.cam.ac.uk/research/srg/netos/xen/readmes/user/user.html.

第 **14** 章

Xen 企业管理工具概述

这章集中讨论在企业环境下运行 Xen 的工具和支持。这些工具的主要用途是提供一个 GUI 接口,使客户机的创建和供应过程简单化。大多数工具也提供管理控制台来控制和监控当前运行的客户机。许多工具对管理多物理主机和它们的虚拟客户机提供支持,包括对在主机间进行客户机迁移的支持。许多工具对以同一方式管理许多虚拟客户机提供支持,例如用户账户管理或数据包管理支持。一些工具专门用于 Xen,而其他一些工具也适用于其他虚拟化系统。我们先以针对 Xen hypervisor 的可编程接口的概述开始,围绕这个接口可以建立诸如上述的系统管理工具。然后针对企业级的 Xen 产品和 Xen 管理软件进行研究。特别地,我们会研究 XenSource 中的 XenEnterprise、XenServer 和 XenExpress、IBM 的虚拟化管理器、Red Hat 的 Virt-Manager、Enomaly 的 Enomalism 和 ConVirt Project 的 XenMan。

14.1　针对 **Xen hypervisor** 的可编程接口

在跳转至 Xen 系统管理工具的研究之前,我们先来描述一种特殊的接口,所有这些管理工具都是基于这种接口建立的。一些接口是 Xen 所特有的,但更多的情形是 Xen hypervisor 正在被修改以支持一个标准接口集,其他虚拟化系统也可以应用这个接口集。这种趋势认识到管理虚拟机所包含的任务是相似的,不论潜在的虚拟化系统是 Xen、VMware、QEMU、KVM 还是其他系统。一些系统也许具有独一无二的特征,但是那些基础操作如创建新的 VM、向 VM 分配资源、启动或停止 VM 以及将 VM 的状态排序等仍然是不变的。许多其他特征都是相似的,不仅遍及虚拟化系统,而且涉及到管理大的物理主机集群。标准接口允许致力于集群管理和虚拟化管理系统的软件开发者用广泛且不同的潜在技术配置它们的软件。标准接口也允许致力于部署和了解某些管理软件细节的系统管理员,在即便变更虚拟化技术的情况下继续使用这些软件。

14.1.1　Libvirt

Libvirt C 工具包(http://libvirt.org)为一些工具和应用程序提供了较高水平的管理接口。Libvirt 的目标是对管理运行于单一物理节点上的客户机或域提供所需要的操作。Libvirt 库不提供高级别的多节点管理特性，例如负载均衡。相反，libvirt 提供低级别的特性，企业级集群管理软件可以应用这些特性建立高级别多节点管理特性。

Libvirt 工具包提供了一个稳定的接口，这个接口隔离了高层软件和潜在的虚拟化环境中的变化。实际上，libvirt 被设计为任何虚拟化环境都可用。每个虚拟化环境都将使高层工具所依赖的 libvirt 接口生效。

在 Xen 系统中，libvirt 的执行将借助 XenStore、Xen hypervisor 调用或通过接口和 Xend 的连接，如 RPC。

14.1.2　Xen-CIM

公共信息模型（CIM）是一个关于标准的集合，它被设计的目的是提高来自不同厂商系统中的系统管理工具的协同工作能力。它使客户能够运行不同种类的集群或数据中心，其中每一部分都可以通过标准接口与其他部分交互，而不再是把客户锁在一个单独的垂直堆栈中的解决方法了。它也允许厂商们集中于最擅长的方面，而不再要求它们都编写客户管理工具。

有一个组织叫做管理任务发布小组（DMTF），它专门监管 CIM 模型、协议、文档、应用和认证的标准化。在 DMTF 中，工作小组集中精力于一些领域，包括虚拟化和集群管理。开源 Xen-CIM 工程的目的是创建第一个开源标准化 DMTF 系统的虚拟化模型工具。企业级集群管理解决方案，包括最初为外部虚拟化系统编写的工具，都可以应用 CIM 作为集成接口。

14.1.3　Xen API

Xen API 是一个 XML – RPC 协议，用于在远程和本地管理基于 Xen 的系统。除了 XML-RPC 调用，还有 Python、C 和 Java 的针对 XML-RPC 接口的绑定。Xen API 包括启动、暂停、挂起、恢复、重启和关闭虚拟机的接口。它传回有用的错误消息，可以用来处理相应的错误。它也包含一个用于请求系统中统计数据和规格数据的接口。

Libvirt 和 Xen-CIM 都能应用一个接口于 xend，叫做 Xen 管理 API 或 Xen API。Libvirt 库和 Xen-CIM 都向高层应用程序和工具提供一个稳定的、标准的、非专用于 Xen 并可以依赖的接口。Xen API 向 libvirt 和 Xen-CIM 等层提供一个低级的针对于 Xen 的接口，它们可以基于此接口进行构建。Xen API 也可用于远程管理基于 Xen 的系统，即使没有企业级集群解决方案。

这些可以通过 xend 中配置文件的 xen-api-server 来实现。

14.1.4　Xend 的传统接口

还有很多针对 xend 的其他接口，它们已经被实现并已经应用了较长一段时间。新的 Xen API 应该及时替换这些接口，但这些接口还是值得了解一下的。很典型的,xend 可以在 8000 接口监听 HTTP 类型的请求。这在 xend 配置文件中涉及 xend-http-server。相似地,xend 可以监听 UNIX 域套接字,通常在/var/lib/xend/xend-socket,这在 xend 配置文件中是 xend-unix-server。Xen API 最直接的祖先是 XML－RPC 服务器接口,由 xend 配置文件中的 xend-unix-xmlrpc-server 实现。所有这些接口都具有相同的目标－－向 xend 提供一个可编程接口,从而能够使用除 xm 后的更高级别的管理工具,并能够对 Xen 客户机进行远程管理。

14.2 Citrix XenServer Enterprise、Standard 和 XenExpress 版本

Citrix Xenserver 产品小组(以前称之为 xenServer)扮演着双重角色,既领导着开源 Xen 社区,又以 Xen 技术为基础生产高附加值的企业级解决方案。它们提供 3 个主要产品——Citrix XenServer Enterprise, Citrix XenServer Standard, 和 Citrix XenServer Express。Express 版本是一个免费的支持 Windows 和 Linux 客户机的数据包。它提供 Xen 单一服务器管理控制台。标准版包括对本地(native)64 位 hypervisor 的支持并带有 MultiServer 管理的 XenCenter 管理控制台,而 Citrix 完全支持此标准版。企业版是最高级别的解决方案,支持灵活的管理一个聚合电脑池和存储资源。它提供了对 XenMotion 动态迁移的支持以及一个带有 MultiServer 和 MultiPool 管理的 Xen 管理控制台。

图 14－1 和 14－2 展示了被 Citrix 合并之前由 XenSource 提供的跨平台

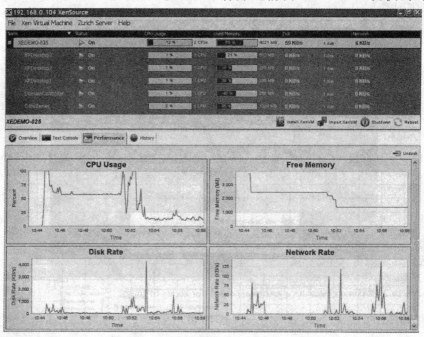

图 14－1 最初的 XenSource 管理控制台

XenSource管理控制台的截屏。它支持从 CD/DVD、ISO 或其他安装源快速且简易地创建新客户机。它也支持对现有客户机的克隆。它允许每个客户机和系统作为一个整体执行，从而便于监管，且能够对资源分配进行动态调整，并具有创建、挂起和恢复客户机的能力。

Citrix Xen Server 和它的 XenCenter 管理控制台的一个示例可以在以下网址获得：www. citrixxenserver. com/Pages/XenEnterprise_Demo. aspx。

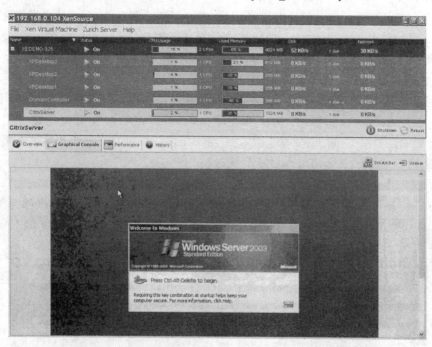

图 14 - 2　XenSource 对访问客户机提供的图形化控制台

作为 Xen 创始人和关键开发人员的家，Citrix XenServer 产品小组是一个可信赖的高性能消息的来源，并提供简单易用的 Xen 解决方案。采用开源的解决方案，可以配置一个没有数量限制的任何类型的 Xen 客户机。同时，应用 XenServer 产品可以明显简化过程，并可以享受来自 Xen 的权威技术支持。

注意：

关于 XenServer 产品的更多信息，Citrix XenServer 产品概述是非常好的资源。可以查看：

http://www. citrixxenserver. com/products/Pages/XenEnterprise. aspx

http://www. citrixxenserver. com/products/Pages/XenServer. aspx

http://www. citrixxenserver. com/products/Pages/XenExpress. aspx

14.3　Virtual Iron

Virtual Iron 是另一家提供完整企业类型虚拟化解决方案的公司。成立于 2003 年的 Virtual Iron 最初采用自己的操作系统，但 2006 年它在其自己的管理软件层下更换为采用 Xen hypervisor。Virtual Iron 为 Windows 和 Linux 客户机提供服务器统一产品。它的焦点集中在全虚拟化、未修改的 HVM 客户机，而不是半虚拟化的客户机。Virtual Iron 与 Vmware 是直接竞争对手。对于 Virtual Iron 的一个经常重复的观点是，它具有提供可以与 VMWare's ESX 服务器相提并论的解决方案的能力，但大约只用其 1/5 的花费。

Virtual Iron 管理软件的一个组件是一个管理控制台，叫做 Virtualization Manager。它与 XenSource 管理控制台具有许多相同的特征，但通常更加完美。虽然 XenSource 是下层 hypervisor 的公认权威，但 Virtual Iron 在自己操作系统上最初使用的管理工具方面，曾经有几年处于领先地位。

Virtual Iron 的 Virtual Manager 是一个基于 Web 的图形化用户接口。图 14－3 展示了一个截屏示例。它支持对客户机性能、资源消耗和动态资源调节（称为 Live-Capacity）的监管。它也提供一系列的高级特征，包括用于支持故障恢复的 LiveRecovery 和用于支持虚拟机动态迁移的 LiveMigrate。

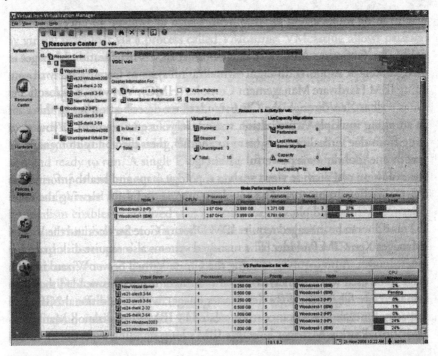

图 14－3　Virtual Iron 的 Virtualization Manager，提供了一个全特征的管理控制台

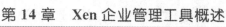

Virtual Iron 平台也包括虚拟化服务。虚拟化服务是一个用来提供对某些事件支持的软件层，包括虚拟存储和网络连接、虚拟服务器资源管理、服务器逻辑分割、高性能驱动程序、热插拔 CPU 以及内存管理。虚拟化服务软件是开源的，其发行遵循 GPL。

Virtual Iron 的软件有 3 个主要的版本。企业版对多物理服务器的虚拟化提供全面支持。专业版可以免费下载使用，但被限制只能管理一台单独的物理主机。社区版向 Xen 的开发社区提供支持，包括 Virtual Iron 的开源虚拟化服务栈。

14.4 IBM 的 Virtualization Manager

管理控制台的另一个选择，也被叫做虚拟化管理器，可以从 IBM 获得。IBM 是最先开展虚拟化的公司。如果在开发环境中正在运行 IBM 服务器，很可能对被称为 IBM Director 的一套完整的系统管理工具很熟悉。IBM 虚拟化管理器是 IBM Director 的一个扩展，它使用户能够管理虚拟机以及分配给虚拟机的资源。特别地是，IBM 虚拟化管理器支持从一个单独的接口发现、虚拟化及管理一个系统集合。如果已经在使用 IBM Director，那么 IBM 虚拟化管理器可以对你当前的开发环境提供一个自然而易于使用的扩展，并允许你高效地管理 Xen 客户机。

不像 XenSource 管理控制台，IBM 虚拟化管理器不是只针对 Xen 的。它支持来自不同厂商的不同虚拟化系统，包括 IBM 的硬件管理控制台（HMC），VMware，Microsoft 虚拟服务器和本章前半部分描述的遵循 CIM 标准的 Xen。如果在开发环境中正在使用多虚拟化系统，或者正在从一种虚拟化系统过渡到另一种虚拟化系统，那么利用一种工具管理所有事情的能力就成为了一种强大的优势。

扩展功能能够为虚拟化环境提供诸如拓扑图和健康信息等视图。拓扑图对于观察虚拟资源和物理资源之间的关系非常有用。

被管理的机器需要 IBM Director Core Services 和 Virtualization Manager Xen CIM Provider。被管理的系统也需要磁盘空间用于 Xen 客户机镜像。利用 Create Virtual Server Wizard 的一个先决条件是当虚拟服务器被创建时，创建一个在以后使用的镜像。建议在/var 文件系统（对于一个 Xen 主要镜像而言）保留 2GB 磁盘空间，还需要额外的 2GB 磁盘空间来装载由 IBM 虚拟化管理器创建的每一个 Xen 实例。

IBM 虚拟化管理器促使 IBM 在虚拟化和虚拟管理器领域的久远专业技术得以改变。诸如 IBM Director 和 IBM 虚拟化管理器等是被完全支持的企业级产品，从 IBM 或者在 IBM 硬件平台上可以免费使用。支持 IBM 虚拟化管理器的官方发布版本有针对 x86、EMT64 和 AMD64 的 SUSE Linux Enterprise Server 10。

注意：

关于 IBM Director 和虚拟化管理器扩展的有关信息可以查看一下网址：

http：//www—03. ibm. com/systems/management/director/about/

http：//www—03. ibm. com/systems/management/director/extensions/vm. html

14.5　Enomalism

Enomalism 是另一个用于 Xen 虚拟机的有趣的开源(LGPL)管理工具。它主要由加拿大咨询公司 Enomaly 在 Toronto 的基础上开发的。Enomalism 拥有在许多其他管理工具中无法找到的有趣特性。这些特性使得 Enomalism 值得考虑一用,但这也取决于应用模型。

通过一个叫做 VMcasting 的进程,Enomalism 允许更新发布到虚拟机上的应用软件程序包。VMcasting 通过 RSS 供应给客户机的方式允许发布的程序包进行升级。这允许系统管理员对所选择的软件包进行自动安装、配置、移动或升级。

Enomalism 支持 Enomalism 虚拟应用(EVA)传送格式。本质上 EVA 是一种软件包格式。EVA 软件包可以是由已配置好并能够运行的 Web 服务器和数据库组成的 Web 服务解决方案。一个单一的 EVA 软件包能够包含多种虚拟机。我们应该注意很重要的一点是 EVA 与 VMware 磁盘格式或 Microsoft 虚拟磁盘格式不同。

Enomalism 利用 LDAP 实现了集中式用户账户管理。特别的,客户机虚拟机已经被配置,所以系统管理员不必在其虚拟机上手动管理用户账户了。利用 Enomalism LDAP 字典,你可以根据谁可以管理和应用指定域或者谁可以提供新的虚拟机,来配置多种首选项。

Enomalism 提供了一个防火墙管理接口,通过这个接口可以设置每个单独 VM 的防火墙。Enomalism 也整合了许多其他有用的先进的特性,如分区管理、客户机迁移功能和对操纵逻辑卷组的支持。

Enomalism 是一个基于网络的应用程序,它采用了异步 JavaScript 和 XML (AJAX)。当你需要工作于远程主机,或在本地 Xen 管理服务器上没有访问权限时,拥有 Web 功能就非常方便了。Enomalism 也对外暴露一个 API 接口,通过这个接口用户可以将客户虚拟机的控制特性编程到自己的 Web 应用程序中。

Enomalism 客户机对进程的创建和供应是很简单和直接的。首先可以在任意预先建立的映像中选择一个映像。图 14-4 说明了选择一个虚拟机进行导入可以像在 Enomalism 界面上点击一个单选按钮一样简单。

图 14-4 和图 14-5 展示了选择和下载一个虚拟机映像的过程。映像被下载后,在此映像的基础上通过为新客户机选择目的 Domain0 和名字来创建一个新的虚拟机。

就我们的经验来说,安装和应用开源版本的 Enomalism 是非常复杂的。如果预算允许的话,我们建议考虑使用企业版和 Enomaly 的 Xen 咨询服务。

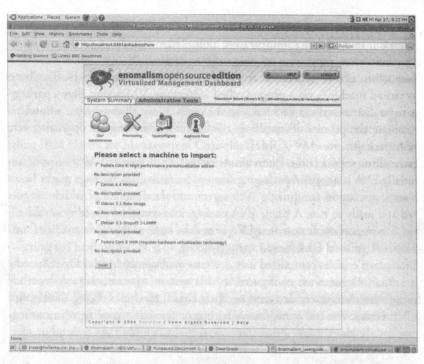

图 14 - 4　选择一个主机映像就像单击一个单选按钮一样简单

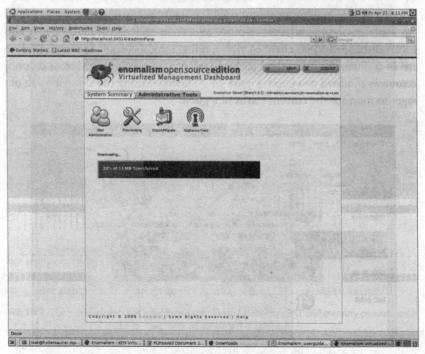

图 14 - 5　利用 Enomalism 在下载映像的基础上创建一个新客户机也很简单

14.6　virt-manager

　　另一个管理 Xen 虚拟机的流行工具是由 Red Hat 公司开发的 Virtual Machine Manager 或 virt-manager。virt-manager 是在遵循 GPL 的情况下发行的一个开源应用程序。virt-manager 在软件包中提供与 XenSource 管理控制台相似功能，此软件包可以与现有的 Linux 环境方便的整合在一起。

　　virt-manager 像我们讨论过的许多其他管理工具一样，它为监视系统健康情况提供了客户机性能和资源利用视图，并为客户机配置和管理提供了简单易用的图形化工具。它允许你很容易的配置和变更资源分配与虚拟硬件。它也包括一个内嵌的 VNC 客户机，用来查看客户机域的整个图形控制台。图 14 - 6 说明了应用 virt-manager 的硬件标签（tab）来查看和配置分配给一个客户机的资源。图 14 - 7 说明了应用 virt-manager 的总揽标签来监视一个客户机的当前状态。

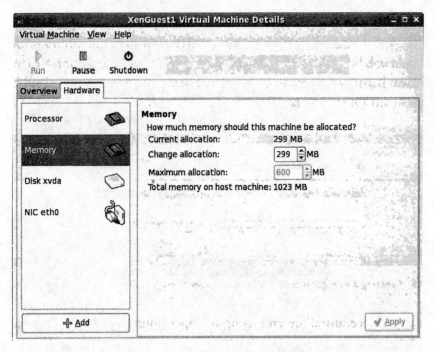

图 14 - 6　硬件标签可以用来查看和配置虚拟机的资源

　　像 IBM 虚拟化管理器一样，virt-manager 可以应用于不同的虚拟化系统中来管理客户机。但是 IBM 虚拟化管理器采用的是 CIM，而 virt-manager 采用 libvirt 作为一个抽象层并使其成为基本的虚拟机技术。libvirt 当前支持 KVM 和 QEMU 以及 Xen 客户机。以后还会增加对其他客户机的支持。

　　virt-manager 为客户机提供了一种控制 libvirt 支持的虚拟网络的方法，并允许

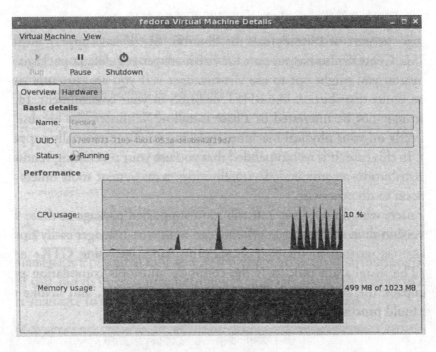

图 14 - 7　总揽标签拥有一个性能监视器,可以显示一段时间内
CPU 和内存的消耗情况以及虚拟机的当前状态

选择与客户机连接的虚拟网络。它也拥有一个相当方便的图形化用户界面,用来增加虚拟块设备(VBDs)和虚拟网络接口连接(VNICs)。这些 VBD 和 VNIC 的规定可以在非活跃的客户机中动态增加或移除,或者在活跃的客户机中在运行时替换。同样值得一提的是 Network Satellite,仍然来自 Red Hat 公司,可以用于创建和管理虚拟 Xen 主机。想要了解更多细节,可以在以下网址查看相关白皮书:www. redhat. com/f/pdf/whitepapers/Satellite500－VirtStepbyStep－Whitepaper. pdf。

　　virt-manager 并非只适用于 RHEL 或 Fedora。其他的发布版本已经包括了 virt-manager,并将其作为它们默认的一部分。SUSE 已经在 SLED 和 OpenSUSE 中支持 virt-manager。而 CentOS 也支持 virt-manager,并将其作为默认的软件包。

　　一个用户可能愿意使用 virt-manager 的原因是,当前在开发环境中运行的是企业 Linux 版本如 RHEL 或 SLES。在这种情况下,可能对 XenEnterprise 基础安装不感兴趣,因为它会直接安装在物理主机上,从而取代了商业支持版本。这种情况下建议用户使用以前存在的版本来支持版本推荐的虚拟化管理工具,除非有充足的理由来使用其他版本。

　　其他没有版本支持软件包的用户,或那些需要更新版本的用户可以从源程序容易的构建 virt-manager。virt-manager 是用 Python 脚本语言编写的,并应用 GDK＋和 Glade 库。安装进程是一个通常的自动化工具编译过程。简单的解压缩文档软件包、运行配置脚本并激活通常的 make 文件构建进程，如清单 14 - 1 所示。

清单 14 - 1　virt-manager 编译过程

```
[root@dom0]# gunzip-c virt - manager - xxx.tar.gz | tar xvf-
[output omitted]
[root@dom0]# cd virt - manager - xxxx
[root@dom0]# ./configure- - prefix = /path/to/install/root
[output omitted]
[root@dom0]# make
[output omitted]
[root@dom0]# make install
```

virt-manager 的依赖性已经在 virt-manager 网站上被列出，并因版本的不同而改变。它所依赖的主要的库有 Python（就应用程序逻辑而言）、通过 Python 语言并用于图形化交互的 pygtk 和用于虚拟机控制接口的 libvirt。可以查看下载页来了解更多细节。

virt-manager 安装完毕以后，通常可以采用 virt-manager 命令行的方式启动它，或者从菜单选择应用程序、系统工具和最后的虚拟机管理器来启动。清单 14 - 2 显示了命令行的帮助菜单。另外，在 virt-manager 安装以后，可以使用虚拟机安装命令行工具 virtinst，来向客户机方便的提供操作系统实例。virt-manager 通过 freedesktop. orgDBus 说明表示了它的一些 API。这允许用户执行客户机应用程序来与 virt-manager 进行交互，并提供额外的整合点。

清单 14 - 2　virt-manager 的命令行选项

```
[root@dom0]# virt-manager --help
usage: virt-manager.py [options]

options:
 -h, --help              show this help message and exit
 -c URI, --connect=URI
                         Connect to hypervisor at URI
 --no-dbus               Disable DBus service for controlling UI
```

virt-manager 是一个强大的工具并且默认拥有许多发行版本。因为以上原因和它的开源执照，virt-manager 的准入门槛是比较低的。我们发现 virt-manager 是一个极好的工具，并极力推荐它。

注意

virt-manager 的许多其他的截屏可以在以下网址获得：
http://virt-manager. et. redhat. com/screenshots. html
http://virt-manager. et. redhat. com/screenshots/install. html

14.7　XenMan

我们在这章要讨论的最后一个管理工具是 XenMan。它是 ConVirt Project 的一个产品。ConVirt Project 是 Controlling Virtual Systems 的简写形式，它是一个开源项目，专注于解决围绕虚拟化环境的失败和管理问题。XenMan 是这个工程的管理控制台，并在遵循 GPL 许可证的情况下发布。

就我们的经验而言，XenMan 是可靠且易用的。它看上去也比 virt-manager 更精良，而且很容易下载、编译，并可以免费使用。但是，virt-manager 通过 Red Hat 公司可以获得官方支持。XenMan 也是特别针对 Xen 设计的。

XenMan 是一个图形化生存周期管理工具，易用且性能完备。XenMan 支持启动、停止主机并提供新虚拟机的特性。

XenMan 是由 Source Forge（http://xenman.sourceforge.net/）主持的一个开源项目。Source Forge 是一个主持各种开源项目的网站。Source Forge 不需要任何授权或注册来进行下载。XenMan 为两个发行版本维护着软件包，它们是 Open-SUSE 和 Fedora Core，除此之外还有源代码的 tarball。这 3 个都可以从 Source Forge 网站得到。其他的软件包由社区提供，包括 Ubuntu，Debian，和 Gentoo。

采用预先构建的 RPM 软件包安装 XenMan 是很容易的。如清单 14-3 所示。它确实对 python-paramiko 具有依赖性。python-paramiko 在绝大多数发行版本中都可用，如 Fedora 中的 yum，或者 SUSE 中的 YaST。

清单 14-3　XenMan 二进制软件包的安装指令

```
[root@dom0]# rpm-U xenman-0.6.1.fedora.noarch.rpm
[root@dom0]#
```

从源代码进行安装也很简单。直接下载 tarball，提取文件，然后根据 README 中的指示进行安装。清单 14-4 展示了 install 文件。

清单 14-4　XenMan 源代码所需的安装指令

```
[root@dom0]# tar-xpzf xenman-0.6.tar.gz
[root@dom0]# cd xenman-0.6
[root@dom0]# sh ./distros/suse/configure_defaults-suse.sh
[root@dom0]# sh ./mk_image_store
[root@dom0]# chmod 0755 ./xenman
```

为了测试一下安装，可以在命令行直接运行 XenMan，如清单 14-5 所示。

清单 14-5　运行 XenMan

```
[root@dom0]# xenman
[root@dom0]#
```

当第一次启动程序时呈现给用户的是一个摘要页面，它允许快速评定服务器的状态、正在运行的是什么客户机以及所连接的是哪个服务器。图 14－8 展示了 Xen-Man 刚启动时的最初界面情况。左边的微调控制项显示了可用于此 XenMan 实例的虚拟机。映像存储显示了用于创建新虚拟机实例的模板客户机。

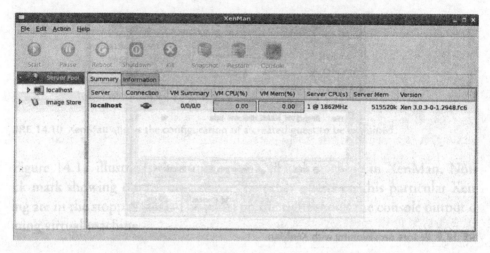

图 14－8　XenMan 拥有一个摘要页面，提供了对运行客户机的快速概述

XenMan 在左边有两个主要区域——一个用来查看服务器拥有的虚拟机和它们的状态，另一个是供应区域。供应区域允许用户简单地创建新虚拟机。默认情况下 XenMan 具有 3 个预先定义的选项。第一个是 Fedora 半虚拟化安装，可以从 Internet 下载。第二个是 Linux CD 安装，它创建一个从 Linux CD 启动的 HVM。第三个选项是创建一个用于 Microsoft Windows 的 HVM。图 14－9 展示了通常情况下针对一个 Fedora 客户机的供应界面。在这个界面上许多选项都被指定了。这些选项允许用户调整虚拟机部署的基本选项。

供应一个新主机之后，XenMan 为每个主机创建需要的文件——Xen 配置文件和磁盘文件。它也会显示一个主机配置的摘要。图 14－10 显示了一个新创建的 Fedora 虚拟机。它被显示在一个本地主机服务器池之中。右边的 Summary 和 Information 标签提供了关于新客户机的细节。需要注意的是在默认情况下主机处于停止状态。

对于虚拟机来说可以简单地打开 Xen 配置文件，XenMan 允许在一个已经存在的主机上执行所有与前者相同的操作。XenMan 也提供了类似 xm 命令的大多数命令行功能，但它是通过一个友好的用户界面提供的，如启动、暂停、重启、关闭、终止、快照、恢复和访问控制台。

图 14－11 展示了在 XenMan 中运行的一个虚拟机。需要注意的是检测标记显示了运行状态。在这个特定 XenMan 清单中的其他客户机处于停止状态。右面的面板显示了处于运行状态的虚拟机的控制台输出。

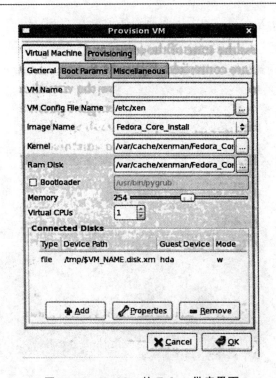

图 14 - 9　XenMan 的 Fedora 供应界面

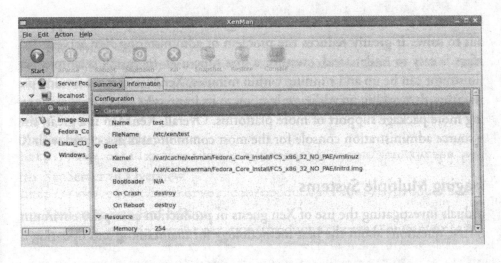

图 14 - 10　XenMan 允许检查一个已被创建的客户机的配置文件

　　XenMan 可以较好的完成任务,是一款运行良好的管理工具。它极大地减少了管理 Xen 服务器的问题。它的用户界面即便对于第一次使用的用户也很容易理解。它安装很简单,管理员可以在几分钟之内安装完毕并运行。XenMan 是一个还在继续的项目,它当前正在致力于在特性清单中加入迁移功能和支持更多平台的更多软件包。总之,对于与 Xen 相关的大多数通常任务来说,XenMan 是一个强大、简单、开源的管理控制台。

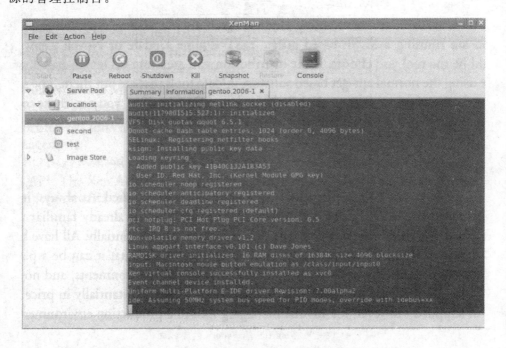

图 14 - 11   XenMan 显示的所有客户机状态(运行或停止状态)

14.8   管理多系统

在企业级产品开发环境中,研究 Xen 客户机使用情况的人员经常会有这样的疑问:维护和升级这些客户机的最好方法是什么? 一个好的普遍的规则是,一旦一个虚拟机拥有了网络连接,它就可以利用管理物理主机所用的大多数相同工具。例如,一些管理工具具有对心跳监控的支持,用来探测服务中出现的问题并重启它。同样的工具可以应用在一个虚拟机上,用来监控运行的服务。相似地,我们已经讨论了 Enomalism 通过 VMcasting 如何对升级客户机提供一些特别支持。

除了这些,维护虚拟机的最好方法通常是采用与维护同类型的物理主机相同的工具。例如,如果用户正在运行以 SUSE 为基础的客户机,YaST Online Update 或者 Novell Zenworks 应该是用户选择的工具。如果采用的是以 Debian 为基础的版本,那么用户应该继续使用通常的以 apt-get 为基础的软件升级工具。对于 Gentoo 和 Portage 来说道理是一样的。对于以 Red Hat 为基础的发行版本,可以选择使用本地 yum 服务器,或者使用诸如 Red Hat Network 之类的工具来完成升级任务。

小　结

为 Xen 选择企业级管理工具是很复杂的。但这在很大程度上总是取决于现有的开发环境和已经熟悉的工具。还有，不同管理工具的特性设置在本质上是有所改变的。它们都具有用于客户机创建和供应的基本功能，但除此之外可以采用填充补丁的方式增加有趣的特性。没有一个工具可以支持所有的开发环境，没有一个工具拥有用户想要的所有特性。工具在价格和支持级别方面也有本质的差别。然而，对于在产品开发环境中管理 Xen 的任何人来说，那些使创建和管理 Xen 客户机变得更加简单的工具还是值得考虑的。

参考文献和扩展阅读

"Citrix XenServer Demo."

http：//www. citrixxenserver. com/Pages/XenEnterprise_Demo. aspx.

"Citrix XenServer Enterprise Edition."

http：//www. citrixxenserver. com/products/Pages/XenEnterprise. aspx.

"Citrix XenServer Express Edition."

http：//www. citrixxenserver. com/products/Pages/XenExpress. aspx.

"Citrix XenServer v4 Overview."

http：//www. citrixxenserver. com/products/Pages/myproducts. aspx.

"Citrix XenServer Standard Edition."

http：//www. citrixxenserver. com/products/Pages/XenServer. aspx.

Enomalism XEN 虚拟化服务器管理控制台。

http：//www. enomalism. com/.

"IBM Director Extensions：Virtualization Manager." IBM 网站。

http：//www—03. ibm. com/systems/management/director/extensions/vm. html.

Virtual Iron 主页。

http：//www. virtualiron. com/.

"Virtual Machine Manager：Home."

http：//virt—manager. org/.

"Virtual Machine Manager：Installation Wizard Screenshots."

http：//virt—manager. et. redhat. com/screenshots/install. html.

"Virtual Machine Manager：Screenshots."

http：//virt—manager. et. redhat. com/screenshots. html.

"Welcome to ConVirt." 关于 XenMan 的信息——开源虚拟化管理。

http://xenman. sourceforge. net/.

Xen API：Xen API 项目。Xen Wiki.

http://wiki. xensource. com/xenwiki/XenApi.

附录

资　源

　　Xen 目前还只是一个移动目标。它还在不断发展,其架构的关键部分还在不断演化。Xen 的许多细节还仅仅记录在代码内部。本附录重点给出了一些有用的资源,并可以让大家获得更多的信息,追踪该 Xen 中不可避免的变更。我们突出介绍了主要的几条有关 Xen 的一些优点的信息资源,当然还介绍了其他的内容,包括早期使用 Xen 用户所写的优秀文章或博客。读者若对此有兴趣且有一个好的搜索引擎,就可以开始了。

Xen　社区

　　想认真学习 Xen 的用户首先要登陆 Xen 社区网址 http://xen.org (旧网址 http://www.xensource.com/xen/ 见图 A-1)。

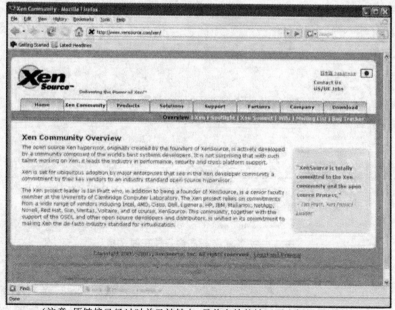

(注意:原链接已经过时并已被转向,目前有效的社区可查阅网页链接在
http://www.citrix.com/community.html)

图 A-1　先登陆 Xen 社区首页

　　该网页链接直接可以链接到我们下面要介绍的其他资源,包括 Xen 维基解密、Xen 邮件名单、Xen 源代码,以及 Xen 峰会的笔记。特此说明 Xen 峰会是为了展示和讨论 Xen 体系架构。

Xen 维基百科

　　Xen 维基解密网址是 http://wiki.xensource.com/xenwiki/(见图 A-2),该网站包含了大量各方面详细的帮助信息,从如何安装 Xen,如何调试,到如何进一步开发 Xen。此外,还告诉用户如何获得与 Xen 相关的产品和服务,诸如基于 Xen 主机托管的公司、专门从事 Xen 的咨询顾问,以及第三方管理工具等。

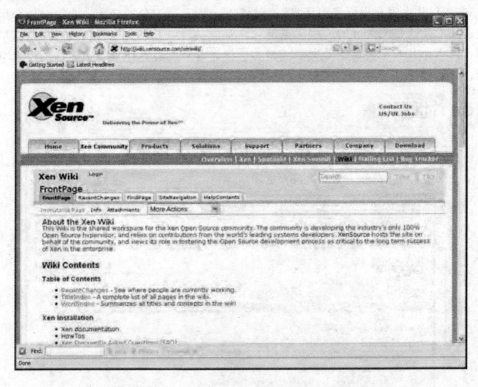

(注意:原网页面的链接已经过时并已被转向,目前有效的网页链接可在
http://wiki.xenproject.org/wiki/Main_Page 查阅)

图 A-2　Xen 维基富含各种在线文档

　　注　意:

　　警告:Xen 维基网站上的有些资料已经过时,不够准确。所以,在浏览页面上的文字材料时,请注意发表日期,Xen 维基主页上也可以查看最近的更新。这样用户可以更好的了解哪些资源现在正在积极的开发中。

　　Xen 维基网站上的相当多的信息来自主页链接。我们建议浏览标题索引选项，这样可以更全面地查看 Xen 维基上的学习资源有哪些。

Xen 邮件清单和错误报告

　　对于那些有兴趣进一步了解 Xen 的人来说，加入一个或者几个不同的 Xen 交流邮件是重要的一步，其网址列表在 http://lists.xensource.com（见图 A-3）。这里罗列出了各种各样的典型的清单，如发布新闻的 Xen 公告清单，解答安装和运行问题的 Xen 用户清单，为开发者提供信息的 Xen 开发清单。对于研发 Xen 特定用途的组织，本网站还可以提供专门的专业清单。除此之外，还列有几个专门讨论改造设备的协作清单。

（注意：原书链接已经跳转到新页面，目前演示的是新链接的镜像图片）

图 A-3　考虑一下加入哪些 Xen 邮件清单来了解最新发展的动向

　　还有一个只读清单，是 Xen 错误（或称缺陷）清单，由进入 Xen 的 Bugzilla[①] 库的缺陷报告生成的，网址是 http://bugzilla.xensource.com/bugzilla/index.cgi（见

---

① 　人们常说"bug"，实际上意思是 Bugzilla 中的记录，bugzilla 是一个缺陷跟踪管理工具，是 Mozilla 公司提供的一款开源的免费 Bug（错误或是缺陷）追踪系统，用来帮助用户管理软件开发，建立完善的缺陷跟踪体系。——译者注

图 A-4）。用户可以搜索现有的缺陷报告状态。在用户登记姓名和电子邮箱地址后，可以创建一个账户，这样就可以报告新的缺陷了。

（注意：原书链接已经跳转到新页面，目前演示的是新链接的镜像图片）

图 A-4　如果对 Xen 有疑问，可以检查 Bugzilla 库看一下是否别人也遇到过相同的问题，如果没有相同的，就可以添加报告了

Xen 峰会

　　如果想了解 Xen 技术即将要发生的变化，最好的资源就是 Xen 峰会笔记，网址在 www. xen. org/xensummit/（见图 A-5）。Xen 峰会为 Xen 研发社区讨论新想法和新计划提供了面对面交流的机会。峰会上展示的幻灯片都会在该网站上存档。

　　Xen 开源项目的研发资源来自各种资源，这也可以从 Xen 峰会的出席者和演讲报告体现出来。XenSource（Citrix XenSever 产品集团）的代表包括 Xen Project 项目创办人和 Xend 核心组件开发商，覆盖了一些关于 Xen 路线图以及功能整合计划等信息。展示的研发项目主要来自于一些大公司，如 IBM 公司、SUN 公司、SGI 公司（美国硅图公司，美国公司 500 强）、Samsung 公司（韩国的三星公司）、Red Hat 公司（红帽公司，全球最大的开源技术厂家）、Novell 公司（世界上最具实力的网络系统公司）、Intel 公司、AMD 公司（先进微电子器件公司，主要生产计算机 CPU 芯片）、HP 公司（美国的惠普公司）、Fujitsu 公司（日本富士通公司，全球最大的计算机公司之一），以及许多其他的公司等等。此外，还有一些学术和政府团队也会在峰会上展示他们的研发成果。

　　不过你要明白，有些在峰会上展示的成果，仅意味着这些公司正在研发和测试的原型机，不一定具备完整的性能，很多都不能立即在标准的的 Xen 上安装。有些也

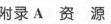

许永远无法被稳定发行的 Xen 版本采用。尽管如此，Xen 峰会上展示的幻灯片确实可以为 Xen 的发展前景提供一个很好的预测。

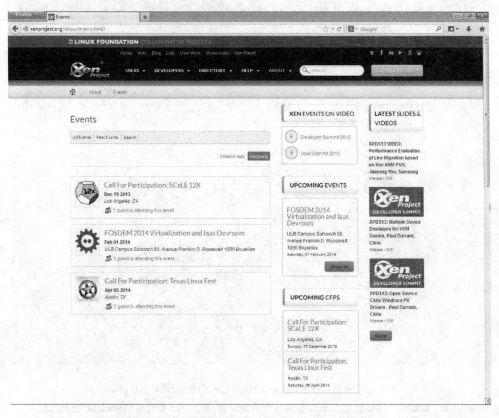

（注意：原书链接已经跳转到新页面，目前演示的是新链接的镜像图片）

图 A－5　加入 Xen 峰会为积极研发 Xen 技术的人们提供了一次绝好的见面交流机会

Xen 源码

　　跟任何迅速发展的项目一样，细化的档案只记录在源码中。因此，对于高端 Xen 用户和管理者来说，咨询 Xen 源码是值得考虑的一个选择。

　　访问 XenSource 源码的地址是 http：//xenbits. xensource. com/（见图 A－6）。在那里可以找到许多不同版本的 XenSource 代码，有标准版和试用版（如 xen-2.0 或 xen-3.0），以及最近试用版本（如 xen-3.1）。在这里，还可以得到所有最近更新的研发版本，当然都是不稳定版本。

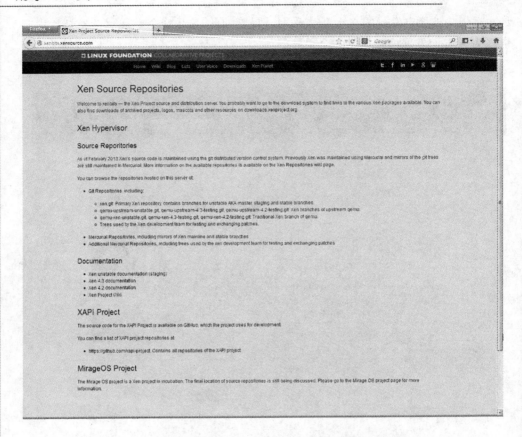

（注意：原书链接的网页面已经更新，目前演示的镜像图片是最新的）

图 A‑6　如果想用源码建立 Xen，或是做一些开发工作，那么 Xen 变化库(Mercurial)就是起跑点

在 Mercurial 变化库里，可以看到每个发布的版本。Mercurial[①] 是一个流行的源代码控制系统（通常用化学物汞的化学符号缩写"hg"来表示）。如果对 Mercurial 很陌生，有个网站会一步一步教用户安装和使用，这个网址是：

www. selenic. com/mercurial/wiki/index. cgi/Tutorial。

此外，还有一个很好的指导网站，教用户如何针对 Xen 具体使用 Mercurial 库。这个网址是：www. cl. cam. ac. uk/research/srg/netos/xen/readmes/hg-cheatsheet. txt。

用户还可以在线浏览 Xen 代码，网址在 http://lxr. xensource. com/lxr/source（见图 A‑7）。当然用户不能灵活地选择哪个版本的 Xen 源码去检验，但是这样用户可以在不安装 Mercurial 库或下载整个库的情况下，迅速启动工作。

虽然可选择代码浏览，不过用户也可能想从主要的 XenSource 代码树根目录里

---

①　Mercurial 是一个跨平台的分布式版本控制软件，包括一个集成的 Web 界面。Mercurial 主要由 Python 语言实现，不过也包含一个用 C 实现的二进制比较工具。Mercurial 的主要设计目标包括高性能、可扩展性、分散性、完全分布式合作开发、能同时高效地处理纯文本和二进制文件，以及分支和合并功能，以此同时保持系统的简洁性。摘自 http://zh. wikipedia. org/wiki/Mercurial。

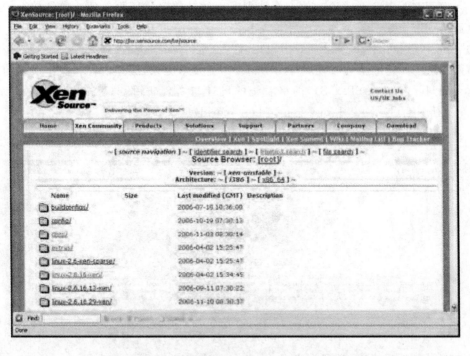

图 A - 7 如果你只想阅读一下 XenSource 代码的一些细节，你可以用 XenSource 浏览器在线查阅，这样比下载整个源代码树要更加轻松自如

得到些导航帮助。用户可以看到多数的 Xen 内容都在工具子目录里。比如，xm（用 Python 代码编写），可以在这个目录找到：tools/python/xen/xm。同样，xend 源自 tools/python/xen/xend。在 tools 目录下，也有 pygrub、xenstore、vnet 这样的目录，本书所提到的其他主题也在 tools 这个目录下。Xen 系统管理程序代码也在主要的 Xen 目录中。Xen 所必需的 Linux 源代码补丁，位于不同的 Linux 子目录下，一些文件可以通过源代码树找到。比如，在主要的 docs 子目录或者 tools/examples 目录中。

学术论文和会议

查找关于 Xen 的信息的另外一个方法，就是阅读学术论文，参加学术会议。Xen 作为研究项目最早是在剑桥大学开始的，原来的 Xen 项目研究网址是 http://www. cl. cam. ac. uk/research/srg/netos/xen/（见图 A - 8），网站上有许多有用的链接，比如 Xen 用户手册链接 http://www. cl. cam. ac. uk/research/srg/netos/xen/ readmes/user/user. html。在旧 Xen 网站上有些信息已经过时了，有些链接已经关闭了页面，不再与旧网址链接，比如 FAQ（常见问题）链接现在已经直接跟 Xen 源网站的页面链接。

识别有关 Xen 学术论文的一个特别有用的链接是主网页上的建筑链接。它可以连接到一个关于 Xen 原始设计论文和报告名称清单，包括关于 Xen 的精品论文，如"Xen 和虚拟化艺术"（2003 年出版）。许多会议及研讨会上都涉及 Xen 的研究，比如操作系统原理座谈会（SOSP），USENIX 年度技术会议，编程语言和操作系统的架构支持国际会议（ASPLOS），网络系统的设计与实现研讨会（NSDI），以及渥太华 Linux 研讨会（OLS）和 Linux 会议（LinuxWorld）。

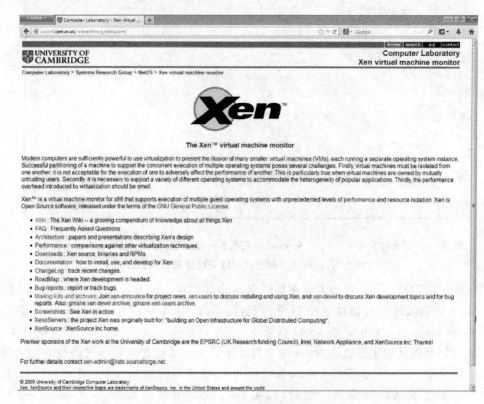

图 A - 8　剑桥大学 Xen 项目网站是一个优秀的参考网站

专用资源分配

根据用户所运行的操作系统或分配，在用户计算机的特定环境中运行 Xen，也可能有丰富的特定的的信息资源。表 A - 1 包含了专用 Xen 资源分配列表的一部分。

表 **A－1** 专用 **Xen** 资源分配

操作系统/分配	Xen 资源
Red Hat/Fedora Linux	http://fedoraproject. org/wiki/Tools/Xen http://www. redhat. com/mailman/listinfo/fedoraxen
SUSE Linux	http://en. opensuse. org/Xen http://www. suse. de/～garloff/linux/xen/
Debian Linux	http://wiki. debian. org/Xen
Ubuntu Linux	https://help. ubuntu. com/community/Xen
Gentoo Linux	http://gentoowiki. com/HOWTO_Xen_and_Gentoo
Solaris	http://opensolaris.　　org/os/community/xen/http://mail. opensolaris. org/mailman/listinfo/xendiscuss
NetBSD	http? //www. netbsd. org/ports/xen/

附录

xm 命令

xm 是管理 Xen 客户域的命令。它可以管理设备,激活或停用客户域,并获取该域的配置或状态的信息。xm 命令使用下面的格式:

xm subcommand［options］＜arguments＞//完整的指令格式

［...］：an optional argument;//参数可选项

＜...＞：a required argument//一个必需的参数

从表 B－1 到表 B－9,符号"域(domain)"用来表示域名,而"域标识(domain-id)"代表一个域的数字识别号码。

表 B－1   常规子命令

子命令	选项	说明
xm help		列出所有可能的 xm 子命令供参考
	-help/-h ＜subcommand＞	显示指定子命令的帮助信息

表 B－2   块设备相关的子命令

子命令	选项	说明
xm block-list ＜domain＞ ［options］		显示一个域的虚拟块设备
	--long	以 XML 简化模式显示
xm block-attach ＜domain＞ ＜Backdev＞ ＜Frontdev＞ ＜Mode＞		将一个新的虚拟块设备添加到域
xm block-detach ＜domain＞ ＜devID＞ ［options］		从域中删除一个虚拟块设备
	--force/-f	强制删除该虚拟块设备
xm vtpm-list ［options］		显示所有的虚拟可信任平台模块设备
	--long	以 XML 简化格式显示

表 B-3　域相关子命令

子命令	选项	说明
XM domid<domain name>		显示域名对应的标识码
xm domname <domain id>		显示域标识码的对应名称
xm dump-core < domain > [filename][options]		转储客户域的核心文件到/var/xen/目录或到指定的文件名
	--crash/-C	转储核心文件后强制客户域终止
xm dry-run <guest config file>		验证一个域配置文件的资源访问人口
xm top		正在运行的域的一个动态实时视图显示
xm uptime [options] <domain>		显示一个域的正常运行时间
	-s	以简单的格式显示当前时间

表 B-4　和 domU 相关的子命令[*]

子命令	选项	说明
xm list [options] [domain]		列出 Xen 域的标识码、状态和资源信息
	--long/-l	使用客户域配置文件的选项列出域的状态
	--label	附加显示域的安全标签
xm create [options] <guest config file> [configuration options]		根据客户域配置文件来启动客户域
	--path = directory list separated by colon	为客户域配置文件设置搜索路径
	--dryrun/-n	验证客户域的运行并显示域的配置结果
	--pause/-p	启动以后客户域将处于暂停状态
	-- console - autoconnect/-c	启动后终端将连接到客户域控制台
xm shutdown [options] <domain>	-w	关闭指定客户域。当客户域的服务妥善关闭后,客户域终止运行
	-a	关闭所有的域
xm reboot [options] <domain>		重新启动客户域。
	-w	等客户域所有的服务都妥善关闭后,重新启动
	-a	重新启动所有的域
xm destroy <domain>		强行终止客户域
xm pause <domain>		使正在运行的客户域进入暂停状态
xm unpause <domain>		使处于暂停状态的客户域进入运行状态
xm console <domain>		连接到客户域
xm sysrp <domain> <magic sysrq letter>		向客户域发送一个关键系统请求信号

[*]和 domU 相关的子命令都是关于 Xen 的客户域的状态

运
行
Xen:
虚
拟
化
艺
术
指
南

表 B-5 网络相关的子命令 [*]

子命令	选项	说明
xm network-list [options]＜domain＞		显示客户域网络接口的信息
	--long/-l	以 SXP 格式显示信息
xm network-attach ＜domain＞ [--script=＜script＞][--ip=＜ip＞] [--mac=＜mac＞]		向客户域添加一个特定的网络接口
xm network-detach ＜ domain ＞ ＜ devID＞ [options]		从客户域删除一个特定的网络接口
	--force/-f	强制删除一个特定网络接口

[*]与网络相关的子命令都是在客户域虚拟网络接口进行的各种动态操作

表 B-6 资源管理相关的子命令

子命令	选项	说明
xm mem-max ＜domain＞ ＜memory value＞		设置域的最大内存使用状态
xm mem-set ＜domain＞ ＜memory value＞		动态设置当前域的内存使用状态
xm sched-credit -d ＜domain＞ [options]		为一个域的 CPU 使用设定权重或上限
	--domain=guest domain/-d domain	指定域以设置 CPU 使用参数
	--weight=integer value/-w integer value	对客户域的 CPU 使用指定一个权重值
	--cap=integer value/-c integer value	给可使用 CPU 的客户域指定上限
xm sched-sedf ＜domain＞[options]		为一个域设置 SEDF 调度参数
	--period=ms/-p ms	给一个域设置计数期间
	--slice=ms/-s ms	为一个域设置最大时间划分
	--latency=ms/-l ms	为支持 I/O 密集型及实时任务设置延时限制
	--extra=flag/-e flag	设置标志以允许域可以过载运行
	--weight=float value -w float value	设置周期或时间划分的另外一种方法
xm vcpu-list [domain]		为每个域设置虚拟 CPU 分配
xm vcpu-pin ＜domain＞ ＜vcpu＞＜cpus＞		为特定域的虚拟 CPU 设置一组 CPU 集
xm vcpu-set ＜domain＞＜vcpus＞		为一个域设置一组虚拟 CPU

附录 B　xm 命令

运行 Xen：虚拟化艺术指南

表 B-7　与安全相关的子命令

子命令	选项	说明
xm labels [policy][type＝dom｜res｜any]		显示规定的类型和安全政策的标签
xm addlabel ＜label＞ [dom ＜configuration file＞｜res＜resource＞] ＜policy＞		用一个域的配置文件添加一个标签或根据规定的安全政策用一个全局资源标签文件添加标签
xm getlabel ＜dom ＜configuration file＞｜res＜resource＞＞		从域或资源显示标签
xm rmlabel ＜dom ＜configuration file＞｜res＜resource＞＞		从域的配置文件或一个全局资源标签文件删除一个标签
xm makepolicy ＜policy＞		设置一项新的安全政策，并创建一个政策文件，后缀用 .bin 或 .map
xm loadpolicy ＜policy binary file＞		加载一个政策二进制文件到正在运行的管理程序
xm cfgbootpolicy ＜policy＞ [kernelversion]		通过在 Xen 的 grub.conf 中添加模块选项来配置一个指定安全政策启动
xm dumppolicy		从管理程序显示当前的政策信息
xm resources		从全局资源标签文件显示每个资源标签信息

表 B-8　虚拟网相关的子命令

子命令	选项	说明
xm vnet-list [options]	--long/-l	列出当前的虚拟网络 显示 SXP 格式的虚拟网
xm vnet-create ＜vnet configuration file＞		使用虚拟网配置文件建立虚拟网络
xm vnet-delete ＜vnetID＞		从当前运行的虚拟网清单上删除一个虚拟网络

表 B-9　Xend 的相关子命令

子命令	选项	说明
xm log		显示 xend 的日志文件
xm dmesg [options]	--clear/-c	显示 xend 的开机消息 在显示开机信息后清除消息缓冲区
xm info		显示 Xen 系统信息
xm serve		通过远程登录协议 SSL 调用远程 XMLPRC 文件

　　xm 子命令分类列出清单，每个子命令的选项按字母表顺序排列。当用户要查找相关话题时，最好是按类别进行搜索，如果要查找特定的命令，按字母顺序搜索更好。要查看更多有关 XM 命令的细节内容，请参见 xm 主页。

附录  C

Xen 配置参数

xend 的是 Xen 的控制系统守护程序。它负责与域相关的任务,如域的建立、关闭及迁移等。xend 的配置文件用来明确说明 xend 的运行。

在表 C-1 到表 C-5 中,符号"..."用于表示用户需要填充的内容。在默认值栏提供适当的值或相应的脚本。

表 C-1 与登录相关的参数

参数	默认值	说明
(logfile ...)	/var/log/xen/xend. log	指定日志文件的路径和文件名
(loglevel ...)	DEBUG	根据规定的水平记录日志。可选的默认值有 DEBUG、ERROR、INFO、CRITICAL 及 WARNING

表 C-2 服务器相关参数

参数	默认值	说明
(xend-address ...)	"	监听 HTTP 连接的 IP
(xend-http-server ...)	yes | no	启动 xend 的 HTTP 服务器,使用以浏览管理程序
(xend-port ...)	8000	设置 xend 的 HTTP 服务器 IP 端口
(xend-tcp-xmlrpc-server...)	yes | no	启动以 XML-RPC 协议定义的 HTTP 服务器
(xend-unix-path ...)	/var/lib/xend/xend	指定用为 UNIX 域名服务器服务的 UNIX socket 域套字接口来输出数据
(xend-unix-xmlrpc-server...)	yes | no	启动以 xml-rpc 协议定义的 UNIX 域 socket 套接字服务器

表 C-3 与迁移相关的参数

参数	默认值	说明
(external-migration-tool...)	"	使用脚本来迁移客户机的外部设备,如磁盘镜像或虚拟 TPM
(xend-relocation-address...)	"	为迁移的连接监听该地址
(xend-relocation-hosts allow...)	"	监听域名或与规则表达式定义相匹配的 IP
(xend-relocation-port...)	8002	指定用于迁移的再定位服务器端口
(xend-relocation-server...)	yes | no	启动再定位服务器进行跨平台迁移

表 C-4 网络相关参数

参数	默认值	说明
(network-script...)	Network-bridge	设置能建立网络系统环境的脚本
(vif-script...)	vif-bridge	设置能用作后端的虚拟接口类型

表 C-5 域相关参数

参数	默认值	说明
(console-limit...)	1024	为每个域配置控制台服务器的缓冲区大小
(dom0-cpus...)	0	设置域 0 可以使用的 CPU 的数目
(dom0-min-mem...)	256	为域 0 设置最小预留内存大小
(enable-dump...)	yes | no	配置故障时对客户域进行核心转储
(vnc-listen...)	127.0.0.1	设置远程控制服务器 IP 进行监听
(vncpasswd...)	"	对 HVM 域设置远程控制台默认密码

上述表格把可能的参数按类别列出。

附录 D

客户机配置参数

xm 使用客户配置文件来启动运行 Xen 客户机。客户机配置文件参数使用 Python 语言的格式。从表 D-1 到表 D-8 分类列出了客户机配置参数。这些参数使用以下格式：

代码视图：

parameter item ＝ ＜value type＞ //参数项

… inside ＜ value type, … ＞: omitting the rest possible similar value types//省略其余的可能相似的值类型

表 D-1　引导参数

参数格式	说明
bootloader＝ '＜bootloader_path/pygrub＞'	详细说明 domU 在启动过程中所使用的引导程序
extra＝＜integer value＞	自定义环境并引导至运行级
kernel＝/boot_path/xen_kernel"	指定内核映像路径和文件名
memory＝ ＜integer value＞	设置客户机域的内存使用大小
name＝＜guest domain name＞	设置客户机域的名称
ramdisk＝/ramdisk_path/ramdisk_file	(可选项)指定 ram 盘文件位置
uuid＝＜128-bit Hexdecimal＞"	为客户机域设置一个通用的唯一标识符(uuid)

表 D-2　LVM(逻辑卷管理)参数

参数格式	说明
disk＝['dev_type_in_dom0:/path_to_dir, dev_type_in_domU,access_mode', '…']	定义客户域可以或可能访问的磁盘设备 域 0 的设备类型可以是：tap:aio,phy, file;访问模式可以是 r, w
root＝"/root_device_path/root_device_type"	引导分区的内核参数

表 D-3　NFS(网络文件系统)参数

参数格式	说明
nfs_root=´/fullpath_to_root_directory´	设置 NFS 根目录
nfs_server=´IP dotted decimal´	设置 NFS 服务器的 IP

表 D-4　CPU 参数

参数格式	说明
cpus="integer,..."	设置客户机域可以访问的 CPU
vcpus=integer value	设置可用的虚拟 CPU 的数目

表 D-5　TPM(可信赖平台模块)参数

参数格式	说明
vtpm=[´instance=integer value, backend=integer value´]	设置可信任平台模块

表 D-6　PCI 参数

参数格式	说明
pci = [´domain：bus：slot. func´, ´...´]	向客户机域传递一个 PCI 设备

表 D-7　网络参数

参数格式	说明
dhcp="dhcp|yes|no"	设置客户机域获得 IP 的模式
gateway="IP dotted decimal"	为客户机域的网关设置 IP
hostname="string"	通过网络设置客户机域主机名
netmask=" IP dotted decimal"	为 IP 设置网络掩码
vif=[´mac=12-digit hexdecimal, ip=dotted hexdecimal, bridge=devicename´, ´...´]	设置客户域的虚拟网络接口

运行 Xen：虚拟化艺术指南

表 D-8　域运行的参数

参数格式	说明
on_crash='behavior mode'	设置当客户机域崩溃时的运行模式。运行模式可以是以下之一：destroy, restart, rename-restart, preserve
on_poweroff='behavior mode'	设置当客户机域断电时的运行模式
on_reboot='behavior mode'	设置客户机域重新启动时的运行模式

附录 E

Xen 的性能评价

克拉克森大学(Clarkson University)团队长期以来一直致力于 Xen 的研究。从 Xen 的第一次发布之日起,克拉克森团队就对 xen 开展了不懈的的研究,反复比较并验证 Xen 的性能。这样反复的研究有助于提高 Xen 项目的可信度,并帮助该项目在学术界和业界获得了认可。该小组后来专注于研究虚拟化隔离功能,他们把 Xen 的隔离性能与其他虚拟化系统的隔离性能进行了比较研究。这种隔离研究为虚拟化领域提供了一个很好的指南。若想了解有关详细信息,可以参考以下已发布论文:

● "Xen 和反复研究的艺术,"作者:B. Clark, T. Deshane, E. Dow, S. Evanchik, M. Finlayson, J. Herne, J. N. Matthews, USENIX2004 年年度技术会议,2004 年 6 月。下载网址:http://www. usenix. org/events/usenix04/tech/freenix/full_papers/clark/clark. pdf。

● "量化虚拟化系统的隔离性能,"J. Matthews, W. Hu, M. Hapuarachchi, T. Deshane, D. Dimatos, G. Hamilton, M. McCabe, J. Owens, ExpCS07,2007 年 6 月。下载网址 http://www. usenix. org/events/expcs07/papers/6-matthews. pdf。

在本附录中,我们总结了这些论文的结论,并补充了对网络性能测试的部分。

Xen 的性能测量

FREENIX05 刊发的论文"Xen 和反复研究的艺术"重复并扩展了由巴勒姆(Barham)等人所写的论文"Xen 和虚拟化的艺术"中描述的实验(详见 SOSP - 03)。其结果量化了 Xen 与放置 Linux 相关的的开销,同时也量化了在相同的实体主机上运行多个虚拟客户时经历的退化(这些结果对最新版本 Xen 的有效程度还不清楚)。具体来说,本文回答了一些问题,包括:

● 来自 SOSP - 03 的 Xen 论文结果能否再现?

● Xen 能否实际用于虚拟网页主机并在每台实体机上运行多个虚拟机?

● 是否需要 2 500 美元的戴尔至强服务器(Dell Xeon server)来有效地运行 Xen 或者还要用一个使用 3 年的 x86 来运行 Xen?

● 出售的个人计算机上的虚拟机显示屏跟主机上的虚拟机显示屏相比有什么优缺点?

Xen 团队的结果的可重复性

我们的首要任务是要说服自己，我们可以成功地重现"Xen 和虚拟化的艺术"论文的结果。"论文记录了他们的测试机的详细情况——一台戴尔 2650 双核处理器 2.4 GHz 的 Xeon 服务器，具有 2 GB 内存、博通公司虎狮(Broadcom Tigon)3 千兆以太网卡，以及一个单一的日立磁盘 DK32EJ，参数为 146 GB 容量、10K RPM 转速、SCSI 接口。

我们要获取匹配系统还是有点麻烦，我们订了一台符合这些规格的戴尔电脑，花费了约 2 000 美元。如果我们一直在重复旧的研究，重现一个可接受的硬件平台可能是一个巨大的挑战。

在我们的系统中唯一有显著差异的是 SCSI 控制器。他们一直用的是 160 MB/s 的 DELL PERC 3Di RAID 控制器，我们的是 320 MB/s 的 Adaptec 29320 aic79xx。因此，我们的第一个障碍是需要接驳驱动程序让我们的 SCSI 控制器运行 Xen。在此过程中 Xen 团队给予了很大帮助，最终我们把这个驱动程序和其他几个程序发布到了 Xen 的源代码基础库。

我们的第二个障碍是装配和运行 Xen 论文中使用的基准程序，包括 OSDB、dbench、lmbench、ttcp、SPEC INT CPU 2000 以及 SPECweb99。(Xen 团队为我们提供了每次测试的相关参数，甚至提供了一些他们的测试脚本)，我们把他们的脚本进行了总结和扩展，最后形成了一个测试套件，以帮助以后从事这项研究的人不必再费力进行这一步研究。

在我们的实验中，我们用 FourInARow 取代了 CPU 密集型 SPECINT2000，FourInARow 是一个集成密集型程序，从网址 freebench.org 下载。我们使用 Apache JMeter 编写我们自己的替代 web 服务器基准程序、SPECweb99。

我们的最后障碍是，我们的初步测试结果跟 Xen 团队的论文结果相比较，本机的 Linux 显示出的性能更低。当我们跟 Xen 团队比较配置情况时，我们发现在 SMP 支持禁用时，性能要高得多。

尽管我们有这些障碍，我们还是成功地重现了 Xen 团队论文中的测试实验，把 XenoLinux 和 UML 与 native Linux 的性能进行了比较。

然后，我们添加误差线来说明每个基准中至少五项测试的标准偏差。UML 上的 OSDB 运行时大多会出错。在我们所有的实验中，OSDB-IR 得分是一分，OSDB-OLTP 得分是零。我们漏掉了一些对 UML 的测量。而当我们进一步研究时，仍然无法确定原因。

对于报告分数的可靠性来说，标准偏差是非常重要的信息。多数基准的标准偏差小于 1%。native Linux 和 XenoLinux 标准偏差分别是 14% 和 18%。

在我们的实验中，跟 native Linux 相比，XenoLinux 和 UML 的相关性能与原始

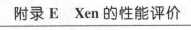

论文中报告的性能几乎是完全相同的,如图 E-1 和图 E-2 所示。我们的 CPU 密集型和 Web 服务器基准测试与 SPEC INT 和的 SPECweb99 并没有直接可比性,不过达到了相似的目的,并证明有类似的相关性能。

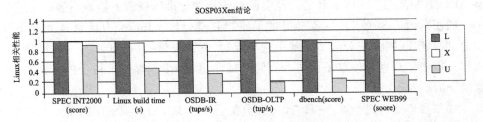

图 E-1 native Linux(L),XenoLinux(X)和 USER 模式的 Linux(UML)的相关性能,从原来的"Xen 和虚拟化的艺术"论文的图 3 中减去了关于 VMware 工作站的数据

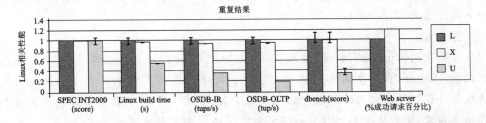

图 E-2 类似实验中 native Linux(L),XenoLinux(X)和用户模式 Linux(U)的相关性能结果。在所有使用 SMP 的实验中已对其禁止的 native Linux 结果

最后,我们可以回答我们的第一个问题了:我们能否重现 SOSP-03 的 Xen 论文的结果? 我们已经提到了几个注意事项,但总体而言答案是肯定的。我们可以在几乎相同的硬件上重现对 XenoLinux 和 native Linux 的比较,并且精确到几个百分比以内。

Xen 和虚拟网主机

Xen 的其中一个既定目标是启用应用程序,如服务器合并。把 Xen 跟 Denali 比较,正如 Xen 论文第 2 页指出的:"Denali 设计出来就是为了支持数千个虚拟机运行小规模的网络服务的,这种服务并不是很受欢迎。与此相反,设计 Xen 的目的是为了定位到大约 100 台虚拟机运行行业标准应用程序和服务器。

我们的目标是评估 Xen 对于虚拟网主机的适用性。具体来说,我们要确定多少个可用的客户机(也称用户)可以得到支持。

Xen 团队的论文中用一张图片展示了 128 个客户机各自运行 CPU 密集型 SPEC INT2000 的性能。我们希望能先显示 128 个客户机各自运行一个网络服务器基准的性能。然而,当我们去配置戴尔 Xeon 服务器进行这个实验时,我们遇到了某种资源限制。首先，正如论文所写的那样，管理程序不支持客户机间分页来执行资源隔离。因此，每个客户机必须有一个内存专用区域。在 128 个客户机的 SPEC INT 实验中，他们为每个客户机分配 15 MB 的使用内存，为虚拟机管理程序和域 0 预留 80 MB 的内存。这个 15 MB 的内存空间对于行业标准网络服务器是不够的。第二，Xen 的团队为 128 个客户机各自提供了原始磁盘分区。Linux 内核对每个 SCSI 磁盘总共只能支持 15 个分区。要解决这个限制，就需要修补内核（如 Xen 团队所做的那样），或者使用虚拟磁盘子系统。我们尝试使用 Xen1.0 源代码树中的虚拟磁盘子系统，却没有成功。

如果我们要为每个客户机增加内存分配，从 15 MB 增加到标准的 128 MB，将域 0 计算在内我们只能容纳 15 个客户机。如果每个客户机需要 128 MB 的内存，那么要支持 100 个客户机，就需要超过 12 GB 的内存。如果每个客户机需要 64 MB 的内存，那么支持 100 个客户机需要超过 6 GB 的内存。在我们的 Xeon 服务器，我们可以支持的最大内存为 4 GB。

注意：

我们采用 Apache JMeter 编写了一个程序代替 SPECweb99 去测量 Web 服务器的性能。JMeter 是一个用于测试负载过轻状况下网络应用程序的功能和性能的灵活框架。我们按照相同的请求分配来装备 JMeter，在每个服务器上安装适当的静态和动态内容，使用情况和 SPECweb99 实验一样。要了解更多的信息，如 JMeter 测试计划和文档的情况，请访问以下网址 www.clarkson.edu/class/cs644/xen。

图 E-3 报告了我们的 1~16 个并发服务器的结果。我们公布了 native Linux 在 SMP 启用和禁用情况下的结果。对于 Xen，除了域 0 我们还给每个客户机分配了 98MB 的内存。图 E-3 表明，在比 SPECweb99 更高的高负荷情况下即使用 16 个并发 Web 服务器，启用 SMP 的 native Linux 也保持了高性能。随着更多的客户机加入，XenoLinux 逐渐减弱。为了表明完整性，下图列出了禁用 SMP 的 Linux。

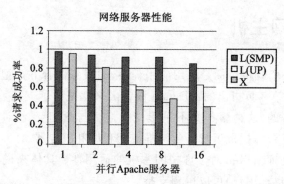

图 E-3   对启用 SMP 的 native Linux，禁用 SMP 的 native Linux 以及通过缩放并发客户机数量的 XenoLinux，进行网络服务器的性能比较

因此,我们可以回答我们的第二个问题了:我们能否在虚拟网络主机中实际使用 Xen?我们发现 Xen 相当稳定,可以很容易地认为它可以用于 16 个中等负载的服务器。然而,我们不能指望在运行行业标准的应用程序时,Xen 能支持 100 个用户。

在早期 PC 硬件上比较 XenoLinux 和 native Linux

我们想知道 Xen 在早期个人计算机上而不是在新的 Xeon 服务器上性能怎样。所以除了运行 2.4 GHz 的双核处理器服务器,我们测试计算机的配置是 P3 - 1 GHz 的处理器,具有 PC133 的 512 MB 内存、10/100 Mbps 的 3COM(3c905C - TX/TX - M 以太网卡)和一个 40 GB 的西部数据 WDC WD400BB - 75AUA1 的硬盘。

在图 E-4 中,首先展示了相对于在 Xeon 服务器上的 native Linux,在早期个人计算机平台上运行的 Xen 和 native Linux 的性能。显然,在早期个人计算机上运行,原始性能更低。图 E-5 显示了在早期平台上 xen 对于 native Linux 的相关性能,以及在更快的平台上运行时,Xen 对于 native Linux 的相关性能。平均来看,在早期平台上的 Xen 相对于 native Linux 只慢了 3.5%。

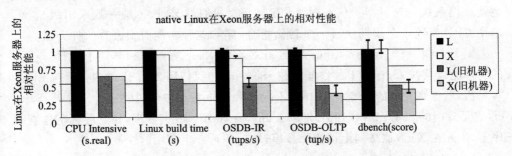

图 E-4　比较早期平台上以及新 Xeon 服务器上的性能,实验结果相似

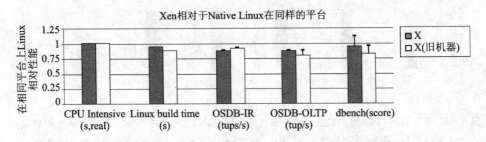

图 E-5　在早期个人计算机上产生相同的结果,但同 Xen 论文中在相同的平台上 Xen 对 native Linux 的性能的结论进行比较

虽然相对开销在两个系统中几乎是相同的,早期个人计算机的一个缺点是,我们能够创建的用户更少。例如,我们用 128 MB 内存在 Xeon 服务器上能够创建 16 个用户,而在较早的个人计算机上只能创建含加域 0 在内的 3 个这样的用户。

这样我们就可以回答我们的第三个问题了:你要花费 2 500 美元买戴尔 Xeon 服务器来有效地运行 Xen,还是使用一个已经使用 3 年的 x86?不,一个早期计算机就可以高效地运行 Xen,不过只能创建少量用户。当然,较新的机器要求支持硬件虚拟机(HVM)。

在 x86 上运行 Xen 与在 IBM zServer 上运行 Xen

对于 x86 来说,虚拟化可能相对较新,但它在 IBM 主机上已经使用超过 30 年。人们自然会质疑,跟多个 Linux 用户在 IBM 主机上使用 Xen 比起来,多个 Linux 用户在 x86 上如何使用 Xen,因为 IBM 主机是专门支持虚拟化的。从 Xen 团队的基尔弗雷泽(Keir Fraser)发布到 Linux 内核邮件列表上的信息上我们可以略知一二:"事实上,我们的一个主要的目的是在 x86 硬件上提供类似 z 系列风格的虚拟化技术!"

我们在一台具有 1 个处理器和 8GB 内存的 IBM Z800 型号服务器 2066-0LF 上进行测试。该 zServer 通过 Ficon 从一张 Ficon 卡用双通道路径连接到 ESS800 企业存储系统。这机器价值超过 20 万美元。我们的 zServer 是一款入门级机型。单个 CPU 每隔一个周期执行一个转储指令;删除这种功能需要进行软件升级。

图 E-6 比较了 native Linux 和 Xen 在新的 Xeon 服务器和早期个人计算机上的的性能以及在 zServer 上的性能。在 zServer 上,我们用 2.4.21 的内核运行 Linux 客户机,就像在我们的 x86　于 native Linux 和 Xen 测试中使用的一样。对于 zServer,它是专门的 2.4.21-1.1931.2.399.ent#1 SMP。我们发现,在这些标准检查程序上,Xen 在 Xeon 服务器上性能明显超过在 zServer 上使用的性能。

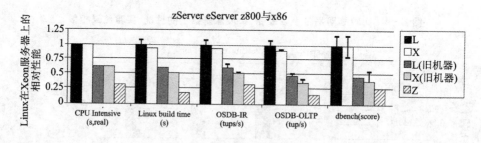

图 E-6　在 z 系列 Linux 客户机上的性能结果(相对于 native Linux 在 Xeon 服务器上的性能结果);也比较了 Xen 在 Xeon 服务器上,以及 native Linux 和 Xen 在早期 PC 个人计算机上的性能

起初,我们对这些结果感到惊讶。托斯(Thoss)在"Linux 在 z 系列性能更新"中提到 IBM 在实验中显示的结果,跟现在的 1 个 CPU 的 Z900 比起来,有类似的性能。图 E-7 中可以看到与 z 系列在论文中相似的曲线图,显示出了在我们的 z 服务器(zServer),Xeon 服务器和更早的 X86 上的基准性能。正如在 z 系列论文所写的,一个 CPU 的 zServer 的流量每秒不超过 150 MB。然而,如果有超过 15 个并发客户端则流量更显著下降。

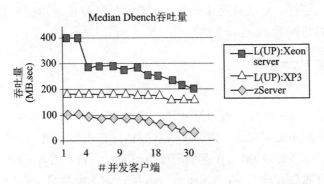

图 E-7　比较 1～24 个并发客户端分别的吞吐量报告,包括 native Linux 在 Xeon 服务器上,native Linux 在早期 PC 上,以及 Linux 在 zServer 上的情况

　　通过把我们的研究结果和 z 系列论文研究结果进行比较,我们认为简单的提高软件配置不会提高在 z 服务器(zServer)上的性能,我们的数字虽然是在早期计算机模型上产生的,但却跟 IBM 最近的模型产生的结果相似。z 系列论文也用 4、8 和 16 个处理器为 Z 服务器(zServers)评估 dbench 分数。他们的研究结果表明,有多个处理器的 z 服务器性能明显更好。例如,论文报告一种有 16 个 CPU 的 Z900 流量达到 1 000 MB/s。

　　在图 E-8 中,我们采用具有 1～16 个 Linux 客户机的 zServer 网络服务器基准,对图 E-3 提供的数据进行了测量。Xen 在 Xeon 服务器上和 zServer 上性能类似,此时 Xen 在 zServer 上性能比 Xen 在 2、4 和 16 个用户时好多了,但比 1 个和 8 个用户差多了。

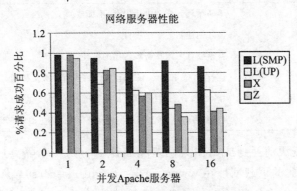

图 E-8　在 zServer 上 Web 服务器的性能比较,包括启用 SMP 的 native Linux,与禁用 SMP 的 native Linux,在 Xeon 服务器上的 XenoLinux

这样,我们可以回答第四个问题了:跟虚拟机监控主机相比,虚拟机是如何监控个人计算机的? 至少在我们的低端 zServer 上,在我们检测的很多有效负荷中,Xen在 x86 上运行的更好。对于只用花费 2 500 美元的机器就可以达到价值超过 20 万美元的机器相同的效果,真是令人惊叹!

Xen 的隔离性能

隔离性能是指每一个虚拟机都是分开的或相同硬件上的其他虚拟机资源需求被保护的度。它是表明虚拟系统可以保护或从其他虚拟机中隔离一个虚拟客户端的优良程度的一个重要指标,特别是在一个不可信的商业主机托管环境中。

隔离性能可能会有所不同,因为在一个运行正常的虚拟机上存在着不同的资源消耗。掌握由于不同资源类别导致性能良好的客户机性能降低的情况,对于其他虚拟化提供商和托管服务商业客户怎样选择虚拟化系统是一个重要条件。我们给虚拟机资源分了 5 种类别:CPU、内存、进程、磁盘带宽和网络带宽。在一台虚拟机上运行的某个程序可能会变成恶意资源消耗软件,比如 CPU 消耗器(CPU eater)、fork 炸弹(fork bomb)、内存霸(memory hog)等。

在我们的论文 ExpCS 07 中"量化虚拟化系统的隔离性能特征"里,我们评估了当一台运行(性能)异常的虚拟机正运行一个恶意资源消耗器时,对其他性能良好的虚拟客户机的影响。为了执行这些实验,我们设计了 5 个非常消耗资源的应用,这些设计规格列出如表 E-1 所列。

表 E-1　密集型资源应力测试应用规格

密集资源消耗	规格
内存占用密集型	不断循环分配和占用内存,不释放
Fork 炸弹	循环创建新的子进程
CPU 占用密集型	含整数算术运算密集占用的循环
磁盘占用密集型	运行 10 个 IOzone 的线程时各自运行一次交替读写模式
网络密集型(发送器占用)	4 个线程分别通过 UDP 持续发送 60KB 大小的数据封包到外部接收器
网络密集型(接收器占用)	4 个线程分别通过 UDP 持续从外部发送器上读取 60KB 大小的数据封包

这些密集型资源消耗的应用作为性能隔离评估中的一套隔离压力测试检查程序,它们的开源代码的下载网址在 www.clarkson.edu/class/cs644/isolation/。

这些实验是在一台运行了 4 个虚拟机客户端的单个 IBM THINK CENTRE 机器上进行的。这台机器的物理配置是一个 Pentium 4 处理器、1 GB 内存、一个 GB 级网卡,在每个运行的虚拟客户端都分配了 128 MB 内存并均衡共享 CPU 周期。一个Apache 网站服务器作为公用服务器在每个虚拟机上运行。我们使用了网站服务器基准测试程序 SPECweb 来评估分别性能良好的虚拟机(只运行了 Apache 网络服务器)和一个运行异常的虚拟机(运行 Apache 网络服务器和一种密集型资源消耗的应用程序)上的网络服务器质量。

网络服务器基准测试程序 SPECweb 以百分比报告了服务质量(QoS)结果。我们通过平均性能良好虚拟机的服务质量(QoS)好的百分比并用 100％相减计算出服务质量下降。在某些情况下,网络服务器糟糕到不能正常提供服务,以致于 SPECweb 不能得到任何结果。我们使用 DNR(Do Not Report,不能报告)来表示这种情况。

在这些实验中,它们的隔离性能特征因运行异常虚拟机中所消耗资源的差异而变化,如表 E-2 所列,对于每个实验,我们报告了运行异常的虚拟机和 3 个性能良好虚拟机平均值两者间的良好响应率中的下降比例。

表 E-2　Xen(版本 Xen3.0)上的隔离性能评估

资源消耗类型	运行(性能)良好	运行(性能)异常
内存	0.03	DNR
Fork	0.04	DNR
CPU	0.01	0
DISK IO	1.67	11.53
网络接收	0	0.33
网络发送	0.04	0.03

表格 E-2 说明了评估虚拟化系统的性能隔离特征时考虑多种类型的"异常行为"的重要性。如果我们只单独关注 CPU 密集占用资源的实验结果,那我们的结论就会与已经考虑到磁盘和网络密集占用实验,或者内存密集占用和 Fork 炸弹实验而得出的结论有所差异。

在出现一个 CPU 密集占用压力测试应用程序运行在该性能异常的虚拟机上时,Xen 在本组实验中表现的非常好,甚至于性能异常的虚拟机也是如此。我们验证了性能异常的虚拟机上的 CPU 负载上升到接近 100％。我们怀疑普通的操作系统 CPU 调度算法已经足够令网站服务端有充足的 CPU 时间。在内存的实验中,SPECweb 在安装了 Xen 的性能异常的虚拟机下由于虚拟机耗光了所有的内存,所以不能报告结果;但是所有其他性能良好的客户机持续报告接近 100％的好结果。当 Fork 炸弹在客户机运行的时候,该性能异常的虚拟机没有结果,但是其他 3 台性能良好的虚拟机则连续报告接近 100％的良好响应时间。当 IOzone 基准测试程序在客户机运行的时候,Xen 报告了一个混杂的情况。性能异常的虚拟机性能下降 12％,其他三台虚拟机亦受到影响,性能平均下降 1％～2％。在网络接收实验中,性能异常虚拟机视为数据包接收器,连续接收从外部恶意物理硬件机器发送的数据包。

结果显示良性能良好的虚拟机并没有性能下降，性能异常的虚拟机性能则轻微下降，但以少于 1% 的下降重复。在网络发送试验中，性能异常的虚拟机作为数据包发送端，发送数据包至外部物理机。Xen 下的性能异常及性能良好的虚拟机两者均受到类似影响，非常轻微地下降了 0.03%～0.04%。

　　总的来说，表 E-2 的结果说明了 Xen 保护了性能良好虚拟机，在磁盘密集占用实验中，最差情况是平均下降 1.67%。这个表格的一个重点是性能下降现象虽然很轻微，但在大多数实验中是持续的下降。更多关于 VMware Workstation、OpenVZ 和 Solaris 容器的比较在原始论文中有介绍。

Xen 虚拟网络和实体网络的性能

　　在这里我们讨论一个我们进行评估的有关 Xen 虚拟网络的不同模式引入的网络延迟实验。我们希望这个能对帮助 Xen 管理员决定如何选择 Xen 网络设置起到个很好的参考。

　　在 Xen 中，xend 通过在驱动域中设置一个软件网桥或软件路由建立一个虚拟网络。就像以太网中的硬件网桥一样，软件网桥透明地连接客户机域和驱动域的网段。同样地，也像互联网上的硬件路由器一样，软件路由路将连接虚拟网络段和以太网网络段。

　　该实验环境是在相同物理以太网中以两台不同的 ThinkCentre 机器进行的。测试机器的配置是 Pentium-4 处理器、1 GB 内存，1 GBbps 的网卡。我们使用 ping 指令来统计记录网络延迟。这个比较是在两台物理机器、两个域以及两个客户机域之间进行的，要作比较的这三对项目中的每一个均在一个物理网络、虚拟桥接网络和虚拟路由网络进行比较。以下是我们要进行的实验。

- 一个物理机 ping 自身，作为环路的基线；该域 0 也 ping 自身。
- 客户机域 ping 自身。
- 客户机域在同一台机器上 ping 域 0。
- 域 0 在桥接模式下 ping 另一台机器的域 0 作为两台机器通信的基线；一个的域 0 在路由模式下 ping 另一个的域 0；一台机器的一个客户机域 ping 另一台机器的一个客户机域。
- 一个物理主机在桥接模式中 ping 另一个域 0 作为一个 Xen 机器与非 xen 机器通信的基线；一个物理主机在路由模式中 ping 另一个域；一个物理主机 ping 另一个客户机域。
- 一个物理主机 ping 另一个物理主机。

　　在我们的实验中，第一台物理机器或域 0 的 IP 地址是 128.153.145.111，而第二台物理机或域 0 的 IP 地址为 128.153.145.116。第一台物理主机的客户机域的 IP 地址为 128.153.145.112，而第二台物理主机的客户机域的 IP 地址是 128.153.

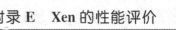

145.113。当使用一个 100 Mb 的硬件交换机时，连接两台机器的电缆应尽可能短。在每次实验中，我们做三次测试且记录最后两个，并把它们的平均值作为最终的结果显示在表 E-3 中。考虑到建立域名系统（DNS）第一次查询高速缓存、清除发送和接收缓冲器的差异，我们放弃了第一个结果。

表 E-3　有无虚拟网络配置时的性能比较

实验序号	正在 ping 的域	已 ping 域	基线/测试	回声平均
1	在一个物理机器内环路		基线	0.0215
2	在域 0 桥接环路			0.029
3	在域 0 路由环路			0.028
4	在同一台机器上桥接客户机域	在同一台机器上桥接域 0		0.1615
5	在同一台机器上路由客户机域	在同一台机器上路由域 0		0.1055
6	在同一台机器上桥接客户机域	在同一台机器上桥接客户机域		0.183
7	在同一台机器上路由客户机域	在同一台机器上路由客户机域		0.2865
8	桥接域 0	桥接域 0	基线	0.959
9	路由域 0	路由域 0		0.935
10	桥接客户机域	桥接客户机域		1.1595
11	路由客户机域	路由客户机域		1.148
12	物理机器	桥接域 0	基线	1.541
13	物理机器	桥接客户机域		1.094
14	物理机器	路由域 0		0.8955
15	物理机器	路由客户机域		0.920
16	物理机器	物理机器		1.832

通常，从实验 1～7 和实验 8～16，我们可以说在虚拟网络中的通信时间比整个实体网络通信时间要少得多，因为它省掉了电缆的延迟。

在一台机器上，由域 0 环路产生的开销比物理机环路要多 30％以上。但不管 Xen 的配置是否为桥接模式或路由模式，其开销几乎相同。

与一台物理机器环路相比，客户机域执行 ping 自己的域 0 产生的开销是前者的近五倍。这个大部分是由于透过 Xen 虚拟网络产生的开销。数据包采用一个软件网桥或一个软件路由的形式直通。这种数据包从客户机域后端接口传送到前端接口的机制与环路形式上是相似的，因而开销是由桥接或者路由的转发产生的。我们发现虚拟路由产生的开销要超过虚拟桥接。

然而，当客户机域 ping 同一个虚拟网络（在同一台物理机内）中其他的客户机域，路由模式产生的开销大于桥接模式，这可能是由于路由工作在比网桥更高的层。

　　当一个域 ping 另一台物理机的一个远程域的时候,桥接和路由模式没有特别的差异。但是很明显 ping 一个客户机域产生的开销比 ping 域 0 要多。

　　最后,当 Xen 域在桥接模式下 ping 一台物理机,在同一台机器上客户机域的性能要比域 0 更好。在路由模式下,同一台机器的客户机域与域 0 具有几乎一样的性能,这样其实是合理的,因为网桥操作域 0 和客户机域当通过本地连接以太网的时候形式上是一样的。在访问互联网的时候,客户机域比域 0 的工作量更少。所以该客户机域的网络性能要比域 0 好。然而在路由模式下,域 0 是客户机域的网关,所有的客户机域发往互联网的数据包都要首先通过域 0。

小　结

　　在本附录中,我们收集了一组实验,以量化的 Xen 的性能特征包括性能、隔离性能和网络性能。用户可能要考虑具体硬件和 Xen 的特定版本以运行类似的实验。但是,我们希望我们的测量和实验说明能帮助指导用户选择的 Xen 客户机的数量和混合来部署和选择网络配置。